21世纪全国本科院校电气信息类创新型应用人才培养规划教材

数字信号处理

主　编　王玉德
副主编　陈万平　陈东娅
参　编　刘学祝　徐振方

内 容 简 介

本书是 21 世纪全国本科院校电气信息类创新型应用人才培养规划教材之一，是电气信息类专业基础课程"数字信号处理"的教科书。

本书从当前的教学实际出发，以清晰的框图形式给出章节知识结构，以典型案例导入阅读，严谨而又不失活泼地阐述了数字信号处理的基本原理和算法分析。本书在理论介绍过程中辅助以 MATLAB 软件来说明基本概念和原理，使知识点的叙述更加明了易懂。同时，本书增加了生产和生活中恰当的综合实例和创新型研究习题，可全面提升学生解决实际问题的能力。

本书适合作为高等院校信息工程、电子科学与技术、通信工程和通信与信息处理等专业的本科生教材，也可作为信息处理、通信、电子技术等行业的工程技术人员，以及有关科研、教学人员的工作参考书。

图书在版编目（CIP）数据

数字信号处理/王玉德主编. —北京：北京大学出版社，2011.1
（21 世纪全国本科院校电气信息类创新型应用人才培养规划教材）
ISBN 978-7-301-17986-4

Ⅰ. ①数… Ⅱ. ①王… Ⅲ. ①数字信号—信号处理—高等学校—教材 Ⅳ. ①TN911.72

中国版本图书馆 CIP 数据核字（2010）第 208753 号

书　　　　名：	数字信号处理
著作责任者：	王玉德　主编
策 划 编 辑：	姜晓楠　程志强
责 任 编 辑：	姜晓楠
标 准 书 号：	ISBN 978-7-301-17986-4/TN·0064
出　版　者：	北京大学出版社
地　　　　址：	北京市海淀区成府路 205 号　100871
网　　　　址：	http://www.pup.cn　http://www.pup6.com
电　　　　话：	邮购部 62752015　发行部 62750672　编辑部 62750667　出版部 62754962
电 子 邮 箱：	pup_6@163.com
印　刷　者：	三河市博文印刷厂
发　行　者：	北京大学出版社
经　销　者：	新华书店
	787 毫米×1092 毫米　16 开本　17.25 印张　396 千字
	2011 年 1 月第 1 版　2013 年 9 月第 2 次印刷
定　　　　价：	32.00 元

未经许可，不得以任何方式复制或抄袭本书之部分或全部内容。
版权所有，侵权必究　　举报电话：010-62752024
　　　　　　　　　　　　电子邮箱：fd@pup.pku.edu.cn

前　言

随着信息科学和计算机技术的快速发展，数字信号处理的理论与应用也得到飞跃式发展，逐渐形成一门非常重要的学科。本书内容丰富，知识面广，强调理论与实践相结合，不仅要求学生掌握数字信号处理的基本原理和算法，而且要求学生对滤波器的设计和 DSP 应用开发知识有一定的了解；既让学生了解足够的理论知识，又注重培养学生的应用能力。按照本套创新型教材"编写体例要新颖活泼，注重人文知识与科技知识的结合，注重拓展学生的知识面，以学生为本"的思想和目标，我们编写了本书。本书结构新颖，内容符合创新型应用人才培养的需要，主要特点如下。

1. 体例创新

本书力求改变工科教材深奥古板的刻板形象，努力提高学生的人文和科技素养，达到培养复合型人才的目的。每章开始的"本章教学目的与要求"和"本章知识结构"，使读者对相关章节内容一目了然。同时，本书注重开拓学生的视野，坚持科技与人文并重，学习和借鉴人文学科教材的写作模式，追求清新活泼的风格，把一些与数字信号处理相关的内容，以拓展材料的形式放在每章的知识框架中，增强了本书的可读性。

2. 内容更新

（1）理论讲解简单易懂，紧密联系数字信号处理的应用实际。本书摒弃了传统工科教材知识点设置按部就班、枯燥无味的弊端，编者结合长期的教学实践经验和数字信号处理技术的实际应用，简明扼要地阐述数字信号处理的基本原理；并根据当前工科类专业本科生的培养目标，在离散时间信号与系统的频域分析、FFT 变换算法和滤波器的设计等方面，加强对学生逻辑思维和实际应用能力的培养。

（2）强化案例式教学，重视实践环节。通过相关的应用实例来介绍数字信号处理的基本原理和算法，并通过创新型习题训练、实验环节验证等教学手段，使学生具备一定在工程实际等方面的应用能力和创新能力。

（3）内容的介绍符合当前数字信号处理技术应用现状和教学规律。本书突出教材特点，不以内容全、知识点深取胜，而是坚持从当前的教学改革与学生学习实际出发，站在学生的角度思考问题，考虑学生使用教材的感受，循序渐进地阐述数字信号处理的理论和 DSP 开发基础知识。例如，在理论介绍的过程中及时凝练出重点内容以加深学生对理论的理解；通过知识点的提醒和有关问题的思考以锻炼学生的思维能力以及运用理论知识解决实际问题的能力；通过应用实例与研究型习题，全面提升学生解决实际应用问题的能力。

本书绪论部分阐述了数字信号处理的基本概念和数字信号处理系统的基本组成；第 1 章时域离散信号与系统，介绍时域离散信号与系统的基础知识；第 2 章时域离散信号与系统频域分析基础，重点介绍了离散傅里叶变换的概念与性质；第 3 章离散傅里叶变换及其快速算法，重点阐述了基-2FFT 按时间抽选快速傅里叶变换与基-2FFT 按频率抽选的快速傅里叶变换；第4章数字滤波器的基本结构，主要阐述IIR滤波器与FIR滤波器的基本结构，以及几种特殊滤波器；第5章IIR数字滤波器的设计与MATLAB实现，介绍了IIR滤波器设计的基本方法及其MATLAB实现；第6章FIR数字滤波器的设计与MATLAB实现，主要介绍了线性相位FIR滤波器的窗函数法和频率采样法设计及其MATLAB实现；第7章多采样率数字信号处理基础，主要介绍了抽取和插值的概念与方法；第8章时域离散系统的实现与数字信号处理量化效应，主要介绍了时域离散系统的软件实现及其在数字信号处理过程中的量化效应分析；第9章DSP原理与应用开发基础，简单介绍了DSP的基本原理和应用开发的基本方法；附录部分提供了一些补充材料。

本书由王玉德担任主编并负责全书的统稿，陈万平、陈东娅担任副主编，协助主编完成统稿工作。其中，绪论、第1章由刘学祝编写，第2、3、5、7章由王玉德编写，第4章、第6章的部分内容由陈东娅编写，第8、9章由陈万平编写，第6章的部分内容及附录由徐振方编写。此外，在本书编写过程中，编者参考了程佩青、高西全、胡庆钟等几位老师的相关材料，以及其他单位、同行的有关文献（已在参考文献中列出），在此一并致以衷心的感谢。另外韩翠玲、刘海英对本书的编写也给予了大量的帮助，编写了部分程序和习题答案，在此也表示感谢。

本书的研究工作得到了曲阜师范大学2009年教材建设立项项目资助。

由于编者水平有限，书中难免有疏漏和不当之处，欢迎广大读者和同行指教。

编 者

2010年10月

（注：本书于2012年获得全国电子信息类优秀教材评比三等奖（中国电子教育学会））

目　录

绪论 ·· 1
 0.1 数字信号处理的基本概念 ········ 1
 0.2 数字信号处理系统及其实现 ····· 2
 0.3 数字信号处理的基本内容 ········ 3
 0.4 数字信号处理的特点及其应用 ···· 4

第1章 时域离散信号与系统 ············ 7
 1.1 引言 ··· 8
 1.2 离散时间信号与离散信号的
   运算 ··· 8
  1.2.1 时域离散信号的表示 ····· 9
  1.2.2 序列的基本运算 ············ 10
  1.2.3 常用的离散序列以及
     任意序列和单位采样
     序列间的关系 ·············· 16
 1.3 时域离散系统 ···························· 21
  1.3.1 线性系统 ······················ 21
  1.3.2 时不变系统 ·················· 22
  1.3.3 线性移不变(LSI)系统的
     单位采样响应 ·············· 24
  1.3.4 因果系统 ······················ 26
  1.3.5 稳定系统 ······················ 26
 1.4 线性离散系统的时域描述与
   MATLAB求解 ···························· 28
  1.4.1 线性常系数差分方程 ····· 28
  1.4.2 线性常系数差分方程的
     求解 ······························ 28
  1.4.3 MATLAB求解差分
     方程 ······························ 30
 1.5 连续时间信号采样 ····················· 31
  1.5.1 理想采样 ······················ 32
  1.5.2 理想采样的恢复 ············ 35
  1.5.3 实际采样 ······················ 36

 本章小结 ··· 37
 习题 ·· 37

**第2章 时域离散信号与系统频域
    分析基础** ·································· 40
 2.1 引言 ··· 41
 2.2 序列的z变换与连续信号的拉普拉斯
   变换、傅里叶变换的关系 ········· 42
  2.2.1 时域离散信号的z变换
     及其收敛域 ·················· 42
  2.2.2 序列的z变换与连续信号的
     拉普拉斯变换、傅里叶
     变换的关系 ·················· 48
 2.3 离散时间傅里叶变换 ················ 50
 2.4 离散时间傅里叶变换性质 ········· 52
 2.5 离散信号与系统分析 ················ 55
  2.5.1 系统的系统函数与
     频率特性 ······················ 55
  2.5.2 系统因果性与稳定性
     分析 ······························ 56
  2.5.3 零极点图辅助分析系统的
     频率特性 ······················ 59
  2.5.4 系统的输出响应 ············ 61
 本章小结 ··· 64
 习题 ·· 64

**第3章 离散傅里叶变换及其
    快速算法** ·································· 67
 3.1 引言 ··· 68
 3.2 周期序列的离散傅里叶级数变换
   及其性质 ··································· 68
  3.2.1 周期序列的离散
     傅里叶级数 ·················· 68
  3.2.2 离散傅里叶级数的性质 ··· 71

3.3 离散傅里叶变换的定义与
　　物理意义 ……………………… 73
　　3.3.1 离散傅里叶变换的定义 … 73
　　3.3.2 离散傅里叶变换的物理
　　　　　意义 …………………… 76
3.4 离散傅里叶变换的性质 ………… 77
3.5 DFT与序列的Z变换、DTFT
　　以及DFS的关系 ………………… 87
　　3.5.1 DFT与序列的傅里叶变换、
　　　　　Z变换的关系 …………… 87
　　3.5.2 DFT与DFS变换之间的
　　　　　关系 …………………… 88
3.6 频域采样定理 …………………… 89
3.7 快速傅里叶变换 ………………… 93
　　3.7.1 直接计算DFT存在的问题
　　　　　以及改进途径 …………… 93
　　3.7.2 按时间抽选的基-2FFT
　　　　　算法 …………………… 94
　　3.7.3 按频率抽选的基-2FFT
　　　　　算法 …………………… 99
　　3.7.4 离散傅里叶反变换(IDFT)的
　　　　　快速算法 ……………… 102
3.8 模拟信号的频谱分析 …………… 103
　　3.8.1 公式推导及参数选择 …… 103
　　3.8.2 用DFT(FFT)对周期信号
　　　　　进行频谱分析 ………… 104
　　3.8.3 用DFT(FFT)对模拟信号
　　　　　进行频谱分析的误差 … 106
3.9 DFT的矩阵表示与DFT、FFT的
　　MATLAB实现 …………………… 108
　　3.9.1 DFT的矩阵表示 ……… 108
　　3.9.2 用MATLAB计算
　　　　　序列的DFT …………… 109
本章小结 ……………………………… 112
习题 …………………………………… 112

第4章 数字滤波器的基本结构 …… 115
4.1 引言 ……………………………… 115
4.2 IIR数字滤波器的结构 ………… 116

4.3 FIR数字滤波器的结构 ………… 122
4.4 数字滤波器的格型结构 ………… 127
本章小结 ……………………………… 131
习题 …………………………………… 131

第5章 IIR数字滤波器的设计与
　　　MATLAB实现 ……………… 134
5.1 引言 ……………………………… 135
　　5.1.1 滤波器的概念 ………… 135
　　5.1.2 滤波器的技术指标 …… 136
　　5.1.3 数字滤波器设计步骤及IIR
　　　　　滤波器的设计方法 …… 137
5.2 模拟滤波器的设计 ……………… 138
　　5.2.1 模拟巴特沃斯低通滤波器的
　　　　　特点与设计 …………… 139
　　5.2.2 切比雪夫低通滤波器 … 143
5.3 IIR数字滤波器的设计 ………… 149
　　5.3.1 冲激响应不变法设计IIR
　　　　　数字滤波器 …………… 150
　　5.3.2 双线性变换法设计IIR
　　　　　数字滤波器 …………… 154
5.4 频率变换法设计IIR
　　数字滤波器 ……………………… 158
　　5.4.1 模拟域频带变换法设计
　　　　　IIR数字滤波器 ………… 159
　　5.4.2 数字域频带变换法设计
　　　　　IIR数字滤波器 ………… 166
5.5 IIR滤波器的MATLAB实现 … 169
本章小结 ……………………………… 172
习题 …………………………………… 172

第6章 FIR数字滤波器的设计与
　　　MATLAB实现 ……………… 175
6.1 引言 ……………………………… 176
6.2 线性相位滤波器的特点 ………… 176
　　6.2.1 线性相位的条件 ……… 176
　　6.2.2 线性相位FIR滤波器幅度
　　　　　函数的特点 …………… 179
　　6.2.3 线性相位FIR滤波器零点
　　　　　位置的分布特点 ……… 183

6.3 窗函数法设计 FIR 数字滤波器 ………………… 184
   6.3.1 设计方法 …………… 184
   6.3.2 常用的窗函数 ……… 187
   6.3.3 窗函数法设计线性相位 FIR 滤波器的一般步骤 …… 190
6.4 频率采样法设计 FIR 滤波器 193
   6.4.1 设计方法 …………… 193
   6.4.2 频率采样法设计线性相位滤波器的条件 …………… 194
   6.4.3 频率采样法设计线性相位 FIR 滤波器的一般步骤 … 195
6.5 利用等波纹最佳逼近法设计 FIR 数字滤波器 ………………… 196
6.6 FIR 数字滤波器与 IIR 数字滤波器的比较 ………………… 199
本章小结 ………………………… 200
习题 ……………………………… 200

第7章 多采样率数字信号处理基础 …………………… 202

7.1 引言 …………………………… 203
7.2 整数因子抽取 ………………… 204
7.3 用整数 I 的插值——提高采样率 ………………………… 209
7.4 按照有理因子 I/D 的采样率的转换 ………………………… 211
7.5 采样率转换滤波器的高效实现方法及转换器的 MATLAB 实现 … 213
   7.5.1 采样率转换 FIR 滤波器的高效实现方法 ………… 214
   7.5.2 采样率转换系统的多级实现 ………………… 216
   7.5.3 采样率转换器的 MATLAB 实现 ……………………… 217
本章小结 ………………………… 218
习题 ……………………………… 218

第8章 时域离散系统的实现与数字信号处理量化效应 …………… 221

8.1 引言 …………………………… 222
8.2 离散时间系统的实现 ………… 223

8.3 数字信号处理中的量化效应 … 224
   8.3.1 量化及量化误差 …… 225
   8.3.2 A/D 转换的量化效应 … 226
   8.3.3 数字滤波器的系数量化效应 ………………… 228
   8.3.4 数字滤波器运算中的量化效应 ………………… 231
8.4 快速傅里叶变换 FFT 算法的有限字长效应 ………………… 235
   8.4.1 DFT 变换中有限字长效应分析 ………………… 235
   8.4.2 定点 FFT 计算中有限字长效应的分析 ………… 237
   8.4.3 系数量化对 FFT 的影响 ………………… 238
本章小结 ………………………… 240
习题 ……………………………… 240

第9章 DSP 原理与应用开发基础 … 243

9.1 引言 …………………………… 243
9.2 DSP 系统的基本组成 ………… 244
9.3 DSP 芯片与其体系结构 ……… 245
   9.3.1 DSP 芯片概述 ……… 245
   9.3.2 DSP 芯片体系结构 … 246
9.4 DSP 系统设计基础 …………… 249
   9.4.1 技术参考资料与相关源码的获取 …………… 249
   9.4.2 DSP 型号的选择 …… 250
   9.4.3 DSP 系统开发流程 … 252
   9.4.4 软件开发 …………… 254
9.5 DSP 集成开发环境 …………… 255
   9.5.1 DSP 集成开发环境概述 ………………… 255
   9.5.2 CCS3.3 的安装和设置 … 256
本章小结 ………………………… 257
习题 ……………………………… 257

附录 MATLAB 信号处理工具箱函数 ……………………… 259

参考文献 …………………………… 263

绪　　论

自从 1965 年库利（Cooley）和图基（Tukey）在《计算数学》（*Mathematics of Computation*）一书中发表了"用机器计算复数序列傅里叶级数的一种算法"，即"快速傅里叶变换算法"以来，随着信息科学与计算机技术的不断发展，数字信号处理（Digital Signal Processing，DSP）逐渐成为一门具有完整理论体系和丰富研究领域的新兴学科，在通信、工业控制与自动化、消费电子、国防、军事、医疗等领域得到了广泛的应用。

0.1　数字信号处理的基本概念

1. 信号

信号是承载、传输信息的媒介或者物理表示，它随时间或空间的变化而变化，是可测量的。信号是信息的载体，几乎所有的工程技术领域都要涉及信号问题。常见信号的表现形式可以是声、光、电、磁、热、机械等，而我们在研究过程中所"感兴趣"的有用信号，常常是与其他同类或是异类信号混合在一起的。通俗地讲，信号就是消息，而信息是包含在信号或消息中的未知内容。例如，上面这段文字就是信号，而其所表达的意思就是信息。信号可以按照性质的不同进行分类。例如，按照维数可以将语音信号划分为一维信号，而把图像划分为二维信号；按照周期特征又可以分为周期和非周期信号；但从信号处理的角度看，一般将信号划分为模拟信号、离散信号和数字信号三大类。

（1）模拟信号：信号随时间（空间）连续变化，幅值是连续的。自然界中大部分信号是模拟信号。

（2）离散信号：信号随时间（空间）以一定的规律离散变化，幅值是连续的。自然界中这样的信号很少，一般通过对模拟信号的采样形成，故又称采样信号。离散信号是本教材进行理论分析的主要研究对象。

（3）数字信号：信号随时间（空间）以一定的规律离散变化，幅值是量化的，一般可通过对离散信号进行量化编码得到。

2. 信号处理

信号处理的目的就是要从一大堆混合的、杂乱的信息中提取或增强有用的信息。实质上，信号处理就是提取、增强、存储和传输有用信息的一种运算。信号处理的内容主要包括滤波、变换、频谱分析、压缩、识别与合成等。

针对不同的信号（模拟信号、离散信号、数字信号）有不同的处理方式。一般来说，数字系统处理的对象是数字信号，模拟系统处理的对象是模拟信号，但是，如果系统中增加了模/数转换器（Analog‑to‑Digital Converter，A/D）和数/模转换器（Digital‑to‑

Analog Converter，D/A)，则数字系统可以处理模拟信号，而模拟系统也可以处理数字信号。两种系统不同之处是对信号处理的方式不同。数字系统采用数值计算的方法，完成对数字信号的处理（采集、变换、分析、综合、估值与识别等）；而模拟系统则通过一些模拟元器件，如电阻、电容、电感等无源器件和运算放大器等有源器件组成电路，来完成对信号的处理。

3. 数字信号处理

数字信号处理是把信号用数字或符号表示的序列，通过计算机或通用（专用）的信号处理设备，用数字的数值计算方法处理（滤波、变换、压缩、增强、估值与识别等），以达到提取有用信息便于应用的目的。数字信号处理的效果，或是通过滤波消除噪声，或是进行频谱分析，或是用以提取特征参数，或是进行编码压缩等。完成不同目的所采用的计算方法（统称算法）也不同，可以说，数字信号处理的实现就是算法的实现。采用数字信号处理，相对于模拟信号处理(Analog Signal Processing，ASP)有很大的优越性，其优越性表现在软件可实现、精度高、灵活性好、可靠性高、易于大规模集成、设备尺寸小、造价低、速度快等方面。随着人们对实时信号处理要求的不断提高和大规模集成电路技术的迅速发展，数字信号处理技术也在发生着日新月异的变革。实时数字信号处理技术的核心和标志是数字信号处理器。

0.2 数字信号处理系统及其实现

数字信号处理系统并不是孤立的数字系统，一般是以数字处理系统为核心，结合 A/D 和 D/A 转换器、滤波和放大器等子系统构成，其处理内容主要包括滤波、变换、频谱分析、压缩、估计与识别等。数字信号处理过程中必定包含数字化处理系统，由数字化处理器或程序完成对数字信号的处理。图 0.1 所示的是一个典型的模拟信号数字处理系统，即实时处理时域连续信号的数字信号处理系统。

图 0.1 模拟信号的数字信号处理系统框图

图 0.1 中，抗混叠滤波器(Antialiasing Filter)又称预滤波器，是用以将输入模拟信号 $x_a(t)$ 中高于折叠频率（在数值上等于采样频率 f_s 的一半）的分量滤除掉，以免信号经过采样后发生频谱混叠，造成信息丢失。平滑滤波器（即模拟低通滤波器），又称抗镜像滤波器(Anti-image Filter)，是用以完成模拟信号的重建，即消除 D/A 转换器"阶梯状"输出所造成的高频噪声，从而得到波形平滑的输出模拟信号 $y_a(t)$。

典型模拟信号的处理过程一般分为 3 个环节。

（1）模拟输入信号 $x_a(t)$ 经过抗混叠预处理后被采样、量化为有限位，这个过程可看做是模拟前端处理，其核心是 A/D 转换器。

（2）已经数字化的信号 $x(n)$，经过数字信号处理器处理后输出数字信号 $y(n)$，这是整个系统的核心环节。

(3) 利用 D/A 转换器,经平滑滤波,将处理结果平滑成所需要的模拟信号送到输出。

一般情况下,在实际数字处理系统中,图 0.1 中的每一个环节不都是必要的,例如,有时要处理的输入信号本身已经是数字信号,则图中的 A/D 转换器部分就可以去掉;有些系统只要求数字输出,如用于打印、显示、存储等,则图中的 D/A 转换器部分就可以去掉;纯数字系统则只需要数字信号处理器这一核心部分就行了。

数字信号处理的实现,大体上可以分为三大类,即软件实现法、硬件实现法以及软硬件结合的实现方法。

(1) 软件实现法是按照数字信号处理的原理和算法,编写程序或利用现有程序在计算机上实现的,其中 Mathworks 公司的 MATLAB 软件(一种交互式和基于矩阵体系的软件,主要用于科学工程数值计算和可视化)可以说是这方面成功的范例。当前,国内外研究机构、公司不断推出不同用途的数字信号处理软件包,如美国 National Instruments 公司的信号测量与分析软件 LabVIEW,Cadence 公司的信号和通信分析设计软件 SPW,以及 TI 公司的 CCS 等。这种实现方法速度较慢,但经济实用(可重复使用),因此多用于教学和科研方面。

在许多非实时的应用场合,可以采用软件实现法。例如,处理一盘混有噪声的录像(音)带,可以将图像(声音)信号转换成数字信号并存入计算机,用较长的时间一帧帧地处理这些数据。处理完毕后,再实时地将处理结果还原成一盘清晰的录像(音)带。普通计算机即可完成上述任务,而不必花费较大的代价去设计一台专用数字计算机。

(2) 硬件实现法是按照具体的要求和算法设计硬件结构图,用乘法器、加法器、延时器、控制器、存储器以及 I/O 接口部件实现的一种方法,其特点是运算速度快,可以达到实时处理的要求,但是不灵活。

(3) 软硬件结合的实现方法,首先可以利用单片机的硬件环境配以恰当的信号处理软件来实现,可以直接用于工程实际,例如数控机床、医疗仪器设备等。其次,可以使用专用数字信号处理芯片,即数字信号处理器(Digital Signal Processor,DSP),经过简单编程来实现。这种方法目前发展最为迅速,常用的 DSP 专用芯片较之单片机有着更为突出的优点,例如,DSP 内部有专用的乘法器和累加器并采用流水线工作方式及并行处理结构,总线多、速度快,内嵌有信号处理的常用指令。

目前,DSP 专用芯片正高速发展,它速度快、体积小、性能优良且价格不断下降,用 DSP 专用芯片实现数字信号处理的技术已成为工程技术领域的主要方法。

0.3 数字信号处理的基本内容

经过近几十年的发展,数字信号处理已逐渐形成了一个较为完整的学科领域和理论体系,并随着通信技术、电子技术和计算机技术等科学技术的飞速发展而不断丰富和完善。数字信号处理学科的主要内容包括以下几点。

(1) 信号采集理论。主要包括 A/D、D/A 转换理论,采样、多采样率理论,量化噪声理论等。

(2) 离散信号分析理论。包括对离散信号的时域、频域、时频域分析,z 变换、傅里叶变换等各种变换技术、信号特征的描述等。

(3) 离散系统分析理论。包括对线性时不变离散时间系统(Linear Time‑Invariant System，LTI)的时域分析、系统的单位采样响应、系统的频率响应及系统函数等。

(4) 各种快速算法。例如快速傅里叶变换(Fast Fourier Transform，FFT)、快速卷积(Fast Convolution)计算及其他快速算法等。

(5) 数字滤波技术。即巴特沃斯、切比雪夫等各种滤波器的设计算法及实现技术。

(6) 自适应信号处理。如自适应数字滤波器(Adaptive Digital Filter)等。

(7) 信号的估值与检测理论。包括各种估值理论、相关函数理论、功率谱和其他谱估计算法等。

(8) 信号建模理论。最常用的有 AR，MA，ARMA，CAPON 和 PRONY 等模型。

(9) 信号处理的现代算法。例如抽取、插值、压缩与特征提取、预测、特征值子空间分解、信号分离与融合、反卷积、信号重建等。

(10) 数字信号处理的实现。包括软件、硬件和软硬件结合等方式。

(11) 数字信号处理的应用。

其中，(1)～(3)是本学科的理论和技术分析基础，是最基本的部分。统观数字信号处理学科内容，信号处理的理论和算法是密不可分的，这也正是信号处理与工程实践密不可分的具体体现，一个好的算法应该能使信号处理的理论以高效、经济的方式付诸社会实践，从而产生社会效益和经济效益。

本书着重讨论线性、时不变(移不变)、因果稳定的数字系统在(1)～(5)所涉及的内容，并结合新技术的发展，对(10)所涉及的软、硬件实现进行探讨。

0.4　数字信号处理的特点及其应用

在前续课程"信号与系统"中研究了连续时间信号，而所研究的连续时间信号都能够用解析式表达，且它们的频率特性通常都能用闭合解析表达式来表示。实际生产和生活中遇到的信号多数是连续时间信号，这些信号多数是靠实测得到的，没有闭合的解析表达式，这类信号的处理必须借助于计算机。计算机只能够处理数量有限、数值有限的数据，也就是必须对信号进行采样和量化。采样和量化不理想就会引起信号在一定程度上的失真，从而产生一个疑问，即信号的数字化处理值得吗？答案是肯定的。因为信号本身具有一定的信息冗余，只要采样频率足够高(满足奈奎斯特(Nyquist)采样定理)，量化位数足够多，采样和量化就不会使信号在时域和频域引起失真。

1. 数字信号处理的主要优点

数字信号处理的主要优点包括以下几方面。

(1) 软件可实现。这一点使得数字信号处理过程便于采用计算机处理，实现模拟设备数字化(如通信设备、广播设备)。纯粹的模拟信号处理必须完全通过硬件实现，而数字化处理则不仅可以通过微处理器、专用数字器件实现，而且还可以通过程序的方式实现。软件可实现特性带来的好处之一是处理系统能进行大规模的复杂处理，而且占用空间体积极小。

(2) 精度高。模拟器件的数据表示精度低，难以达到 10^{-3} 以上，而数字信号处理器

17 位字长，表示数据的精度可以达到 10^{-5} 以上；同时，在处理低频信号或甚低频信号时，如地震信号，数字频谱分析可以达到 10^{-3} Hz 的分辨率(模拟频谱仪一般只能分辨到 10Hz 以上)。

(3) 可靠性高，便于加密处理和纠错编码。由于模拟系统容易受电磁波、环境温度、噪声等因素影响，而且模拟信号连续变化，所以稍有干扰就会立即反映在各级输出中。而建立在加法和乘法运算基础上的数字系统所采用的器件是逻辑器件，一定范围的干扰不会引起数值的变化，这就使得数字信号处理系统的抗干扰性强、可靠性高，数据的保存也能永久稳定。

(4) 便于集成化。数字系统比模拟系统体积小、功耗低，数字信号处理的数字器件有高度的规范性，便于集成化，适合大批量生产。这一点使得数字器件的成本越来越低，性价比越来越高。

(5) 灵活性强，可重复利用。模拟信号处理系统调试和修改不便，而数字处理系统的系统参数一般保存在寄存器或存储器中，通过简单地修改这些参数就可以对系统进行调试或得到功能完全不同的系统(而大多数模拟系统在重新设计时往往需要重新搭建)，调试过程非常简单且设计费用和周期大大降低，软件实现时更是如此。由于数字器件以及软件的特点，数字信号处理系统的复制也非常容易，便于大规模生产。

(6) 二维与多维处理。数字信号处理系统可以借助于存储器对图像等信号实现二维甚至多维信号的处理。

数字化处理的最大特点是大量复杂的处理都可以用软件来实现，这样的软件可以在计算机上运行，也可以在 DSP 微处理器上运行，因此，系统的体积缩小了，可靠性、稳定性提高了，调试和改变系统功能也变得方便了。这些都使得诸如移动电话等通信电子产品功能越来越丰富、性能越来越高，而体积越来越小。

2. 数字信号处理的不足

数字信号处理存在的不足包括以下几方面。

(1) 存在带宽限制和有限运算速度。根据采样定理，数字系统所处理的信号带宽是有限的，其最高工作频率受 A/D 转换速率的影响，从而限制了对模拟信号进行数字处理的应用范围。如果用 DSP 处理频率过高的信号，会因频谱混叠而导致信号失真；如果 A/D 转换速率过高，则单位时间内的采样数值过多，在被 DSP 硬件所限制的有限运算速度下，处理实时信号的能力将明显下降，也就很难保证相应系统进行信号处理的实时性。

(2) 增加了系统的复杂性。DSP 系统为处理模拟信号增加了 A/D 和 D/A 转换器、I/O 接口等相关电路，使系统复杂化。如果采用 DSP 处理简单的任务，成本相对较高。

(3) DSP 芯片由大量的晶体管等有源器件构成，其功耗相对较大；而大部分模拟系统可以采用电阻、电容和电感等无源器件实现，功耗较低。从另一个角度来看，有源器件不如无源器件的可靠性高。

(4) 数字信号处理器的高频时钟可能带来一定的高频干扰和电磁泄漏。

(5) 在系统分析与设计过程中，要求具备较高的数字处理技能和大量的数学知识。

即便如此，综合数字信号处理系统的诸多优点，它仍是很多技术和应用中的首选，已经成为人工智能、模式识别和神经网络等新兴科学的基础。

3. 数字信号处理的应用范围

数字信号处理的应用，不外乎信号分析（对信号性质的测量，一般为频域运算）和信号过滤（以"输入信号—输出信号"的状况来表征，通常为时域运算）两大类。

随着微电子技术的飞速发展，数字信号处理技术也不断提升，各种新算法和新理论不断涌现，使其应用范围不再局限于音、视频层面，逐渐拓展到通信与信息系统、信号与信息处理、自动控制、雷达、军事、航空航天、医疗、家用电器等诸多领域。

下面就 DSP 的应用现状，简单列举说明。

（1）信号的统计处理。包括数据的采集技术；异常数据的删除、数据的滤波、数据的重新编辑与校正等预处理技术；数字滤波、卷积、相关、快速傅里叶变换（FFT）、希尔伯特（Hilbert）变换、自适应滤波、加窗法等滤波与变换技术。

（2）通信领域。包括自适应差分脉码调制、自适应脉码调制、增量调制、自适应均衡、纠错、数字公用交换、信道复用、移动电话、调制解调器，还包括数据与数字信号的加密、译码、扩频技术，通信制式的转换，卫星通信，TDMA/FDMA/CDMA/SDMA 等各种通信制式，此外，也包括回波对消、IP 电话、软件无线电等。

（3）消费电子。包括数字音频、数字电视、数字摄像机、音乐合成、电子玩具与游戏、交互娱乐系统、CD/VCD/DVD 播放机、数字留言/应答机、传真、汽车电子装置、个人数字助理（PDA）、住宅保安等。

（4）语音、语义。包括语音邮件、语音声码器、语音压缩、数字录音系统、语音识别、语音增强、文本语音变换、噪声消减、神经网络等。

（5）图像、图形。包括图像压缩、图像增强、图像复原、图像重建、图像变换、图像分割与描绘、模式识别、计算机视觉、机器人视觉、卫星气象云图、电子地图、电子出版、动画等。

（6）仪器仪表。包括频谱分析仪、函数发生器、地震信号处理器、瞬态分析仪、锁相环、模式匹配、模拟试验分析等。

（7）工业控制与自动化。包括机器人控制、伺服控制、电动机控制、电力线监视器、计算机辅助制造、引擎控制、自适应驾驶控制等。

（8）医疗。包括健康助理、病人监视、超声仪器、X射线存储与增强、EEG 脑电图、CT 扫描、核磁共振、助听器等。

（9）军事。包括雷达信号处理、声纳信号处理、（弹道）导航、射频调制解调器、全球定位系统（GPS）、侦察卫星、目标跟踪、航空航天测试、自适应波束形成、阵列天线信号处理等。

随着新技术的不断涌现和数字信号处理理论的更大发展，数字信号处理的应用领域也将越来越广泛。作为一个涉及众多学科，又应用于众多领域的新兴学科，数字信号处理既有自己完整的理论体系，又以较快的速度形成了自己的应用产业，在国民经济中具有广阔的发展前景。

第 1 章 时域离散信号与系统

本章教学目的与要求

1. 掌握离散时间信号的表示方法及其时域运算。
2. 掌握常用序列的特点及其运算性质。
3. 学会应用公式法、图解法等方法进行序列的时域卷积运算。
4. 熟练掌握系统的线性、时不变性、因果性及稳定性的判定方法。
5. 学会应用迭代法和 MATLAB 软件求取常系数线性差分方程的时域解。
6. 掌握连续时间信号采样定理,了解采样恢复与实际采样。

本章知识结构

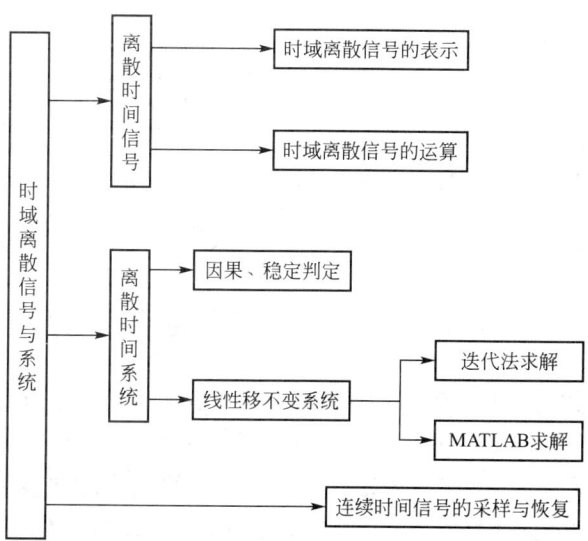

1.1 引　　言

案例一

数字信号处理技术在 3D 数字光处理(Digital Light Processing，DLP)高清电视(HDTV)系统中的应用，如图 1.1 所示。

图 1.1　DSP 技术带来的视听冲击

这种技术先把影像信号进行数字处理，然后再把光投影出来。DLP 技术是可靠性极高的全数字显示技术，能在大屏幕数字电视、公司/家庭/专业会议投影机和数字照相机(DLP Cinema)中提供最佳图像效果。

案例二

数字信号处理技术在扩展频谱通信系统中的应用，通过信号滤波提取和增强信号的有用分量，削弱噪声分量，如图 1.2 所示。

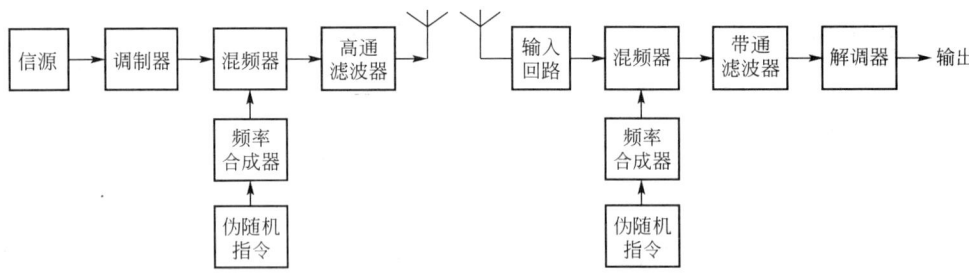

图 1.2　DSP 技术在扩展频谱通信系统中的应用示意图

本章主要介绍离散时间信号与离散时间系统时域分析的基本知识。

1.2　离散时间信号与离散信号的运算

在时域，时间函数的自变量通常用时间 t 或序号 n 来表示。如果信号在其定义域内除有限几个间断点外其他均有定义(能给出确定的时间函数)，则称这种信号为连续时间信号，通常记为 $x_a(t)$，其中时间变量 t 为实数。连续时间信号的自变量取值是连续的，而其幅值(即函数值)可以是连续的，也可以是离散的(仅取有限的几个规定值)。如果信号

仅在离散的时间点上有定义，而在其他时间点上没有定义，则称这种信号为离散时间信号，通常用 $x(n)$ 表示，其中 n 取整数，是离散时间点的序号。离散时间信号的自变量取值是离散的，其幅值可以是连续的，也可以是离散的。

离散时间信号，可以通过对连续时间信号的采样来获取，理想采样如图 1.3 所示。采样脉冲序列表示为冲激函数的序列，这些冲激函数准确地出现在采样瞬间 $t=nT$ (n 为整数)上，其积分幅度准确地等于输入信号在采样瞬间的幅度，即：理想采样可看作是对冲激脉冲载波的调幅过程。

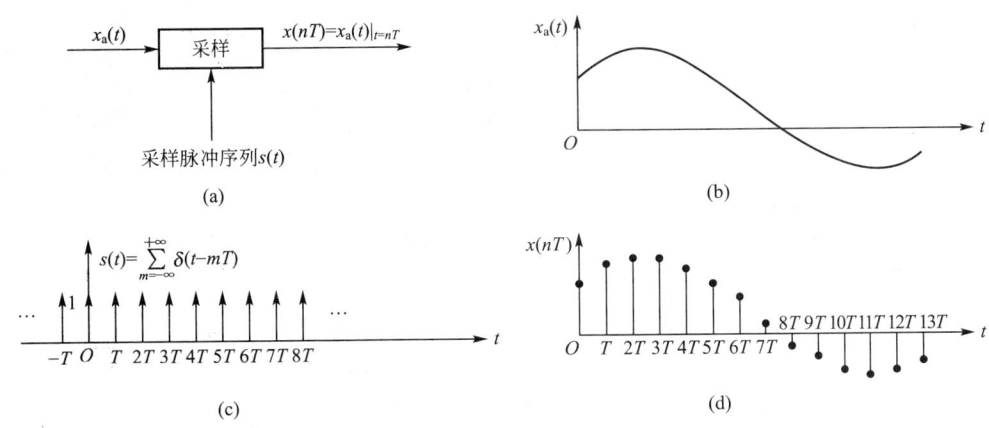

图 1.3　时域采样

1.2.1　时域离散信号的表示

在图 1.3 所示的时域采样中，连续时间信号 $x_a(t)$ 与采样脉冲序列 $s(t)$ 相乘后，即可获得离散时间信号(采样信号)，离散时间信号又称序列

$$\hat{x}_a(t) = x(t)\big|_{t=nT} = x(nT) = x(n) \tag{1-1}$$

从数学描述的角度来看，离散时间信号是整数值变量 n 的函数，如式(1-1)表示为 $x(n)$。其中，序号 n 为整数 ($n=0, \pm1, \pm2 \cdots$)，表示第 n 个采样离散时间点。这样，$x(n)$ 既是序列的第 n 个序列值，又代表整个序列本身。

序列既可以用闭合的函数表达式来描述，也可以用集合来描述，还可以用图形来描述。例如序列

$$x_1(n) = \begin{cases} n+1, & -2 \leqslant n \leqslant 4 \\ 0, & 其他 n 值 \end{cases} = \{-1, 0, 1, \underset{\uparrow}{2}, 3, 4, 5\}$$

可以用图 1.4(a)所示来直观描述。

在集合描述中，下标箭头表示 $n=0$ 时所对应的序列值，若没有下标箭头则默认序列是从 $n=0$ 开始的，如序列

$$x_2(n) = \begin{cases} 2, & 0 \leqslant n \leqslant 3 \\ 0, & 其他 n 值 \end{cases} = \{2, 2, 2, 2\}$$

即表示一个从 $n=0$ 开始的序列，如图 1.4(b)所示波形。

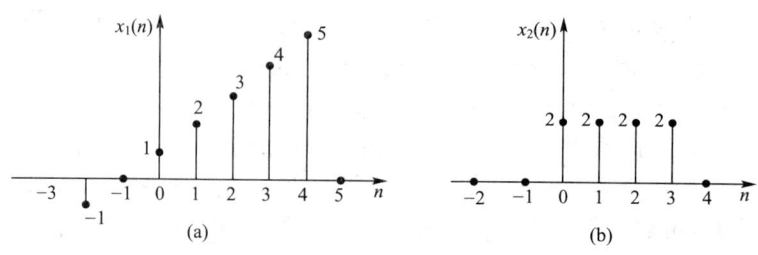

图 1.4　序列 $x_1(n)$ 与 $x_2(n)$ 示意图

当序列中各值均为实数时，该序列称为实序列，如上面给出的序列 $x_1(n)$ 和 $x_2(n)$。实序列可以采用波形图进行描述，如图 1.4 所示。在实序列的图示法中，使用端点为实心圆"·"的有向线段描述各序列值，以线段的长短表示各序列值的大小，并将其值分别标注在相应的端点旁边。横轴虽为连续直线，但只在 n 为整数时才有意义；纵轴线段的长短代表各序列值的大小。

对于序列 $x_1(n)$ 和 $x_2(n)$，因其非零序列值（简称非零值）区间都是有限的，故也称有限长序列，可以采用逐一列写各序列值的方式来表述有限长序列

$$x_1(-2)=-1, \quad x_1(-1)=0, \quad x_1(0)=1, \quad x_1(1)=2, \quad x_1(2)=3, \quad x_1(3)=4, \quad x_1(4)=5$$
$$x_2(0)=x_2(1)=x_2(2)=x_2(3)=2$$

这种描述方式一般不适用于较长的序列或者无限长序列。

必须注意一点，不论采用哪一种方式表述序列，$x(n)$ 仅对整数 n 有意义，而当 n 为非整数时，序列 $x(n)$ 没有定义。

知识拓展

MATLAB 用两个参数向量 **x** 和 **n** 来表示序列 $x(n)$，**x** 是序列 $x(n)$ 的样值向量，**n** 是位置向量（相当于图形表示中的横坐标 n），**n** 与 **x** 长度相等，向量 **n** 的第 m 个元素 $n(m)$ 表示样值 $x(m)$ 的位置。位置向量 **n** 一般都是单位增向量，产生的语句为：$n=ns:nf$，其中 ns 表示序列 $x(n)$ 的起始点，nf 表示序列 $x(n)$ 的终止点，将有限长序列 $x(n)$ 记为

$$\{x(n); n=ns:nf\}$$

例如，序列

$$x(n)=\{-0.005\,6, -0.587\,8, -0.951\,1, -0.951\,1, -0.587\,8, 0.000\,0, 0.587\,8, 0.951\,1, 0.951\,1\}$$

相应的 $n=\{-4,-3,-2,\cdots,4\}$，序列 $x(n)$ 的 MATLAB 表示如下

$$n=-4:4$$
$$x=[-0.005\,6, -0.587\,8, -0.951\,1, -0.951\,1, -0.587\,8, 0.000\,0, 0.587\,8, 0.951\,1, 0.951\,1]$$

1.2.2　序列的基本运算

序列的基本运算包括和、积、累加、差分、移位、尺度变换（抽取和插值）、翻转、卷积和等。序列的这些运算与连续时间信号的运算逐一对应，简单地讲，序列的差分和累加运算就分别对应于连续时间信号的微分和积分运算。

1. 和

两序列的和是指同序号(n)的序列值逐项对应相加而构成一个新的序列,表示为

$$x(n) = x_1(n) + x_2(n) \qquad (1-2)$$

2. 积(点乘)

两序列的积是指同序号(n)的序列值逐项对应相乘而构成一个新的序列,表示为

$$y(n) = x_1(n) \cdot x_2(n) \qquad (1-3)$$

【例 1-1】 设

$$x_1(n) = \begin{cases} n+1, & -2 \leqslant n \leqslant 4 \\ 0, & \text{其他 } n \text{ 值} \end{cases}, \quad x_2(n) = \begin{cases} 2, & 0 \leqslant n \leqslant 3 \\ 0, & \text{其他 } n \text{ 值} \end{cases}$$

则

$$x(n) = x_1(n) + x_2(n) = \begin{cases} -1, & n = -2 \\ n+3, & 0 \leqslant n \leqslant 3 \\ 5, & n = 4 \\ 0, & \text{其他 } n \text{ 值} \end{cases}$$

$$y(n) = x_1(n) \cdot x_2(n) = \begin{cases} 2(n+1), & 0 \leqslant n \leqslant 3 \\ 0, & \text{其他 } n \text{ 值} \end{cases}$$

相应序列的波形,如图 1.5 所示。

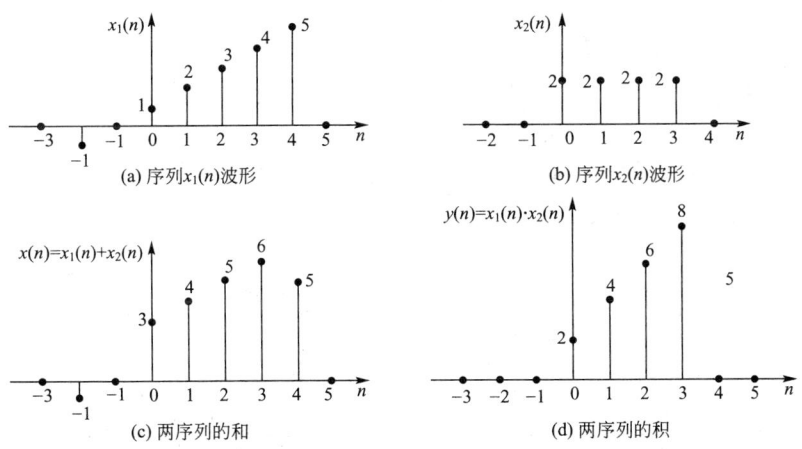

图 1.5 序列 $x_1(n)$、$x_2(n)$ 进行和与积的运算波形

由图 1.5(d)可知,只有当两个序列的非零值区间重叠时,乘积序列才有可能取得非零值。

序列的数乘,即加权运算 $y(n) = a \cdot x_1(n)$,是将序列 $x_1(n)$ 中的每一个序列值都乘以常数 a 后所得的新序列。例如对

$$x_1(n) = \{-1, 0, \underset{\uparrow}{1}, 2, 3, 4, 5\}$$

的数乘为

$$y(n) = 2 \cdot x_1(n) = \{-2, 0, \underset{\uparrow}{2}, 4, 6, 8, 10\}$$

3. 累加和

设某序列为 $x(n)$,则其累加和序列 $y(n)$ 定义为

$$y(n) = \sum_{k=-\infty}^{n} x(k) \tag{1-4}$$

上式表示，$y(n)$在某一个n_0点上的值$y(n_0)$等于这一个n_0上的$x(n_0)$值以及n_0以前的所有n值上的$x(n)$值之和。

4. 差分

序列的差分运算分为前向差分和后向差分，分别定义为

一阶前向差分
$$\Delta x(n) = x(n+1) - x(n) \tag{1-5}$$

一阶后向差分
$$\nabla x(n) = x(n) - x(n-1) \tag{1-6}$$

由此可得
$$\nabla x(n) = \Delta x(n-1) \tag{1-7}$$

【例1-2】 设

$$x(n) = \begin{cases} n+1, & -2 \leqslant n \leqslant 4 \\ 0, & \text{其他}\, n\, \text{值} \end{cases}$$

则累加和

$$y(n) = \sum_{k=-\infty}^{n} x(k) = \{-1, -1, 0, 2, 5, 9, 14, 14\cdots\}$$

为无限长序列，其前向差分为

$$\Delta x(n) = x(n+1) - x(n) = \{-1, 1, 1, 1, 1, 1, 1, -5\}$$

后向差分为

$$\nabla x(n) = x(n) - x(n-1) = \{-1, 1, 1, 1, 1, 1, 1, -5\}$$

相应序列的波形图如图1.6所示。

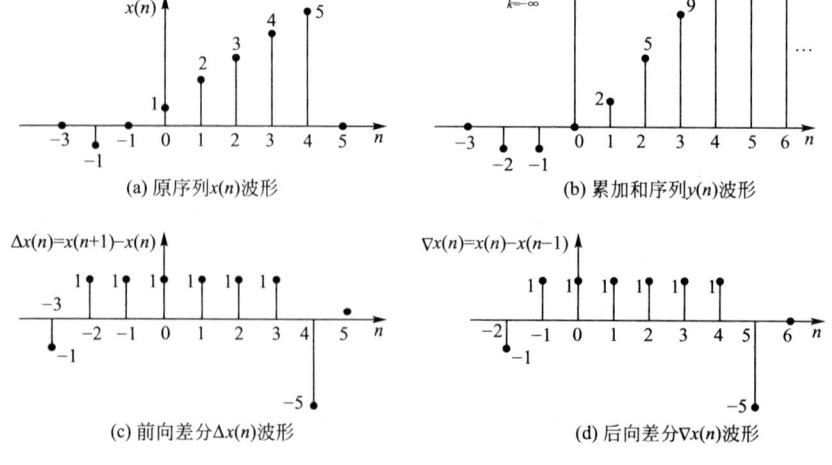

图1.6 序列的差分运算示意图

5. 移位

序列移位,是将序列 $x(n)$ 的自变量 n 换成 $n\pm m$(m 为整数)而得到一个新序列 $x(n\pm m)$ 的变换。其中,当 m 为正整数时,$x(n+m)$ 是序列 $x(n)$ 逐项依次超前(左移)m 位后的左移序列,$x(n-m)$ 是序列 $x(n)$ 逐项依次延时(右移)m 位后的右移序列。当 m 为负整数时,情况刚好相反。移位是序列(见图 1.7(a))波形沿 n 轴的整体平移,如图 1.7(b) 和图 1.7(d) 所示。

6. 翻褶

序列翻褶,是将序列 $x(n)$ 的自变量 n 换成 $-n$ 而得到一个新序列 $x(-n)$ 的变换。在图形上,序列 $x(n)$ 与 $x(-n)$ 的波形关于 $n=0$ 轴对称,如图 1.7(c) 所示。

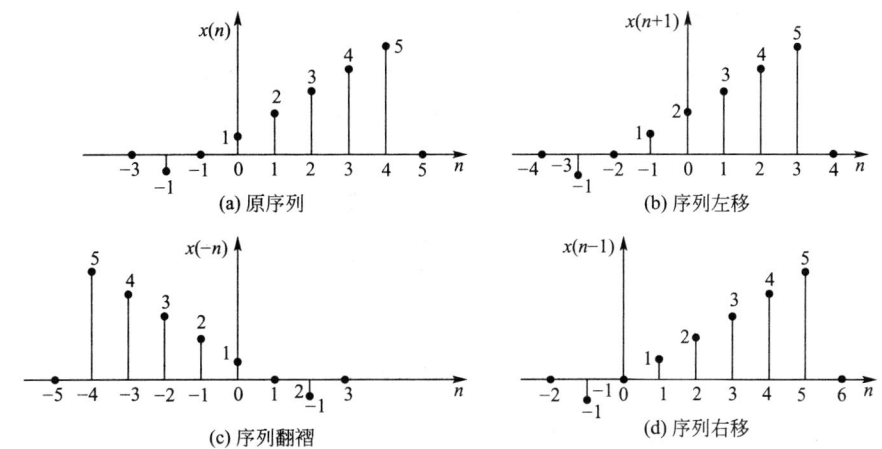

图 1.7 序列的移位与翻褶

【例 1-3】 设

$$x(n) = \begin{cases} n+1, & -2 \leqslant n \leqslant 4 \\ 0, & 其他 n 值 \end{cases} = \{-1, 0, \underset{\uparrow}{1}, 2, 3, 4, 5\}$$

则左移 1 位的序列为

$$x(n+1) = \{-1, 0, 1, \underset{\uparrow}{2}, 3, 4, 5\}$$

右移 1 位的序列为

$$x(n-1) = \{-1, \underset{\uparrow}{0}, 1, 2, 3, 4, 5\}$$

$x(n)$ 的翻褶序列为

$$x(-n) = \{5, 4, 3, 2, \underset{\uparrow}{1}, 0, -1\}$$

7. 尺度变换(抽取与插值)

序列 $x(n)$ 的尺度变换包括抽取和插值两种运算,分别对应于序列波形的压缩和扩展。序列 $x(n)$ 的时间尺度变换序列为 $x(mn)$ 或 $x\left(\dfrac{n}{m}\right)$,其中 m 为正整数(一般取 $m \geqslant 2$)。其中,抽取序列 $x(mn)$ 是对 $x(n)$ 以 $n=0$ 为起点,分别向左、向右每隔 $m-1$ 个点抽取一个点而得到的,如图 1.8(b) 所示;如果 $x(n)$ 是对连续时间信号 $x_a(t)$ 以采样周期 T 的采样,则 $x(mn)$ 就相当于是对 $x_a(t)$ 以采样周期 mT 的采样。插值可以看成是抽取的反过程,$x\left(\dfrac{n}{m}\right)$ 则是对 $x(n)$ 以 $n=0$ 为起点,在 $x(n)$ 的相邻序列值之间插入了 $m-1$ 个序列值而得到的,相当于对连续时间信号 $x_a(t)$ 以采样周期 $\dfrac{T}{m}$ 的采样,如图 1.8(c)所示。值得说明的是,如果在上面的要求中 m 为负整数,则其相应的序列运算将在抽取和插值两种运算外,还包含有翻褶运算。

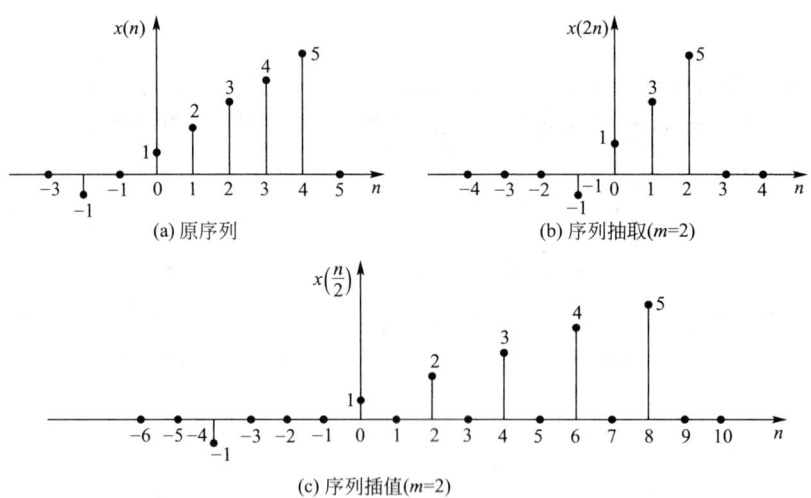

图 1.8 序列的尺度变换运算示意图

【例 1-4】 设

$$x(n)=\begin{cases} n+1, & -2\leqslant n\leqslant 4 \\ 0, & \text{其他 }n\text{ 值}\end{cases}=\{-1,\ 0,\ \underset{\uparrow}{1},\ 2,\ 3,\ 4,\ 5\}$$

则抽取序列为($m=2$)为

$$x(2n)=\{0,\ -1,\ \underset{\uparrow}{1},\ 3,\ 5,\ 0\}$$

插值序列($m=2$)为

$$x\left(\dfrac{n}{2}\right)=\{-1,\ 0,\ 0,\ 0,\ \underset{\uparrow}{1},\ 0,\ 2,\ 0,\ 3,\ 0,\ 4,\ 0,\ 5\}$$

8. 线性卷积和

对于任意两个序列 $x_1(n)$ 和 $x_2(n)$,其线性卷积和的定义为

$$y(n)=x_1(n)*x_2(n)=\sum_{m=-\infty}^{+\infty}x_1(m)x_2(n-m) \tag{1-8}$$

根据式(1-8),卷积和运算可以通过以下几个步骤来完成。

(1) 变量代换。将序列的自变量 n 变为 m,得到序列 $x_1(m)$ 和 $x_2(m)$。
(2) 序列翻褶。将两序列之一,如 $x_2(m)$ 翻褶,得到 $x_2(-m)$。
(3) 序列移位。对于给定的一个 n 值,将 $x_2(-m)$ 移位得到

$$x_2(n-m)=x_2[-(m-n)]$$

式中,$n>0$ 时序列 $x_2(-m)$ 右移 n 位,$n<0$ 时序列左移。

(4) 序列相乘。将序列 $x_1(m)$ 和 $x_2(n-m)$ 相乘，得到乘积 $x_1(m)x_2(n-m)$。

(5) 序列求和。对序列 $x_1(m)x_2(n-m)$ 中的各序列值求和，即得到 $y(n)$。

(6) 将 n 在 $(-\infty, +\infty)$ 内依次取值，重复第(3)~(5)步操作，进而得到卷积和 $y(n)=x_1(n)*x_2(n)$ 的结果。

在卷积和的运算过程中，第(5)步中求和区间的确定是很关键的，它对应于序列 $x_1(m)$ 和 $x_2(n-m)$ 非零值的重叠区间。注意，求和是在哑变量(虚设)m 下进行的，公式中 m 为求和变量，n 为参变量，卷积和结果是 n 的函数。

对于长度分别是 N_1 和 N_2 的有限长序列 $x_1(n)$ 和 $x_2(n)$，其卷积和
$$y(n)=x_1(n)*x_2(n)$$
的长度为 $N=N_1+N_2-1$。

【例 1-5】 设
$$x_1(n)=\begin{cases}n+1, & -2\leqslant n\leqslant 4 \\ 0, & 其他 n 值\end{cases}, \quad x_2(n)=\begin{cases}2, & 0\leqslant n\leqslant 3 \\ 0, & 其他 n 值\end{cases}$$

求卷积和 $y(n)=x_1(n)*x_2(n)$

解：由定义可知
$$y(n)=x_1(n)*x_2(n)=\sum_{m=-\infty}^{+\infty}x_1(m)x_2(n-m)$$

1) 图解法

卷积和的图解过程及结果，如图 1.9 所示。

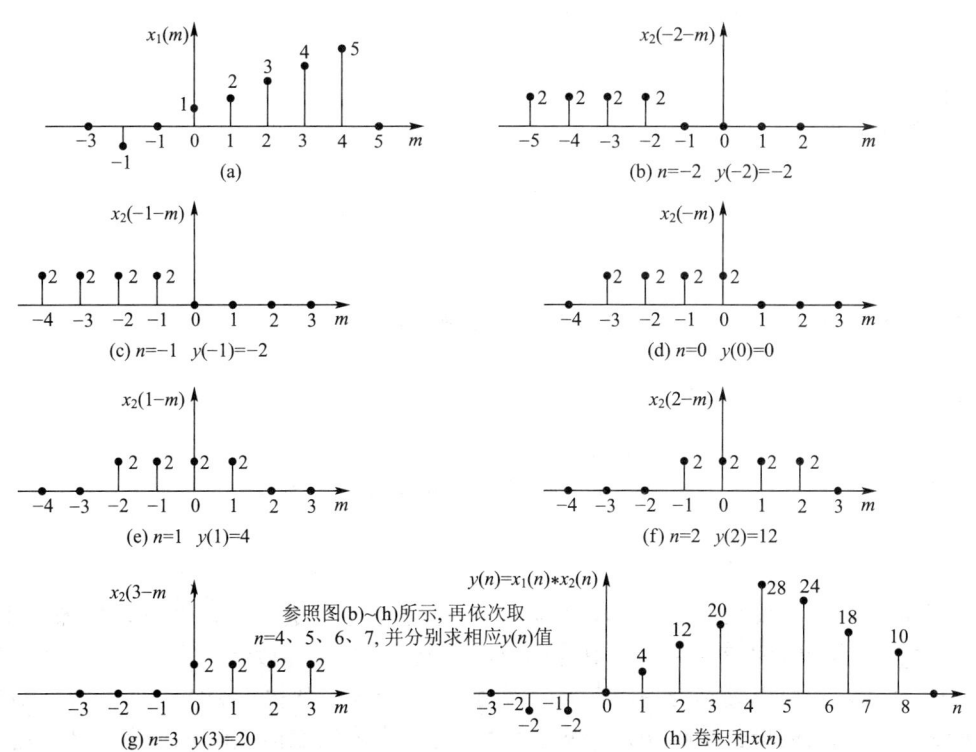

图 1.9 例 1.5 图解法示意图

2) 解析法

$x_1(m)$ 的非零区间在 $-2 \leqslant m \leqslant 4$，$x_2(n-m)$ 的非零值区间为 $0 \leqslant n-m \leqslant 3$，即 $n-3 \leqslant m \leqslant n$，则根据序列 $x_1(m)$ 和 $x_2(n-m)$ 非零值区间的重叠情况，可得

(1) 当 $n \leqslant -3$ 或 $n-3 \geqslant 5$ 时，即 $n \leqslant -3$ 或 $n \geqslant 8$ 时，序列 $x_1(m)$ 和 $x_2(n-m)$ 非零值区间没有重叠，故其相应卷积和 $y(n)=0$。

(2) 当 $-2 \leqslant n \leqslant 0$ 时，$y(n) = \sum_{m=-2}^{n} 2(m+1) = 2\sum_{m=-2}^{n}(m+1) = n^2+3n$。

(3) 当 $1 \leqslant n \leqslant 4$ 时，$y(n) = \sum_{m=n-3}^{n} 2(m+1) = 2\sum_{m=n-3}^{n}(m+1) = 8n-4$。

(4) 当 $5 \leqslant n \leqslant 7$ 时，$y(n) = \sum_{m=n-3}^{4} 2(m+1) = 2\sum_{m=n-3}^{4}(m+1) = 24+5n-n^2$。

所以，卷积和 $y(n)=x_1(n)*x_2(n)=\begin{cases} 0, & n \leqslant -3 \text{ 或 } n \geqslant 8 \\ n^2+3n, & -2 \leqslant n \leqslant 0 \\ 8n-4, & 1 \leqslant n \leqslant 4 \\ 24+5n-n^2, & 5 \leqslant n \leqslant 7 \end{cases}$

由式(1-8)看出，卷积和与两序列的先后次序无关。

证明：

令 $n-m=m'$ 代入式(1-8)，然后再将 m' 换成 m，即得

$$y(n) = \sum_{m=-\infty}^{+\infty} x_2(m) x_1(n-m)$$

因此

$$y(n)=x_1(n)*x_2(n)=x_2(n)*x_1(n)$$

9. 序列能量

序列 $x(n)$ 的能量 E 定义为序列各采样值的平方和，即

$$E = \sum_{n=-\infty}^{+\infty} |x(n)|^2 \tag{1-9}$$

1.2.3 常用的离散序列以及任意序列和单位采样序列间的关系

1. 常用的离散时间序列

1) 单位采样序列（单位冲激）$\delta(n)$

单位采样序列又称单位脉冲序列，用符号 $\delta(n)$ 表示，定义为

$$\delta(n) = \begin{cases} 1, & n=0 \\ 0, & n \neq 0 \end{cases} \quad \text{或} \quad \delta(n-m) = \begin{cases} 1, & n=m \\ 0, & n \neq m \end{cases} \tag{1-10}$$

在取值上，$\delta(n)$ 仅在 $n=0$ 时取值为 1，其他序列点上的取值均为零，如图 1.10 所示。它类似于连续时间信号和系统中的单位冲激函数 $\delta(t)$，但须注意：在 $t=0$ 时，$\delta(t)$ 取值为无穷大，即可以理解为一个在 $t=0$ 处脉宽趋于零、脉幅无穷大、面积为 1 的窄脉冲（非现实信号）；而单位采样序列 $\delta(n)$ 在 $t=0$ 时有明确的取值，即 $\delta(0)=1$ 是确定的有限值（现实序列）。

(1) 利用相乘运算，$\delta(n)$ 对任意序列 $x(n)$ 的点截取（抽取）作用可以表示为

$$x(n)\delta(n) = x(0)\delta(n) = \begin{cases} x(n), & n=0 \\ 0, & n \neq 0 \end{cases} \qquad (1-11\text{a})$$

或

$$x(n)\delta(n-m) = x(m)\delta(n-m) = \begin{cases} x(n), & n=m \\ 0, & n \neq m \end{cases} \qquad (1-11\text{b})$$

由式(1-11)可以得出，利用 $\delta(n)$ 及其移位序列 $\delta(n-m)$ 可以抽取出序列 $x(n)$ 的任意一个序列值。

(2) 根据卷积和定义，利用 $x(m)\delta(n-m) = x(n)\delta(m-n)$，可得

$$x(n) * \delta(n) = \sum_{m=-\infty}^{+\infty} x(m)\delta(n-m) = \sum_{m=-\infty}^{+\infty} x(n)\delta(m-n) = x(n)\sum_{m=-\infty}^{+\infty}\delta(m-n) = x(n)$$

同理可得 $x(n) * \delta(n-m) = x(n-m)$，即序列 $x(n)$ 与一个移位的单位采样序列 $\delta(n-m)$ 的线性卷积和等于序列 $x(n)$ 本身移位 m 位。

所以，任意序列 $x(n)$ 都可以用 $\delta(n)$ 及其移位序列的线性组合来表示，加权系数为 $x(n)$ 的各序列值。例如

$$x(n) = \begin{cases} n+1, & -2 \leqslant n \leqslant 4 \\ 0, & \text{其他 } n \text{ 值} \end{cases} = \{-1, 0, \underset{\uparrow}{1}, 2, 3, 4, 5\}$$

可以表示为

$$x(n) = -\delta(n+2) + \delta(n) + 2\delta(n-1) + 3\delta(n-2) + 4\delta(n-3) + 5\delta(n-4)$$

2) 单位阶跃序列 $u(n)$

$$u(n) = \begin{cases} 1, & n \geqslant 0 \\ 0, & n < 0 \end{cases} \qquad (1-12)$$

单位阶跃序列见图 1.11，它在离散时间信号与系统中的作用类似于连续时间信号与系统中的单位阶跃函数 $u(t)$，可用于表示单边信号（序列）的非零值区间，或对任意信号（序列）进行单边截取。但需注意的是：$u(t)$ 在 $t=0$ 处发生跳变，通常不予定义 $\left(\text{或定义为} \dfrac{1}{2}\right)$；而 $u(n)$ 在 $n=0$ 处定义为 1，是一个确定值。

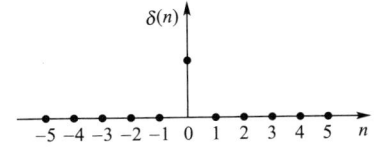

图 1.10 单位采样序列

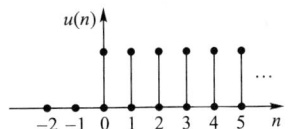

图 1.11 单位阶跃序列

(1) 利用相乘运算，$u(n)$ 对任意序列 $x(n)$ 的单边截取作用可以表示为

$$x(n)u(n) = \begin{cases} x(n), & n \geqslant 0 \\ 0, & n \leqslant -1 \end{cases} \qquad (1-13\text{a})$$

或

$$x(n)u(n-m) = \begin{cases} x(n), & n \geqslant m \\ 0, & n \leqslant m-1 \end{cases} \qquad (1-13\text{b})$$

(2) 根据卷积和定义，可得

$$x(n)*u(n)=\sum_{m=-\infty}^{+\infty}x(m)u(n-m)=\sum_{m=-\infty}^{n}x(m)u(n-m)=\sum_{m=-\infty}^{n}x(m)$$

特别地，利用卷积和运算性质可以得出 $u(n)$ 与 $\delta(n)$ 满足如下运算关系

$$u(n)=u(n)*\delta(n)=\sum_{m=-\infty}^{+\infty}u(m)\delta(n-m)=\sum_{m=0}^{+\infty}u(m)\delta(n-m)=\sum_{m=0}^{+\infty}\delta(n-m)$$

$$\delta(n)=u(n)-u(n-1)=\nabla u(n)$$

在连续时间信号与系统中的单位阶跃函数 $u(t)$ 和单位冲激函数 $\delta(t)$，满足微积分关系；而在离散时间系统中，$u(n)$ 与 $\delta(n)$ 满足的却是累加或差分运算关系。

3) 单位矩形序列 $R_N(n)$

$$R_N(n)=\begin{cases}1, & 0\leqslant n\leqslant N-1\\ 0, & \text{其他 }n\text{ 值}\end{cases} \tag{1-14}$$

式中，N 为正整数，表示序列的长度。

(1) 利用相乘运算，$R_N(n)$ 对任意序列 $x(n)$ 的有限长截取（窗截取）作用可以表示为

$$x(n)R_N(n)=\begin{cases}x(n), & 0\leqslant n\leqslant N-1\\ 0, & \text{其他 }n\text{ 值}\end{cases} \tag{1-15a}$$

或

$$x(n)R_N(n-m)=\begin{cases}x(n), & m\leqslant n\leqslant N+m-1\\ 0, & \text{其他 }n\text{ 值}\end{cases} \tag{1-15b}$$

例如，有限长序列

$$x(n)=\begin{cases}n+1, & -2\leqslant n\leqslant 4\\ 0, & \text{其他 }n\text{ 值}\end{cases}$$

可以表示为

$$x(n)=(n+1)[u(n+2)-u(n-4)]=(n+1)R_7(n+2)$$

(2) $R_N(n)$ 与 $u(n)$、$\delta(n)$ 满足如下运算关系

$$R_N(n)=\sum_{m=0}^{N-1}\delta(n-m)=u(n)-u(n-N)$$

【例 1-6】 设

$$x(n)=\begin{cases}n+1, & -2\leqslant n\leqslant 4\\ 0, & \text{其他 }n\text{ 值}\end{cases}$$

请作出 $x(n)\delta(n-2)$，$x(n)\delta(n+2)$，$x(n)u(n-1)$，$x(n)R_3(n)$ 和 $x(n)R_3(n-1)$ 的波形图。

解： 本题能够说明 $\delta(n)$、$u(n)$ 和 $R_N(n)$ 对序列 $x(n)$ 的不同截取作用，各序列如图 1.12 所示。

4) 单边实指数序列

$$x(n)=a^n u(n) \tag{1-16}$$

式中，a 为实数。当 $|a|<1$ 时，序列收敛（呈衰减变化）；当 $|a|>1$ 时，序列发散（呈增幅变化）。当 $a<0$ 时，序列值正、负摆动；当 $a>0$ 时，序列值恒为正值。

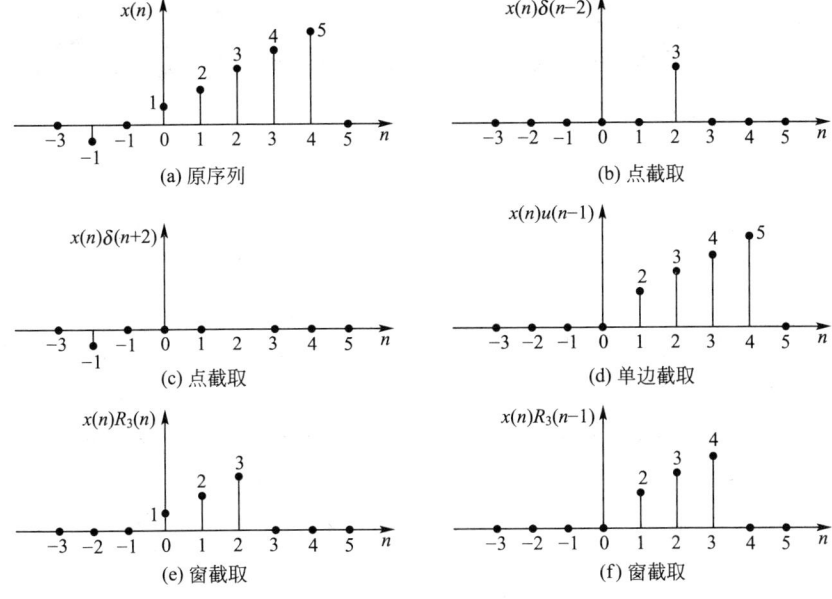

图 1.12 序列的截取

5) 单边复指数序列

$$x(n) = e^{(\sigma + j\omega_0)n} u(n) \tag{1-17a}$$

或

$$x(n) = e^{j\omega_0 n} u(n) \tag{1-17b}$$

复指数序列具有实部和虚部,其中 ω_0 是复正弦的数字域频率。例如,利用欧拉公式

$$e^{j\omega_0 n} = \cos\omega_0 n + j\sin\omega_0 n$$

式(1-17a)又可写为

$$x(n) = e^{\sigma n}(\cos\omega_0 n + j\sin\omega_0 n)u(n) = [e^{\sigma n}\cos\omega_0 n + je^{\sigma n}\sin\omega_0 n]u(n)$$

如果用极坐标表示,则又可写为

$$x(n) = e^{(\sigma + j\omega_0)n} u(n) = e^{\sigma n} \cdot e^{j\omega_0 n} u(n) = |x(n)| e^{j\arg[x(n)]} u(n)$$

因此

$$|x(n)| = e^{\sigma n}, \quad \arg[x(n)] = \omega_0 n$$

6) 正弦序列

$$x(n) = A\sin(\omega_0 n + \varphi) \tag{1-18}$$

式中,A 为幅值,ω_0 为数字频率(单位为弧度,rad),φ 为初相位。

2. 序列的周期性

如果对所有的 n 存在一个最小的正整数 N,满足

$$x(n) = x(n + mN), \quad (m = 0, \pm 1, \pm 2, \cdots) \tag{1-19}$$

则称序列 $x(n)$ 是周期性序列,记为 $\tilde{x}(n)$,周期为 N(正整数)。

下面讨论正弦序列的周期性。

由于

$$x(n)=A\sin(\omega_0 n+\varphi)$$

则
$$x(n+N)=A\sin[\omega_0(n+N)+\varphi]=A\sin[n\omega_0+N\omega_0+\varphi]$$

当
$$N\omega_0=2k\pi,\quad k\in Z$$

则有
$$x(n)=x(n+N)$$

即
$$A\sin(\omega_0 n+\varphi)=A\sin[\omega_0(n+N)+\varphi]$$

这时正弦序列为周期序列，其周期满足 $N=2k\pi/\omega_0$（N，k 必须为整数）。可分以下几种情况，现讨论如下。

(1) 当 $2\pi/\omega_0$ 为整数时，只要 $k=1$，$N=2\pi/\omega_0$ 就为最小正整数，序列的周期即为 $2\pi/\omega_0$。

(2) 当 $2\pi/\omega_0$ 不是整数，而是一个有理数（表示为分数）时，即 $\dfrac{2\pi}{\omega_0}=\dfrac{N}{k}$。其中，$k$ 和 N 为互素的整数，则 $N=\dfrac{2\pi}{\omega_0}k$ 即为序列的周期。

(3) 当 $2\pi/\omega_0$ 是无理数时，无论 k 取任何整数都无法使 $2\pi k/\omega_0$ 得到一个整数，所以此时的正弦序列 $x(n)=A\sin(\omega_0 n+\varphi)$ 为非周期序列。

由此可知，对于连续时间正弦信号 $x_a(t)=A\sin(\Omega_0 t+\varphi)$ 来说，它一定是周期信号，而且周期 $T_0=2\pi/\Omega_0$。但是，正弦序列 $x(n)=A\sin(\omega_0 n+\varphi)$ 却不一定是周期序列，这取决于 $2\pi/\omega_0$ 是否为有理数。在这里，ω_0 称为序列的数字频率，而 Ω_0 称为连续时间信号的角频率，两者满足以下关系

$$\omega_0=\Omega_0 T=\Omega_0\frac{1}{f_s}=2\pi\frac{f_0}{f_s}$$

这里 f_s 是采样频率，f_0 是连续正弦信号的频率。可以看出，ω_0 是一个相对频率，在数值上它是连续正弦信号的频率 f_0 对采样频率 f_s 的相对频率乘以 2π，或者说是连续正弦信号的角频率 Ω_0 对采样频率 f_s 的相对频率。

对于和序列，形如 $x(n)=x_1(n)+x_2(n)$ 的周期性判定，要求序列 $x_1(n)$ 和 $x_2(n)$ 分别是以 N_1 和 N_2 为周期的序列，且 N_1 和 N_2 存在公倍数，则其最小公倍数 N 即为序列 $\tilde{x}(n)$ 的周期。

【例 1-7】 判断下列序列是否为周期序列；如果是周期序列，求出其周期 N 的值。

(1) $x_1(n)=\sin\left(\dfrac{5\pi}{8}n+1\right)+7\sin\left(\dfrac{n}{6}-1\right)$

(2) $x_2(n)=\cos\left(\dfrac{\pi}{6}n+1\right)+3\sin\left(\dfrac{3\pi}{4}n-1\right)$

解：若两个周期序列 $\tilde{x}_1(n)$、$\tilde{x}_2(n)$ 的周期具有公倍数，则其和序列 $x(n)=\tilde{x}_1(n)+\tilde{x}_2(n)$ 仍然是周期序列，记为 $\tilde{x}(n)$，其周期是 $\tilde{x}_1(n)$、$\tilde{x}_2(n)$ 周期的最小公倍数。

(1) 对于分量 $\sin\left(\dfrac{5\pi}{8}n+1\right)$，$\omega_1=\dfrac{5\pi}{8}$，$\dfrac{2\pi}{\omega_1}=\dfrac{16}{5}$ 为有理数，所以 $\sin\left(\dfrac{5\pi}{8}n+1\right)$ 为周期序

列，其周期值 $N_1=16$；对于分量 $7\sin\left(\dfrac{n}{6}-1\right)$，$\omega_2=\dfrac{1}{6}$，$\dfrac{2\pi}{\omega_2}=\dfrac{2\pi}{1/6}=12\pi$ 为无理数，不是周期序列。所以，$x_1(n)=\sin\left(\dfrac{5\pi}{8}n+1\right)+7\sin\left(\dfrac{n}{6}-1\right)$ 不是周期序列。

(2) 对于分量 $\cos\left(\dfrac{\pi}{6}n+1\right)$，$\omega_1=\dfrac{\pi}{6}$，$\dfrac{2\pi}{\omega_1}=\dfrac{2\pi}{\pi/6}=12$ 为整数，是 $N_1=12$ 的周期序列；对于分量 $3\sin\left(\dfrac{3\pi}{4}n-1\right)$，$\omega_2=\dfrac{3\pi}{4}$，$\dfrac{2\pi}{\omega_2}=\dfrac{2\pi}{3\pi/4}=\dfrac{8}{3}$ 为有理数，是 $N_2=8$ 的周期序列。N_1 和 N_2 存在公倍数，且其最小公倍数为 $N=24$，所以 $x_2(n)=\cos\left(\dfrac{\pi}{6}n+1\right)+3\sin\left(\dfrac{3\pi}{4}n-1\right)$ 是周期序列，以 $N=24$ 为周期。

3. 用单位采样序列表示任意序列

根据单位采样序列 $\delta(n)$ 及移位序列 $\delta(n-m)$ 的采样性，即

$$x(n)\delta(n)=x(0)\delta(n), \quad x(n)\delta(n-m)=x(m)\delta(n-m)$$

可将任意序列 $x(n)$ 用单位采样序列及其移位序列表示，即

$$x(n)=\cdots+x(-1)\delta(n+1)+x(0)\delta(n)+x(1)\delta(n-1)+x(2)\delta(n-2)+\cdots$$

$$=\sum_{m=-\infty}^{+\infty}x(m)\delta(n-m)=x(n)*\delta(n) \tag{1-20}$$

可见，任意离散时间信号在时域可表示为 $\delta(n-m)$ 的线性组合，或者为在不同离散信号上出现的具有不同加权值的离散序列和。对于右边的序列，有 $x(n)=\sum\limits_{m=0}^{+\infty}x(m)\delta(n-m)$ 成立。

1.3 时域离散系统

离散时间系统(简称离散系统)是将输入序列变换成输出序列的一种运算。若以 $T[\cdot]$ 来表示这种运算，则一个离散时间系统可由图 1.13 所示的过程来表示，即

$$y(n)=T[x(n)]$$

也可以简记为 $x(n)\to y(n)$。

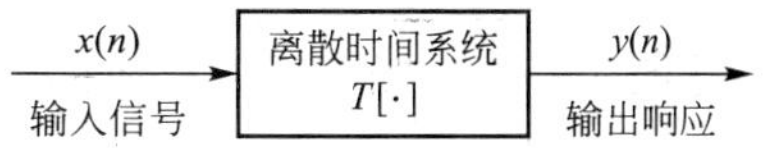

图 1.13 离散时间系统

本书所要研究的是"线性移不变"的离散时间系统。

1.3.1 线性系统

当且仅当 $T[\cdot]$ 满足叠加原理，即，若某一输入是由 N 个信号的加权和组成，则输出就是系统对这几个信号中每一个的响应的同样加权和组成，那么该系统为线性系统。叠加原理实际上包含了以下两个性质。

1. 比例性(或称齐次性、均匀性)

对于常数 a，如果 $y(n)=T[x(n)]$ 成立，则有 $ay(n)=T[ax(n)]$ 成立。

2. 可加性

设 $y_1(n)=T[x_1(n)]$，$y_2(n)=T[x_2(n)]$ 成立，则 $y_1(n)+y_2(n)=T[x_1(n)+x_2(n)]$ 成立。

综合上述两点，对于任意常数 a_1 和 a_2，$y(n)=T[x(n)]$ 成立，叠加定理可以表示为

$$T[a_1x_1(n)+a_2x_2(n)]=a_1T[x_1(n)]+a_2T[x_2(n)]=a_1y_1(n)+a_2y_2(n) \qquad (1-21)$$

不满足比例性或可加性的系统称为非线性系统。若要证明系统是线性系统，则必须证明系统同时满足比例性和可加性；而要说明一个系统是非线性的，则只要说明它不满足两者之一即可。另外指出线性系统的一个特征：在全部时间为零输入时，其输出也恒等于零，即零输入产生零输出。

1.3.2 时不变系统

如果系统对输入信号的响应与信号施加于系统的时间无关，即系统对输入信号的运算关系 $T[\cdot]$ 在整个运算过程中不随时间变化，则系统具有时不变性，或称该系统为移不变系统。对于移不变系统，若

$$T[x(n)]=y(n)$$

则对于任意整数 n_0，有

$$T[x(n-n_0)]=y(n-n_0) \qquad (1-22)$$

例如，对于 $y(n)=T[x(n)]=nx(n)$，可以通过特例来说明它是移变的。如果取激励 $x_1(n)=\delta(n)$，可得 $y_1(n)=T[x_1(n)]=n\delta(n)=0$，而对于激励 $x_2(n)=x_1(n-1)=\delta(n-1)$，则有 $y_2(n)=T[x_2(n)]=n\delta(n-1)=\delta(n-1)$，显然在激励移位 1 位的情况下，响应 $y_2(n)$ 不是 $y_1(n)$ 的简单移位，因而系统是移变系统。

实际上，当系统存在一个移变的增益，则此系统一定是移变系统。由于离散时间系统的时移是通过序列移位运算实现的，系统的时不变性又被称为移不变性(Shift - Invariance)。同时满足线性和时不变性的系统，称为线性时不变(LTI)系统，相应的离散时间系统也可以称之为线性移不变(LSI)系统。为更好地与连续时间系统有所区分，在离散时间系统用"线性移不变(LSI)"表征系统特性。

【例 1-8】 分析下列系统的线性与移不变性。

(1) $y(n)=ax(n)+b$，(a, b 是常数)

(2) $y(n)=2x(n)\sin\left(\dfrac{2\pi}{9}n+\dfrac{\pi}{7}\right)$

解：(1) 先来分析系统是否为线性系统。令 $x_1(n)$，$x_2(n)$ 为系统的输入，得到系统输出分别为

$$y_1(n)=T[x_1(n)]=ax_1(n)+b$$
$$y_2(n)=T[x_2(n)]=ax_2(n)+b$$

再取系统输入序列为 $x(n)=x_1(n)+x_2(n)$，得

$$y(n)=T[x_1(n)+x_2(n)]=ax_1(n)+ax_2(n)+b$$
$$y(n)\neq y_1(n)+y_2(n)=ax_1(n)+ax_2(n)+2b$$

因此，该系统不是线性系统。

下面分析系统的移不变性。由 $y(n)=T[x(n)]=ax(n)+b$，得输入延迟 n_0 后的输出为
$$T[x(n-n_0)]=ax(n-n_0)+b$$
而
$$y(n-n_0)=ax(n-n_0)+b$$
有
$$y(n-n_0)=T[x(n-n_0)]$$
因此，该系统为移不变系统。

(2) 同第(1)题，先分析系统是否为线性系统，令 $x_1(n)$，$x_2(n)$ 为系统的输入，得到系统输出分别为
$$y_1(n)=T[x_1(n)]=2x_1(n)\sin\left(\frac{2\pi}{9}n+\frac{\pi}{7}\right)$$
$$y_2(n)=T[x_2(n)]=2x_2(n)\sin\left(\frac{2\pi}{9}n+\frac{\pi}{7}\right)$$
对于任意常数 a_1 和 a_2，有
$$T[a_1x_1(n)+a_2x_2(n)]=2[a_1x_1(n)+a_2x_2(n)]\sin\left(\frac{2\pi}{9}n+\frac{\pi}{7}\right)$$
而
$$a_1y_1(n)+a_2y_2(n)=2a_1x_1(n)\sin\left(\frac{2\pi}{9}n+\frac{\pi}{7}\right)+2a_2x_2(n)\sin\left(\frac{2\pi}{9}n+\frac{\pi}{7}\right)$$
经整理，得
$$a_1y_1(n)+a_2y_2(n)=T[a_1x_1(n)+a_2x_2(n)]$$
因此，该系统是线性系统。

下面分析系统的移不变性。由
$$y(n)=T[x(n)]=2x(n)\sin\left(\frac{2\pi}{9}n+\frac{\pi}{7}\right)$$
得输入延迟 n_0 后的输出为
$$T[x(n-n_0)]=2x(n-n_0)\sin\left(\frac{2\pi}{9}n+\frac{\pi}{7}\right)$$
而
$$y(n-n_0)=2x(n-n_0)\sin\left[\frac{2\pi}{9}(n-n_0)+\frac{\pi}{7}\right]$$
有
$$y(n-n_0)\neq T[x(n-n_0)]$$
因此，该系统为移变系统。

对于本题中的非线性系统 $y(n)=T[x(n)]=ax(n)+b$，也可以通过验证在取 $x(n)=0$ 时的响应 $y(n)=T[x(n)]=a\times 0+b=b\neq 0$ 来证明系统的非线性。其实，这个系统的输出可以看成是，反映该系统初始储能的零输入响应(对应激励为 $x(n)=0$ 时的输出)$y_0(n)=b$ 与一个线性系统 $y_1(n)=T[x(n)]=ax(n)$ 之和，如图 1.14 所示。

实际上，有大量如图 1.14 所示的系统，这种系统可称为增量线性系统，也就是说，这类系统

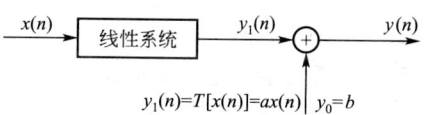

图 1.14 增量线性系统

的响应对于输入中的变化部分是呈线性变化的。

可验证，对于增量线性系统，任意两个输入的响应之差是这两个输入差的线性函数（满足可加性和比例性）。即对于 $y(n)=ax(n)+b$，例如 $y_1(n)=ax_1(n)+b$，$y_2(n)=ax_2(n)+b$，则 $y_1(n)-y_2(n)=a[x_1(n)-x_2(n)]$ 是线性的。

1.3.3 线性移不变(LSI)系统的单位采样响应

设系统的输入 $x(n)=\delta(n)$，并且系统的输出 $y(n)$ 的初始状态为零，将这种条件下系统的输出称为系统的单位采样响应，又称单位脉冲响应，用 $h(n)$ 表示。换句话说，单位采样响应 $h(n)$ 就是系统对激励 $x(n)=\delta(n)$ 的零状态响应，用公式表示为

$$h(n)=T[\delta(n)] \tag{1-23}$$

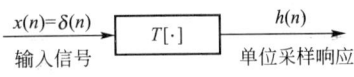

图 1.15 单位采样响应

单位采样响应 $h(n)$ 和模拟系统中的单位冲激响应 $h(t)$ 相类似，都代表了系统的时域特征，如图 1.15 所示。下面推导 LSI 系统在任意序列 $x(n)$ 激励下的零状态响应 $y(n)$。

设 LSI 系统的输入为 $x(n)$，又知任意序列可以表示为单位脉冲序列移位加权和形式，即

$$x(n)=\sum_{m=-\infty}^{+\infty}x(m)\delta(n-m)$$

则系统输出 $y(n)$ 可以表示为

$$y(n)=T[x(n)]=T\Big[\sum_{m=-\infty}^{+\infty}x(m)\delta(n-m)\Big]$$

根据线性系统的叠加原理，有

$$y(n)=\sum_{m=-\infty}^{+\infty}x(m)T[\delta(n-m)]$$

由式(1-23)知，$\delta(n)\to h(n)$，根据 LSI 系统的移不变性，必有 $\delta(n-m)\to h(n-m)$，即 $T[\delta(n-m)]=h(n-m)$ 成立。

所以，系统的输出为

$$y(n)=\sum_{m=-\infty}^{+\infty}x(m)T[\delta(n-m)]=\sum_{m=-\infty}^{+\infty}x(m)h(n-m)=x(n)*h(n) \tag{1-24}$$

这说明，LSI 系统的输出（零状态响应）等于输入序列与该系统的单位采样响应的卷积和。

【例 1-9】 已知输入 $x(n)=a^n u(n)$，单位采样响应 $h(n)=u(n)$，求系统零状态输出 $y(n)$。

解：按照式(1-24)，即 $y(n)=x(n)*h(n)=\sum\limits_{m=-\infty}^{+\infty}x(m)h(n-m)$，因为在式中，$x(m)=a^m u(m)$ 仅在 $m\geqslant 0$ 时取非零值 a^m，$h(n-m)=u(n-m)$ 仅在 $m\leqslant n$ 时取非零值 1，因此积分区间受限于 $0\leqslant m\leqslant n$，即系统输出为

$$y(n)=\sum_{m=0}^{n}[a^m u(m)\cdot u(n-m)]=\sum_{m=0}^{n}a^m=\frac{1-a^{n+1}}{1-a}u(n)$$

第1章 时域离散信号与系统

【**例1-10**】 已知输入 $x(n)=u(n)$，经过级联系统输出如图 1.16(a)所示。$h_1(n)=a^n u(n)$，$|a|<1$，$h_2(n)=\delta(n)-\delta(n-4)$，求 $y(n)$。

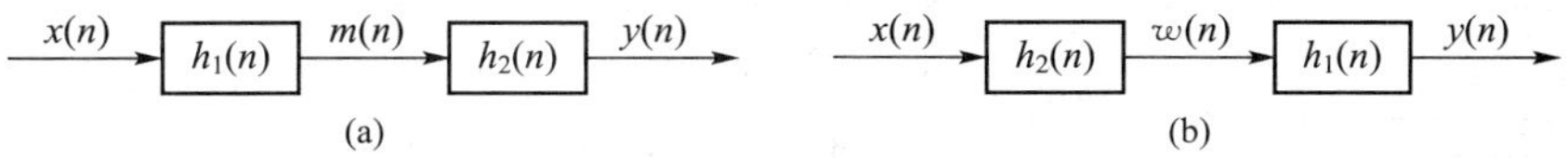

图 1.16 级联系统输出框图

解：根据卷积和运算的结合律与分配律，由图 1.16(a)所示框图可得系统输出为

$$y(n)=m(n)*h_2(n)=[x(n)*h_1(n)]*h_2(n)$$

根据例 1-9 可知

$$m(n)=[x(n)*h_1(n)]=\sum_{m=0}^{n}a^m=\frac{1-a^{n+1}}{1-a}u(n)$$

所以

$$y(n)=m(n)*h_2(n)=m(n)*[\delta(n)-\delta(n-4)]=m(n)-m(n-4)$$

可得

$$y(n)=m(n)-m(n-4)=\frac{1-a^{n+1}}{1-a}u(n)-\frac{1-a^{n-3}}{1-a}u(n-4)$$

另解：由图 1.16(b)所示框图可得系统输出为

$$y(n)=x(n)*h_1(n)*h_2(n)=x(n)*h_2(n)*h_1(n)=w(n)*h_1(n)$$

其中

$$w(n)=x(n)*h_2(n)=u(n)*[\delta(n)-\delta(n-4)]=u(n)-u(n-4)$$

而又知

$$u(n)-u(n-4)=R_4(n)=\delta(n)+\delta(n-1)+\delta(n-2)+\delta(n-3)$$

所以，系统的输出又可以表示为

$$y(n)=w(n)*h_1(n)=[\delta(n)+\delta(n-1)+\delta(n-2)+\delta(n-3)]*h_1(n)$$
$$=h_1(n)+h_1(n-1)+h_1(n-2)+h_1(n-3)$$
$$=a^n u(n)+a^{n-1}u(n-1)+a^{n-2}u(n-2)+a^{n-3}u(n-3)$$

线性移不变系统具有如下性质。

1) 交换律

由于卷积和运算的结果与两卷积序列的次序无关，故有

$$y(n)=x(n)*h(n)=h(n)*x(n)$$

这就是说，如果把系统的单位采样响应 $h(n)$ 改作输入，而把输入 $x(n)$ 改作系统的单位采样响应，则输出 $y(n)$ 不变，如图 1.17 所示。

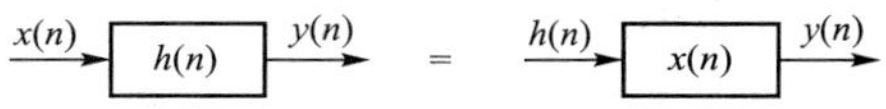

图 1.17 卷积和服从交换率

2) 结合律

可以证明卷积和服从结合律，即

$$x(n)*h_1(n)*h_2(n)=[x(n)*h_1(n)]*h_2(n)$$
$$=x(n)*[h_1(n)*h_2(n)]$$
$$=[x(n)*h_2(n)]*h_1(n)$$

这就是说，两个线性移不变系统级联后仍构成一个线性移不变系统，其单位采样响应是两系统各自单位采样响应的卷积和，且与它们的级联次序无关，如图 1.18 所示。

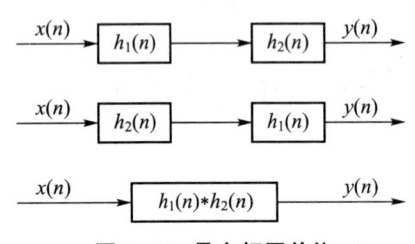

图 1.18 具有相同单位采样响应的 3 个系统

3) 分配律

卷积和满足以下关系

$$x(n) * [h_1(n) + h_2(n)] = x(n) * h_1(n) + x(n) * h_2(n)$$

也就是说，两个线性时不变系统的并联等效系统的单位采样响应等于两系统各自单位采样响应之和，如图 1.19 所示。

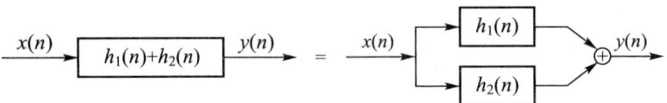

图 1.19 线性移不变系统的并联组合

1.3.4 因果系统

如果系统在 n 时刻的输出，只取决于 n 时刻以及 n 时刻以前的输入序列，而与 n 时刻以后的输入序列无关，则称该系统具有因果性，或称该系统为因果系统。如果 n 时刻的输出还取决于 n 时刻以后的输入序列，在时间上违背了因果性，相应的系统也就无法物理实现。因此，系统的因果性也就是指系统的可实现性。

LSI 系统为因果系统的充分必要条件是系统的单位采样响应 $h(n)$ 满足

$$h(n) = 0, \quad n < 0 \quad (1-25)$$

满足式(1-25)的序列称为因果序列，因此因果系统的单位采样响应必然是因果序列。

根据 LSI 系统的输出

$$y(n) = x(n) * h(n) = \sum_{m=-\infty}^{+\infty} x(m) h(n-m)$$

当 $n-m<0$，即 $m>n$ 时 $h(n-m) \neq 0$，则在此累加运算中，输出 $y(n)$ 就必然与 $m>n$ 时刻的输入有关，即与未来的输入有关，相应的系统就不是因果系统。

值得进一步说明的是，对于模拟系统，非因果系统的确不能实现；但是对于数字系统，利用系统中数据的存储性能，有些非因果系统可以实现，有些非因果系统可以近似实现，但无法做到实时性，也就是说系统输出存在延时。

1.3.5 稳定系统

当系统的输入有界时，系统的输出也是有界的，也就是说，有界的输入产生有界的输出(BIBO)，则称该系统是稳定系统。同系统的因果性一样，系统的稳定性也可根据单位采样响应 $h(n)$ 的特性进行判断，对于 LSI 系统，系统稳定的充分必要条件是系统的单位采样响应 $h(n)$ 绝对可和，用公式表示为

$$\sum_{n=-\infty}^{+\infty} |h(n)| < \infty \quad (1-26)$$

证明：(1) 充分性。假定系统的输入为 $x(n)$，则其输出

$$y(n) = h(n) * x(n) = \sum_{m=-\infty}^{\infty} h(m)x(n-m)$$

两边同取绝对值，得

$$|y(n)| = \left|\sum_{m=-\infty}^{\infty} h(m)x(n-m)\right| \leqslant \sum_{m=-\infty}^{\infty} |h(m)| \cdot |x(n-m)|$$

因为输入序列 $x(n)$ 有界，即 $|x(n)| < B$，$-\infty < n < \infty$，B 为任意常数因此

$$|y(n)| \leqslant B \sum_{m=-\infty}^{\infty} |h(m)|$$

如果系统的单位采样响应 $h(n)$ 满足 $\sum_{n=-\infty}^{\infty} |h(n)| \leqslant M < \infty$，则系统输出一定也是有界的。即 $|y(n)| < \infty$，所以系统是稳定的。

(2) 必要性。用反证法证明必要性。已知系统稳定，$h(n)$ 不满足式(1-26)，假设

$$\sum_{n=-\infty}^{\infty} |h(n)| = \infty$$

那么，可以找到一个有界的输入引起无界的输出，譬如取

$$x(n) = \begin{cases} 1, & h(-n) \geqslant 0 \\ -1, & h(-n) < 0 \end{cases}$$

则

$$y(0) = \sum_{m=-\infty}^{\infty} x(m)h(n-m) = \sum_{m=-\infty}^{\infty} |h(-m)| = \sum_{m=-\infty}^{\infty} |h(m)| = \infty$$

这说明在 $n=0$ 时输出无界，这不符合系统稳定的条件，因而假设不成立。所以 $\sum_{n=-\infty}^{\infty} |h(n)| < \infty$ 是系统稳定的必要条件。

【例 1-11】设 LSI 系统的单位脉冲响应 $h(n) = a^n u(n)$，其中 a 为实常数，请分析该系统的因果性与稳定性。

解：由于 $n < 0$ 时，$h(n) = 0$，所以系统是因果系统。

根据

$$\sum_{n=-\infty}^{\infty} |h(n)| = \sum_{n=0}^{\infty} |a^n| = \sum_{n=0}^{\infty} |a|^n$$

只有当 $|a| < 1$ 时，上式收敛，$\sum_{n=-\infty}^{\infty} |h(n)| = \dfrac{1}{1-|a|}$。

因此，系统 $h(n) = a^n u(n)$ 稳定的条件是 $|a| < 1$；而当 $|a| \geqslant 1$ 时，系统不稳定。系统稳定时，$h(n)$ 的模值随 n 的加大而减小，此时的 $h(n)$ 称为收敛序列。

【例 1-12】设 LSI 系统的单位采样响应 $h(n) = u(n)$，求对任意输入序列 $x(n)$ 激励下的零状态响应 $y(n)$，并检查系统的因果性和稳定性。

解：系统的输出 $y(n)$ 为

$$y(n) = x(n) * h(n) = \sum_{m=-\infty}^{\infty} x(m)h(n-m) = \sum_{m=-\infty}^{\infty} x(m)u(n-m)$$

根据单位阶跃序列 $u(n-m)$ 的定义要求 $n-m \geqslant 0$，上式的求和上限为 $m \leqslant n$，所以系

统输出为

$$y(n) = x(n) * h(n) = \sum_{m=-\infty}^{n} x(m)$$

系统的输出响应也就是对输入序列的累加运算。因为 $h(n)=u(n)$ 是因果序列，所以系统是因果的；因为 $\sum_{n=-\infty}^{\infty} |h(n)| = \sum_{n=0}^{\infty} |u(n)| = \infty$，所以系统不稳定。

1.4 线性离散系统的时域描述与 MATLAB 求解

1.3 节对系统单位采样响应 $h(n)$ 的讨论，它可以用来描述系统的特征，对于给定的输入序列 $x(n)$，通过计算 $x(n)$ 与系统单位采样响应 $h(n)$ 的卷积和就可以得到系统的输出 $y(n)=x(n)*h(n)$。

在本节中，讨论在时域中描述系统的另一种方法。不管系统的内部结构如何，都将它看成一个黑匣子，只描述或研究系统输出与输入之间的关系，这种方法就是输入输出描述法。对于模拟系统，用微分方程描述系统的输入与输出之间的关系；对于离散时间系统，则用差分方程描述系统输入与输出之间的关系。特别地，对于 LSI 离散时间系统，经常用线性常系数差分方程来描述其输入与输出之间的关系。如无特别说明，本书所讨论的差分方程均指线性常系数差分方程。

1.4.1 线性常系数差分方程

一个 N 阶线性常系数差分方程可用下式表示

$$y(n) = \sum_{j=0}^{M} b_j x(n-j) - \sum_{i=1}^{N} a_i y(n-i) \tag{1-27a}$$

或者

$$\sum_{i=0}^{N} a_i y(n-i) = \sum_{j=0}^{M} b_j x(n-j), \quad a_0 = 1 \tag{1-27b}$$

式中，$x(n)$ 与 $y(n)$ 分别是系统的输入和输出序列，所谓常系数是指决定系统特征的 a_i 和 b_j 均为实常数；若系数中含有 n，则称为"变系数"线性差分方程。所谓线性是指式中的 $x(n-j)$ 与 $y(n-i)$ 项只有一次幂，也没有交叉乘积项(这和线性微分方程是一样的)。

差分方程的阶数等于未知序列[指 $y(n)$]变量序号的最高值与最低值之差，即输出 $y(n-i)$ 项中 i 所取最大值与最小值之差。如在式(1-27b)中，$y(n-i)$ 项的 i 最大取 N 而最小取 0，差值为 N，因此称为 N 阶的差分方程。如果在式(1-27a)中，有一个或多个 $a_i \neq 0$，则称这个差分方程是递归的，在相应的电路实现中存在反馈回路。

离散系统的差分方程表示法有两个主要用途：一是从差分方程表达式比较容易地得到系统的结构；二是便于求解系统的瞬态响应。

1.4.2 线性常系数差分方程的求解

与求解连续时间系统常系数线性微分方程相似，对离散时间系统线性常系数差分方程的求解有多种方法，既可以用序列域(离散时间域)求解，也可以用变换域求解。本节主要介绍时域中递推迭代法求解差分方程的方法。

差分方程是具有递推关系的代数方程,在给定输入和给定边界(初始)条件下,可以利用迭代法求得差分方程的数值解。当差分方程阶次较低时常用此法,如果输入是 $\delta(n)$ 这一种特殊情况,相应的输出即为系统的单位采样响应 $h(n)$,此时利用 $\delta(n)$ 只在 $n=0$ 取非零值 1 的特点,可用迭代法求 $h(0)$,$h(1)$,$h(2)$,…,通过归纳可推知 $h(n)$ 闭合表达式。

【例 1-13】 线性常系数差分方程

$$y(n)-3y(n-1)=2x(n)$$

试分别求其初始状态为 $y(-1)=0$ 和 $y(0)=0$ 时系统的单位采样响应 $h(n)$。

解:根据系统的单位采样响应 $h(n)$ 的定义,当激励 $x(n)=\delta(n)$ 时系统输出

$$y(n)=h(n)$$

(1) 由边界条件 $y(-1)=0$,必定有 $y(n)=0$,$n<0$。将原差分方程可以改写为

$$y(n)=3y(n-1)+2\delta(n)$$

依次迭代求得

$$y(0)=3y(-1)+2\delta(0)=2=2\times3^0$$
$$y(1)=3y(0)+2\delta(1)=3\times2=2\times3^1$$
$$y(2)=3y(1)+2\delta(2)=3\times6=2\times3^2$$
$$y(3)=3y(2)+2\delta(3)=3\times18=2\times3^3$$
$$\vdots$$
$$y(n)=3y(n-1)+2\delta(n)=2\times3^n$$

由递推关系,得

$$y(n)=2\times3^n, \quad (n\geq0)$$

即得系统的单位采样响应 $h(n)=2\times3^n u(n)$,是因果系统。

(2) 由原差分方程递推,相当麻烦,不容易得到结果。由已知的边界条件 $y(0)=0$,可得 $n>0$ 时 $y(n)=0$。将原差分方程改写为

$$y(n-1)=\frac{1}{3}[y(n)-2\delta(n)]$$

利用已经得出的结果 $y(n)=0$、$n>0$,则

$$y(-1)=\frac{1}{3}[y(0)-2\delta(0)]=\frac{1}{3}[0-2]=-\frac{2}{3}$$
$$y(-2)=\frac{1}{3}[y(-1)-2\delta(-1)]=\frac{1}{3}\times\left(-\frac{2}{3}\right)=-\frac{2}{9}$$
$$y(-3)=\frac{1}{3}y(-2)=\frac{1}{3}\times\left(-\frac{2}{9}\right)=-\frac{2}{27}=-\frac{2}{3^3}=-2\times3^{-3}$$
$$y(-4)=\frac{1}{3}y(-3)=\frac{1}{3}\times\left(-\frac{2}{27}\right)=-\frac{2}{81}=-\frac{2}{3^4}=-2\times3^{-4}$$

由递推关系,得

$$y(n)=-2\times3^n, \quad (n\leq-1)$$

即得系统的单位采样响应 $h(n)=-2\times3^n u(-n-1)$,显然不是因果系统。此类系统,恰好满足在 $n\geq0$ 时 $h(n)=0$,与因果系统定义相反,称为逆因果系统。

由例 1-13 可见,系统边界条件对于输出的影响是相当明显的。也就是说,单纯地给

出一个差分方程并不能唯一地确定一个系统。而且，由线性常系数差分方程所描述的系统未必都能够满足线性、移不变性、因果性或稳定性。譬如系统 $y(n)=ay(n-1)+x(n)$，可经推导证明，当边界条件为 $y(-1)=0$ 时为 LTI(LSI) 系统，当边界条件为 $y(0)=0$ 时为线性、移变系统，而当边界条件为 $y(0)=1$ 时为非线性、移变系统。下例以 $y(-1)=1$ 为边界条件，分析系统 $y(n)=ay(n-1)+x(n)$ 的线性与时不变性。

【例 1-14】 请分析在边界条件 $y(-1)=1$ 下，系统 $y(n)=ay(n-1)+x(n)$ 的线性与时不变性。

解： 如果系统线性，需满足 $a_1y_1(n)+a_2y_2(n)=T[a_1x_1(n)+a_2x_2(n)]$；如果系统时不变(移不变)需满足 $y(n-n_0)=T[x(n-n_0)]$，如果是 LSI 系统需同时满足上面两个条件。

（1）设系统在激励信号 $x_1(n)=\delta(n)$ 和边界 $y_1(-1)=1$ 下的响应为 $y_1(n)$，则
$$y_1(n)=ay_1(n-1)+\delta(n)$$
采用迭代法可得
$$y_1(n)=(1+a)a^n u(n)$$

（2）设系统在激励信号 $x_2(n)=\delta(n-1)$ 和边界 $y_2(-1)=1$ 下的响应为 $y_2(n)$，则
$$y_2(n)=ay_2(n-1)+\delta(n-1)$$
采用迭代法可得
$$y_2(n)=a\delta(n)+(1+a^2)a^{n-1}u(n-1)$$

（3）设系统在激励信号 $x_3(n)=x_1(n)+x_2(n)=\delta(n)+\delta(n-1)$ 和边界 $y_2(-1)=1$ 下的响应为 $y_3(n)$，则
$$y_3(n)=ay_3(n-1)+\delta(n)+\delta(n-1)$$
采用迭代法可以推得
$$y_3(n)=(1+a)\delta(n)+(1+a+a^2)a^{n-1}u(n-1)$$

根据对（1）与（2）的分析：$y_1(n)=T[\delta(n)]$，$y_2(n)=T[\delta(n-1)]$，而 $y_2(n)\neq y_1(n-1)$，因此，可断定该系统不是移不变的。根据对（3）的分析
$$y_3(n)=T[\delta(n)+\delta(n-1)]\neq T[\delta(n)]+T[\delta(n-1)]$$
不满足可加性。因此，系统也不是线性的。所以，在以 $y(-1)=1$ 为边界条件下，系统 $y(n)=ay(n-1)+x(n)$ 是非线性移变系统。

1.4.3 MATLAB 求解差分方程

MATLAB 信号处理工具箱提供的 filter 函数，可以实现线性常系数差分方程的递推求解，调用格式如下
$$\pmb{yn}=\text{filter}(\pmb{b},\pmb{a},\pmb{xn},\pmb{xi})$$
$$\pmb{xi}=\text{filtic}(\pmb{b},\pmb{a},\pmb{ys},\pmb{xs})$$
函数调用参数中 $\pmb{xn}$ 是输入信号向量，$\pmb{b}$，$\pmb{a}$ 是系统差分方程
$$\sum_{i=0}^{N}a_iy(n-i)=\sum_{j=0}^{M}b_jx(n-j),\quad a_0=1$$
的系数向量，即
$$\pmb{b}=[b_0,b_1,b_2,\cdots,b_M],\quad \pmb{a}=[a_0,a_1,a_2,\cdots,a_N]$$
其中 $a_0=1$。如果 $a_0\neq 1$，则 filter 用 $\pmb{a_0}$ 对系数向量 $\pmb{b}$ 和 $\pmb{a}$ 归一化。$\pmb{xi}$ 是与初始条件有关的

向量，用

$$xi = \text{filtic}(b, a, ys, xs)$$

计算得到，其中 ys，xs 是初始条件向量，即

$$ys = [y(-1), y(-2), y(-3), \cdots, y(-N)]$$
$$xs = [x(-1), x(-2), x(-3), \cdots, x(-M)]$$

如果 xn 是因果向量，则 xs=0，调用时可默认 xs。由函数 filtic(b, a, ys, xs) 计算出的 xi 称为等效初始条件的输入向量。

MATLAB 信号处理工具箱提供的函数 filter(b, a, xn, xi) 计算出向量 yn，和输入信号及系统的初始状态有关，一般称为系统的全响应。如果系统的初始条件为零，就默认 xi=0。

【例 1-15】 已知系统的差分方程

$$y(n) - 0.8y(n-1) = x(n)$$

式中，$x(n) = \delta(n)$，初始条件 $y(-1) = 1$，应用 MATLAB 软件求取系统的输出响应。

```
%调用filter函数求解差分方程y(n)-0.8y(n-1)=x(n)
a1=-0.8;ys=1;           %差分方程系数 a1=-0.8,初始状态 y(-1)=1
xn=[1,zeros(1,30)]      %输入序列为单位脉冲序列,输出即为系统单位采样响应h(n)
b=[1];a=[1,a1];         %差分方程系数矩阵
xi=filtic(b,a,ys);      %等效初始条件的输入序列
yn=filter(b,a,xn,xi);   %解差分方程,求系统的单位采样响应h(n)
n=0:length(yn)-1;
stem(n,yn,'.');         %绘制系统单位采样响应的波形图
            title('(a)')
            xlabel('n');
            ylabel('y(n)')
```

运行该程序得到系统的输出响应 $y(n)$，如图 1.20(a) 所示。如果令系统初始条件 $y(-1)=0$，得到系统输出 $y(n)=h(n)$，如图 1.20(b) 所示。

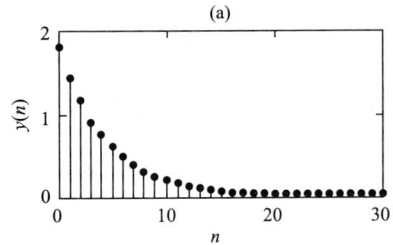
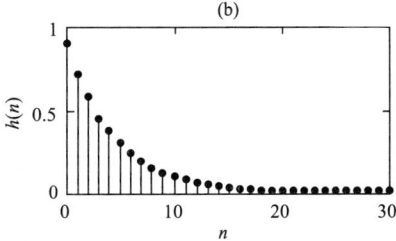

图 1.20 例 1-15 求解程序输出波形

1.5 连续时间信号采样

在某些合理条件限制下，一个连续时间信号能用其采样序列来完全给予表示，连续时间

信号的处理往往是通过对其采样得到的离散时间序列的处理来完成的。在图 0.1 中，A/D 转换器的主要功能就是完成连续时间信号的时域采样与幅度量化，从而获取序列 $x(n)$。

本节将详细讨论采样过程，包括信号采样后，信号的频谱将发生怎样的变换，信号内容会不会丢失，以及由离散信号恢复成连续信号应该具备哪些条件等。采样的这些性质对离散信号和系统的分析都十分重要。要了解这些性质，首先从采样过程的分析开始。

采样器可以看成是一个电子开关，其工作原理可由图 1.21(a) 所示来说明。设开关每隔 T 秒短暂地闭合一次，将连续信号接通，实现一次采样。如果开关每次闭合的时间为 τ 秒，那么采样器的输出将是一串周期为 T，宽度为 τ 的脉冲。而脉冲的幅度却是重复着在这段 τ 时间内信号的幅度。这里以 $x_a(t)$ 代表输入的连续信号，如图 1.21(b) 所示，以 $x_p(t)$ 表示采样输出信号，如图 1.21(e) 所示。显然，可以把该过程看作是一个脉冲调幅过程。被调制的脉冲载波是一串周期为 T、宽度为 τ 的矩形脉冲信号，如图 1.21(c) 所示，并以 $p(t)$ 表示，而调制信号就是输入的连续信号。因而有 $x_p(t) = x_a(t) p(t)$。一般，开关闭合时间都是很短的，而且 τ 越小，采样输出脉冲的幅度就越准确地反映输入信号在离散时间点上的瞬时值。

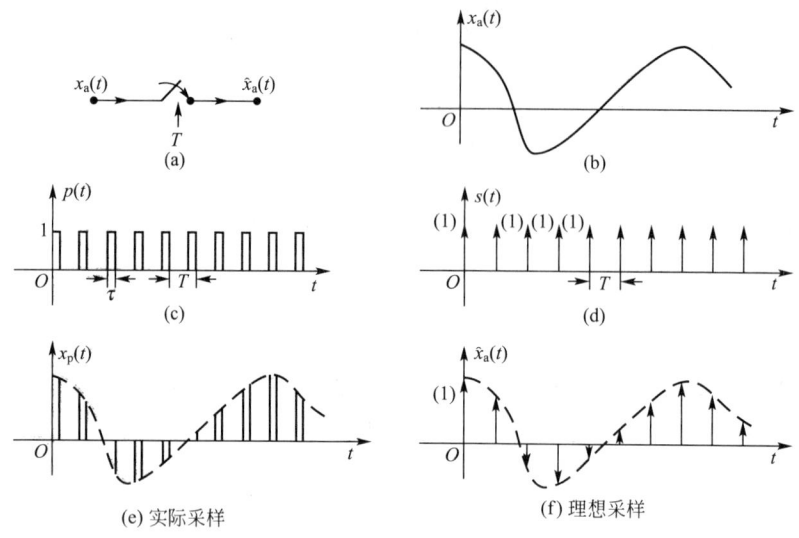

图 1.21 连续时间信号的采样

1.5.1 理想采样

理想采样就是假设采样开关闭合时间无限短，$\tau \ll T$，即 $\tau \to 0$ 的极限情况。此时，采样脉冲序列 $p(t)$ 变成冲激函数序列 $s(t)$，如图 1.21(d) 所示。$s(t)$ 中的各个冲激函数准确地出现在以 T 为间隔的采样瞬间，面积为 1。采样后输出理想采样信号的面积(即积分幅度)则准确地等于输入信号 $x_a(t)$ 在采样瞬间的幅度。理想采样过程如图 1.21(b)、(d)、(f) 所示。冲激函数序列 $s(t)$ 为

$$s(t) = \sum_{m=-\infty}^{+\infty} \delta(t - mT) \qquad (1-28)$$

第1章 时域离散信号与系统

以 $\hat{x}_a(t)$ 表示理想采样的输出,以后都以下标 a 表示连续信号(或称模拟信号),如 $x_a(t)$;而以它的顶部符号(^)表示它的理想采样信号,如 $\hat{x}_a(t)$。这样,就把理想采样信号在时域表示为

$$\hat{x}_a(t) = x_a(t) \cdot s(t) \tag{1-29}$$

下面要研究的是,连续时间信号时域被采样后其频谱会有什么变化;还能否真实地反映原来连续时间信号的频谱信息。这对于输入信号 $x_a(t)$ 以及采样过程提出了什么要求呢?

分别对图 1.21 中的几个重要信号进行傅里叶变换,得到其频谱(傅里叶变换)分别为

$$X_a(j\Omega) = \text{DTFT}[x_a(t)]$$

$$\hat{X}_a(j\Omega) = \text{DTFT}[\hat{x}_a(t)]$$

$$S(j\Omega) = \text{DTFT}[s(t)] = \Omega_s \sum_{k=-\infty}^{+\infty} \delta(\Omega - k\Omega_s)$$

其中 DTFT 表示离散时间信号的傅里叶变换,且

$$\Omega_s = \frac{2\pi}{T} \tag{1-30}$$

根据频域卷积定理,两信号在时域乘积 $\hat{x}_a(t) = x_a(t)s(t)$ 的傅里叶变换等于两个信号各自傅里叶变换的频域卷积。即存在

$$\hat{X}_a(j\Omega) = \frac{1}{2\pi} X_a(j\Omega) * S(j\Omega) = \frac{1}{2\pi} X_a(j\Omega) * \Omega_s \sum_{k=-\infty}^{+\infty} \delta(\Omega - k\Omega_s) \tag{1-31}$$

考虑 $\Omega_s = \frac{2\pi}{T}$ 及冲激信号卷积特点,对式(1-31)进行简化可得出

$$\hat{X}_a(j\Omega) = \frac{1}{T} \sum_{k=-\infty}^{+\infty} X_a(j\Omega - jk\Omega_s) \tag{1-32}$$

式(1-32)表明,一个连续时间信号经过理想采样后,理想采样信号的频谱是原模拟信号的频谱沿频率轴每间隔采样角频率 Ω_s 重复出现一次,或者说采样信号的频谱是原模拟信号的频谱以 Ω_s 为周期,进行周期延拓而成的。也就是说,理想采样信号的频谱,是频率的周期函数,其周期为 Ω_s,而频谱的幅度则受到 $\frac{1}{T}$ 加权,由于 T 是常数(不是 Ω 的函数),所以除了一个常数因子区别之外,每一个延拓的谱分量都和原谱分量相同。因此只要各延拓分量与原谱分量不发生频率上的交叠,则有可能恢复出原信号。

用同样的方法,可以证明(也可以代入 $j\Omega = s$ 到式(1-32)),理想采样后,使得信号的拉普拉斯变换在 s 平面上沿虚轴周期延拓,即有

$$\hat{X}_a(s) = \frac{1}{T} \sum_{k=-\infty}^{+\infty} X_a(s - jk\Omega_s) \tag{1-33}$$

式中

$$X_a(s) = \int_{-\infty}^{+\infty} x_a(t) e^{-st} dt$$

$$\hat{X}_a(s) = \int_{-\infty}^{+\infty} \hat{x}_a(t) e^{-st} dt$$

背景资料

冲激函数序列 $s(t)$ 的离散时间傅里叶变换 $S(j\Omega)$ 的求取。由于 $s(t)$ 是周期函数,可以表示成傅里叶级数,即

$$s(t) = \sum_{k=-\infty}^{\infty} A_k e^{jk\Omega_s t}$$

该级数的基频为采样频率,即

$$f_s = \frac{1}{T}, \quad \Omega_s = \frac{2\pi}{T}$$

而系数可以表示成

$$A_k = \frac{1}{T}\int_{-T/2}^{T/2} s(t) e^{-jk\Omega_s t} dt = \frac{1}{T}\int_{-T/2}^{T/2} \sum_{m=-\infty}^{\infty} \delta(t-mT) e^{-jk\Omega_s t} dt$$

$$= \frac{1}{T}\int_{-T/2}^{T/2} \delta(t) e^{-jk\Omega_s t} dt = \frac{1}{T}$$

因而,$s(t) = \frac{1}{T}\sum_{k=-\infty}^{\infty} e^{jk\Omega_s t}$,由此得到

$$S(j\Omega) = \text{DTFT}[s(t)] = \text{DTFT}\left[\frac{1}{T}\sum_{k=-\infty}^{\infty} e^{jk\Omega_s t}\right] = \frac{1}{T}\sum_{k=-\infty}^{\infty} \text{DTFT}[e^{jk\Omega_s t}]$$

由于

$$\text{DTFT}[e^{jk\Omega_s t}] = 2\pi\delta(\Omega - k\Omega_s)$$

所以

$$S(j\Omega) = \text{DTFT}[s(t)] = \frac{2\pi}{T}\sum_{k=-\infty}^{\infty} \delta(\Omega - k\Omega_s) = \Omega_s \sum_{k=-\infty}^{\infty} \delta(\Omega - k\Omega_s)$$

如果 $x_a(t)$ 是限带信号,其频谱如图 1.22(a) 所示,且其最高频谱分量 Ω_h 不超过 $\Omega_s/2$,即

$$X_a(j\Omega) = \begin{cases} X_a(j\Omega), & |\Omega| < \dfrac{\Omega_s}{2} \\ 0, & |\Omega| \geqslant \dfrac{\Omega_s}{2} \end{cases} \tag{1-34}$$

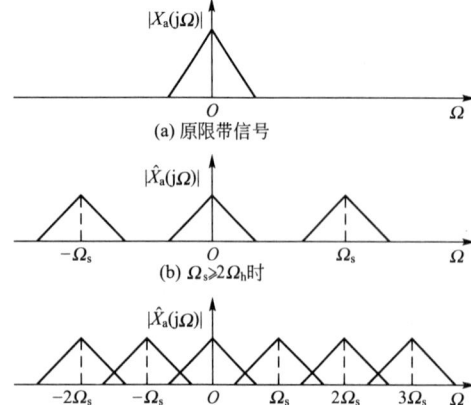

图 1.22 采样后,频谱的周期延拓

那么原信号的频谱和各次延拓的频谱彼此不重叠,如图 1.22(b) 所示。这时采用一个截止频率为 $\Omega_s/2$ 的理想低通滤波器滤波,就可以得到不失真的原信号的频谱,也就是可以不失真地恢复出原来的连续信号。如果信号的最高频谱分量 Ω_h 超过 $\Omega_s/2$,则各周期延拓分量产生频谱的交叠,称为混叠现象,如图 1.22(c) 所示。

在图 1.22(c) 中不难发现,频谱的混叠发生在频率点 $\Omega_s/2$ 点的对称区间内。我们将这个频率,即采样频率的一半称为折叠频率,即

$$\frac{\Omega_s}{2} = \frac{\pi}{T} \tag{1-35}$$

折叠频率如同一面镜子,当信号频谱超过它时,就会被折叠回来,造成频谱的混叠。

在图1.22(b)所示图像中,理想采样的情况下,只要满足基带频谱与相邻的频谱互不重叠,也即 $\Omega_s - \Omega_h \geq \Omega_h$ 时,原始信号的频谱就可以不被破坏。对于带限(频带有限)信号,要想采样后能够不失真地还原出原始信号,则采样频率必须大于两倍的信号谱的最高频率。这就是奈奎斯特(Nyquist)采样定理。即

$$\Omega_s > 2\Omega_h \tag{1-36}$$

根据 $\Omega_s = 2\pi f_s$ 和 $\Omega_h = 2\pi f_h$,式(1-36)也可以记为

$$f_s > 2f_h \tag{1-37}$$

频带有限,是对于待采样信号 $x_a(t)$ 提出的条件;采样频率 $f_s > 2f_h$ 是针对采样过程提出的条件。实际上,$2f_h$ 是最小的采样频率,称为奈奎斯特采样频率,或称香农(Shannon)采样频率;它的倒数 $\frac{1}{2f_h}$ 称为奈奎斯特采样间隔,或称香农采样间隔,是时域进行无失真采样的最大采样间隔。

为了避免混叠,一般在采样器前加入一个保护性的前置低通滤波器,也称防混叠滤波器,其截止频率为 $\Omega_s/2$,用以滤除信号 $x_a(t)$ 中高于 $\Omega_s/2$ 的频率分量。

1.5.2 理想采样的恢复

如果满足了奈奎斯特采样定理,即采样器的输入信号是带限(频带有限)信号,且其最高频率不高于折叠频率,则采样后不会产生频谱混叠,由式(1-32)知

$$\hat{X}_a(j\Omega) = \frac{1}{T}X_a(j\Omega), \quad |\Omega| < \frac{\Omega_s}{2}$$

故将采样信号频谱 $\hat{X}_a(j\Omega)$,如图1.23(a)所示,通过以下理想低通滤波器如图1.23(b)所示。

$$H(j\Omega) = \begin{cases} T, & |\Omega| < \frac{\Omega_s}{2} \\ 0, & |\Omega| \geq \frac{\Omega_s}{2} \end{cases} \tag{1-38}$$

就可以得到原模拟信号 $x_a(t)$ 的频谱[如图1.23(c)所示],在频域内的运算关系可以写为

$$X_a(j\Omega) = \hat{X}_a(j\Omega) \cdot H(j\Omega) \tag{1-39}$$

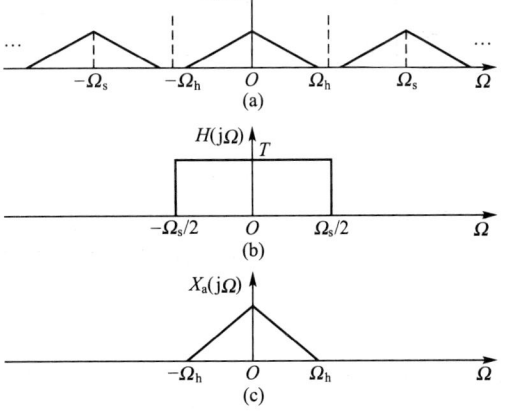

图1.23 时域采样信号的恢复

也就是说,可以从周期化的频谱 $\hat{X}_a(j\Omega)$ 中,顺利提取出原模拟信号的频谱 $X_a(j\Omega)$。理想低通滤波器的单位冲激响应为

$$h(t) = \frac{1}{2\pi}\int_{-\infty}^{\infty} H(j\Omega) e^{j\Omega t} d\Omega = \frac{T}{2\pi}\int_{-\Omega_s/2}^{\Omega_s/2} e^{j\Omega t} d\Omega = \frac{\sin\left[\frac{\Omega_s}{2}t\right]}{\frac{\Omega_s}{2}t} = \frac{\sin\left[\frac{\pi}{T}t\right]}{\frac{\pi}{T}t}$$

由理想采样信号 $\hat{x}_a(t)$ 与 $h(t)$ 的卷积积分，即得模拟信号 $x_a(t)$

$$x_a(t) = \hat{x}_a(t) * h(t) = \int_{-\infty}^{\infty} \hat{x}_a(\tau) h(t-\tau) d\tau$$

$$= \int_{-\infty}^{\infty} \left[\sum_{m=-\infty}^{\infty} x_a(\tau) \delta(\tau - mT) \right] h(t-\tau) d\tau$$

$$= \sum_{m=-\infty}^{\infty} \int_{-\infty}^{\infty} x_a(\tau) h(t-\tau) \delta(\tau - mT) d\tau$$

$$= \sum_{m=-\infty}^{\infty} x_a(mT) h(t-mT)$$

$$= \sum_{m=-\infty}^{\infty} x_a(mT) \frac{\sin\left[\frac{\pi}{T}(t-mT)\right]}{\frac{\pi}{T}(t-mT)} \tag{1-40}$$

这就是内插公式，即由信号的采样值 $x_a(mT)$ 经式(1-40)而得到连续信号 $x_a(t)$，而 $\sin\left[\frac{\pi}{T}(t-mT)\right] \big/ \frac{\pi}{T}(t-mT)$ 称为内插函数，在采样点 mT 上，函数值为1，在其余采样点上，函数值为零。也就是说 $x_a(t)$ 等于 $x_a(mT)$ 乘上对应的内插函数的总和。

1.5.3 实际采样

实际情况中，所采用的采样脉冲不是冲激函数，而是如图1.21(c)所示的具有一定脉冲宽度 τ 的矩形周期脉冲 $p(t)$，而且所处理的信号大多并非带限的。

在实际工作中，一个频率大于 f_h 的频率分量可以忽略不计的信号，以不大于 $1/2f_h$ 的足够小的时间间隔进行周期采样，这样采样后的信号通过以 f_h 为截止频率且具有一定陡度(边沿不必须是陡直)的低通滤波器滤波，就可以相当精确地重建原始信号。也就是说，在实际采样中，奈奎斯特定理仍然有效。

实际采样中，采样脉冲不是冲激函数，而是具有一定宽度 τ 的矩形周期脉冲 $p(t)$(实际采样过程见图1.21(b)～(d))。

由于 $p(t)$ 是周期函数，故可以展开成傅里叶级数

$$p(t) = \sum_{k=-\infty}^{\infty} C_k e^{jk\Omega_s t}$$

求得 $p(t)$ 的傅里叶系数 C_k [特别需要注意，$p(t)$ 的幅度为1]

$$C_k = \frac{1}{T} \int_{-T/2}^{T/2} p(t) e^{-jk\Omega_s t} dt = \frac{1}{T} \int_0^{\tau} e^{-jk\Omega_s t} dt = \frac{\tau}{T} \cdot \frac{\sin\left(\frac{k\Omega_s \tau}{2}\right)}{\frac{k\Omega_s \tau}{2}} e^{-j\frac{k\Omega_s \tau}{2}}$$

如果 τ，T 一定，则随着 k 的变化，C_k 的幅度 $|C_k|$ 将按

$$\left| \frac{\sin\left(\frac{k\Omega_s \tau}{2}\right)}{\frac{k\Omega_s \tau}{2}} \right| = \left| \frac{\sin x}{x} \right|$$

而变化,其中 $x = \frac{k\Omega_s\tau}{2}$。作类似于式(1-32)的推导,得到实际采样信号的频谱为

$$\hat{X}_a(j\Omega) = \sum_{k=-\infty}^{\infty} C_k X_a(j\Omega - jk\Omega_s)$$

由此可以看出,和理想采样一样,实际采样信号的频谱是连续信号频谱的周期延拓,因此,如果满足奈奎斯特采样定理,则不会产生频谱的混叠失真。与理想采样不同的是,实际采样信号的频谱分量的幅度$|C_k|$有变化,其包络是随频率增加而逐渐下降的。

本章小结

本章主要介绍了时域离散时间信号(序列)的表示方法及其运算,离散时间系统的线性、时不变性、因果性与稳定性的概念及其判定方法。在此基础上介绍了离散时间系统的时域数学描述,并重点讲解了常系数线性差分方程的迭代法求解及其应用 MATLAB 软件的求解方法。

在离散时间信号(序列)运算中,重点介绍了离散时间系统中较为复杂的一种综合运算——线性卷积和运算。通过例题介绍了解析法、图解法求解线性卷积和及卷积和运算的重要性质。最后,介绍了奈奎斯特(Nyquist)采样定理和信号恢复等内容。

习 题

一、选择题

1. 若一线性移不变系统当输入为 $x(n)=\delta(n)$ 时,输出为 $y(n)=R_3(n)$,计算当输入为 $x(n)=u(n)-u(n-4)-R_2(n-1)$ 时,输出为( )。

   A. $R_3(n)+R_2(n+3)$ B. $R_3(n)+R_2(n-3)$

   C. $R_3(n)+R_3(n+3)$ D. $R_3(n)+R_3(n-3)$

2. 序列 $x(n)=nR_4(n-1)$,则其能量等于( )。

   A. 15   B. 30   C. 9   D. 14

3. 人脑电波的频率范围为 0~45Hz,对其进行数字信号处理可使用的最大采样周期是( )。

   A. 0.011 11s   B. 0.001 110s

   C. 0.111 11s   D. 0.111 10s

4. 要使实信号采样后能够不失真地还原,信号采样频率 f_s 与信号的最高频率 f_h 间的关系为( )。

   A. $f_s \geqslant 2f_h$ B. $f_s > f_h$

   C. $f_s < 2f_h$ D. $f_s \leqslant 2f_h$

5. 一线性移不变系统,输入为 $x(n)$ 时,系统输出为 $y(n)$,则输入为 $2x(n-3)$ 时,系统输出为( )。

   A. $y(n-3)$ B. $2y(n-3)$ C. $2y(n)$ D. $3y(n-2)$

二、判断题

1. 系统 $y(n)=x(n-n_0)$ 一定是因果系统。 (   )
2. 当输入序列不同时,线性移不变系统的单位采样响应也不同。 (   )
3. 因果稳定系统的系统函数的极点必然在单位圆内。 (   )
4. 设 $y(n)=ax(n)+b$,$a>0$,$b>0$ 为常数,则该系统是线性系统。 (   )
5. 在时域对连续信号进行采样,在频域得到的离散时间信号的频谱是原连续时间信号频谱的周期延拓。 (   )

三、计算题

1. 给定信号为 $x(n)=\begin{cases} 2n+5, & -3\leq n\leq -1 \\ 3, & 0\leq n\leq 2 \\ 0, & \text{其他 } n \text{ 值} \end{cases}$,试完成

(1) 用单位脉冲序列及其加权和表示序列 $x(n)$。
(2) 令 $x_1(n)=2x(n-2)$,试画出 $x_1(n)$ 的波形。
(3) 令 $x_2(n)=2x(n+2)$,试画出 $x_2(n)$ 的波形。
(4) 令 $x_3(n)=2x(2-n)$,试画出 $x_3(n)$ 的波形。
(5) 令 $x_4(n)=x(2-2n)$,试画出 $x_4(n)$ 的波形。

2. 请写出题图 1.1 所示信号的时域函数表达式。

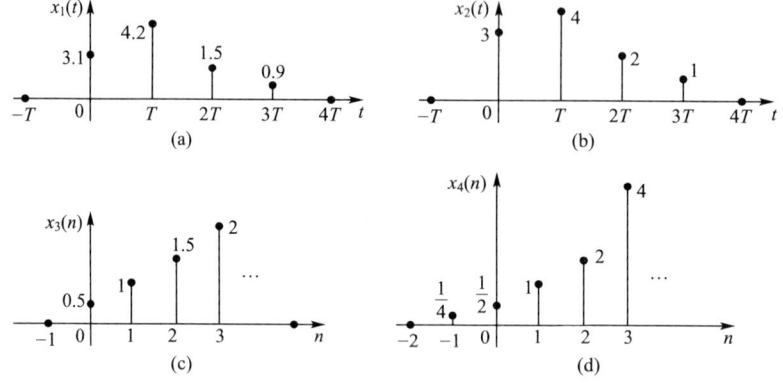

题图 1.1

3. 判定下列序列是否是周期序列,若是周期序列,试确定其周期。

(1) $x_1(n)=A\cos\left(\dfrac{3\pi}{8}n-\dfrac{1}{3}\right)$ (2) $x_2(n)=A\cos\left(\dfrac{3}{8}n-\dfrac{\pi}{3}\right)$

(3) $x_3(n)=e^{j\left(\frac{\pi}{6}-\pi\right)}$ (4) $x_4(n)=e^{j\left(\frac{\pi}{6}n-\frac{\pi}{4}\right)}$

4. 判定下列系统是否为线性的,移不变的,因果的,稳定的?

(1) $y(n)=3x(n)+2$ (2) $y(n)=x(n)\sin\left(\dfrac{3\pi}{8}-\dfrac{\pi}{3}\right)$

(3) $y(n)=nx(n)$ (4) $y(n)=\displaystyle\sum_{k=n_0}^{n} x(k)$

(5) $y(n)=x^2(n)$ (6) $y(n)=ax(-n)$,a 为非零常数

(7) $y(n)=x(n^2)$ (8) $y(n)=x(n+1)+2x(n)+3x(n-1)$

5. 以下序列是系统的单位采样响应 $h(n)$，试判定系统的因果性与稳定性。

(1) $\dfrac{1}{n}u(n)$ (2) $\dfrac{1}{n!}u(n)$

(3) $\dfrac{1}{n^2}u(n)$ (4) $3^n u(n)$

(5) $3^n u(-n)$ (6) $\delta(3-n)$

6. 已知一因果线性是不变系统的差分方程为
$$y(n)-\frac{1}{2}y(n-1)=x(n)+\frac{1}{2}x(n-1)$$

其中 $x(n)$ 为输入，$y(n)$ 为输出。试完成

(1) 求解系统的单位采样响应 $h(n)$。

(2) 求系统输入为 $x(n)=e^{j\omega n}$ 时系统输出响应。

(3) 求系统对输入 $x(n)=\cos\left(-\dfrac{\pi}{2}n+\dfrac{\pi}{4}\right)$ 时系统输出响应。

7. 已知系统的输入信号 $x(n)$ 与单位采样响应 $h(n)$，试求以下系统的输出信号 $y(n)$。

(1) $x(n)=R_3(n)$，$h(n)=R_4(n-1)$。

(2) $x(n)=\delta(n)-2\delta(n-1)$，$h(n)=R_4(n)$。

(3) $x(n)=a^n R_9(n+3)$，$h(n)=R_4(n)$。

(4) $x(n)=a^n R_9(n+3)$，$h(n)=b^n R_4(n-1)$。

8. 已知二阶常系数差分方程为
$$y(n)-3y(n-1)+2y(n-2)=2x(n)+x(n-2)$$

请采用迭代法求解该系统在激励 $x(n)=\delta(n)-\delta(n-2)$ 作用下的零状态响应。

9. 请确定以下信号进行理想采样的最低采样频率与奈奎斯特采样时间间隔。

(1) $\sin(20\pi t)$。

(2) $\sin^2(20\pi t)$。

(3) $3\sin(20\pi t)+\cos^2(30\pi t)$。

10. 对于连续时间信号 $x_a(t)=A\cos(2\pi ft+\varphi_0)$，如果式中 $A=1$，$f=50\text{Hz}$，$\varphi_0=\pi/2$。试完成

(1) 确定对该信号进行理想采样的最低采样频率 f_s 和最大采样间隔 T。

(2) 写出以 $T=5\text{ms}$ 对 $x_a(t)$ 采样后的信号 $\hat{x}_a(t)$ 的数学表达式。

(3) 画出对应的 $\hat{x}_a(t)$ 时域离散时间信号（序列）$x(n)$ 的波形，并确定其周期。

11. 设模拟基带信号频带为 $(0,200)\text{Hz}$，对其进行采样的序列为均匀间隔的窄脉冲串，为保证无失真采样，最低采样频率为 400Hz。试应用 MATLAB 软件仿真信号采样与恢复过程，观察采样前后及恢复信号的波形和频谱。

第2章 时域离散信号与系统频域分析基础

本章教学目的与要求

1. 掌握序列的 z 变换与连续信号的拉普拉斯变换、傅里叶变换之间的关系。
2. 理解离散傅里叶变换的概念。
3. 掌握离散傅里叶变换的性质。
4. 了解零极点分布与系统的因果性、稳定性的关系。
5. 能够应用 MATLAB 实现系统的频域分析和时域分析。

本章知识结构

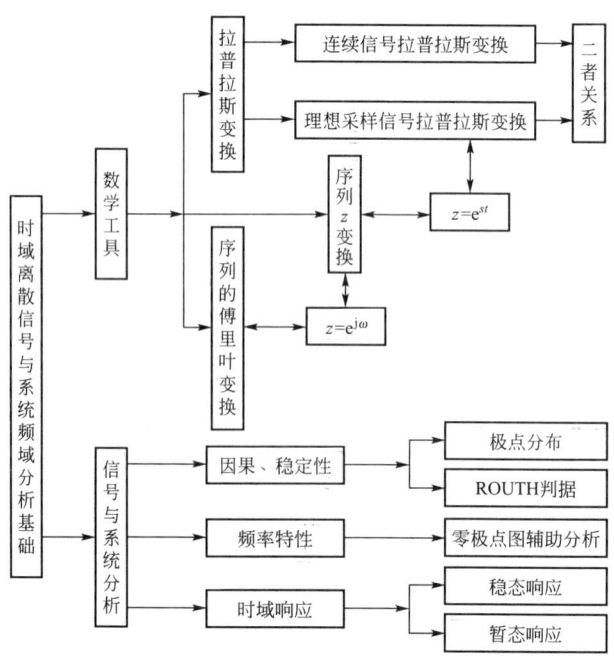

第2章 时域离散信号与系统频域分析基础

2.1 引　言

对信号和系统进行分析研究可以在时域，也可以在频域中进行。在时域分析中，时域离散系统的单位采样响应直接描述系统在时间域的特性，线性常系数差分方程描述了在时间域中，时域离散系统的输入与输出的关系。在频域分析中，用拉普拉斯变换或傅里叶变换将时域函数转换到频域进行分析，频域分析用 z 变换和傅里叶变换作为数学工具。

案例

时域信号频谱分析在信号噪声滤除中的应用

时域离散信号中混有杂波或噪声，图 2.1 所示一噪声信号。在时域研究滤除杂波或噪声非常困难，甚至是不可能的。但把时域信号变换到频域，分析信号的频谱结构，如图 2.2 所示。根据信号的频谱结构来设计满足通带要求的滤波器滤除噪声或杂波，就比较容易。

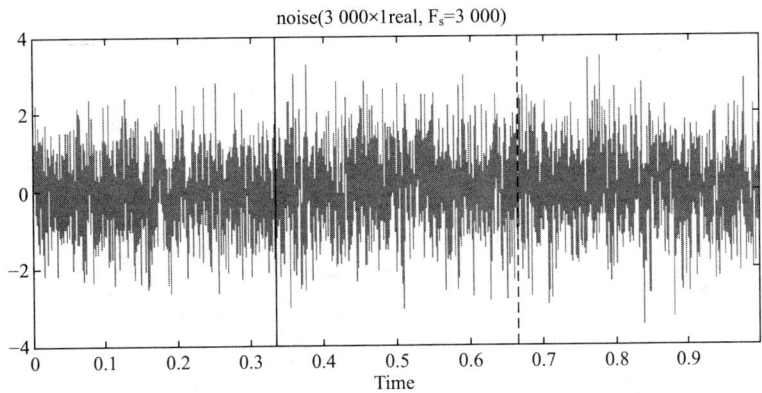

图 2.1　时域信号

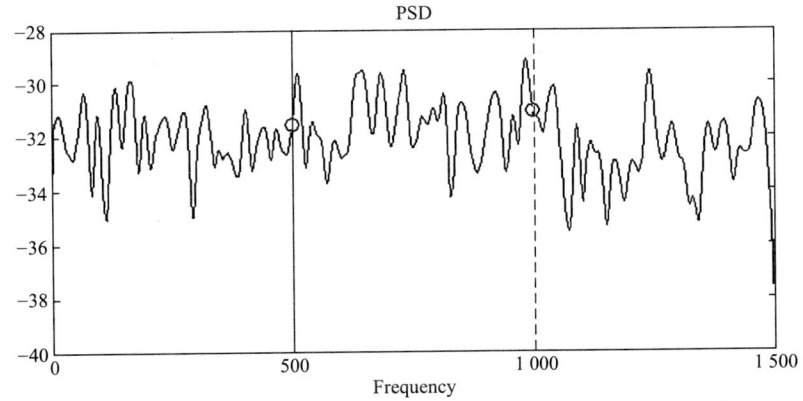

图 2.2　信号的频谱

本章主要介绍时域离散信号与系统频域分析的基础知识。

2.2　序列的 z 变换与连续信号的拉普拉斯变换、傅里叶变换的关系

在模拟域中应用傅里叶变换进行频域分析,拉普拉斯变换作为傅里叶变换的推广,对连续信号进行复频域分析。在数字域中用序列的傅里叶变换进行频域分析,z 变换是其频域的推广,用于对信号进行复频域分析。傅里叶变换和 z 变换是数字信号处理中重要的数学工具。

2.2.1　时域离散信号的 z 变换及其收敛域

1. z 变换的定义及其收敛域

定义时域离散序列 $x(n)$ 的 z 变换为

$$X(z) = \sum_{n=-\infty}^{\infty} x(n) z^{-n} \tag{2-1}$$

式中,z 为复变量,它所在的平面称为 z 平面。由式(2-1)可以看出,z 变换实际上就是复变量 z 的幂级数,只有当该幂级数收敛时,z 变换才有意义,即 z 变换存在的条件可以用下式表示。

$$\left| \sum_{n=-\infty}^{\infty} x(n) z^{-n} \right| = \sum_{n=-\infty}^{\infty} |x(n)| |z^{-n}| < \infty \tag{2-2}$$

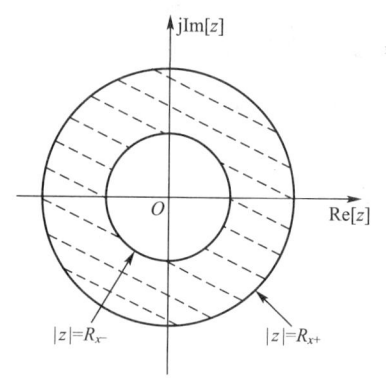

图 2.3　环形收敛域

式(2-2)成立时所有 z 的取值,称为 $X(z)$ 的收敛域。收敛域一般用环状区域表示,即 $R_{x-} < |z| < R_{x+}$,其中,R_{x-},R_{x+} 分别是收敛域的最小收敛半径和最大收敛半径,如图 2.3 所示。

R_{x-} 可以小到 0(包括 0),R_{x+} 可以大到 ∞(包括 ∞)。序列的 z 变换在收敛域内存在,因此对信号进行频域分析时,收敛域是不可缺少的部分。

【例 2-1】 已知序列 $x(n) = a^n u(n)$,求其 z 变换,并确定其收敛域。

解:由序列 z 变换的定义式(2-1),得

$$X(z) = \sum_{n=-\infty}^{\infty} x(n) z^{-n} = \sum_{n=0}^{\infty} a^n u(n) z^{-n} = \sum_{n=0}^{\infty} (az^{-1})^n$$

使 $X(z)$ 收敛,要求 $\sum_{n=0}^{\infty} |az^{-1}|^n < \infty$,即 $|az^{-1}| < 1$,解得 $|z| > |a|$,这样求得 $x(n)$ 的 z 变换为

$$X(z) = \frac{1}{1 - az^{-1}}, \quad |z| > |a|$$

2. z 变换的收敛域与序列之间的关系

一般,z 变换是一个有理函数,其分子和分母都是复变量 z 的多项式,分子多项式的根称为 z 变换的零点,分母多项式的根称为 z 变换的极点。按照 z 变换存在的条件,在极点处序列的 z 变换不存在,因此收敛域中没有极点存在,即收敛域总是以极点为界。下面

按照序列的特点来分别介绍不同序列的 z 变换的收敛域。

1) 有限长序列 z 变换的收敛域

如果序列 $x(n)$ 从 n_1 到 n_2 的序列值不全为零,其他区间的序列值为零,这种序列称为有限长序列。其 z 变换为

$$X(z) = \sum_{n=n_1}^{n_2} x(n) z^{-n} \qquad (2-3)$$

式(2-3)是复变量 z 的有限项幂级数的和,除去特殊点 0 和 ∞ 外的整个 z 平面是收敛的,即收敛域为 $0 < |z| < \infty$。在特殊点处是否收敛取决于 n_1 和 n_2 的取值,若 $n_1 < 0$ 和 $n_2 < 0$,则收敛域为 $0 \leqslant |z| < \infty$;若 $n_1 < 0$, $n_2 > 0$,则收敛域为 $0 < |z| < \infty$;若 $n_1 \geqslant 0$, $n_2 > 0$,则收敛域为 $0 < |z| \leqslant \infty$。

2) 右边序列 z 变换的收敛域

如果序列 $x(n)$ 在 $n \geqslant n_1$ 时,序列值不全为零,而在其他区间为零,该序列称为右边序列。其 z 变换为

$$X(z) = \sum_{n=n_1}^{\infty} x(n) z^{-n} = \sum_{n=n_1}^{-1} x(n) z^{-n} + \sum_{n=0}^{\infty} x(n) z^{-n} \qquad (2-4)$$

式(2-4)中,$n_1 \leqslant -1$。式(2-4)右边第一项对应的是有限长序列的 z 变换,其收敛区间为 $0 \leqslant |z| < \infty$,第二项为因果序列的 z 变换,收敛域为 $R_{x-} < |z| \leqslant \infty$,同时使两个序列的 z 变换存在,则收敛域为 $R_{x-} < |z| < \infty$。

3) 左边序列 z 变换的收敛域

如果序列 $x(n)$ 在 $n \leqslant n_1$ 时,序列值不全为零,而在其他区间为零,该序列为左边序列。该序列的 z 变换为

$$X(z) = \sum_{n=-\infty}^{n_1} x(n) z^{-n} = \sum_{n=-\infty}^{-1} x(n) z^{-n} + \sum_{n=0}^{n_1} x(n) z^{-n} \qquad (2-5)$$

式(2-5)中,$n_1 \geqslant 0$。式(2-5)右边第一项为左边序列,对应该序列的 z 变换为复变量 z 的正幂级数的形式,其收敛域为 $0 \leqslant |z| < R_{x+}$,第二项的收敛域为 $0 < |z| \leqslant \infty$,使两部分同时收敛的收敛域为 $0 < |z| < R_{x+}$。

4) 双边序列的 z 变换的收敛域

如果序列 $x(n)$ 在区间 $(-\infty, +\infty)$ 内有非零值,则该序列称为双边序列,其 z 变换为

$$X(z) = \sum_{n=-\infty}^{\infty} x(n) z^{-n} = \sum_{n=-\infty}^{-1} x(n) z^{-n} + \sum_{n=0}^{\infty} x(n) z^{-n} \qquad (2-6)$$

式(2-6)中右边第一项为左边序列,收敛域为 $0 \leqslant |z| < R_{x+}$,右边第二项为右边序列,收敛域为 $R_{x-} < |z| \leqslant \infty$。如果满足 $R_{x-} < R_{x+}$,则使得该双边序列的 z 变换存在的收敛域为 $R_{x-} < |z| < R_{x+}$。

【例 2-2】 序列 $x(n) = R_N(n)$,求其 z 变换及收敛域。

解:序列 $x(n) = R_N(n)$ 是一个点数为 N 的有限长序列,且 $0 \leqslant n \leqslant N-1$,是因果序列,所以其收敛域是 $0 < |z| \leqslant \infty$。按照 z 变换的定义,得

$$X(z) = \sum_{n=-\infty}^{\infty} x(n) z^{-n} = \sum_{n=0}^{N-1} x(n) z^{-n} = \frac{1-z^{-N}}{1-z^{-1}}$$

式中，$z=1$ 既是序列 z 变换的零点又是其极点，抵消后 $z=1$ 处仍然收敛，所以，收敛域为 $0<|z|\leq\infty$。

【例 2-3】 序列 $x(n)=-a^n u(-n-1)$，求其 z 变换及收敛域。

解：序列 $x(n)$ 为左边序列，按照 z 变换的定义式，得

$$X(z) = \sum_{n=-\infty}^{\infty} x(n)z^{-n} = \sum_{n=-\infty}^{-1}(-a^n z^{-n}) = \sum_{n=1}^{\infty}(-a^{-n}z^n)$$

如果 $X(z)$ 存在，则有 $|a^{-1}z|<1$，即 $|z|<|a|$。在收敛域中，序列 $x(n)$ 的 z 变换为

$$X(z) = \frac{-a^{-1}z}{1+a^{-1}z} = \frac{1}{1-az^{-1}}, \quad |z|<|a|$$

【例 2-4】 序列 $x(n)=\begin{cases}a^n, & n\geq 0 \\ -b^n, & n\leq -1\end{cases}$，$|a|<|b|$，求其 z 变换及收敛域。

解：序列 $x(n)$ 为双边序列，按照 z 变换的定义式，得

$$\begin{aligned}X(z) &= \sum_{n=-\infty}^{\infty} x(n)z^{-n} = \sum_{n=0}^{\infty} a^n z^{-n} - \sum_{n=-\infty}^{-1} b^n z^{-n} \\ &= \frac{1}{1-az^{-1}} + \frac{1}{1-bz^{-1}} = \frac{z}{z-a} + \frac{z}{z-b} \\ &= \frac{z(2z-a-b)}{(z-a)(z-b)}, \quad |a|<|z|<|b|\end{aligned}$$

对比例 2-2、例 2-3 和例 2-4 中的三个序列，分别为右边序列、左边序列和双边序列，它们的 z 变换的收敛域都与其极点存在某种关系。对比可以得出右边序列 z 变换的收敛域为取其极点的模值最大的区域，如例 2-4 中取 $|z|>|a|$；而左边序列的 z 变换的收敛域取其极点的模值最小的区域，如例 2-3 中取 $|z|<|a|$，例 2-4 中取 $|z|<|b|$。同一个 $X(z)$，即零极点分布相同，但收敛域不同，则对应的序列不同，可用图 2.4 所示来加以说明。

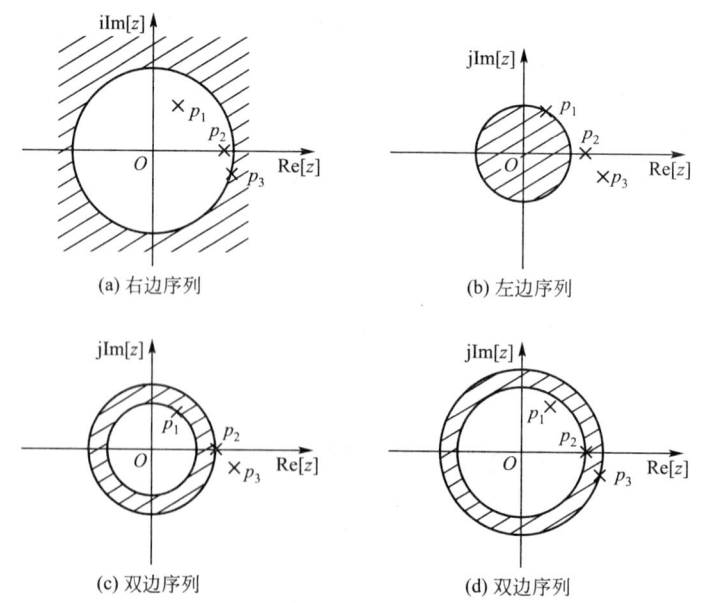

图 2.4　同一 $X(z)$ 所对应不同的时域序列

3. z 反变换

已知序列的 z 变换及其收敛域，求原序列 $x(n)$，称为求 z 反变换。z 反变换可以用下式表示

$$x(n) = \frac{1}{2\pi j} \oint_c X(z) z^{n-1} dz, \quad c \in (R_{x-}, R_{x+}) \tag{2-7}$$

式中，c 为 $X(z)$ 收敛域内围绕原点的一条逆时针闭合围线，直接计算围线积分比较麻烦。求 z 反变换可以应用以下几种方法。

部分分式展开法。就是将 z 变换的有理分式展开成简单的部分分式的和的形式，利用常见序列的 z 变换与原序列的对应关系，求取原序列 $x(n)$。

留数计算法。用 $X(z)$ 收敛域内包围原点的逆时针围线内或外的极点处的留数来计算围线积分，这是一种求取 z 反变换有效的分析方法。

幂级数展开法(长除法)。由序列 z 变换的定义式(2-1)可以看到，序列 $x(n)$ 的 z 变换就是以 $x(n)$ 为系数的复变量 z 的幂级数的和的形式，将 z 变换的分子多项式与分母多项式进行长除，得到复变量 z 的幂级数，该级数的系数就是原序列 $x(n)$。

1) 部分分式展开法

一般，$X(z)$ 是复数 z 的有理分式，可将 $X(z)$ 分解为部分分式的和的形式

$$X(z) = \frac{B(z)}{A(z)} = X_1(z) + X_2(z) + \cdots + X_N(z) \tag{2-8}$$

则

$$x(n) = Z^{-1}[X_1(z) + X_2(z) + \cdots + X_N(z)] \tag{2-9}$$

应用部分分式展开法求 z 反变换时，分解得到的各项部分分式必须能够比较容易地从 z 变换中识别出来，并注意其收敛域。

如果 $X(z)$ 可以表示成有理分式为

$$X(z) = \frac{B(z)}{A(z)} = \frac{\sum_{i=0}^{M} b_i z^{-i}}{1 + \sum_{i=1}^{N} a_i z^{-i}} \tag{2-10}$$

则 $X(z)$ 可以展开成以下的部分分式

$$X(z) = \sum_{n=0}^{M-N} B_n z^{-n} + \sum_{j=1}^{N-r} \frac{A_j}{1 - z_j z^{-1}} + \sum_{k=1}^{r} \frac{C_k}{[1 - z_i z^{-1}]^k} \tag{2-11}$$

式中，z_i 为 $X(z)$ 的一个 r 阶极点，z_j 为 $X(z)$ 的单阶极点 ($j=1, 2, \cdots, N-r$)，B_n 是 $X(z)$ 的整式部分的系数。

根据留数定理，式(2-11)系数 A_j 由下式求得

$$A_j = X(z)(1 - z_j z^{-1}) \Big|_{z=z_j} = \frac{X(z)}{z}(z - z_j) \Big|_{z=z_j} = \text{Res}\left[\frac{X(z)}{z}\right]\Big|_{z=z_j}, \quad j=1, 2, \cdots, N-r \tag{2-12}$$

系数 C_k 由下式求得

$$C_k = \frac{1}{(-z_i)^{(r-k)}} \cdot \frac{1}{(r-k)!} \left\{ \frac{d^{r-k}}{d(z^{-1})^{r-k}} [(1 - z_i z^{-1})^r X(z)] \right\} \Big|_{z=z_i}, \quad k=1, 2, \cdots, r \tag{2-13}$$

展开式各项的系数确定后,根据收敛域的不同,分别求式(2-11)右边各项的 z 反变换,得到各个序列相加即可求得原序列。

【例 2-5】 已知 $X(z)=\dfrac{5z}{z^2+z-6}$,$2<|z|<3$,用部分分式展开法求其 z 反变换。

解:由 $X(z)$ 得

$$\frac{X(z)}{z}=\frac{5}{z^2+z-6}=\frac{A_1}{z+3}+\frac{A_2}{z-2}$$

$$A_1=\frac{5}{z^2+z-6}(z+3)\Big|_{z=-3}=-1$$

$$A_2=\frac{5}{z^2+z-6}(z-2)\Big|_{z=2}=1$$

所以有 $X(z)=\dfrac{-z}{z+3}+\dfrac{z}{z-2}=\dfrac{-1}{1+3z^{-1}}+\dfrac{1}{1-2z^{-1}}$。

由 $X(z)$ 的收敛域 $2<|z|<3$ 得到其 z 反变换为

$$x(n)=2^n u(n)+(-3)^n u(-n-1)$$

2) 留数计算法

对于有理 z 变换,式(2-7)的围线积分可以通过围线所包围的极点处的留数来计算。设函数 $P(z)=X(z)z^{n-1}$ 在围线 c 上连续,在 c 以内有 I 个极点 z_i,而在 c 以外有 J 个极点 z_j,I、J 均为有限值,则有

$$x(n)=\frac{1}{2\pi\mathrm{j}}\oint_c X(z)z^{n-1}\mathrm{d}z=\sum_i \mathrm{Res}[X(z)z^{n-1}]\Big|_{z=z_i} \qquad (2-14\mathrm{a})$$

$$x(n)=\frac{1}{2\pi\mathrm{j}}\oint_c X(z)z^{n-1}\mathrm{d}z=-\sum_j \mathrm{Res}[X(z)z^{n-1}]\Big|_{z=z_j} \qquad (2-14\mathrm{b})$$

应用式(2-14b)的条件是 $X(z)z^{n-1}$ 在 $z=\infty$ 处具有二阶或二阶以上的零点,即 $X(z)z^{n-1}$ 的分母多项式的阶次数比分子多项式的阶次数高二阶或二阶以上,无穷远处的留数为零。

【例 2-6】 已知 $X(z)=\dfrac{z^3+2z^2+1}{z^3-1.5z^2+0.5z}$,$|z|>1$,求其 z 反变换。

解:

$$X(z)z^{n-1}=\frac{z^3+2z^2+1}{z^3-1.5z^2+0.5z}z^{n-1}$$

c 为 $X(z)$ 收敛域内的闭合围线,如图 2.5 所示。

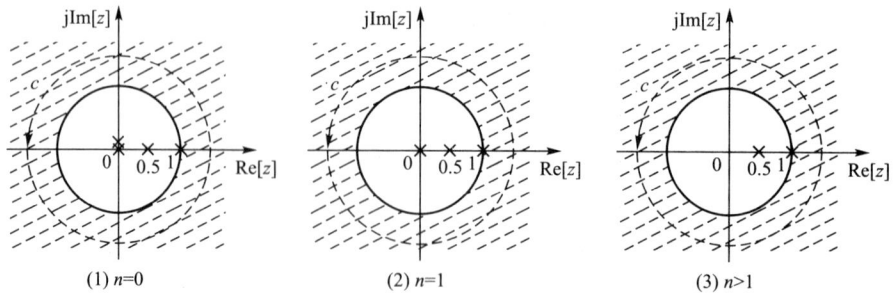

图 2.5 例 2-6 图

现在看极点在围线 c 内部的分布情况及极点阶数,以确定式(2-14a)

(1) 当 $n=0$ 时，$X(z)z^{n-1}$ 有 4 个极点，$p_1=p_2=0$，$p_3=1$，$p_4=0.5$，则有

$$x(n)=\frac{\mathrm{d}}{\mathrm{d}z}\left[\frac{z^3+2z^2+1}{(z-1)(z-0.5)}\right]_{z=0}+\frac{z^3+2z^2+1}{z^2(z-0.5)}\bigg|_{z=1}+\frac{z^3+2z^2+1}{z^2(z-1)}\bigg|_{z=0.5}=1$$

(2) 当 $n=1$ 时，$X(z)z^{n-1}$ 有 3 个极点，$p_1=0$，$p_2=1$，$p_3=0.5$，则有

$$x(n)=\frac{z^3+2z^2+1}{(z-1)(z-0.5)}\bigg|_{z=0}+\frac{z^3+2z^2+1}{z(z-0.5)}\bigg|_{z=1}+\frac{z^3+2z^2+1}{z(z-1)}\bigg|_{z=0.5}=3.5$$

(3) 当 $n>1$ 时，$X(z)z^{n-1}$ 有 2 个极点，$p_1=1$，$p_2=0.5$，则有

$$x(n)=\frac{z^3+2z^2+1}{z(z-0.5)}z^{n-1}\bigg|_{z=1}+\frac{z^3+2z^2+1}{z(z-1)}z^{n-1}\bigg|_{z=0.5}=8-6.5(0.5)^n$$

所以有 $x(n)=\delta(n)+3.5\delta(n-1)+[8-6.5(0.5)^n]u(n-2)$。

3) 幂级数展开法（长除法）

序列 $x(n)$ 的 z 变换定义为 z^{-1} 的幂级数，即

$$X(z)=\sum_{n=-\infty}^{\infty}x(n)z^{-n}=\cdots+x(-1)z+x(0)z^0+x(1)z^{-1}+x(2)z^{-2}+\cdots$$

因此只要在给定的收敛域内，把 $X(z)$ 展开成幂级数，则级数的系数就是序列 $x(n)$。一般情况下 $X(z)$ 是一个有理分式，分子分母都是 z 的多项式，可以直接用分子多项式除以分母多项式，得到幂级数展开式，从而得到 $x(n)$。$X(z)$ 的闭合表达式只有加上其收敛域，才能唯一地确定序列 $x(n)$。因此在应用长除法求反变换时，如果 $X(z)$ 的收敛域为 $|z|>R_{x-}$，则 $x(n)$ 必为因果序列，应将 $X(z)$ 展开成 z 的负幂级数的形式，为此 $X(z)$ 的分母分子应按照 z 的降幂（z^{-1} 的升幂）排列；如果 $X(z)$ 的收敛域为 $|z|<R_{x+}$，则 $x(n)$ 必为左边序列，应将 $X(z)$ 展开成 z 的正幂级数的形式，为此 $X(z)$ 的分母分子应按照 z 的升幂（z^{-1} 的降幂）排列。

知识拓展

在 MATLAB 中，求解 z 反变换可以通过函数 residuez 来实现，函数格式为

$$[r, p, k]=\mathrm{residuez}(num, den)$$

函数中的 num，den 分别为有理 z 函数分子多项式和分母多项式的系数向量，参数 r 为留数列向量，p 为极点列向量，k 为返回直接项系数。

【例 2-7】

已知

$$X(z)=\frac{2+\frac{1}{3}z^{-1}+z^{-2}}{1+\frac{17}{3}z^{-1}-2z^{-2}}, \quad \frac{1}{3}<|z|<6$$

试应用 MATLAB 求解 $X(z)$ 的 z 反变换 $x(n)$。

编写程序如下：Program2-7

```
num=[2 1/3 1]
den=[1 17/3 -2]
[r,p,k]=residuez(num,den)
```

运行结果

r=1.868 4
　0.631 6
p=-6.000 0
　0.333 3
k=-0.500 0

因此有

$$X(z)=\frac{1.868\ 4}{1+6z^{-1}}+\frac{0.631\ 6}{1-0.333\ 3z^{-1}}-0.500\ 0$$

其收敛域为 $\frac{1}{3}<|z|<6$，等式右侧第一项极点在 $z=\frac{1}{3}$（计算机运算的数值为0.333 3），收敛域为 $z=\frac{1}{3}$ 的外部，故对应该项的时域序列为右边序列；等式右边第二项极点为 $z=-6$，收敛域为 $|z|=6$ 的圆的内部，该项对应的时域序列是左边序列，所以得到

$$x(n)=0.631\ 6(0.333\ 3)^n u(n)-1.868\ 4(-6)^n u(-n-1)-0.5\delta(n)$$

2.2.2　序列的 z 变换与连续信号的拉普拉斯变换、傅里叶变换的关系

为了建立和理解连续信号 $x_a(t)$ 的拉普拉斯变换 $X_a(s)$ 与离散信号 $x(n)$ 的 z 变换之间的关系，先分析连续时间信号 $x_a(t)$ 和理想采样信号 $\hat{x}_a(t)$ 的拉普拉斯变换之间的关系，通过理想采样信号的拉普拉斯变换 $\hat{X}_a(s)$ 把连续信号的拉普拉斯变换 $X_a(s)$、傅里叶变换 $X_a(j\Omega)$ 与离散信号（序列）的 z 变换联系起来。连续信号与理想采样信号的拉普拉斯变换分别为

$$X_a(s)=\int_{-\infty}^{\infty}x_a(t)e^{-st}dt \tag{2-15a}$$

$$\hat{X}_a(s)=\int_{-\infty}^{\infty}\hat{x}_a(t)e^{-st}dt \tag{2-15b}$$

由理想采样信号与连续信号的关系，得

$$\hat{x}_a(t)=x_a(t)\sum_{n=-\infty}^{\infty}\delta(t-nT)$$

$$\begin{aligned}\hat{X}_a(s)&=\int_{-\infty}^{\infty}\hat{x}_a(t)e^{-st}dt=\int_{-\infty}^{\infty}\sum_{n=-\infty}^{\infty}x_a(nT)\delta(t-nT)e^{-st}dt\\&=\sum_{n=-\infty}^{\infty}\int_{-\infty}^{\infty}x_a(nT)\delta(t-nT)e^{-st}dt\\&=\sum_{n=-\infty}^{\infty}x_a(nT)e^{-nsT}\end{aligned} \tag{2-16}$$

理想采样序列 $x(n)=x_a(nT)$ 的 z 变换为

$$X(z)=\sum_{n=-\infty}^{\infty}x_a(nT)z^{-n}=\sum_{n=-\infty}^{\infty}x(n)z^{-n}$$

与式(2-16)对比看出，当 $z=e^{sT}$ 时，理想采样序列的 z 变换就等于其理想采样序列的拉普拉斯变换

$$X(z)|_{z=e^{sT}} = X(e^{sT}) = \hat{X}_a(s) \qquad (2-17)$$

式(2-17)说明，从理想采样信号拉普拉斯变换到理想采样信号的 z 变换，就是由复变量 s 平面向复变量 z 平面的映射变换，其变换关系为

$$z = e^{sT} \qquad (2-18a)$$

或

$$s = \frac{1}{T}\ln z \qquad (2-18b)$$

下面讨论这一变换关系，复变量 s 表示为

$$s = \sigma + j\Omega$$

而复变量 z 用极坐标表示

$$z = re^{j\omega}$$

将以上两式代入式(2-18a)中得到

$$re^{j\omega} = e^{(\sigma+j\Omega)T} = e^{\sigma T} \cdot e^{j\Omega T}$$

即

$$r = e^{\sigma T} \qquad (2-19a)$$

$$\omega = \Omega T \qquad (2-19b)$$

可以看出，复变量 z 的模与复变量 s 的实部 σ 对应，z 的相角与复变量 s 的虚部 Ω 对应。由式(2-19a)讨论得 $\sigma = 0$（s 平面的虚轴），$r = 1$，即 s 平面的虚轴 $j\Omega$ 映射为 z 平面单位圆的圆周；当 $\sigma < 0$，$r < 1$，即 s 平面的左半平面映射成 z 平面单位圆的内部；当 $\sigma > 0$，$r > 1$，即 s 平面的右半平面映射为 z 平面单位圆的外部。由式(2-19b)可以得到，当 $\Omega = -\frac{\pi}{T}$ 时，$\omega = -\pi$；当 $\Omega = 0$ 时，$\omega = 0$；当 $\Omega = \frac{\pi}{T}$ 时，$\omega = \pi$。因此，当 Ω 从 $-\frac{\pi}{T}$ 变化到 $\frac{\pi}{T}$ 时，ω 从 $-\pi$ 变化到 π，即 z 平面上相位变化 2π，ω 围绕 z 平面单位圆旋转一周。这样，当 Ω 再变化 $\frac{2\pi}{T}$（一个采样频率），则 ω 相应的变换 2π，即 ω 围绕 z 平面单位圆再旋转一周，或将整个 z 平面又映射一次。因此，s 平面上宽度为 $\frac{2\pi}{T}$ 的水平带映射为整个 z 平面，左半带映射成单位圆内部，右半带映射成单位圆外部，长度为 $\frac{2\pi}{T}$ 的虚轴映射为单位圆的圆周。由于 s 平面可以分成无限条宽度为 $\frac{2\pi}{T}$ 的宽带，所以 s 平面可以被映射成无限多个 z 平面。这些 z 平面重叠在一起，因此这种映射不是简单的代数映射。映射关系如图 2.6 所示。

有了 s 平面到 z 平面的映射关系，以理想采样信号的拉普拉斯变换为纽带，找到连续信号 $x_a(t)$ 的拉普拉斯变换 $X_a(s)$ 与理想采样信号 $x(n)$ 的 z 变换 $X(z)$ 之间的关系。将 1.5 节中的式(1-33)重写如下

$$\hat{X}_a(s) = \frac{1}{T} \sum_{k=-\infty}^{\infty} X_a(s - jk\Omega_s)$$

将上式代入式(2-17)，即得到 $X(z)$ 与 $X_a(s)$ 之间的关系

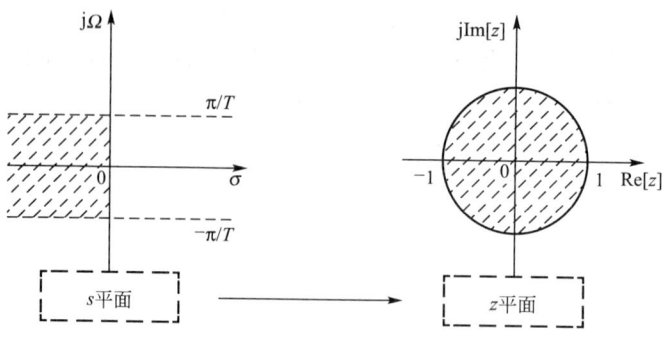

图 2.6 s 平面到 z 平面的代数映射

$$X(z)|_{z=e^{sT}} = \frac{1}{T}\sum_{k=-\infty}^{\infty} X_a(s-\mathrm{j}k\Omega_s) = \frac{1}{T}\sum_{k=-\infty}^{\infty} X_a\left(s-\mathrm{j}k\frac{2\pi}{T}\right) \tag{2-20}$$

傅里叶变换是拉普拉斯变换在复平面虚轴上的特例,即 $s=\mathrm{j}\Omega$ 时连续信号的拉普拉斯变换就转变为傅里叶变换。由式(2-20)序列的 z 变换与连续信号的拉普拉斯变换关系可以直接得到连续信号的傅里叶变换与序列的 z 变换之间的关系,如下所示

$$X(z)|_{z=e^{\mathrm{j}\Omega T}} = X(\mathrm{e}^{\mathrm{j}\Omega T}) = \hat{X}_a(\mathrm{j}\Omega) = \frac{1}{T}\sum_{k=-\infty}^{\infty} X_a\left(\mathrm{j}\Omega - \mathrm{j}k\frac{2\pi}{T}\right) \tag{2-21}$$

式(2-21)说明,理想采样序列在单位圆上的 z 变换,等于其理想采样信号的傅里叶变换,是连续信号频谱的周期延拓。这种频谱周期重复的现象体现在 z 变换中,$\mathrm{e}^{\mathrm{j}\Omega T}$ 随 Ω 的变化在单位圆上循环重复。

2.3 离散时间傅里叶变换

时域离散信号的傅里叶变换不同于模拟信号的傅里叶变换,时域离散信号的自变量只能取离散值,即 n 只能取整数,不能进行积分运算。频域频谱函数是数字频率 ω 的连续函数,以 2π 为周期。虽然两者有不同的地方,但在信号处理中它们所起到的作用和许多性质是一样的。

序列 $x(n)$ 的傅里叶变换定义为

$$X(\mathrm{e}^{\mathrm{j}\omega}) = \mathrm{DTFT}[x(n)] = \sum_{n=-\infty}^{\infty} x(n)\mathrm{e}^{-\mathrm{j}\omega n} \tag{2-22}$$

式中,DTFT 表示离散时间傅里叶变换。

由于序列 $x(n)$ 是时域离散的,所以频谱函数 $X(\mathrm{e}^{\mathrm{j}\omega})$ 一定是周期的。由下式

$$\mathrm{e}^{\mathrm{j}\omega n} = \mathrm{e}^{\mathrm{j}(\omega+2\pi)n} \tag{2-23}$$

可以看出,$\mathrm{e}^{\mathrm{j}\omega n}$ 是 ω 的以 2π 为周期的正交周期性函数,所以 $X(\mathrm{e}^{\mathrm{j}\omega})$ 也是以 2π 为周期的周期函数。又由于 $x(n)$ 是非周期的,则频谱函数 $X(\mathrm{e}^{\mathrm{j}\omega})$ 一定是以 ω 为自变量的连续频谱函数。连续周期函数可以展开成傅里叶级数,所以 $X(\mathrm{e}^{\mathrm{j}\omega})$ 展开成傅里叶级数,其傅里叶级数的系数就是序列 $x(n)$。

傅里叶反变换的定义为

$$x(n) = \frac{1}{2\pi}\int_{-\pi}^{\pi} X(\mathrm{e}^{\mathrm{j}\omega})\mathrm{e}^{\mathrm{j}\omega n}\,\mathrm{d}\omega \tag{2-24}$$

式(2-23)和式(2-24)组成一对傅里叶变换对。

【例 2-8】 已知矩形序列 $x(n)$ 为，$x(n)=R_5(n)$，求 $x(n)$ 的傅里叶变换。

解： 由式(2-22)可得

$$X(e^{j\omega}) = \sum_{n=-\infty}^{\infty} R_5(n)e^{-j\omega n} = \sum_{n=0}^{4} e^{-j\omega n}$$

$$= \frac{1-e^{-j5\omega}}{1-e^{-j\omega}} = e^{-j2\omega}\frac{\sin(5\omega/2)}{\sin(\omega/2)}$$

$$= |X(e^{j\omega})|e^{j\arg[X(e^{j\omega})]}$$

其中

$$\left|X(e^{j\omega})\right| = \left|\frac{\sin(5\omega/2)}{\sin(\omega/2)}\right|$$

$$\arg[X(e^{j\omega})] = -2\omega + \arg\left[\frac{\sin(5\omega/2)}{\sin(\omega/2)}\right]$$

图 2.7 所示为 $|X(e^{j\omega})|$ 与 $\arg[X(e^{j\omega})]$ 的图形。

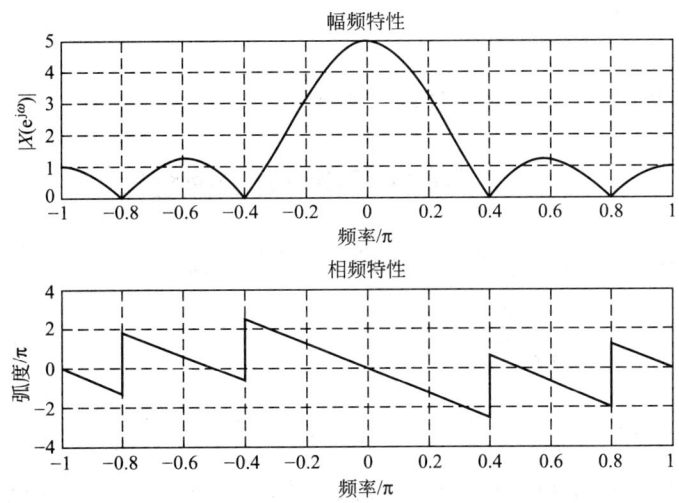

图 2.7　5 点矩形序列的傅里叶变换

背景资料

离散傅里叶变换是把信号或系统从时域变化到频域，进一步分析信号的频谱特性或系统的频率响应。但离散傅里叶变换运算比较复杂，不够直观，学生理解起来比较困难。MATLAB 软件功能强大，可以为学生提供直观的数字信号处理的图形可视化手段，生动地揭示算法设计及实现流程。作为信号的频谱分析，可以通过 MATLAB 仿真实现。下面是离散信号傅里叶变换的函数文件，对信号进行频谱分析可以直接调用。

```
function[X,magX,argX]=FourTran(x,n,N)    %定义函数,实现傅里叶变换
if nargin<3
    N=600
end
```

```
k=-N:N
w=(pi/N)*k
X=x*(exp(-j).^(n'*w));           %计算序列的傅里叶变换
magX=abs(X);
argX=angle(X);
subplot(2,1,1)
plot(w/pi,magX);                 %绘制幅频特性
xlabel('频率/{\pi}');
ylabel('|X(e^{j\omega})|');
title('幅频特性');
grid on;
subplot(2,1,2)
plot(w/pi,argX);                 %绘制相频特性
xlabel('频率/{\pi}');
ylabel('弧度/{\pi}');
title('相频特性')
grid on
```

例 2-8 中的频谱图就是调用上述函数实现的。

2.4 离散时间傅里叶变换性质

序列的傅里叶变换是序列在单位圆上的 z 变换(序列的 z 变换在单位圆上收敛)，因而可以表示成

$$X(\mathrm{e}^{j\omega}) = X(z)|_{z=\mathrm{e}^{j\omega}} = \sum_{n=-\infty}^{\infty} x(n)\mathrm{e}^{-j\omega n} \tag{2-25}$$

$$x(n) = \frac{1}{2\pi \mathrm{j}} \oint_{|z|=1} X(z) z^{n-1} \mathrm{d}z = \frac{1}{2\pi} \int_{-\pi}^{\pi} X(\mathrm{e}^{j\omega}) \mathrm{e}^{j\omega n} \mathrm{d}\omega \tag{2-26}$$

所以序列的傅里叶变换的性质可以由序列的 z 变换的主要性质得出，归纳如下

设 $x(n)$、$y(n)$、$h(n)$ 的离散时间傅里叶变换，分别为 $X(\mathrm{e}^{j\omega})$、$Y(\mathrm{e}^{j\omega})$、$H(\mathrm{e}^{j\omega})$，a、b 为任意常数，则有

1. 傅里叶变换的周期性

时域离散信号的傅里叶变换以 2π 为周期，即下式成立

$$X(\mathrm{e}^{j\omega}) = X[\mathrm{e}^{j(\omega+2\pi N)}] \tag{2-27}$$

因此在对信号进行频域分析时，分析一个周期就可以了。

2. 序列的移位

$$\mathrm{DTFT}[x(n-m)] = \mathrm{e}^{-j\omega m} X(\mathrm{e}^{j\omega}) \tag{2-28}$$

时域的移位对应于频域的相位调制。

3. 时域卷积定理

$$\mathrm{DTFT}[x(n)*h(n)] = X(\mathrm{e}^{j\omega}) H(\mathrm{e}^{j\omega}) \tag{2-29}$$

4. 频域卷积

$$\mathrm{DTFT}[x(n)h(n)] = X(e^{j\omega}) * H(e^{j\omega}) \tag{2-30}$$

证明: $\mathrm{DTFT}[x(n)h(n)] = \sum_{n=-\infty}^{\infty} x(n)h(n)e^{-j\omega n} = \sum_{n=-\infty}^{\infty} x(n) \left[\frac{1}{2\pi}\int_{-\pi}^{\pi} H(e^{j\theta})e^{j\theta n}d\theta\right] e^{-j\omega n}$

$$= \frac{1}{2\pi}\int_{-\pi}^{\pi} H(e^{j\theta})\left[\sum_{n=-\infty}^{\infty} x(n)e^{-j(\omega-\theta)n}\right]d\theta$$

$$= \frac{1}{2\pi}\int_{-\pi}^{\pi} H(e^{j\theta})X(e^{j(\omega-\theta)})d\theta$$

$$= \frac{1}{2\pi}H(e^{j\omega}) * X(e^{j\omega}) \tag{2-31}$$

5. 傅里叶变换的对称性

1) 共轭对称序列与共轭反对称序列

对于复数序列 $x(n)$ 表示成 $x(n) = x_r(n) + jx_i(n)$,$x_r(n)$,$x_i(n)$ 分别为序列 $x(n)$ 的实部和虚部。定义满足以下共轭对称关系

$$x_e(n) = x_e^*(-n) \tag{2-32}$$

的序列 $x_e(n)$ 为共轭对称序列;满足以下共轭反对称关系

$$x_o(n) = -x_o^*(-n) \tag{2-33}$$

的序列 $x_o(n)$ 为共轭反对称序列。如果序列 $x_e(n)$,$x_o(n)$ 为实数序列,则有

$$x_e(n) = x_e(-n), \quad x_o(n) = -x_o(-n)$$

即 $x_e(n)$ 变成了偶对称序列,$x_o(n)$ 为奇对称序列。

任意一序列 $x(n)$ 总能够表示成一个共轭对称序列与一个共轭反对称序列的和的形式,即

$$x(n) = x_e(n) + x_o(n)$$

在这里令

$$x_e(n) = \frac{1}{2}[x(n) + x^*(-n)] \tag{2-34}$$

$$x_o(n) = \frac{1}{2}[x(n) - x^*(-n)] \tag{2-35}$$

由式(2-34)、式(2-35)容易得到 $x_e(n)$,$x_o(n)$ 满足式(2-32)、式(2-33)所给出的共轭对称序列和共轭反对称序列的定义式。

同样一个复数序列 $x(n)$ 的傅里叶变换 $X(e^{j\omega})$ 也可分解为共轭对称分量和共轭反对称分量的和的形式

$$X(e^{j\omega}) = X_e(e^{j\omega}) + X_o(e^{j\omega}) \tag{2-36}$$

式中

$$X_e(e^{j\omega}) = \frac{1}{2}[X(e^{j\omega}) + X^*(e^{-j\omega})] \tag{2-37}$$

$$X_o(e^{j\omega}) = \frac{1}{2}[X(e^{j\omega}) - X^*(e^{-j\omega})] \tag{2-38}$$

$X_e(e^{j\omega})$ 是共轭对称的,满足 $X_e(e^{j\omega}) = X_e^*(e^{-j\omega})$,$X_o(e^{j\omega})$ 是共轭反对称的,满足 $X_o(e^{j\omega}) =$

$-X_o^*(e^{-j\omega})$。与序列情况一样，如果傅里叶变换 $X(e^{j\omega})$ 是实函数，且满足共轭对称，则称其为频率的偶函数，即 $X(e^{j\omega})=X(e^{-j\omega})$。如果 $X(e^{j\omega})$ 是实函数，且满足共轭反对称关系，则称其为频率的奇函数，即 $X(e^{j\omega})=-X(e^{-j\omega})$。

2) 序列傅里叶变换的对称性质

由序列的 z 变换及序列的傅里叶变换的定义，可以得到以下几个序列傅里叶变换的对称性质。

性质 1 序列实部的傅里叶变换

$$\text{DTFT}\{\text{Re}[x(n)]\}=X_e(e^{j\omega}) \tag{2-39}$$

证明： 由傅里叶变换的定义得

$$\sum_{n=-\infty}^{\infty}\text{Re}[x(n)]e^{-j\omega n}=\sum_{n=-\infty}^{\infty}\frac{1}{2}[x(n)+x^*(n)]e^{-j\omega n}=\frac{1}{2}\Big[\sum_{n=-\infty}^{\infty}x(n)e^{-j\omega n}+\sum_{n=-\infty}^{\infty}x^*(n)e^{-j\omega n}\Big]$$

$$=\frac{1}{2}[X(e^{j\omega})+X^*(e^{-j\omega})]$$

$$=X_e(e^{j\omega})$$

即该性质得证。

性质 2 序列的虚部乘 j 后的傅里叶变换

$$\text{DTFT}[j\text{Im}x(n)]=X_o(e^{j\omega}) \tag{2-40}$$

性质 3 序列共轭对称和共轭反对称分量的傅里叶变换

$$\text{DTFT}[x_e(n)]=\text{Re}[X(e^{j\omega})] \tag{2-41}$$

$$\text{DTFT}[x_o(n)]=j\text{Im}[X(e^{j\omega})] \tag{2-42}$$

性质 4 如果序列 $x(n)$ 是实数序列，则其傅里叶变换 $X(e^{j\omega})$ 满足共轭对称性，即

$$X(e^{j\omega})=X^*(e^{-j\omega}) \tag{2-43}$$

由此得出，实数序列的傅里叶变换的实部是频率 ω 的偶对称函数，而虚部是 ω 的奇函数，即

$$\text{Re}[X(e^{j\omega})]=\text{Re}[X(e^{-j\omega})] \tag{2-44a}$$

$$\text{Im}[X(e^{j\omega})]=-\text{Im}[X(e^{-j\omega})] \tag{2-44b}$$

证明： 由序列的傅里叶变换的定义式(2-22)，得

$$X(e^{j\omega})=\sum_{n=-\infty}^{\infty}x(n)e^{-j\omega n}$$

由于 $x(n)$ 为实数序列，所以

$$X^*(e^{-j\omega})=\Big[\sum_{n=-\infty}^{\infty}x(n)e^{j\omega n}\Big]^*=\sum_{n=-\infty}^{\infty}x(n)e^{-j\omega n}=X(e^{j\omega})$$

该性质得证。

6. 帕塞瓦(Parseval)定理

如果 $X(e^{j\omega})=\text{DTFT}[x(n)]$，$Y(e^{j\omega})=\text{DTFT}[y(n)]$，则

$$\sum_{n=-\infty}^{\infty}x(n)y^*(n)=\frac{1}{2\pi}\int_{-\pi}^{\pi}X(e^{j\omega})Y^*(e^{j\omega})d\omega$$

当 $x(n)=y(n)$，则有

$$\sum_{n=-\infty}^{\infty}|x(n)|^2 = \frac{1}{2\pi}\int_{-\pi}^{\pi}|X(\mathrm{e}^{\mathrm{j}\omega})|^2 \mathrm{d}\omega \qquad (2-45)$$

式(2-45)说明信号时域的总能量等于频域的总能量，离散时间傅里叶变换前后信号能量不变。

2.5 离散信号与系统分析

傅里叶变换与 z 变换都是对信号和系统进行分析的数学工具，z 变换是系统分析域为复频域的一种变换，信号和系统的频域分析是指信号和系统的傅里叶变换。

2.5.1 系统的系统函数与频率特性

一个系统的时域特性用单位采样响应 $h(n)$ 来表示，如果对 $h(n)$ 进行 z 变换，得到

$$H(z) = \sum_{n=-\infty}^{\infty} h(n) z^{-n} \qquad (2-46)$$

$H(z)$ 称为系统的系统函数，它表征了系统的复频域特性。

如果对 $h(n)$ 取傅里叶变换，得到

$$H(\mathrm{e}^{\mathrm{j}\omega}) = \sum_{n=-\infty}^{\infty} h(n) \mathrm{e}^{-\mathrm{j}\omega n} \qquad (2-47)$$

$H(\mathrm{e}^{\mathrm{j}\omega})$ 称为系统的频率特性，它表征了系统的频率响应特性。对比系统函数与频率特性，可以看出，若 $H(z)$ 的收敛域包含单位圆 $|z|=1$，则频率特性 $H(\mathrm{e}^{\mathrm{j}\omega})$ 与系统函数 $H(z)$ 之间的关系为

$$H(\mathrm{e}^{\mathrm{j}\omega}) = H(z)\big|_{z=\mathrm{e}^{\mathrm{j}\omega}} \qquad (2-48)$$

即系统的频率特性 $H(\mathrm{e}^{\mathrm{j}\omega})$ 等于系统的单位采样响应 $h(n)$ 在单位圆上的 z 变换。

为了研究离散线性系统对输入信号频谱的处理作用，我们来研究线性系统对复指数或正弦信号的稳态响应，也就是研究系统的频域表示。

设系统的输入序列 $x(n)$ 为单一频率的复指数序列，即 $x(n) = \mathrm{e}^{\mathrm{j}\omega n}$ ($-\infty < n < \infty$)，线性移不变系统的单位采样响应为 $h(n)$，得到其稳态输出为

$$y(n) = \sum_{m=-\infty}^{\infty} h(m) \mathrm{e}^{\mathrm{j}\omega(n-m)} = \mathrm{e}^{\mathrm{j}\omega n} \sum_{m=-\infty}^{\infty} h(m) \mathrm{e}^{-\mathrm{j}\omega m}$$

可以表示成

$$y(n) = \mathrm{e}^{\mathrm{j}\omega n} H(\mathrm{e}^{\mathrm{j}\omega}) \qquad (2-49)$$

式(2-49)说明，对于一个因果稳定的线性系统，输入为一定频率、一定幅值的复指数序列 $x(n)$，系统输出 $y(n)$ 仍旧是同频的复指数序列，但信号的幅度和相位由系统的频率特性 $H(\mathrm{e}^{\mathrm{j}\omega})$ 加权，即系统频率特性对输入序列而言，具有改变幅度和相位的作用，但输入与输出序列同频。如果输入信号是一般信号 $x(n)$，则由傅里叶变换的时域卷积定理，得到输出信号 $y(n)$ 的频谱函数

$$Y(\mathrm{e}^{\mathrm{j}\omega}) = X(\mathrm{e}^{\mathrm{j}\omega}) H(\mathrm{e}^{\mathrm{j}\omega}) \qquad (2-50)$$

可以看出，输出信号的频率特性取决于输入信号的频率特性和系统的频率特性，这里的频率特性仍然起着改变输入信号频谱结构的作用，因此，可以通过设计不同频率特性的

系统来实现对信号进行放大、滤波以及相位均衡等处理。

2.5.2 系统因果性与稳定性分析

一个线性移不变系统，可以用常系数线性差分方程来描述，即

$$\sum_{k=0}^{N} a_k y(n-k) - \sum_{m=0}^{M} b_m x(n-m) = 0 \tag{2-51}$$

如果系统的初始状态为零，直接对式(2-51)取 z 变换，得

$$H(z) = \frac{Y(z)}{X(z)} = \frac{\sum\limits_{m=0}^{M} b_m z^{-m}}{\sum\limits_{k=0}^{N} a_k z^{-k}} \tag{2-52}$$

把式(2-52)的分子分母分别进行因式分解，得到

$$H(z) = K \frac{\prod\limits_{m=1}^{M}(1-c_m z^{-1})}{\prod\limits_{k=1}^{N}(1-d_k z^{-1})} \tag{2-53}$$

式中，$z=c_m$ 是 $H(z)$ 的零点，$z=d_k$ 是 $H(z)$ 的极点，它们分别由差分方程的系数 b_m 和 a_k 决定，也可以说除了常数 K 之外，系统函数完全由它的全部零点、极点来确定。

系统的因果性指系统的可实现性，如果一个系统可实现，则它的单位采样响应一定是因果序列，因果序列 z 变换的收敛域为 $R_{x-} < |z| \leqslant \infty$，即因果序列 z 变换所有极点均集中在以 R_{x-} 为半径的圆以内。如果系统稳定，则要求系统的单位采样响应是绝对可和的，即 $\sum\limits_{n=-\infty}^{\infty} |h(n)| < \infty$，按照 z 变换的定义知 z 变换存在的条件是以 z(或 z^{-1})为变量的级数是收敛的，则有 $\sum\limits_{n=-\infty}^{\infty} |h(n) z^{-n}| < \infty$。因此得到结论：系统稳定时系统函数收敛域一定包含单位圆，换句话说就是系统函数的极点不能位于单位圆的圆周上。也就是说当系统是因果稳定系统时，系统的全部极点要位于单位圆以内。

当离散系统阶次较高时，通过直接求解差分方程或系统函数的极点来分析系统的因果稳定性往往是不方便的，所以人们希望有间接的判定方法可供应用。连续系统的稳定性分析可以通过分析系统函数的特征方程的系数及其符号来判断，也就是判断系统特征方程的根是否在 s 平面的左侧，而在离散系统中需要判断系统的极点(也就是特征方程的根)是否都在 z 平面的单位圆以内。因此离散系统稳定性的判定不能直接套用 ROUTH 判据，需要将 z 域变换到 w 域，使 z 平面上的单位圆，映射成 w 平面上的左半平面，这种新的变换称为双线性变换。

令

$$z = \frac{w+1}{w-1} \tag{2-54}$$

则有

$$w = \frac{z+1}{z-1} \tag{2-55}$$

对比式(2-54)和式(2-55),其复变量 z 与 w 互为线性变换,故称为双线性变换。令变量
$$z=x+\mathrm{j}y,\quad w=u+\mathrm{j}v$$
代入式(2-54)得
$$u+\mathrm{j}v=\frac{(x^2+y^2)-1}{(x-1)^2+y^2}-\mathrm{j}\frac{2y}{(x-1)^2+y^2}$$
显然
$$u=\frac{(x^2+y^2)-1}{(x-1)^2+y^2}$$

由于上式分母 $(x-1)^2+y^2$ 始终为正,因此 $u=0$ 等价于 $x^2+y^2=1$,表明 w 平面的虚轴对应于 z 平面的单位圆圆周;$u<0$ 等价于 $x^2+y^2<1$,表明 w 平面的左平面对应于 z 平面单位圆以内的区域;$u>0$ 等价于 $x^2+y^2>1$,表明 w 平面的右平面对应于 z 平面单位圆以外的区域。z 平面与 w 平面的对应关系如图 2.8 所示。

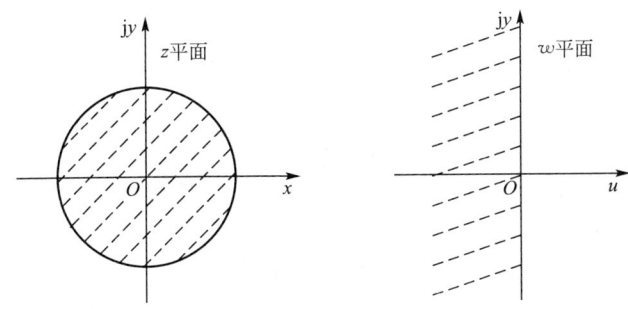

图 2.8 z 平面与 w 平面的对应关系

离散系统稳定的充要条件是系统函数 $H(z)$ 的极点严格位于 z 平面单位圆以内,经过双线性变换后 $H(w)$ 的所有极点位于 w 平面的左侧。

如果经双线性变换后得到函数 $H(w)$ 的分母等于零的多项式(特征多项式)为
$$a_nw^n+a_{n-1}w^{n-1}+\cdots+a_2w^2+a_1w+a_0=0 \qquad (5-56)$$
构造 ROUTH 数表,共有 $n+1$ 行

w^n	a_n	a_{n-2}	a_{n-4}	$\cdots$	a_0
w^{n-1}	a_{n-1}	a_{n-3}	a_{n-5}	$\cdots$	0
w^{n-2}	b_1	b_2	b_3	$\cdots$	
w^{n-3}	c_1	c_2	c_3	$\cdots$	
$\vdots$	$\vdots$				
w^0	$*$				

若求得的 ROUTH 数表中第一列的取值全部大于零,则该系统稳定。

背景资料

ROUTH 判据是 1877 年劳斯(Routh)提出的基于系统特征方程的系数来判断系统特征方程的根的位置,从而判断系统的稳定性,是一种间接判断系统特征方程的根是否严格位于复平面左半平面的方法。这种方法适用于连续线性定常系统的稳定性分析,减少

了高阶系统求根运算的工作量。

【例 2-9】 已知一系统的系统函数为

$$H(z)=\frac{0.632Kz}{z^2+(0.632K-1.368)z+0.368}$$

试应用 ROUTH 判据求取该离散系统稳定时 K 的取值范围。

解：由系统函数得特征多项式为

$$z^2+(0.632K-1.368)z+0.368=0$$

令 $z=\dfrac{w+1}{w-1}$，代入上式得

$$\left(\frac{w+1}{w-1}\right)^2+(0.632K-1.368)\left(\frac{w+1}{w-1}\right)+0.368=0$$

化简整理，得 w 域方程

$$0.632Kw^2+1.264w+(2.736-0.632K)=0$$

列 ROUTH 数表

w^2	$0.632K$	$2.736-0.62K$
w^1	1.264	0
w^0	$2.736-0.632K$	

从 ROUTH 数表第一列系数可以看出，为保证系统稳定，必须使 $K>0$ 且 $2.736-0.632K>0$，即 $0<K<4.33$。

【例 2-10】 已知一线性移不变系统的差分方程为

$$y(n-1)-\frac{5}{2}y(n)+y(n+1)=x(n)$$

试分析系统的因果性和稳定性。

解：对差分方程两端同时取 z 变换，得

$$z^{-1}Y(z)-\frac{5}{2}Y(z)+zY(z)=X(z)$$

整理化简，得到系统函数

$$H(z)=\frac{Y(z)}{X(z)}=\frac{1}{z^{-1}-\dfrac{5}{2}+z}=\frac{z}{z^2-\dfrac{5}{2}z+1}=\frac{z}{(z-0.5)(z-2)}$$

系统有两个极点 $z_1=\dfrac{1}{2}$，$z_2=2$。根据极点的分布，系统的因果性和稳定性讨论如下。

(1) 当 $|z|<\dfrac{1}{2}$ 时，系统收敛域既不包括单位圆圆周也不包含 ∞，因此系统既不稳定也非因果。将系统函数进行部分分式分解得

$$H(z)=\frac{z}{z^2-\dfrac{5}{2}z+1}=\frac{-\dfrac{2}{3}z}{z-\dfrac{1}{2}}+\frac{\dfrac{2}{3}z}{z-2}$$

取 z 反变换得到

$$h(n)=\frac{2}{3}\left(\frac{1}{2}\right)^n u(-n-1)-\frac{2}{3}2^n u(-n-1)=\frac{2}{3}\left[\left(\frac{1}{2}\right)^n-2^n\right]u(-n-1)$$

由单位采样响应也同样证明系统是非因果不稳定系统。

(2) 当 $\frac{1}{2} < |z| < 2$ 时，系统收敛域包含单位圆，系统稳定；但收敛域不包含∞，系统是非因果的。求取系统单位采样响应为

$$h(n) = -\frac{2}{3}\left(\frac{1}{2}\right)^n u(n) - \frac{2}{3} 2^n u(-n-1) = -\frac{2}{3}\left[\left(\frac{1}{2}\right)^n u(n) + 2^n u(-n-1)\right]$$

可以看出 $h(n)$ 是一个双边序列，系统非因果。同时 $h(n)$ 是绝对可和的，系统稳定。

(3) 当 $|z| > 2$ 时，系统收敛域不包含单位圆的圆周，系统不稳定；收敛域包含∞，系统是因果的。求取系统单位采样响应为

$$h(n) = -\frac{2}{3}\left(\frac{1}{2}\right)^n u(n) + \frac{2}{3} 2^n u(n) = -\frac{2}{3}\left[\left(\frac{1}{2}\right)^n - 2^n\right] u(n)$$

由单位采样响应 $h(n)$ 可以看出，$h(n)$ 是右边序列，系统因果；但 $h(n)$ 不是绝对可和的，系统不稳定。

2.5.3 零极点图辅助分析系统的频率特性

一个 N 阶系统的系统函数 $H(z)$ 完全可以由它在 z 平面上的零、极点确定，系统函数为

$$H(z) = K \frac{\prod\limits_{m=1}^{M}(1 - c_m z^{-1})}{\prod\limits_{k=1}^{N}(1 - d_k z^{-1})} = K z^{N-M} \frac{\prod\limits_{m=1}^{M}(z - c_m)}{\prod\limits_{k=1}^{N}(z - d_k)} \quad (2-57)$$

由于系统函数 $H(z)$ 在 z 平面单位圆上的取值就是系统的频率响应，因此系统的频率响应也完全可以由系统函数 $H(z)$ 的零、极点确定。用 $z = e^{j\omega}$ 代入式(2-57)得到系统的频率特性

$$H(e^{j\omega}) = K \frac{\prod\limits_{m=1}^{M}(1 - c_m e^{-j\omega})}{\prod\limits_{k=1}^{N}(1 - d_k e^{-j\omega})} = K e^{j(N-M)\omega} \frac{\prod\limits_{m=1}^{M}(e^{j\omega} - c_m)}{\prod\limits_{k=1}^{N}(e^{j\omega} - d_k)}$$

$$= |H(e^{j\omega})| e^{j\arg[H(e^{j\omega})]} \quad (2-58)$$

其中，频率特性的幅度为

$$|H(e^{j\omega})| = |K| \frac{\prod\limits_{m=1}^{M} |e^{j\omega} - c_m|}{\prod\limits_{k=1}^{N} |e^{j\omega} - d_k|} \quad (2-59)$$

相频特性为

$$\arg[H(e^{j\omega})] = \arg[K] + \sum_{m=1}^{M}\arg[e^{j\omega} - c_m] - \sum_{k=1}^{N}\arg[e^{j\omega} - d_k] + (N-M)\omega$$

$$(2-60)$$

在 z 平面上，以"o"表示零点 $z = c_m (m = 1, 2, \cdots, M)$，以"$\times$"表示极点 $z = d_k$ ($k = 1, 2, \cdots, N$)。复变量 c_m（或 d_k）是由原点指向 c_m（或 d_k）的矢量来表示，而 $e^{j\omega} - c_m$ 表示零点 c_m 指向单位圆上的矢量，而 $e^{j\omega} - d_k$ 表示极点 d_k 指向单位圆上的矢量。

由式(2-59)、式(2-60)很容易看出极点和零点位置对系统频率响应特性的影响。由式(2-59)可以看出，当 $z=e^{j\omega}$ 在极点的附近时，矢量 $e^{j\omega}-d_k$ 最短，因而频率特性的幅度就在这附近出现峰值，极点越靠近单位圆，这种峰值就会表现得越尖锐。当极点在单位圆上时，极点所在的位置的幅度特性就会出现无穷大，就相当于在该频率特性出现无损耗谐振。当极点出现在单位圆上时，系统处于不稳定状态，在绝大多数情况下不会出现这样的结果。

而零点的位置对系统幅度特性的影响则正好相反，式(2-59)说明，当 $z=e^{j\omega}$ 接近某个零点时，则幅度响应特性就越小，因而在零点附近，幅度响应将会出现谷点。零点 c_m 越接近单位圆圆周，谷点便越接近零，当零点在单位圆上时，该零点所在频率上振幅特性为零。零点无论在什么位置上对系统的稳定性均没有影响。

当频率 ω 由 0 变化到 2π 时，这些零极点矢量的终点沿单位圆的圆周方向逆时针旋转一周，从而可以估算出整个系统的频率响应特性。频率特性分析如图 2.9 所示。

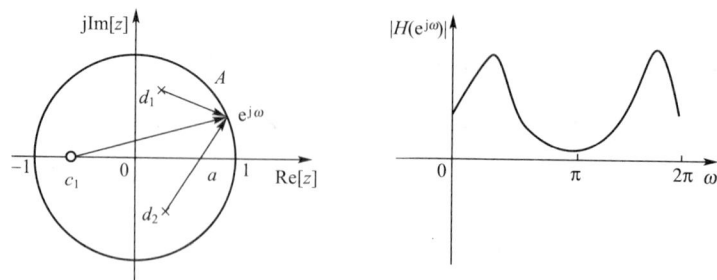

图 2.9　频率特性的几何图形解释

【例 2-11】　设一阶系统的差分方程为 $y(n)=ay(n-1)+x(n)$，$0<a<1$
试应用系统的零极点图法定性分析系统的幅频特性。

解：由系统的差分方程得到系统的系统函数为

$$H(z)=\frac{1}{1-az^{-1}}=\frac{z}{z-a}$$

系统的零、极点分别为 $z=0$，$z=a$，零极点分布如图 2.10(a)所示。取单位圆上一点 A，可以画出极点矢量 $e^{j\omega}-a$ 和零点矢量 $e^{j\omega}$。分析该系统的幅频特性，即当选择的点 A 从 $\omega=0$ 开始，逆时针沿单位圆的圆周旋转一周，观察零点矢量和极点矢量长度的变化，就能定性地给出系统的幅频特性。

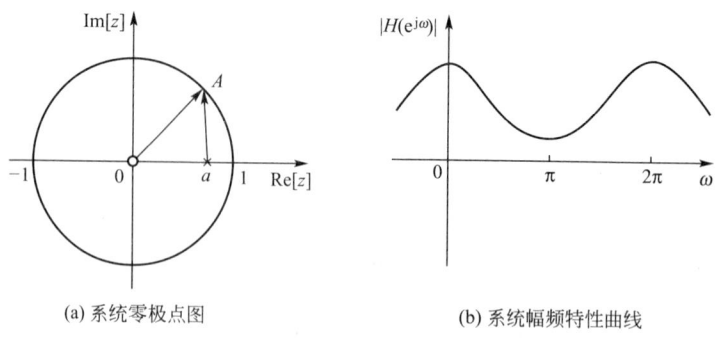

(a) 系统零极点图　　　　　　　　　(b) 系统幅频特性曲线

图 2.10　系统的零、极点法分析系统频率特性

当 $\omega=0$ 时极点矢量最短为 $(1-a)$，所以幅度值最大为 $\left(\dfrac{1}{1-a}\right)$；当 $\omega=\pi$ 时，极点矢量最长，该系统幅频特性值最小；幅频特性关于 $\omega=\pi$ 对称，这样可以定性地画出系统的幅频特性，如图 2.10(b)所示。

2.5.4 系统的输出响应

一 N 阶线性系统的差分方程为

$$\sum_{k=0}^{N} a_k y(n-k) - \sum_{m=0}^{M} b_m x(n-m) = 0 \tag{2-61a}$$

即有

$$y(n) = \sum_{m=0}^{M} b_m x(n-m) - \sum_{k=1}^{N} a_k y(n-k) \tag{2-61b}$$

式(2-61b)反映了系统的输入与输出之间的传递关系。如果输入为因果序列 $x(n)$，系统的初始条件为 $y(-1)$，$y(-2)$，…，$y(-N)$，对式(2-61a)取 z 变换得

$$\sum_{k=0}^{N} a_k z^{-k} Y(z) + \sum_{k=0}^{N} a_k z^{-k} \sum_{i=-k}^{-1} y(i) z^{-i} - \sum_{m=0}^{M} b_m z^{-m} X(z) = 0$$

$$Y(z) = \dfrac{\sum_{m=0}^{M} b_m z^{-m}}{\sum_{k=0}^{N} a_k z^{-k}} X(z) - \dfrac{\sum_{k=0}^{N} a_k z^{-k} \sum_{i=-k}^{-1} y(i) z^{-i}}{\sum_{k=0}^{N} a_k z^{-k}} \tag{2-62}$$

式(2-62)中右边第一项与初始条件无关，只与输入有关，为系统的零状态响应；而右边第二项只与系统的初始条件有关，与输入信号无关，为系统的零输入响应，所以输出 $Y(z)$ 为系统的全响应。

【例 2-12】 已知系统的差分方程为 $y(n)-cy(n-1)=x(n)$，$|c|<1$。输入信号 $x(n)=a^n u(n)$，$|a|\leqslant 1$，初始条件为 $y(-1)=1$，求系统输出响应。

解：对给定的系统输入和系统差分方程取 z 变换，得

$$Y(z) - cz^{-1} Y(z) - cy(-1) = \dfrac{1}{1-az^{-1}}$$

代入初始条件并整理，得

$$Y(z) = \dfrac{c}{1-cz^{-1}} + \dfrac{1}{(1-az^{-1})(1-cz^{-1})}$$

取上式收敛域为 $|z|>\max(|a|,|c|)$，则有

$$y(n) = c^{n+1} u(n) + \dfrac{1}{a-c}(a^{n+1}-c^{n+1}) u(n)$$

背景资料

对离散线性系统的差分方程求解，分析系统的输出响应，手工计算量大，学生在学会简单差分方程运算的基础上，学会应用 MATLAB 实现差分方程的求解，从而对系统进行时域分析。在 MATLAB 软件中可以直接调用函数 filter 和函数 filtic 来求解差分方程，调用 filter 和 filtic 函数求解差分方程的程序格式为

```
num=[b0,b1,…,bm];den=[a0,a1,…,an];    %系统函数 H(z)分子分母多项式系数向量
xn=input('x(n)=');                     %输入序列 x(n)
yc=[y(-1),y(-2),…,y(-N)];              %给定系统初始条件
xc=filtic(num,den,yc);                 %计算等效初始条件序列 xc
y(n)=filter(num,den,xn,xc);            %求系统的输出响应信号 y(n),n≥0
```

【例 2-13】 已知描述线性时不变系统的差分方程为

$$6y(n)-5y(n-1)+y(n-2)=x(n)$$

输入序列为 $x(n)=8\sin\left(\dfrac{n\pi}{2}\right)u(n)$，初始条件为 $y(-1)=-6$，$y(-2)=-16$，应用 MATLAB 求系统的全响应。

```
%prog2-12:求系统的输出响应
clc;
num=[1];den=[6,-5,1];            %系统函数分子分母多项式系数
n=0:63;xn=8*sin(n*pi/2);         %计算64点的输入序列
yc=[-6,-16];x0=[0];              %给定初始条件
xc=filtic(num,den,yc,x0)         %计算等效初始条件的输入序列 xc
yn=filter(num,den,xn,xc)         %求解系统的输出响应 y(n)
stem(n,yn)
axis([0 65 -1.2 1.2])            %设定坐标范围
title('系统全响应输出 y(n)');     %添加图形名称
xlabel('n')
ylabel('y(n)');
```

程序运行结果如图 2.11 所示。

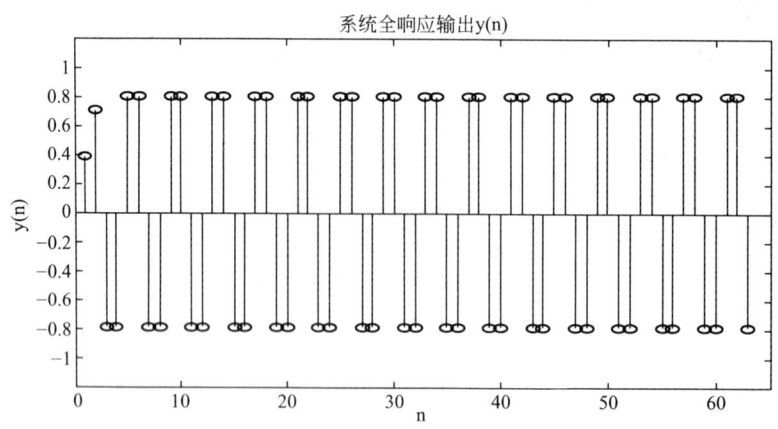

图 2.11 例 2-13 系统输出响应

如果系统处于零状态，则系统在输入信号 $x(n)$ 作用下的输出响应可以表示为

$$Y(z)=X(z)H(z)$$

即有时域输出响应

$$y(n)=Z^{-1}[Y(z)]$$

则系统稳态响应为

$$y_{ss}(n) = \lim_{n\to\infty} y(n)$$

如果系统稳定,则输出响应 $y(n)$ 是收敛的;否则,系统输出是发散的,系统不稳定。系统稳定,则系统的稳态响应 $y_{ss}(n)$ 取决于输入信号和系统的频率特性。

下面以系统的阶跃序列输入 $x(n) = au(n)$ 为例来分析系统的稳态响应输出,系统函数为 $H(z)$,则系统输出为

$$Y(z) = X(z)H(z) = \frac{a}{1-z^{-1}} H(z)$$

将上式进行部分分式分解,得到

$$Y(z) = a\frac{r}{1-z^{-1}} + \sum_{j=1}^{N} \frac{r_j}{1-p_j z^{-1}} \tag{2-63}$$

式中,p_j 为系统 $H(z)$ 的极点,r、$r_j(j=1,2,3,\cdots,N)$ 分别为部分分式的分子。如果系统稳定,且系统 $H(z)$ 的所有极点均位于单位圆以内,则 $\sum_{j=1}^{N} \frac{r_j}{1-p_j z^{-1}}$ 对应的时间序列一定是收敛序列,当 $n\to\infty$ 时,该序列会趋近于零。按照 z 域的终值定理可以求得稳态响应输出

$$y_{ss}(n) = \lim_{n\to\infty}[y(n)] = \lim_{z\to 1}[1-z^{-1}]Y(z) = aH(1) = ar \tag{2-64}$$

可以看出系统的稳态响应和输入信号及系统的频率特性有关,如果系统不稳定,系统 $H(z)$ 的部分极点不在单位圆以内,则 $\sum_{j=1}^{N} \frac{r_j}{1-p_j z^{-1}}$ 对应的时间序列是发散的,当 $n\to\infty$ 时,该序列会趋近于无穷大。式(2-63)中,$a\frac{r}{1-z^{-1}}$ 为系统的稳态响应,$\sum_{j=1}^{N} \frac{r_j}{1-p_j z^{-1}}$ 为系统的暂态响应。

背景资料

系统稳定是指系统在给定输入(或激励)作用下,输出响应由一个稳定状态达到另外一个稳定状态。把系统的输出响应分解为稳态响应和暂态响应,稳态响应的形式与输入激励的形式相同,而暂态响应是系统的极点受到激励作用激发出来的动态分量,动态分量收敛,则系统稳定。

【例 2-14】 已知系统函数为

$$H(z) = \frac{2z^{-1} - z^{-2}}{1 - 0.3z^{-1} - 0.4z^{-2}}$$

输入信号为单位阶跃信号 $x(n) = u(n)$,求系统的输出响应。

解:系统的输出响应

$$Y(z) = X(z)H(z) = \frac{1}{1-z^{-1}} \cdot \frac{2z^{-1}-z^{-2}}{1-0.3z^{-1}-0.4z^{-2}}$$

将系统函数进行部分分式分解,得

$$Y(z) = \frac{10/3}{1-z^{-1}} + \left[\frac{-30/13}{1-0.8z^{-1}} + \frac{-40/39}{1+0.5z^{-1}}\right]$$

$$y(n) = \frac{10}{3} \times 1^n \cdot u(n) + \left[-\frac{30}{13} \times 0.8^n - \frac{40}{39} \times (-0.5)^n \right] u(n)$$

系统的稳态响应为 $y_{ss}(n) = \frac{10}{3} \times 1^n$。

例 2-14 也同时证实了，如果系统稳定，输入为单位阶跃序列 $u(n)$，则系统的稳态响应 $y_{ss}(n) = H(z)|_{z=1}$。

本章小结

本章主要介绍了离散时间信号与系统分析的数学工具和系统分析方法。首先学习了序列 $x(n)$ 的 z 变换，对于给定的序列 $x(n)$，使它的 z 变换存在的所有 z 的取值，称为 z 变换的收敛域。不同类型的序列其收敛域不同，有限长序列的 z 变换的收敛域为 $0 < |z| < \infty$；右边序列的 z 变换的收敛域为 $|z| > R_{x-}$；左边序列的 z 变换的收敛域为 $|z| < R_{x+}$；双边序列的收敛域为 $R_{x-} < |z| < R_{x+}$。在学习了 z 变换的基础上介绍了 z 反变换的 3 种求取办法：部分分式展开法、留数计算法和幂级数展开法(长除法)。在应用过程中可以根据求解问题的方便和难易，选择不同的求取方法。

从理想采样信号与连续信号的拉普拉斯变换的关系出发，找到了离散时间信号或序列的 z 变换与连续信号的拉普拉斯变换、傅里叶变换之间的关系。通过 $s \to z$ 的映射关系这一纽带，得到序列 $x(n)$ 的 z 变换与序列的傅里叶变换之间的关系，即序列 $x(n)$ 的 z 变换在单位圆上的取值等于序列的傅里叶变换 $X(e^{j\omega})$，并详细介绍了序列的傅里叶变换的定义与性质。

在介绍了序列的 z 变换、傅里叶变换和拉普拉斯变换等数学工具的基础上，给出了系统因果、稳定性的分析方法，基于零极点分布的系统频率特性分析法和系统的输出响应分析的方法。系统因果、稳定性判定，通过解析法求取极点，判定系统的因果、稳定性，即系统是因果稳定系统时，系统的全部极点要位于单位圆以内。也可以进行双线性变换，判断系统的极点是否位于 z 平面单位圆以内来判断系统的稳定性；基于零极点的系统频率特性分析，可以通过零极点的分布，定性的分析系统的频率特性；在给定激励的情况下求取系统的输出响应，分析系统动态、稳态分量的敛散性，得出系统是否稳定的结论。

习 题

一、选择题

1. 对于序列的傅里叶变换而言，其信号的特点是( )。
   A. 时域连续非周期，频域连续非周期
   B. 时域离散非周期，频域连续周期
   C. 时域连续周期，频域离散非周期
   D. 时域离散周期，频域离散周期

2. 系统的单位采样响应 $h(n) = \delta(n-1) + \delta(n+1)$，则其频率响应为( )。
   A. $H(e^{j\omega}) = 2\cos\omega$ B. $H(e^{j\omega}) = 2\sin\omega$

C. $H(e^{j\omega})=\cos\omega$ D. $H(e^{j\omega})=\sin\omega$

3. 一个线性移不变系统稳定的充分必要条件是其系统函数的收敛域包括（　　）。
   A. 单位圆 B. 原点
   C. 实轴 D. 虚轴

4. 设序列 $x(n)=2\delta(n+1)+\delta(n)-\delta(n-1)$，则 $X(e^{j\omega})|_{\omega=0}$ 的值为（　　）。
   A. 1 B. 2
   C. 4 D. $\dfrac{1}{2}$

5. 系统频率响应完全可以由系统函数的零极点的位置决定，极点离单位圆越近，系统幅频特性的幅度就（　　）。
   A. 越大 B. 越小
   C. 不变 D. 略有变化

二、判断题

1. 一般来说，左边序列 z 变换的收敛域一定在模最小的有限极点所决定的圆之内。（　　）
2. 一序列经全通滤波器滤波后的序列的全部能量等于滤波前序列的能量。（　　）
3. 序列 $x(n)$ 的傅里叶变换是非周期函数。（　　）
4. 系统函数在 z 平面单位圆附近的零点影响系统频率响应凹谷的位置。（　　）
5. 序列 $x(n)$ 的 z 变换在单位圆上的取值与序列 $x(n)$ 的傅里叶变换不相等。（　　）

三、计算与验证题

1. 已知 $X(z)=\dfrac{5-7z^{-1}}{1-2.5z^{-1}+z^{-2}}$

（1）根据零极点分布，确定该系统的收敛域。

（2）求出对应收敛域的时域序列 $x(n)$。

2. 用部分分式展开法和留数计算法求取函数的 z 反变换。

（1）$X(z)=\dfrac{\frac{3}{4}}{\left(1-\frac{1}{2}z\right)(1-2z^{-1})}$，$|z|>2$　（2）$X(z)=\dfrac{\frac{3}{4}}{\left(1-\frac{1}{2}z\right)(1-2z^{-1})}$，$|z|<\dfrac{1}{2}$

3. 已知 $X(z)=e^{z}+e^{\frac{1}{z}}$，$0<|z|<\infty$，求其 z 反变换。

4. 求以下序列 $x(n)$ 的频谱 $X(e^{j\omega})$：（1）$\delta(n)$；（2）$e^{-an}u(n)$；（3）$e^{-(a+j\omega_0)n}u(n)$；（4）$e^{-an}\sin\omega_0 n \cdot u(n)$。

5. 已知 $X(e^{j\omega})=\begin{cases}1, & |\omega|\leqslant\omega_0 \\ 0, & \omega_0<|\omega|\leqslant\pi\end{cases}$，求 $X(e^{j\omega})$ 的傅里叶反变换 $x(n)$。

6. 若序列 $h(n)$ 是实因果序列，其傅里叶变换的实部为
$$H_r(e^{j\omega})=1+\cos\omega$$
试求序列 $h(n)$ 及其傅里叶变换。

7. 若序列 $h(n)$ 是因果序列，且 $h(0)=1$，其傅里叶变换的虚部为
$$H_i(e^{j\omega})=-\sin\omega$$
试求序列 $h(n)$ 及其傅里叶变换。

8. 已知序列 $h(n)=a^n u(n)$,$0<a<1$,输入序列为 $x(n)=\delta(n)+3\delta(n-3)$。
(1) 系统的输出响应 $y(n)$。
(2) 分别求取 $x(n)$,$h(n)$,$y(n)$ 的傅里叶变换。

9. 已知 $x_a(t)=2\cos2\pi ft$,式中 $f=100\mathrm{Hz}$,以采样频率 $f_s=400\mathrm{Hz}$ 对 $x_a(t)$ 进行采样,得到采样序列 $\hat{x}_a(t)$ 和序列 $x(n)$。试完成:(1) 写出 $x_a(t)$ 的傅里叶变换的表达式;(2) 写出 $\hat{x}_a(t)$ 与 $x(n)$ 的表达式;(3) 分别求出 $\hat{x}_a(t)$ 与 $x(n)$ 的傅里叶变换。

10. 已知一线性时不变系统的差分方程为
$$y(n-1)-\frac{10}{3}y(n)+y(n+1)=x(n)$$
试根据系统极点的分布情况分析系统的因果性与稳定性。

11. 如果一系统的单位采样响应 $h(n)$ 是因果序列,且其傅里叶变换的虚部
$$H_i(e^{j\omega})=\frac{1-a\cos\omega}{1+a^2-2a\cos\omega},\quad |a|<1$$
试求序列 $h(n)$ 及其傅里叶变换。

12. 根据帕塞瓦定理的内容建立其 MATLAB/Simulink 仿真模型,并验证帕塞瓦定理。

第3章 离散傅里叶变换及其快速算法

本章教学目的与要求

1. 掌握周期序列离散傅里叶级数(DFS)的定义与性质。
2. 熟练掌握离散傅里叶变换(DFT)的物理意义及其与序列的傅里叶变换、z变换的关系。
3. 深入理解频域采样的有关理论。
4. 熟练掌握按时间抽选的基-2FFT和按频率抽选的基-2FFT的基本思想和方法。
5. 掌握运用FFT算法计算离散傅里叶反变换的方法及实现。
6. 学会应用MATLAB实现DFT、FFT,对信号进行频谱分析。

本章知识结构

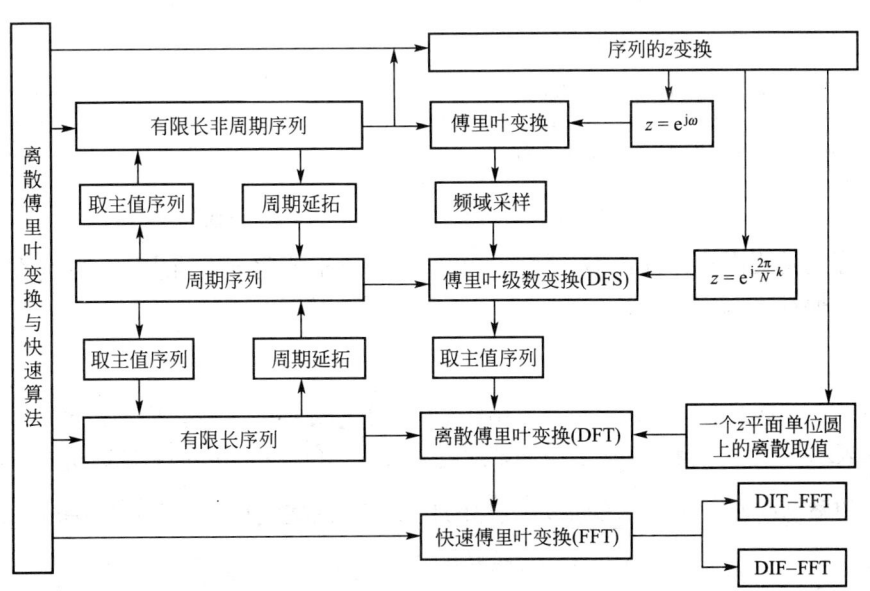

3.1 引 言

序列的傅里叶变换和 z 变换都是时域离散信号与系统分析设计的重要数学工具,但是这两种变换的结果都是连续函数,无法应用计算机进行处理。由于计算机只能够计算有限长离散序列,因此有限长序列在数字信号处理中非常重要。为了便于数值处理,时间函数是离散的频谱函数也是离散的离散傅里叶变换(Discrete Fourier Transform,DFT)与其快速算法——快速傅里叶变换(Fast Fourier Transform,FFT)得到广泛的应用,在各种数字信号处理的算法中起着核心作用。

案例

FFT 在频谱分析仪中的应用

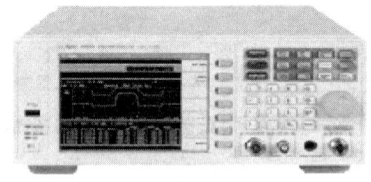

图 3.1 频谱分析仪

图 3.1 所示为频谱分析仪,其主要用于分析信号中所包含的频率成分,也就是分析信号的频谱分布。利用滤波、跟踪锁相或 FFT 等技术,应用一个或多个微处理器进行控制、误差修正和数据处理。频谱分析通过 FFT 计算 DFT,得到信号的离散频谱,再经平方运算获得功率谱。

本章主要讲解离散傅里叶变换及其快速算法。

3.2 周期序列的离散傅里叶级数变换及其性质

下面先从周期序列的离散傅里叶级数开始讨论,然后再讨论可作为周期函数的一个周期的有限长序列的离散傅里叶变换。

3.2.1 周期序列的离散傅里叶级数

设 $\tilde{x}(n)$ 是一个周期为 N 的周期序列,即

$$\tilde{x}(n) = \sum_{r=-\infty}^{\infty} x(n+rN), \quad r \text{ 为任意整数}。$$

周期序列是无限长序列,不是绝对可和的,所以不能用 z 变换表示,因为在任何 z 值下,其 z 变换都不收敛,即

$$\sum_{n=-\infty}^{+\infty} |x(n)| |z^{-n}| \to \infty$$

但是,正如连续时间周期函数可以用傅里叶级数表示一样,周期序列也可以用离散傅里叶级数来表示,该级数相当于成谐波关系的复指数序列(正弦型序列)之和。也就是说,复指数序列的频率是周期序列 $\tilde{x}(n)$ 的基频 $\left(\dfrac{2\pi}{N}\right)$ 的整数倍。这些复指数序列 $e_k(n)$ 的形式为

$$e_k(n) = e^{j\frac{2\pi}{N}kn} = e_{k+rN}(n) \tag{3-1}$$

式中,k,r 为整数。

由式(3-1)可见，复指数序列 $e_k(n)$ 对 k 呈现周期性，周期为 N。也就是说，离散傅里叶级数的谐波成分只有 N 个独立分量，这是和连续傅里叶级数的不同之处(后者有无穷多个谐波成分)。因此，对于离散傅里叶级数，k 只需且只能取 $0\sim N-1$ 之间的 N 个独立谐波分量就足以表示原来的信号，不然就会产生二义性。所以，$\tilde{x}(n)$ 可写成如下的离散傅里叶级数，即

$$\tilde{x}(n) = \frac{1}{N}\sum_{k=0}^{N-1}\tilde{X}(k)e^{j\frac{2\pi}{N}kn} \qquad (3-2)$$

式中，其求和符号 $\sum$ 前所乘的系数 $1/N$ 是习惯上已经采用的常数，$\tilde{X}(k)$ 是 k 次谐波的系数。

下面求解系数 $\tilde{X}(k)$，这要利用复正弦序列的正交特性，即

$$\frac{1}{N}\sum_{n=0}^{N-1}e^{j\frac{2\pi}{N}rn} = \frac{1}{N}\frac{1-e^{j\frac{2\pi}{N}rN}}{1-e^{j\frac{2\pi}{N}r}} = \begin{cases} 1, & r=mN, m \text{ 为任意整数} \\ 0, & \text{其他 } r \text{ 值} \end{cases} \qquad (3-3)$$

将式(3-2)的两端同时乘以 $e^{-j\frac{2\pi}{N}rn}$，然后在 $n=0$ 到 $N-1$ 的一个周期内求和，则得到

$$\sum_{n=0}^{N-1}\tilde{x}(n)e^{-j\frac{2\pi}{N}rn} = \frac{1}{N}\sum_{n=0}^{N-1}\sum_{k=0}^{N-1}\tilde{X}(k)e^{j\frac{2\pi}{N}(k-r)n}$$

$$= \sum_{k=0}^{N-1}\tilde{X}(k)\left[\frac{1}{N}\sum_{n=0}^{n-1}e^{j\frac{2\pi}{N}(k-r)n}\right]$$

$$= \tilde{X}(r)$$

把 r 换成 k 可得

$$\tilde{X}(k) = \sum_{n=0}^{N-1}\tilde{x}(n)e^{-j\frac{2\pi}{N}nk} \qquad (3-4)$$

这就是求从 $k=0$ 到 $N-1$ 的 N 个谐波系数 $\tilde{X}(k)$ 的公式，同时可以看出，$\tilde{X}(k)$ 也是一个以 N 为周期的周期序列，即

$$\tilde{X}(k+mN) = \sum_{n=0}^{N-1}\tilde{x}(n)e^{-j\frac{2\pi}{N}n(k+mN)} = \sum_{n=0}^{N-1}\tilde{x}(n)e^{-j\frac{2\pi}{N}nk} = \tilde{X}(k)$$

这和离散傅里叶级数只有 N 个不同的系数 $\tilde{X}(k)$ 的说法是一致的。可以看出，时域周期序列 $\tilde{x}(n)$ 的离散傅里叶级数在频域(即其系数 $\tilde{X}(k)$)也是一个周期序列。因而 $\tilde{X}(k)$ 与 $\tilde{x}(n)$ 是频域与时域的一个周期序列对，式(3-2)与式(3-4)一起可看作是一对相互表达的周期序列的离散傅里叶级数(DFS)对。

为了表示方便，常常利用复数量 W_N 来表示这两个式子。W_N 定义为

$$W_N = e^{-j\frac{2\pi}{N}} \qquad (3-5)$$

使用 W_N，式(3-2)和式(3-4)可表示周期序列的傅里叶级数变换对为

$$\tilde{X}(k) = \text{DFS}[\tilde{x}(n)] = \sum_{n=0}^{N-1}\tilde{x}(n)e^{-j\frac{2\pi}{N}nk} = \sum_{n=0}^{N-1}\tilde{x}(n)W_N^{nk} \qquad (3-6)$$

$$\tilde{x}(n) = \text{IDFS}[\tilde{X}(k)] = \frac{1}{N}\sum_{k=0}^{N-1}\tilde{X}(k)e^{j\frac{2\pi}{N}nk} = \frac{1}{N}\sum_{k=0}^{N-1}\tilde{X}(k)W_N^{-nk} \qquad (3-7)$$

式中，n 和 k 都是离散变量。如果将 n 当作时间变量，k 当作频率变量，则 DFS[ ] 表示时域到频域的离散傅里叶级数正变换，IDFS[ ] 表示频域到时域的离散傅里叶级数的反变换。

从上面看出，只要知道周期序列一个周期的内容，其他内容能够都知道。所以，这种无限长序列实际上只有一个周期的 N 个序列值有信息。因此，在式(3-6)和式(3-7)

中只取 N 个值来求和就够了。这也正是周期序列和有限长序列之间的本质联系。

背景资料

一个域的离散必然造成另外一个域的周期延拓,即时域中离散造成频域的周期延拓,同样频域中的离散也必定造成时域的周期延拓。在频域中将有限长序列 $x(n)$（采样时间间隔为 T,采样频率为 $f_s = \frac{1}{T}$, $\Omega_s = \frac{2\pi}{T}$）的傅里叶变换 $X(e^{j\omega})$ 进行离散化,频域的离散化造成时间函数也呈周期性,所以级数应限制在一个周期 T_0 内。频域采样间隔为 Ω_0,即令 $\Omega = k\Omega_0 = k \cdot 2\pi F_0$,则 $d\Omega = \Omega_0$,因而序列的傅里叶变换为

$$X(e^{jkF_0}) = X(e^{jk\Omega_0 T}) = \sum_{k=0}^{N-1} x(n) e^{-jnk\Omega_0 T}$$

$$x(n) = \frac{1}{N} \sum_{k=0}^{N-1} X(e^{jk\Omega_0 T}) e^{jnk\Omega_0 T}$$

时间函数是离散的,频率是离散的,所以时间函数的周期为

$$T_0 = \frac{1}{F_0} = \frac{2\pi}{\Omega_0}$$

那么

$$\Omega_0 T = \frac{2\pi F_0}{NF_0} = \frac{2\pi \Omega_0}{\Omega_s} = \frac{2\pi}{N}$$

因此

$$X(e^{jk\Omega_0 T}) = \sum_{n=0}^{N-1} x(n) e^{-jn\frac{2\pi}{N}k}$$

$$x(n) = \frac{1}{N} \sum_{k=0}^{N-1} X(e^{jk\Omega_0 T}) e^{jn\frac{2\pi}{N}k}$$

这一变换对可以通过示意图 3.2 所示说明。

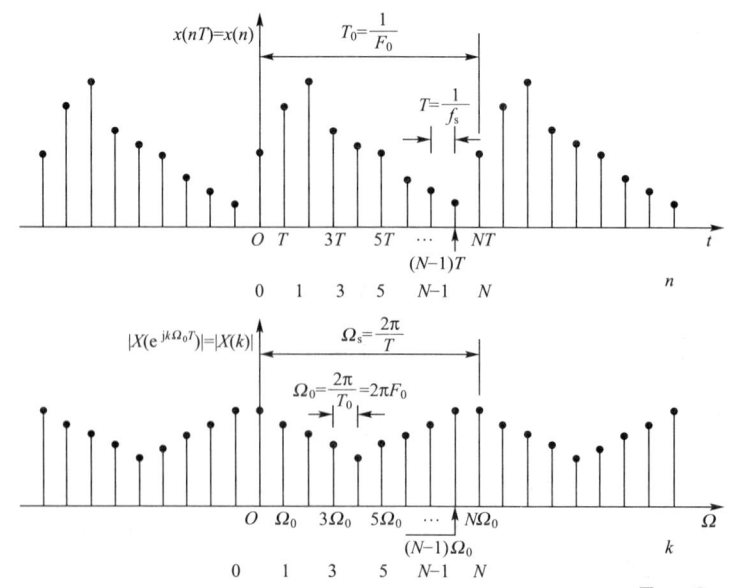

图 3.2 离散周期的时间函数及其周期离散的频谱函数 $N = \frac{T_0}{T} = \frac{\Omega_s}{\Omega_0}$

3.2.2 离散傅里叶级数的性质

由于 $\tilde{x}(n)$ 和 $\tilde{X}(k)$ 两者都具有周期性,这就使离散傅里叶级数变换与序列的 z 变换性质有一些重要差别。此外,DFS 在时域和频域之间具有严格的对偶关系,这是序列 z 变换所不具有的。

设 $\tilde{x}_1(n)$ 和 $\tilde{x}_2(n)$ 是周期皆为 N 的周期序列,其各自的 DFS 分别为

$$\tilde{X}_1(k) = \text{DFS}[\tilde{x}_1(n)]$$

$$\tilde{X}_2(k) = \text{DFS}[\tilde{x}_2(n)]$$

1. 线性性质

$$\text{DFS}[a\tilde{x}_1(n) + b\tilde{x}_2(n)] = a\tilde{X}_1(k) + b\tilde{X}_2(k) \qquad (3\text{-}8)$$

式中,a 和 b 为任意常数,所得到的频域序列也是周期序列,周期为 N。这一性质可由 DFS 的定义直接证明。

2. 序列的移位

$$\text{DFS}[\tilde{x}(n+m)] = W_N^{-mk}\tilde{X}(k) = e^{j\frac{2\pi}{N}mk}\tilde{X}(k) \qquad (3\text{-}9)$$

$$\text{DFS}[W_N^{nl}\tilde{x}(n)] = \tilde{X}(k+l) \qquad (3\text{-}10\text{a})$$

或

$$\text{IDFT}[\tilde{X}(k+l)] = W_N^{ln}\tilde{x}(n) \qquad (3\text{-}10\text{b})$$

式(3-9)由 DFS 变换的定义式可以得到

$$\text{DFS}[\tilde{x}(n+m)] = \sum_{n=0}^{N-1}\tilde{x}(n+m)W_N^{nk} = \sum_{i=m}^{N-1+m}\tilde{x}(i)W_N^{ki}W_N^{-mk}$$

式中,$i = n+m$,$\tilde{x}(n)$,W_N^{ki} 都是以 N 为周期的函数,所以有

$$\text{DFS}[\tilde{x}(n+m)] = W_N^{-mk}\sum_{i=m}^{N-1+m}\tilde{x}(i)W_N^{ki} = W_N^{-mk}\tilde{X}(k)$$

3. 周期卷积

如果频域中周期同为 N 的序列 $\tilde{X}_1(k)$,$\tilde{X}_2(k)$,$\tilde{Y}(k)$ 满足以下条件

$$\tilde{Y}(k) = \tilde{X}_1(k)\tilde{X}_2(k)$$

则有

$$\tilde{y}(n) = \text{IDFS}[\tilde{Y}(k)] = \sum_{m=0}^{N-1}\tilde{x}_1(m)\tilde{x}_2(n-m) = \sum_{m=0}^{N-1}\tilde{x}_2(m)\tilde{x}_1(n-m) \qquad (3\text{-}11)$$

证明: 由离散傅里叶级数反变换的定义可得

$$\tilde{y}(n) = \text{IDFS}[\tilde{Y}(k)] = \frac{1}{N}\sum_{k=0}^{N-1}\tilde{X}_1(k)\tilde{X}_2(k)W_N^{-nk} \qquad (3\text{-}12)$$

将 $\tilde{x}_1(n)$,$\tilde{X}_1(k)$ 之间的变换关系

$$\tilde{X}_1(k) = \sum_{n=0}^{N-1}\tilde{x}_1(n)W_N^{nk}$$

代入式(3-12)，得

$$\tilde{y}(n) = \frac{1}{N}\sum_{k=0}^{N-1}\sum_{m=0}^{N-1}\tilde{x}_1(m)W_N^{mk}\tilde{X}_2(k)W_N^{-nk}$$

$$= \sum_{m=0}^{N-1}\tilde{x}_1(m)\left[\frac{1}{N}\sum_{k=0}^{N-1}\tilde{X}_2(k)W_N^{-(n-m)k}\right]$$

$$= \sum_{m=0}^{N-1}\tilde{x}_1(m)\tilde{x}_2(n-m)$$

经变量简单换元，可得等价的表达式

$$\tilde{y}(n) = \sum_{m=0}^{N-1}\tilde{x}_2(m)\tilde{x}_1(n-m) \tag{3-13}$$

式(3-11)是一个卷积和公式，但是它与非周期序列的线性卷积和不同。首先，$\tilde{x}_1(m)$和$\tilde{x}_2(n-m)$都是变量m的周期序列，周期为N，故乘积也是周期为N的周期序列；其次，求和只在一个周期上进行，即从$m=0$到$N-1$区间，所以称为周期卷积和。

周期卷积和的运算过程可以用图3.3所示来说明，这是一个$N=7$的周期卷积。每一个周期里$\tilde{x}_1(n)$有一个宽度为4的矩形脉冲，$\tilde{x}_2(n)$有一个宽度为3的矩形脉冲，

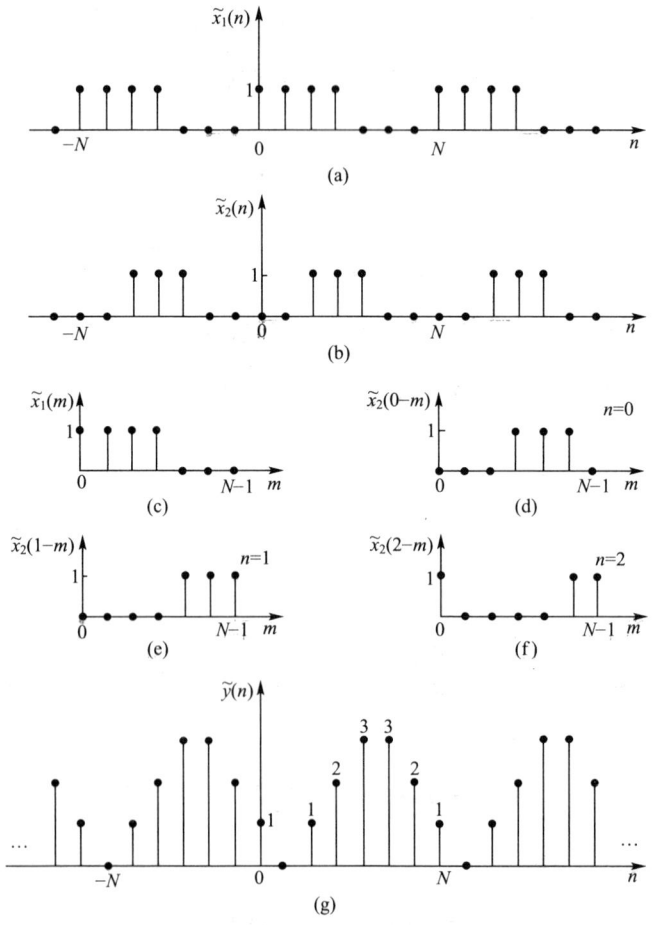

图 3.3　两个周期序列($N=7$)的周期卷积

图 3.3 中画出了对应于 $n=0,1,2$ 时的 $\tilde{x}_2(n-m)$。周期卷积过程中一个周期的某一序列值移出计算区间时，相邻周期的同一位置的序列就移入计算区间。运算在 $m=0$ 到 $N-1$ 区间内进行，即在一个周期内将 $\tilde{x}_2(n-m)$ 与 $\tilde{x}_1(m)$ 逐点相乘后求和，先计算出 $n=0,1,2,\cdots,N-1$ 的结果，然后将所得结果进行周期延拓，就得到所求的整个周期序列 $\tilde{y}(n)$。

同样，由于 DFS 和 IDFS 变换的对称性，可以证明时域周期序列的乘积对应着频域周期序列的周期卷积。即如果

$$\tilde{y}(n)=\tilde{x}_1(n)\tilde{x}_2(n)$$

则

$$\tilde{Y}(k) = \text{DFS}[\tilde{y}(n)] = \sum_{n=0}^{N-1}\tilde{y}(n)W_N^{nk}$$

$$= \frac{1}{N}\sum_{l=0}^{N-1}\tilde{X}_1(l)\tilde{X}_2(k-l) = \frac{1}{N}\sum_{l=0}^{N-1}\tilde{X}_2(l)\tilde{X}_1(k-l) \tag{3-14}$$

4. 对偶性

从 DFS 和 IDFS 变换的公式看出，两个表达式形式上基本是一样的，仅仅因子 $\frac{1}{N}$ 和 W_N 的指数的正负号不同，周期序列 $\tilde{x}(n)$ 与其 DFS 的系数 $\tilde{X}(k)$ 是同一类函数，即都是周期的离散的序列，因而存在时域和频域的对偶关系。

将式(3-7) $\tilde{x}(n) = \text{IDFS}[\tilde{X}(k)] = \frac{1}{N}\sum_{k=0}^{N-1}\tilde{X}(k)W_N^{-nk}$ 中的变量 n 变换为 $-n$，可以得到

$$N\tilde{x}(-n) = \sum_{k=0}^{N-1}\tilde{X}(k)W_N^{nk} \tag{3-15}$$

式(3-15)的右边与式(3-6)的右边第一项具有相同的 DFS 正变换的形式，将(3-15)中的 n 变换为 k，可得

$$N\tilde{x}(-k) = \sum_{n=0}^{N-1}\tilde{X}(n)W_N^{kn} \tag{3-16}$$

因而有以下对偶关系

$$\text{DFS}[\tilde{x}(n)] = \tilde{X}(k) \tag{3-17}$$

$$\text{DFS}[\tilde{X}(n)] = N\tilde{x}(-k) \tag{3-18}$$

3.3 离散傅里叶变换的定义与物理意义

3.3.1 离散傅里叶变换的定义

在实际应用中，把无限长的周期序列送给计算机处理是不现实的，也是不必要的。在 3.2 节中讨论过，周期序列实际上只有有限个序列值才有意义，它和有限长序列有着本质的联系。实际上，可以把长度为 N 的有限长序列 $x(n)$ 看成周期为 N 的周期序列

$\tilde{x}(n)$ 的一个周期,这样,利用离散傅里叶级数计算周期序列的一个周期,也就计算了有限长序列的离散傅里叶变换。本节将根据周期序列和有限长序列之间的这种本质关系,由周期序列的离散傅里叶级数表达式推导出有限长序列的离散频域表示,即离散傅里叶变换(DFT)。

由 3.2 节讨论的两者之间的关系,离散傅里叶变换可以按以下 3 个步骤由 DFS 推导出来:①将有限长序列 $x(n)$ 延拓成周期序列;②求周期序列的 DFS;③从 DFS 中取出一个周期便可得到有限长序列的 DFT。具体推导如下。

设 $x(n)$ 为有限长序列,长度为 N,即 $x(n)$ 只在 $n=0$ 到 $N-1$ 之间的点上有值,n 为其他值时,$x(n)=0$。为了引用周期序列的概念,把 $x(n)$ 看成周期为 N 的周期序列 $\tilde{x}(n)$ 的一个周期,而把 $\tilde{x}(n)$ 看成 $x(n)$ 的以 N 为周期的周期延拓,即表示成

$$\tilde{x}(n) = x((n))_N = \sum_{r=-\infty}^{+\infty} x(n+rN)$$

这个关系可以用图 3.4 所示图像来说明。通常把 $\tilde{x}(n)$ 的第一个周期 $n=0$ 到 $N-1$ 定义为"主值区间",故称 $x(n)$ 是 $\tilde{x}(n)$ 的"主值序列",即主值区间上的序列。而称 $\tilde{x}(n)$ 为 $x(n)$ 的周期延拓序列。

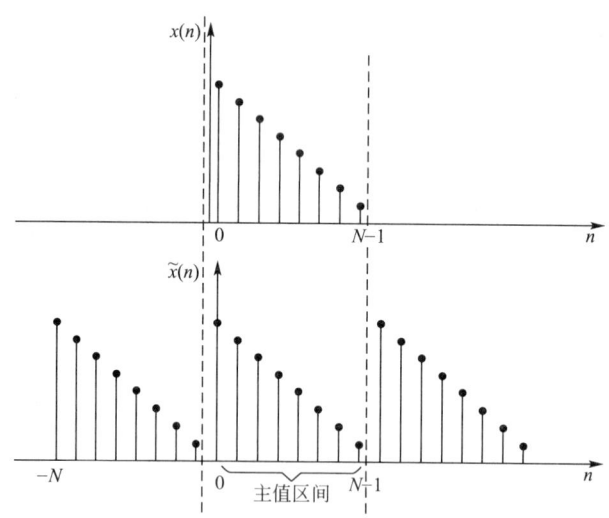

图 3.4　有限长序列及其周期延拓

频域的周期序列 $\tilde{X}(k)$ 也可以看成是对有限长序列 $X(k)$ 的周期延拓,而有限长序列 $X(k)$ 可看成是周期序列 $\tilde{X}(k)$ 的主值序列,即

$$X(k) = \tilde{X}(k) R_N(k)$$

周期序列的傅里叶级数变换 DFS 和傅里叶级数反变换 IDFS 的定义式分别为

$$\text{DFS:} \quad \tilde{X}(k) = \sum_{n=0}^{N-1} \tilde{x}(n) W_N^{nk} = \sum_{n=0}^{N-1} \tilde{x}(n) e^{-j\frac{2\pi}{N}nk} \tag{3-19}$$

$$\text{IDFS:} \quad \tilde{x}(n) = \frac{1}{N} \sum_{k=0}^{N-1} \tilde{X}(k) W_N^{-nk} = \frac{1}{N} \sum_{k=0}^{N-1} \tilde{X}(k) e^{j\frac{2\pi}{N}nk} \tag{3-20}$$

第3章 离散傅里叶变换及其快速算法

序列 $\tilde{X}(k)$、$\tilde{x}(n)$ 的周期性都是由周期为 N 的复数序列 $e^{-j\frac{2\pi}{N}k}$ 和 $e^{j\frac{2\pi}{N}n}$ 体现出来的,也就是说,计算周期序列 $\tilde{X}(k)$ 的数值时,只需要序列 $\tilde{X}(k)$ 在区间 $[0,N-1]$ 上的数值;同样计算 $\tilde{x}(n)$ 的数值,也仅仅需要 $\tilde{x}(n)$ 在区间 $[0,N-1]$ 上的数值。显然式(3-19)、(3-20)中的变量 k,n 在整个区间上都成立,当然在区间 $[0,N-1]$ 上也成立,即存在下列表达式

$$X(k) = \sum_{n=0}^{N-1} x(n) W_N^{nk} = \sum_{n=0}^{N-1} x(n) e^{-j\frac{2\pi}{N}nk} = \tilde{X}(k) R_N(k) \tag{3-21}$$

$$x(n) = \frac{1}{N}\sum_{k=0}^{N-1} X(k) W_N^{-nk} = \frac{1}{N}\sum_{k=0}^{N-1} X(k) e^{j\frac{2\pi}{N}nk} = \tilde{x}(n) R_N(n) \tag{3-22}$$

式中,$x(n)$ 和 $X(k)$ 是一个有限长序列的离散傅里叶变换对。称式(3-21)为 $x(n)$ 的 N 点离散傅里叶变换(DFT),称式(3-22)为 $X(k)$ 的 N 点离散傅里叶反变换(IDFT)。已知其中的一个序列,就能唯一地确定另一个序列。这是因为 $x(n)$ 与 $X(k)$ 都是点数为 N 的序列,都有 N 个独立值(可以是复数),所以信息等量。此外,值得强调的是,在使用离散傅里叶变换时,必须注意所处理的有限长序列都是作为周期序列的一个周期来表示的。换句话说,离散傅里叶变换隐含着周期性。

【例 3-1】 试计算长度为 N 的序列 $x(n)=\cos\left(\dfrac{2\pi}{N}n\right)$,$(n=0,1,2,\cdots,N-1)$ 的离散傅里叶变换。

解: 由欧拉公式可得

$$x(n) = \frac{1}{2}(e^{j\frac{2\pi}{N}n} + e^{-j\frac{2\pi}{N}n}) = \frac{1}{N}\left(\frac{N}{2}e^{j\frac{2\pi}{N}n} + \frac{N}{2}e^{j\frac{2\pi}{N}(N-1)n}\right)$$

$$X(k) = \begin{cases} \dfrac{N}{2}, & k=1 \\ 0, & \text{其他 } k \text{ 值} \\ \dfrac{N}{2}, & k=N-1 \end{cases}$$

【例 3-2】 已知序列

$$X(k) = \begin{cases} 3, & k=0 \\ 1, & 1\leqslant k\leqslant 9 \end{cases}$$

求其 10 点的 IDFT。

解: 将序列 $X(k)$ 表示为

$$X(k) = 1 + 2\delta(k), \quad 0\leqslant k\leqslant 9$$

写成这种形式,就容易确定离散傅里叶反变换。由于一个单位冲激序列的 DFT 为常数

$$x_1(n) = \delta(n)$$
$$X_1(k) = \text{DFT}[x_1(n)] = 1$$

同样,一个常数的 DFT 是一个单位冲激(采样)序列

$$x_2(n) = 1$$
$$X_2(k) = \text{DFT}[x_2(n)] = N\delta(k)$$

所以

$$x(n) = \delta(n) + \frac{1}{5}$$

3.3.2 离散傅里叶变换的物理意义

对于离散非周期信号的 $x(n)$，其离散时间傅里叶变换 $\text{DTFT}[x(n)] = X(e^{j\omega})$ 是周期为 2π 的数字角频率 ω 的连续函数。在频域中对连续频谱 $X(e^{j\omega})$ 进行等间隔采样取值，得到离散的周期序列值。根据频域采样定理，如果信号 $x(n)$ 为 N 点的有限长序列，则 $x(n)$ 可以表示为有限 N 项的复指数信号 $\{e^{j\frac{2\pi}{N}nk}; k=0,1,\cdots,N-1\}$ 的线性组合，即有限长 N 点序列 $x(n)$ 的表达式为

$$x(n) = \frac{1}{N}\sum_{k=0}^{N-1} X(k) W_N^{-nk} = \frac{1}{N}\sum_{k=0}^{N-1} X(k) e^{j\frac{2\pi}{N}nk}, \quad n=0,1,2,\cdots,N-1 \quad (3-23)$$

其中

$$X(k) = \sum_{n=0}^{N-1} x(n) W_N^{nk} = \sum_{n=0}^{N-1} x(n) e^{-j\frac{2\pi}{N}nk}, \quad k=0,1,2,\cdots,N-1 \quad (3-24)$$

式(3-24)称为有限长序列 $x(n)$ 的离散傅里叶变换(DFT)，式(3-23)称为有限长序列的离散傅里叶反变换(IDFT)，序列 $x(n)$、$X(k)$ 都是长度为 N 的序列，适合应用计算机进行数值计算。

离散傅里叶变换的物理意义是序列 $x(n)$ 的离散时间傅里叶变换的等间隔采样值的主值序列，其采样间隔为 $\frac{2\pi}{N}$。对于长度为 N 的时域序列，都可以用 N 项虚指数信号 $\{e^{j\frac{2\pi}{N}nk}; k=0,1,\cdots,N-1\}$ 的线性加权表示。不同的序列只是加权系数不同，该 N 点的加权系数就是序列 $x(n)$ 对应的频域序列 $X(k)$。

【例 3-3】 已知某长度为 $N=4$ 的离散时间信号 $x(n)=\{2,3,3,2\}$, $n=0,1,2,3$。

(1) 计算信号 $x(n)$ 的离散时间傅里叶变换 $X(e^{j\omega})$ 和离散傅里叶变换 $X(k)$，并比较两者之间的关系。

(2) 若对序列 $x(n)$ 后补零，得到序列 $x_1(n)=\{2,3,3,2,0,0,0,0\}$, $n=0,1,\cdots,7$ 计算其离散时间傅里叶变换 $X(e^{j\omega})$ 和离散傅里叶变换 $X(k)$，有何结论？

解：(1) 根据离散时间傅里叶变换定义可得

$$\begin{aligned} X(e^{j\omega}) &= \sum_{n=0}^{N-1} x(n) e^{-j\omega n} = \sum_{n=0}^{3} x(n) e^{-j\omega n} \\ &= 2 + 3e^{-j\omega} + 3e^{-j2\omega} + 2e^{-j3\omega} \\ &= 2(1+e^{-j3\omega}) + 3(e^{-j\omega}+e^{-j2\omega}) \\ &= e^{-j\frac{3}{2}\omega}\left[4\cos\left(\frac{3}{2}\omega\right) + 6\cos\left(\frac{1}{2}\omega\right)\right] \end{aligned}$$

根据离散傅里叶变换的公式可以得到长度 $N=4$ 的序列 $x(n)$ 的离散傅里叶变换

$$X(k) = \sum_{n=0}^{3} x(n) e^{-j\frac{2\pi}{4}nk}$$

即

$$X(0)=x(0)+x(1)+x(2)+x(3)=10$$
$$X(1)=x(0)+x(1)\mathrm{e}^{-\mathrm{j}\frac{2\pi}{4}}+x(2)\mathrm{e}^{-\mathrm{j}\frac{2\pi}{4}\cdot 2}+x(3)\mathrm{e}^{-\mathrm{j}\frac{2\pi}{4}\cdot 3}=-1-\mathrm{j}$$
$$X(2)=x(0)+x(1)\mathrm{e}^{-\mathrm{j}\frac{2\pi}{4}\cdot 2}+x(2)\mathrm{e}^{-\mathrm{j}\frac{2\pi}{4}\cdot 4}+x(3)\mathrm{e}^{-\mathrm{j}\frac{2\pi}{4}\cdot 6}=0$$
$$X(3)=x(0)+x(1)\mathrm{e}^{-\mathrm{j}\frac{2\pi}{4}\cdot 3}+x(2)\mathrm{e}^{-\mathrm{j}\frac{2\pi}{4}\cdot 6}+x(3)\mathrm{e}^{-\mathrm{j}\frac{2\pi}{4}\cdot 9}=-1+\mathrm{j}$$

比较序列 $x(n)$ 的离散时间傅里叶变换 $X(\mathrm{e}^{\mathrm{j}\omega})$ 与序列的离散傅里叶变换 $X(k)$，可以看到

$$X(k)=X(\mathrm{e}^{\mathrm{j}\omega})|_{\omega=\frac{2\pi}{N}k}=\mathrm{e}^{-\mathrm{j}\frac{3}{2}\omega}\left[4\cos\left(\frac{3}{2}\omega\right)+6\cos\left(\frac{1}{2}\omega\right)\right]|_{\omega=\frac{2\pi}{4}k},\quad k=0,1,2,3$$
$$X(k)=\{10,\ -1-\mathrm{j},\ 0,\ -1+\mathrm{j}\}$$

（2）将序列 $x(n)$ 补零为 $N=8$ 点的序列 $x_1(n)$，则其离散时间傅里叶变换为

$$X_1(\mathrm{e}^{\mathrm{j}\omega})=\mathrm{DTFT}(x_1(n))=\sum_{n=0}^{7}x_1(n)\mathrm{e}^{-\mathrm{j}\omega n}=2+3\mathrm{e}^{-\mathrm{j}\omega}+3\mathrm{e}^{-\mathrm{j}2\omega}+2\mathrm{e}^{-\mathrm{j}3\omega}$$

$$X_1(k)=X_1(\mathrm{e}^{\mathrm{j}\omega})|_{\omega=\frac{2\pi}{8}k}=\{10,\ 2.707-6.535\mathrm{j},\ -1-\mathrm{j},\ 1.293-0.535\mathrm{j},$$
$$0,\ 1.293+0.535\mathrm{j},\ -1+\mathrm{j},\ 2.707+6.535\mathrm{j}\}$$

比较以上计算结果可见，在有限长序列后补零，不会增加任何信息，补零前后的两序列对应的离散时间傅里叶变换 DTFT 完全一致，即 $X(\mathrm{e}^{\mathrm{j}\omega})=X_1(\mathrm{e}^{\mathrm{j}\omega})$，但补零前后两序列对应的 DFT 则存在明显差别。从信号表示的角度看，对于长度为 N 的时域序列 $x(n)$，可由 N 点 DFT 对应的频域序列 $X(k)$ 唯一表示，$X(k)$ 是序列 $x(n)$ 的离散时间傅里叶变换 $X(\mathrm{e}^{\mathrm{j}\omega})$ 在一个周期 $[0,2\pi]$ 内的等间隔采样。但从信号频谱分析的角度看，在序列 $x(n)$ 后补零，可以在 $X(\mathrm{e}^{\mathrm{j}\omega})$ 的一个周期 $[0,2\pi]$ 内获得更多的频谱采样值，从 $X_1(k)$ 中观察到频谱 $X(\mathrm{e}^{\mathrm{j}\omega})$ 更多的细节。序列 $x(n)$ 补零前后的频谱幅度与补零前后两序列的离散傅里叶变换之间的关系如图 3.5 和图 3.6 所示。

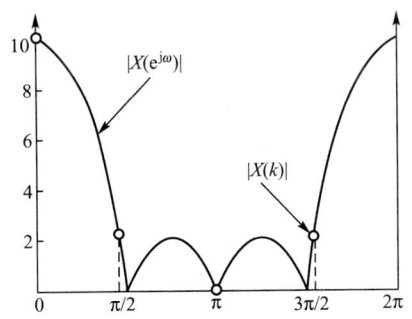

图 3.5 序列 $x(n)$ 的 $X(\mathrm{e}^{\mathrm{j}\omega})$、$X(k)$ 的关系

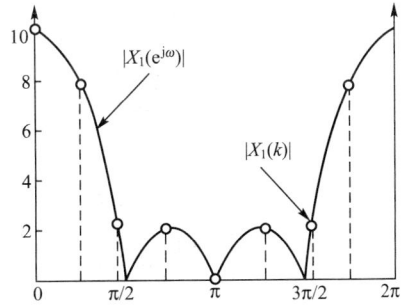

图 3.6 序列 $x_1(n)$ 的 $X_1(\mathrm{e}^{\mathrm{j}\omega})$、$X_1(k)$ 的关系

3.4 离散傅里叶变换的性质

有限长序列的离散傅里叶变换可以从频域采样的角度进行理解，也可以从周期序列的 DFS 进行推导，因而 DFT 的许多性质与 DFS 的性质存在相似之处。本节讨论离散傅

里叶变换(DFT)的一些性质,它们在本质上和周期序列的离散傅里叶级数(DFS)概念有关,而且是由有限长序列及其离散傅里叶变换表示式隐含的周期性得出的。以下讨论的序列都是 N 点有限长序列,用 DFT[・] 表示 N 点的 DFT,且设 DFT$[x_1(n)]=X_1(k)$,DFT$[x_2(n)]=X_2(k)$。

1. 线性性质

设两个有限长序列分别为 $x_1(n)$ 和 $x_2(n)$,则
$$\text{DFT}[ax_1(n)+bx_2(n)]=aX_1(k)+bX_2(k)$$
式中,a、b 为任意常数。序列 $x_1(n)$、$x_2(n)$ 是长度为 N 点的序列,如果其中某一序列较短,则补零至相同的长度。

2. 圆周移位

一个长度为 N 的有限长序列 $x(n)$ 的圆周移位定义为
$$y(n)=x((n+m))_N R_N(n) \tag{3-25}$$
可以这样来理解式(3-25)所表达的圆周移位的含义。具体计算步骤如下。

(1) 将 $x(n)$ 以 N 为周期进行周期延拓得到周期序列 $x((n))_N$。

(2) 将 $x((n))_N$ 加以移位得到 $x((n+m))_N$。

(3) 对移位的周期序列 $x((n+m))_N$ 取主值区间($n=0$ 到 $N-1$)上的序列值,即 $x((n+m))_N R_N(n)$。所以,一个有限长序列 $x(n)$ 的圆周移位序列 $y(n)$ 依然是一个长度为 N 的有限长序列,这一过程可用图 3.7 所示来表示。

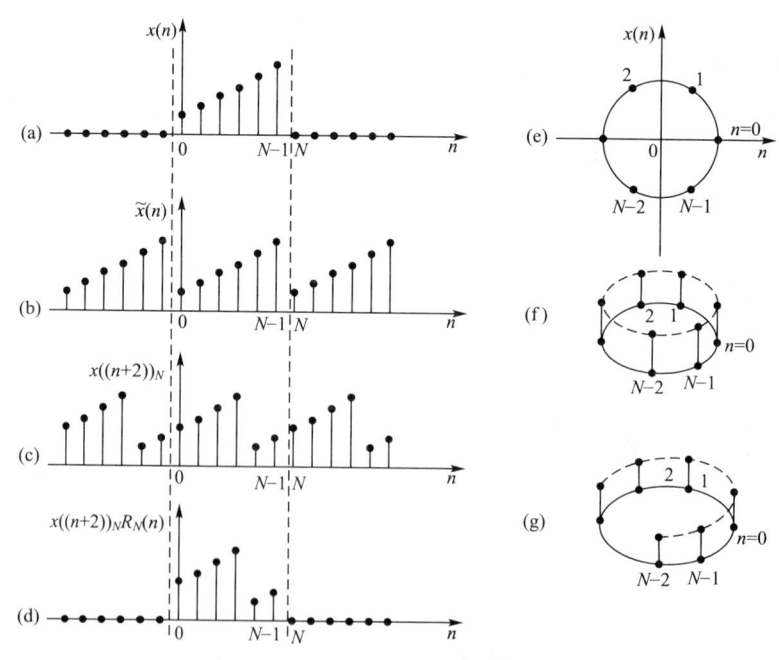

图 3.7 圆周移位过程示意图

由图 3.7 可以看出,由于是周期序列的移位,当只观察 $n=0$ 到 $N-1$ 这一主值区间时,随着某一采样值从该区间的一端移出,与其相同的采样值又从该区间的另一端循环

移进。因而，可以想象 $x(n)$ 是排列在一个 N 等分的圆周上，序列 $x(n)$ 的圆周移位，就相当于 $x(n)$ 在此圆周上旋转，如图 3.7(e)、(f)、(g)所示，因而称为圆周移位。若将 $x(n)$ 向左圆周移位时，此圆是顺时针旋转；若将 $x(n)$ 向右圆周移位时，此圆便是逆时针旋转。此外，如果围绕圆周观察几圈，那么看到的就是周期序列。

设 $x(n)$ 是长度为 N 的有限长序列，$y(n)$ 为 $x(n)$ 圆周移位，即

$$y(n)=x((n+m))_N R_N(n)$$

则圆周移位后的 DFT 为

$$Y(k)=\text{DFT}[y(n)]=\text{DFT}[x((n+m))_N R_N(n)]=W_N^{-mk}X(k) \quad (3-26)$$

式中，$X(k)=\text{DFT}[x(n)]$，$k=0,1,2,\cdots,N-1$。

证明： 利用周期序列 DFS 的移位性质加以证明。

$$\text{DFS}[x((n+m))_N]=\text{DFS}[\tilde{x}(n+m)]=W_N^{-mk}\tilde{X}(k)$$

再利用周期序列的 DFS 变换与有限长序列的离散傅里叶变换 DFT 之间的关系可以得到

$$\text{DFT}[x((n+m))_N R_N(n)]=\text{DFT}[\tilde{x}(n+m)R_N(n)]$$
$$=W_N^{-mk}\tilde{X}(k)R_N(k)$$
$$=W_N^{-mk}X(k)$$

上式表明，有限长序列的圆周移位在离散频域中引入一个和频率成正比的线性相移 $W_N^{-mk}=\mathrm{e}^{\mathrm{j}\frac{2\pi}{N}mk}$，而对频谱的幅度没有影响。

对于频域有限长序列 $X(k)$，也可以看成是分布在一个 N 等分的圆周上，所以对 $X(k)$ 的圆周移位，利用频域与时域的对偶关系，可以证明有以下性质

若

$$X(k)=\text{DFT}[x(n)]$$

则

$$\text{IDFT}[X((k+l))_N R_N(k)]=W_N^{lk}x(n)=\mathrm{e}^{-\mathrm{j}\frac{2\pi}{N}nl}x(n) \quad (3-27)$$

这就是调制特性。该性质说明，时域序列的相位调制等效于频域的圆周移位。

3. 圆周卷积

1) 时域圆周卷积定理

设 $x_1(n)$ 和 $x_2(n)$ 都是点数为 N 的有限长序列 $0 \leqslant n \leqslant N-1$，且有

$$\text{DFT}[x_1(n)]=X_1(k)$$
$$\text{DFT}[x_2(n)]=X_2(k)$$

若

$$Y(k)=X_1(k)X_2(k)$$

则

$$y(n)=\text{IDFT}[Y(k)]=\sum_{m=0}^{N-1}x_1(m)x_2((n-m))_N \cdot R_N(n) \quad (3-28)$$

一般，称式(3-28)所表示的运算为 $x_1(n)$ 和 $x_2(n)$ 的 N 点圆周卷积。下面先证明式(3-28)，再说明其计算方法。

证明： 这个卷积相当于周期序列 $\tilde{x}_1(n)$ 和 $\tilde{x}_2(n)$ 作周期卷积后再取其主值序列。

先将 $Y(k)$ 进行周期延拓，得 $\tilde{Y}(k) = \sum_{k=0}^{N-1} Y(k+rN)$。根据 DFS 的周期卷积公式 $\tilde{y}(n) =$ IDFT$[\tilde{Y}(k)] = \sum_{m=0}^{N-1} \tilde{x}_1(m)\tilde{x}_2(n-m)$，由于 $m=0, 1, 2, \cdots, N-1$ 为主值区间，$\tilde{x}_1(m) = x_1(m)$，因此 $y(n) = \tilde{y}(n) R_N(n)$。将上式经过简单换元，即可证明。

圆周卷积计算过程可以用图 3.8 所示图像来表示，分为如下 5 步。

(1) 周期延拓。先作 $x_1(n/m)$ 和 $x_2(n/m)$，将 $x_2(m)$ 在参变量坐标 m 上延拓成周期为 N 的周期序列 $x_2((m))_N$。

(2) 翻转。将 $x_2((m))_N$ 翻转成 $x_2((-m))_N$。

(3) 移位和取主值。将 $x_2((-m))_N$ 移 n 位并取主值序列得到 $x_2((n-m))_N R_N(m)$。

(4) 相乘。将相同 m 值 $x_2((n-m))_N R_N(m)$ 与 $x_1(m)$ 相乘。

(5) 相加。将 (4) 中得到的乘积累加起来，便得到圆周卷积 $y(n)$。

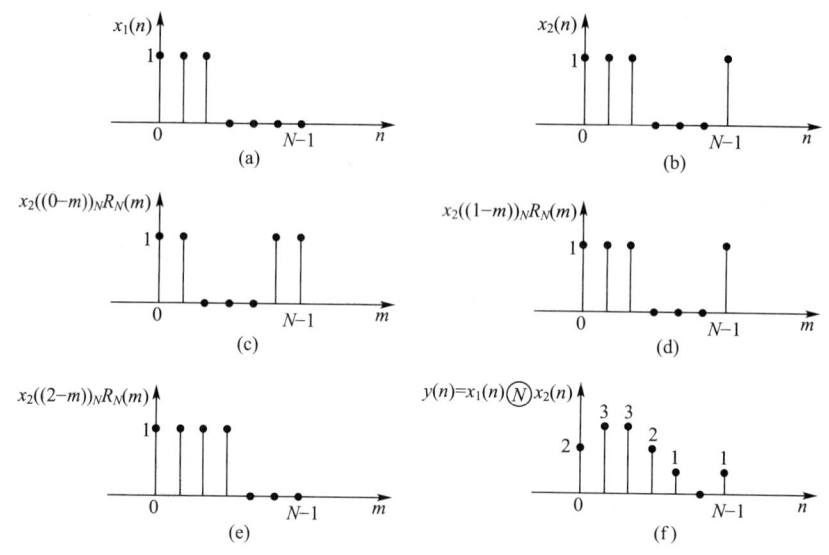

图 3.8 圆周卷积计算过程示意图

可以看出，圆周卷积和周期卷积的计算过程基本相似，只不过圆周卷积要进行周期延拓和取主值序列运算。特别要注意，两个长度小于等于 N 的序列的 N 点圆周卷积长度仍为 N，这与一般的线性卷积不同。圆周卷积用符号 ⓝ 来表示。圆圈内的 N 表示所作的是 N 点圆周卷积，记为 $x_1(n) Ⓝ x_2(n)$。

2) 频域圆周卷积定理

利用时域与频域的对称性，可以证明圆周卷积定理。

若 $y(n) = x_1(n) x_2(n)$，$x_1(n)$ 与 $x_2(n)$ 皆为 N 点有限长序列

则

$$Y(k) = \text{DFT}[y(n)] = \frac{1}{N} \sum_{l=0}^{N-1} X_1(l) X_2((k-l))_N R_N(k) \qquad (3-29)$$

即时域序列相乘,其乘积的 DFT 等于各个序列 DFT 的圆周卷积再乘以 $\frac{1}{N}$。

4. 有限长序列的线性卷积与圆周卷积

时域圆周卷积在频域上相当于两序列的 DFT 的乘积,因而采用快速傅里叶变换(FFT)算法来计算圆周卷积,计算速度可以大大加快。但是,在许多实际问题中常需要计算线性卷积,例如,一个 FIR 滤波器的输出等于输入与滤波器的单位采样响应的线性卷积。如果找到线性卷积和圆周卷积之间的关系,就能够用圆周卷积来计算线性卷积而加快计算速度。因此,讨论圆周卷积在什么条件下与线性卷积相等以及如何用圆周卷积运算来代替线性卷积运算的问题就非常重要。

设 $x_1(n)$ 是 N_1 点的有限长序列 ($0 \leqslant n \leqslant N_1-1$),$x_2(n)$ 是 N_2 点的有限长序列 ($0 \leqslant n \leqslant N_2-1$)。它们的线性卷积为

$$y_l(n) = x_1(n) * x_2(n) = \sum_{m=0}^{N_1-1} x_1(m) x_2(n-m)$$

$x_1(m)$ 的非零区间为 $0 \leqslant m \leqslant N_1-1$,$x_2(m)$ 的非零区间为 $0 \leqslant n-m \leqslant N_2-1$,将两个不等式相加,得 $0 \leqslant n \leqslant N_1+N_2-2$。

在上述区间外,不是 $x_1(m)=0$ 就是 $x_2(n-m)=0$,因而 $y_l(n)=0$ 恒成立。所以 $y_l(n)$ 是 N_1+N_2-1 点有限长序列,即线性卷积的长度等于参与卷积的两序列的长度之和减 1。例如,图 3.9 所示,$x_1(n)$ 为 $N_1=4$ 的矩形序列,$x_2(n)$ 为 $N_2=5$ 的矩形序列,则它们的线性卷积 $y_l(n)$ 为 $N=N_1+N_2-1=8$ 点的有限长序列。

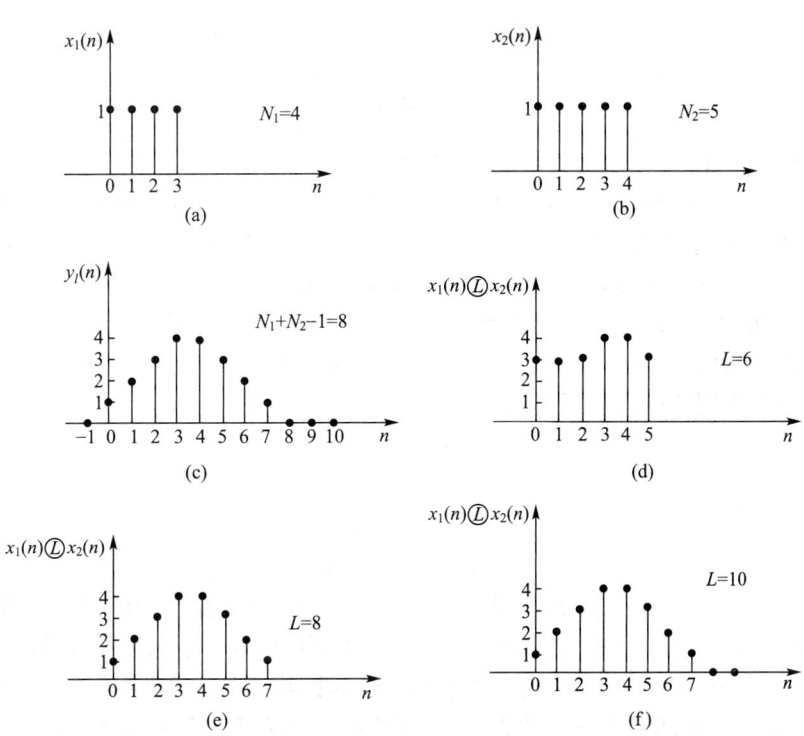

图 3.9 线性卷积与圆周卷积

再来看 $x_1(n)$ 与 $x_2(n)$ 的圆周卷积。先讨论长度为 L 点的圆周卷积,再讨论 L 为何值时,圆周卷积才能代替线性卷积。

设 $y(n)=x_1(n)\mathrel{\text{Ⓛ}} x_2(n)$ 是两序列的 L 点圆周卷积,这就要将 $x_1(n)$ 与 $x_2(n)$ 都看成是 L 点的序列。在这 L 个序列值中,$x_1(n)$ 只有前 N_1 个是非零值,后 $L-N_1$ 个均为补充的零值。同样,$x_2(n)$ 只有前 N_2 个是非零值,后 $L-N_2$ 个均为补充的零值。则

$$y(n)=x_1(n)\mathrel{\text{Ⓛ}} x_2(n)$$
$$=\sum_{m=0}^{L-1}x_1(m)x_2((n-m))_L R_L(n) \tag{3-30}$$

为了进行其圆周卷积的计算,必须先将序列 $x_1(n)$ 与 $x_2(n)$ 以 L 为周期进行周期延拓,即

$$\tilde{x}_1(n)=x_1((n))_L=\sum_{r=-\infty}^{\infty}x_1(n+rL)$$

$$\tilde{x}_2(n)=x_2((n))_L=\sum_{r=-\infty}^{\infty}x_2(n+rL)$$

将它们代入到式(3-30)中,得到

$$y(n)=x_1(n)\mathrel{\text{Ⓛ}} x_2(n)$$
$$=\sum_{m=0}^{L-1}x_1(m)x_2((n-m))_L R_L(n)$$
$$=\Big[\sum_{m=0}^{L-1}x_1(m)\sum_{r=-\infty}^{\infty}x_2(n+rL-m)\Big]R_L(n)$$
$$=\Big[\sum_{r=-\infty}^{\infty}\sum_{m=0}^{L-1}x_1(m)x_2(n+rL-m)\Big]R_L(n)$$
$$=\Big[\sum_{r=-\infty}^{\infty}y_l(n+rL)\Big]R_L(n) \tag{3-31}$$

前面已经分析了 $y_l(n)$ 具有 N_1+N_2-1 个非零值。因此可以看到,如果周期卷积的周期 $L<N_1+N_2-1$,那么 $y_l(n)$ 的周期延拓就必然有一部分非零序列值要交叠起来,从而出现混叠现象。只有在 $L\geqslant N_1+N_2-1$ 时,才没有混叠现象。这时,在 $y_l(n)$ 的周期延拓中,每一个周期 L 内,前 N_1+N_2-1 个序列值正好是 $y_l(n)$ 的全部非零值,也正是 $y_l(n)$,而剩下的 $L-(N_1+N_2-1)$ 个点上的序列值则是补充的零值。所以 L 点圆周卷积 $y(n)$ 是线性卷积 $y_l(n)$ 以 L 为周期的周期延拓序列的主值序列。也即,圆周卷积等于线性卷积而不产生混叠的必要条件为

$$L\geqslant N_1+N_2-1$$

满足此条件后就有

$$y(n)=y_l(n)$$

即 $x_2(n)\mathrel{\text{Ⓛ}} x_2(n)=x_1(n)*x_2(n)$, $L\geqslant N_1+N_2-1$。

图 3.9(d)、(e)、(f)反映了式(3-31)的圆周卷积与线性卷积的关系。在图 3.9(d)中,$L=6$ 小于 $N_1+N_2-1=8$,这时就产生了混叠现象,因此其圆周卷积不等于线性卷积;而在图 3.9(e)、(f)中,$L=8$ 和 $L=10$,这时圆周卷积与线性卷积结果相同,所得到的 $y(n)$ 的前 8 点序列值正好代表线性卷积结果。所以只要 $L\geqslant N_1+N_2-1$,圆周卷积结果就能完全代表线性卷积运算结果。

第3章 离散傅里叶变换及其快速算法

【**例 3-4**】 一个有限长序列为 $x(n)=\delta(n)+2\delta(n-5)$
(1) 计算序列 $x(n)$ 的 10 点离散傅里叶变换。
(2) 若序列 $y(n)$ 的 DFT 为 $Y(k)=e^{j\frac{2\pi}{10}\cdot 2k}X(k)$ 式中,$X(k)$ 是 $x(n)$ 的 10 点离散傅里叶变换,求序列 $y(n)$。
(3) 若序列 $y(n)$ 的 10 点离散傅里叶变换是 $Y(k)=X(k)W(k)$。式中,$X(k)$ 是 $x(n)$ 的 10 点 DFT,$W(k)$ 是 $w(n)$ 的 10 点 DFT

$$w(n)=\begin{cases} 1, & 0 \leqslant n \leqslant 6 \\ 0, & \text{其他 } n \text{ 值} \end{cases}$$

求序列 $y(n)$。

解:(1) 由离散傅里叶变换的定义式(3-24)得

$$X(k)=\sum_{n=0}^{N-1}x(n)W_N^{nk}=\sum_{n=0}^{10-1}[\delta(n)+2\delta(n-5)]W_{10}^{nk}$$
$$=1+2W_{10}^{5k}=1+2(-1)^k$$

(2) 由时域圆周移位定理可得,频域中 $e^{j\frac{2\pi}{10}\cdot 2k}X(k)$ 相当于时域中序列 $x(n)$ 移位 m 位,且 $m=-2$,所以有

$$y(n)=x((n+2))_{10}R_{10}(n)=\delta(n-8)+2\delta(n-3)$$

(3) 频域中 $Y(k)=X(k)W(k)$ 对应时域中是 $x(n)$,$w(n)$ 的圆周卷积,利用圆周卷积与线性卷积的关系,可先求得线性卷积的数值

$$z(n)=x(n)*w(n)=\{1,1,1,1,1,3,3,2,2,2,2,2\}$$

由圆周卷积与线性卷积的关系得到圆周卷积的数值为

$$y(n)=\left[\sum_{r=-\infty}^{\infty}z(n+10r)\right]R_{10}(n)=\{3,3,1,1,1,3,3,2,2,2\}$$

5. 共轭对称性

1) 复共轭序列的 DFT
设 $x^*(n)$ 为 $x(n)$ 的复共轭序列,长度为 N,$X(k)=\text{DFT}[x(n)]$,则

$$\text{DFT}[x^*(n)]=X^*(N-k), \quad k=0,1,2,\cdots,N-1 \tag{3-32}$$

式中,$X(N)=X(0)$。

证明:将离散傅里叶变换的定义式 $X(k)=\text{DFT}[x(n)]=\sum_{n=0}^{N-1}x(n)W_N^{nk}$ 中的变量 k 用 $N-k$ 来代替并取共轭,得到

$$X^*(N-k)=\left[\sum_{n=0}^{N-1}x(n)W_N^{n(N-k)}\right]^*=\sum_{n=0}^{N-1}x^*(n)W_N^{kn}=\text{DFT}[x^*(n)] \tag{3-33}$$

因为 $X(k)$ 的隐含周期性,故 $X(N)=X(0)$。用同样的方法可以证明

$$\text{DFT}[x^*(N-n)]=X^*(k) \tag{3-34}$$

2) DFT 的共轭对称性
在前面讨论了序列傅里叶变换的一些对称性质,且定义了共轭对称序列与共轭反对

称序列，从中得知，对称性是指关于坐标原点的纵坐标的对称性。DFT 也有类似的共轭对称性，但在 DFT 中，涉及的序列 $x(n)$ 及其离散傅里叶变换 $X(k)$ 均为有限长序列，且定义区间为 $[0, N-1]$，所以，这里的对称性是指关于 $N/2$ 点的对称性。

设有限长序列 $x(n)$ 的长度为 N 点，则它的圆周共轭对称分量 $x_{ep}(n)$ 和圆周共轭反对称分量 $x_{op}(n)$ 分别定义为

$$x_{ep}(n) = \frac{1}{2}[x(n) + x^*(N-n)] \qquad (3-35)$$

$$x_{op}(n) = \frac{1}{2}[x(n) - x^*(N-n)] \qquad (3-36)$$

则两者满足

$$x_{ep}(n) = x_{ep}^*(N-n), \quad 0 \leq n \leq N-1$$

$$x_{op}(n) = -x_{op}^*(N-n), \quad 0 \leq n \leq N-1$$

如同任何实函数都可以分解成偶对称和奇对称分量一样，任何有限长序列 $x(n)$ 都可以表示成其圆周共轭对称分量 $x_{ep}(n)$ 和圆周共轭反对称分量 $x_{op}(n)$ 之和，即

$$x(n) = x_{ep}(n) + x_{op}(n) \quad 0 \leq n \leq N-1$$

由式(3-35)、式(3-36)和式(3-33)、式(3-34)可得到圆周共轭对称分量和圆周共轭反对称分量的 DFT 分别为

$$\text{DFT}[x_{ep}(n)] = \text{Re}[X(k)] \qquad (3-37)$$

$$\text{DFT}[x_{op}(n)] = j\text{Im}[X(k)] \qquad (3-38)$$

证明： 首先证明式(3-37)的正确性，由式(3-35)得

$$\text{DFT}[x_{ep}(n)] = \text{DFT}\left[\frac{1}{2}(x(n) + x^*(N-n))\right]$$

$$= \frac{1}{2}\text{DFT}[x(n)] + \frac{1}{2}\text{DFT}[x^*(N-n)]$$

利用式

$$X^*(k) = \text{DFT}[x^*(N-n)]$$

可得

$$\text{DFT}[x_{ep}(n)] = \frac{1}{2}[X(k) + X^*(k)] = \text{Re}[X(k)]$$

则(3-37)式得证。同理可证式(3-38)。

若用 $x_R(n)$，$x_I(n)$ 分别表示有限长序列 $x(n)$ 的实部及虚部，即

$$x(n) = x_R(n) + jx_I(n)$$

式中

$$x_R(n) = \text{Re}[x(n)] = \frac{1}{2}[x(n) + x^*(n)] \qquad (3-39)$$

$$jx_I(n) = j\text{Im}[x(n)] = \frac{1}{2}[x(n) - x^*(n)] \qquad (3-40)$$

则有

$$DFT[x_R(n)] = X_{ep}(k) = \frac{1}{2}[X(k) + X^*(N-k)] \quad (3-41)$$

$$DFT[jx_I(n)] = X_{op}(k) = \frac{1}{2}[X(k) - X^*(N-k)] \quad (3-42)$$

式中，$X_{ep}(k)$ 是 $X(k)$ 的圆周共轭对称分量，且 $X_{ep}(k) = X_{ep}^*(N-k)$，$X_{op}(k)$ 为 $X(k)$ 的圆周共轭反对称分量，且 $X_{op}(k) = -X_{op}^*(N-k)$。

证明：由式(3-41)可以得

$$\begin{aligned}
DFT[x_R(n)] &= \frac{1}{2}\{DFT[x(n)] + DFT[x^*(n)]\} \\
&= \frac{1}{2}\Big[\sum_{n=0}^{N-1} x(n) W_N^{nk} + \sum_{n=0}^{N-1} x^*(n) W_N^{nk}\Big] \\
&= \frac{1}{2}[X(k) + X^*(N-k)] \\
&= X_{ep}(k)
\end{aligned}$$

这说明，复序列实部的 DFT 等于序列 DFT 的圆周共轭对称分量。同理可证式(3-42)说明复序列虚部的 DFT 等于序列 DFT 的圆周共轭反对称分量。

3) 实信号 DFT 变换

设信号 $x(n)$ 是长度为 N 的实序列，其 N 点 DFT 用 $X(k)$ 表示，由离散傅里叶变换的定义式可以得到序列 $X(k)$ 具有共轭对称性质，即

$$X(k) = X^*(N-k) \quad (3-43)$$

将序列 $X(k)$ 表示成极坐标的形式 $X(k) = |X(k)| e^{j\theta(k)}$，由 $X(k)$ 的共轭性质说明序列 $X(k)$ 的模关于 $k = N/2$ 偶对称，相位关于 $k = N/2$ 点奇对称，即

$$|X(k)| = |X(N-k)|, \quad \theta(k) = -\theta(N-k) \quad (3-44)$$

由实数序列的共轭对称性质计算实数序列的 DFT，可以减少计算量。运用该性质能够用一次复数序列的 N 点的离散傅里叶变换计算两个不同实数序列的 N 点的 DFT 或 $2N$ 点实数序列的 DFT。

(1) 设序列 $x_1(n)$ 与 $x_2(n)$ 均为长度为 N 的实数序列，将两序列按下式构造序列

$$w(n) = x_1(n) + jx_2(n) \quad (3-45)$$

对式(3-45)进行 N 点的 DFT 运算，得

$$W(k) = DFT[w(n)] = DFT[x_1(n)] + jDFT[x_2(n)] = X_1(k) + jX_2(k)$$

所以

$$X_1(k) = DFT[x_1(n)] = W_{ep}(k) = \frac{1}{2}[W(k) + W^*(N-k)] \quad (3-46)$$

$$X_2(k) = DFT[x_2(n)] = \frac{1}{j} W_{op}(k) = \frac{1}{2j}[W(k) - W^*(N-k)] \quad (3-47)$$

这样只需要计算一个复数序列的 N 点 DFT，得到 $W(k)$，利用式(3-46)、式(3-47)就容易得到实数序列 $x_1(n)$ 与 $x_2(n)$ 的 DFT，显然减少了运算量。

(2) $2N$ 点实数序列的 DFT，可以用 N 点复数序列的 DFT 得到。设 $v(n)$ 是 $2N$ 点的

实数序列，将序列 $v(n)$ 按照序列的奇偶点数进行分组，分解为两个长度均为 N 点的序列 $x_1(n)$、$x_2(n)$，即

$$x_1(n)=v(2n), \quad 0\leqslant n\leqslant N-1$$
$$x_2(n)=v(2n+1), \quad 0\leqslant n\leqslant N-1$$

由 $x_1(n)$、$x_2(n)$ 构造长度为 N 的复数序列 $w(n)$，即

$$w(n)=x_1(n)+\mathrm{j}x_2(n), \quad 0\leqslant n\leqslant N-1$$

利用式(3-46)、式(3-47)，得到序列 $x_1(n)$ 与 $x_2(n)$ 的离散傅里叶变换 $X_1(k)$、$X_2(k)$，由 $X_1(k)$、$X_2(k)$ 可以得到实数序列 $v(n)$ 的 $2N$ 点的 DFT，即 $V(k)$。

证明：
$$\begin{aligned}
V(k) &= \mathrm{DFT}[v(n)] = \sum_{n=0}^{2N-1} v(n) W_{2N}^{nk} \\
&= \sum_{n=0}^{N-1} v(2n) W_{2N}^{k2n} + \sum_{n=0}^{N-1} v(2n+1) W_{2N}^{k(2n+1)} \\
&= \sum_{n=0}^{N-1} x_1(n) W_N^{kn} + W_{2N}^{k} \sum_{n=0}^{N-1} x_2(n) W_N^{kn} \\
&= X_1(k) + W_{2N}^{k} X_2(k)
\end{aligned}$$

利用 $X_1(k)$、$X_2(k)$ 的周期性，可以计算得到序列 $V(k)$。

综上所述，可以归纳证明 $x(n)$ 与 $X(k)$ 的奇、偶，虚、实关系，如表 3-1 所列。利用这些关系，可以减少 DFT 的运算量。

表 3-1 序列及其 DFT 的奇、偶，虚、实关系

$x(n)$(或 $X(k)$)	$X(k)$(或 $x(n)$)	$x(n)$(或 $X(k)$)	$X(k)$(或 $x(n)$)
偶对称	偶对称	实数偶对称	实数偶对称
奇对称	奇对称	实数奇对称	虚数奇对称
实数	实部为偶对称，虚部为奇对称	虚数偶对称	虚数偶对称
虚数	实部为奇对称，虚部为偶对称	虚数奇对称	实数奇对称

注意： 这里对有限长序列 $x(n)$ 或 $X(k)$ 的奇偶是指把序列排在一个圆周上，对 $n=0(k=0)$ 为对称中心的奇偶对称。

6. DFT 形式下的帕塞瓦定理

设长度为 N 的序列 $x(n)$ 的 N 点 DFT 为 $X(k)$，则有

$$\sum_{n=0}^{N-1} |x(n)|^2 = \frac{1}{N} \sum_{k=0}^{N-1} |X(k)|^2 \tag{3-48}$$

证明： 首先计算 $\sum_{n=0}^{N-1} x(n) y(n)$

$$\begin{aligned}
\sum_{n=0}^{N-1} x(n) y(n) &= \sum_{n=0}^{N-1} y(n) \frac{1}{N} \sum_{k=0}^{N-1} X(k) W_N^{-nk} \\
&= \frac{1}{N} \sum_{k=0}^{N-1} X(k) \sum_{n=0}^{N-1} y(n) W_N^{-nk} \\
&= \frac{1}{N} \sum_{k=0}^{N-1} X(k) Y^*(k)
\end{aligned}$$

设 $y(n)=x^*(n)$，代入上式可以得到

$$\sum_{n=0}^{N-1} x(n)x^*(n) = \frac{1}{N}\sum_{k=0}^{N-1} X(k)X^*(k)$$

即上述结论得证。

3.5 DFT 与序列的 Z 变换、DTFT 以及 DFS 的关系

3.5.1 DFT 与序列的傅里叶变换、Z 变换的关系

如果 $x(n)$ 是一个 N 点的有限长序列，对 $x(n)$ 进行 z 变换

$$X(z) = \sum_{n=0}^{N-1} x(n)z^{-n} \qquad (3-49)$$

比较 z 变换与序列的傅里叶变换、序列的离散傅里叶变换，可以看到，当 $z=\mathrm{e}^{\mathrm{j}\omega}$ 时序列的 z 变换与序列的傅里叶变换相等，即

$$X(z)\big|_{z=\mathrm{e}^{\mathrm{j}\omega}} = \sum_{n=0}^{N-1} x(n)z^{-n}\big|_{z=\mathrm{e}^{\mathrm{j}\omega}} = \sum_{n=0}^{N-1} x(n)\mathrm{e}^{-\mathrm{j}\omega n} \qquad (3-50)$$

式(3-50)表明序列的傅里叶变换的取值与序列的 z 变换在单位圆的圆周上的连续取值相等；而当 $z=W_N^{-k}=\mathrm{e}^{\mathrm{j}\frac{2\pi}{N}k}$ 时，序列的 z 变换与序列的离散傅里叶变换相等，即

$$X(z)\big|_{z=W_N^{-k}} = \sum_{n=0}^{N-1} x(n)z^{-n}\big|_{z=W_N^{-k}} = \sum_{n=0}^{N-1} x(n)\mathrm{e}^{-\mathrm{j}\frac{2\pi}{N}nk} \qquad (3-51)$$

序列的 z 变换与序列的离散傅里叶变换之间的关系可以表示为下式

$$X(k) = X(z)\big|_{z=W_N^{-k}} = X(\mathrm{e}^{\mathrm{j}\frac{2\pi}{N}k}) \qquad (3-52)$$

式(3-52)表明，序列 $X(k)$ 可以看作是序列的傅里叶变换 $X(\mathrm{e}^{\mathrm{j}\omega})$ 在主值区间 $[0,2\pi]$ 的 N 点等间隔采样，采样间隔为 $\frac{2\pi}{N}$。显而易见，DFT 的变换区间长度 N 不同，表示对 $X(\mathrm{e}^{\mathrm{j}\omega})$ 在区间 $[0,2\pi]$ 的采样间隔和采样点数不同，所以 DFT 的变换结果也不同。序列的 z 变换与序列的离散傅里叶变换、离散时间傅里叶变换之间的关系，如图 3.10 所示。

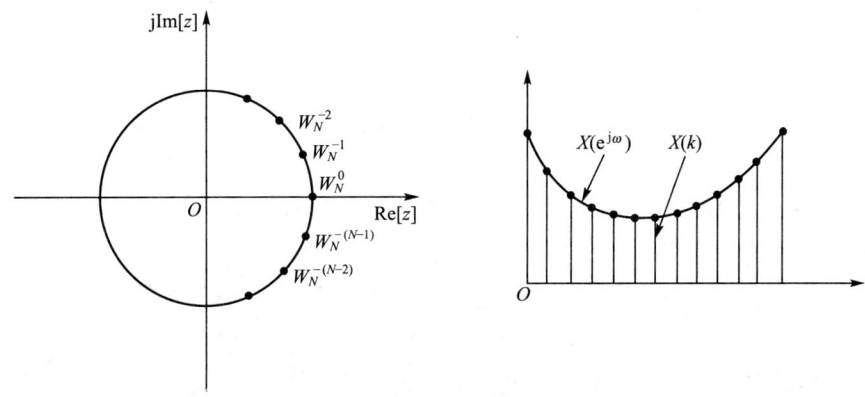

图 3.10 DFT 与序列傅里叶变换、z 变换的关系

3.5.2 DFT 与 DFS 变换之间的关系

DFS 是周期序列的离散傅里叶级数变换,DFT 是有限长序列的离散傅里叶变换,对比 DFS 和 DFT 的定义,会发现 DFS 和 DFT 之间的密切关系。

首先利用长度为 M 的有限长序列 $x(n)$ 构造一个周期序列。将 $x(n)$ 以 N 为周期进行周期延拓,形成周期为 N 的周期序列 $\tilde{x}(n)$,用下式表示

$$\tilde{x}(n) = \sum_{r=-\infty}^{+\infty} x(n+rN) = x((n))_N \tag{3-53}$$

$$x(n) = \tilde{x}(n) R_N(n), \quad N \geqslant M \tag{3-54}$$

毫无疑问,当 $N \geqslant M$ 时,式(3-54)中 $\tilde{x}(n)$ 就是有限长序列 $x(n)$ 以 N 为周期的延拓序列,而序列 $x(n)$ 是周期序列 $\tilde{x}(n)$ 的主值序列。

由周期序列 $\tilde{x}(n)$ 的 DFS 以及有限长序列 $x(n)$ 的 DFT 的定义式来分析两者的关系,DFS 变换与 IDFS 的定义式为

$$\begin{cases} \tilde{X}(k) = \text{DFS}[\tilde{x}(n)] = \sum_{n=0}^{N-1} \tilde{x}(n) W_N^{nk} = \sum_{n=0}^{N-1} \tilde{x}(n) e^{-j\frac{2\pi}{N}nk} \\ \tilde{x}(n) = \text{IDFS}[\tilde{X}(k)] = \frac{1}{N} \sum_{k=0}^{N-1} \tilde{X}(k) W_N^{-nk} = \sum_{k=0}^{N-1} \tilde{X}(k) e^{j\frac{2\pi}{N}nk} \end{cases} \tag{3-55}$$

DFT 变换与 IDFT 的定义式为

$$\begin{cases} X(k) = \text{DFT}[x(n)] = \sum_{n=0}^{N-1} x(n) W_N^{nk} = \sum_{n=0}^{N-1} x(n) e^{-j\frac{2\pi}{N}nk} = \tilde{X}(k) R_N(k) \\ x(n) = \text{IDFT}[X(k)] = \frac{1}{N} \sum_{k=0}^{N-1} X(k) W_N^{-nk} = \sum_{k=0}^{N-1} X(k) e^{j\frac{2\pi}{N}nk} = \tilde{x}(n) R_N(n) \end{cases} \tag{3-56}$$

比较式(3-55)、式(3-56),发现它们右边的函数形式一样,但 k 的定义域不同,$X(k)$ 只是 $\tilde{X}(k)$ 的主值区序列,或者说 $\tilde{X}(k)$ 是 $X(k)$ 以 N 为周期进行周期延拓的序列。式(3-55)、式(3-56)说明了 DFT 和 DFS 之间的关系。这些关系式成立的条件是 $N \geqslant M$,即 DFT 的变换区间 N 不能小于 $x(n)$ 的长度 M。如果该条件不满足,按照式(3-54)将 $x(n)$ 进行延拓时,将发生时域混叠。

【例 3-5】 有限长序列

$$x(n) = \begin{cases} 1, & 0 \leqslant n \leqslant 4 \\ 0, & \text{其余 } n \end{cases}$$

求其以 $N=5$ 为周期序列的 DFS 变换及序列 $x(n)$ 的离散傅里叶变换,将计算结果进行比较。

解: 将序列 $x(n)$ 以 5 为周期进行周期延拓得到周期序列 $\tilde{x}(n)$,如图 3.11 所示。周期序列 $\tilde{x}(n)$ 的傅里叶级数变换为

$$\tilde{X}(k) = \sum_{n=0}^{N-1} e^{-j\frac{2\pi}{N}nk} = \frac{1 - e^{-j2\pi k}}{1 - e^{-j(2\pi k/N)}} = \begin{cases} N, & k = 0, \pm N, \pm 2N, \cdots \\ 0, & \text{其他 } k \text{ 值} \end{cases}$$

显然 $\tilde{X}(k)$ 的取值就是序列 $x(n)$ 的离散时间傅里叶变换 $X(e^{j\omega})$ 在频率 $\omega_k = \frac{2\pi}{N}k$ 处的样本序列值。上式表明只有在 $k=0$ 和 $k=rN(r=\pm 1, \pm 2, \cdots)$ 时才有非零的 DFS 的系数 $\tilde{X}(k)$。

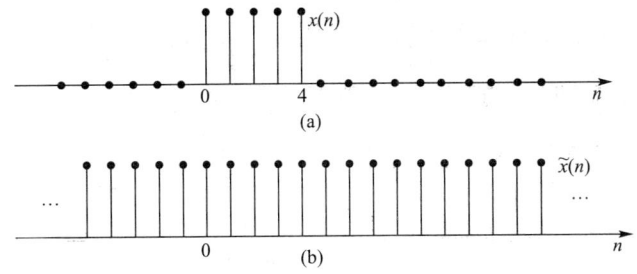

图 3.11 序列 $x(n)$ 与周期序列 $\tilde{x}(n)$

利用离散傅里叶变换的定义式直接求得 $x(n)$ 的离散傅里叶变换 $X(k)$

$$X(k) = \sum_{n=0}^{4} x(n) \mathrm{e}^{-\mathrm{j}\frac{2\pi}{N}nk}$$

$$= \frac{1 - \mathrm{e}^{-\mathrm{j}2\pi k}}{1 - \mathrm{e}^{-\mathrm{j}\frac{2\pi}{5}k}} = \begin{cases} 5, & k = 0 \\ 0, & k = 1, 2, 3, 4 \end{cases}$$

对比有限长序列 $x(n)$ 和周期序列 $\tilde{x}(n)$ 的联系,两序列的差别似乎很小,因为利用这两个关系式可以直接从其中一个构造出另一个。然而在研究 DFT 的性质以及改变 $x(n)$ 对 $X(k)$ 的影响时,这种差别是很重要的。

信号时域采样理论实现了信号时域的离散化,使我们能用数字技术在时域对信号进行处理。而离散傅里叶变换理论实现了频域离散化,因而开辟了用数字技术在频域处理信号的新途径,从而推进了信号的频谱分析技术向更深、更广的领域发展。

3.6 频域采样定理

在 3.5 节中已经讲到,周期序列的离散傅里叶级数的系数 $\tilde{X}(k)$ 的值和 $\tilde{x}(n)$ 的一个周期的 z 变换在单位圆的 N 个均分点上的采样值相等,也可以说系数 $\tilde{X}(k)$ 与序列 $x(n)$ 的离散时间傅里叶变换 $X(\mathrm{e}^{\mathrm{j}\omega})$ 在频域的等间隔采样值相等,这就实现了频域的采样。在时域中,时域采样定理表明,在一定条件下,可以通过时域离散采样重建或恢复原来的连续信号。那么,在频域采样中,满足哪些条件可以恢复出原来信号的频谱函数呢?本节就这些问题进行讨论。

设一个任意绝对可和的非周期序列 $x(n)$,其 z 变换为

$$X(z) = \sum_{n=-\infty}^{\infty} x(n) z^{-n}$$

由于绝对可和,所以其傅里叶变换存在且连续,z 变换的收敛域包含单位圆的圆周。如果对 $X(z)$ 在 z 平面单位圆的圆周上,即对频率区间 $[0, 2\pi]$ 上 N 个频率点上对序列的傅里叶变换进行等间隔采样,得到频域离散周期序列为

$$\tilde{X}(k) = X(z)|_{z = W_N^{-k}} = \sum_{n=-\infty}^{\infty} x(n) W_N^{nk} \tag{3-57}$$

现在讨论的问题是,这样在 z 平面单位圆的圆周上进行采样之后的序列值能不能恢复出序列 $x(n)$?为此,由周期序列 $\tilde{X}(k)$ 求其离散傅里叶级数反变换,令其为 $\tilde{x}_N(n)$

$$\tilde{x}_N(n) = \text{IDFT}[\tilde{X}(k)] = \frac{1}{N}\sum_{k=0}^{N-1}\tilde{X}(k)W_N^{-nk}$$

把式(3-57)代入上式，可以得到

$$\tilde{x}_N(n) = \frac{1}{N}\sum_{k=0}^{N-1}\Big[\sum_{m=-\infty}^{\infty}x(m)W_N^{mk}\Big]W_N^{-nk} = \sum_{m=-\infty}^{\infty}x(m)\Big[\frac{1}{N}\sum_{k=0}^{N-1}W_N^{(m-n)k}\Big]$$

由于

$$\frac{1}{N}\sum_{k=0}^{N-1}W_N^{(m-n)k} = \begin{cases} 1, & m=n+rN, r\text{ 为任意整数} \\ 0, & \text{其他 } m \text{ 值} \end{cases}$$

所以

$$\tilde{x}_N(n) = \sum_{r=-\infty}^{\infty}x(n+rN) \tag{3-58}$$

式(3-58)说明，由序列 $\tilde{X}(k)$ 得到的周期序列 $\tilde{x}_N(n)$ 是原非周期序列 $x(n)$ 的以 N 为周期的延拓序列。在1.5节中介绍了时域采样造成频域的周期延拓，从式(3-58)可以看到频域采样同样造成时域中的周期延拓。所以有以下结论。

(1) 如果序列 $x(n)$ 不是有限长序列，则时域周期延拓后，必定会造成时域中信号的混叠，产生假信号。当 n 增加时信号衰减越快，或频域采样越密，误差就越小。

(2) 如果信号 $x(n)$ 是有限长序列，且点数为 M，当频域采样点数不够密集时，即 $N<M$ 时，序列 $x(n)$ 以 N 为周期进行延拓，就会产生混叠，从 $\tilde{x}_N(n)$ 中就不能不失真地恢复出信号 $x(n)$；如果 $N\geqslant M$，则能够从 $\tilde{x}_N(n)$ 中不失真地恢复出信号 $x(n)$。

(3) 如果时域中序列 $x(n)$ 的点数小于或等于 N，则可以利用序列 $x(n)$ 的 z 变换在 z 平面单位圆的圆周上的 N 等分采样值精确地表示。

因此，频域采样定理可以表述如下。

如果时域中原序列 $x(n)$ 为 M 点的有限长序列，对其频谱 $X(e^{j\omega})$ 在频率区间 $[0, 2\pi]$ 上等间隔采样 N 点，得到序列 $X(k)$。当 $N\geqslant M$ 时才能有频域采样序列 $X(k)$ 恢复出序列 $x(n)=\text{IDFS}[\tilde{X}(k)]R_N(n)$；否则将产生时域混叠失真。

既然频域采样序列 $\tilde{X}(k)$ 的 N 个采样值 $X(k)$ 能够不失真地恢复出 $x(n)$，那么这 N 个采样值 $X(k)$ 也一定能够完全地表达 $X(z)$、$X(e^{j\omega})$。

设有限长序列 $x(n)$ 的 z 变换为

$$X(z) = \sum_{n=0}^{N-1}x(n)z^{-n}$$

由于

$$x(n) = \frac{1}{N}\sum_{k=0}^{N-1}X(k)W_N^{-nk}$$

将其代入 $X(z)$ 的表达式中，得到

$$X(z) = \sum_{n=0}^{N-1}\Big[\frac{1}{N}\sum_{k=0}^{N-1}X(k)W_N^{-nk}\Big]z^{-n} = \frac{1}{N}\sum_{k=0}^{N-1}X(k)\Big[\sum_{n=0}^{N-1}W_N^{-nk}z^{-n}\Big]$$

$$= \frac{1}{N}\sum_{k=0}^{N-1}X(k)\frac{1-W_N^{-Nk}z^{-N}}{1-W_N^{-k}z^{-1}} = \frac{1-z^{-N}}{N}\sum_{k=0}^{N-1}\frac{X(k)}{1-W_N^{-k}z^{-1}} \tag{3-59}$$

式(3-59)就是用频域中的 N 个频率采样值 $X(k)$ 来表示 $X(z)$ 的内插公式。它可以表示为

$$X(z) = \sum_{k=0}^{N-1} X(k) \Phi_k(z) \quad (3-60)$$

式中

$$\Phi_k(z) = \frac{1}{N} \frac{1-z^{-N}}{1-W_N^{-k} z^{-1}} \quad (3-61)$$

式(3-61)称为内插函数,令式(3-61)的分子等于零,可以得到该函数的零点

$$z_i = e^{j\frac{2\pi}{N}i}, \quad i=0, 1, 2, \cdots, N-1$$

分母等于零,有 $z_l = e^{j\frac{2\pi}{N}l}$ 一个极点。可以看出内插函数在 z 平面单位圆的圆周的 N 个等分点有 N 个零点和一个极点,第 l 个极点与其第 k 个零点相抵消。因而插值函数仅仅在 $l=k$ 处不为零,其他 $N-1$ 个零点处皆为零,如图 3.12 所示。

由序列 $x(n)$ 的 z 变换和频率响应 $X(e^{j\omega})$ 之间的关系,得到

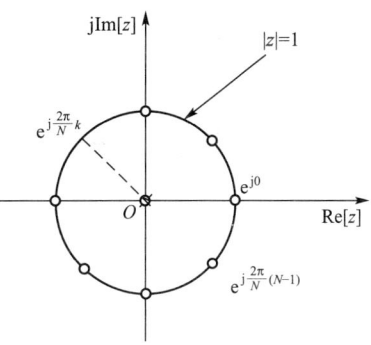

图 3.12 内插函数的零极点分布图

$$X(e^{j\omega}) = X(z)\big|_{z=e^{j\omega}} = \sum_{k=0}^{N-1} X(k) \Phi_k(e^{j\omega})$$

式中

$$\Phi_k(e^{j\omega}) = \frac{1}{N} \frac{1-e^{-j\omega N}}{1-e^{-j(\omega-k\frac{2\pi}{N})}} = \frac{1}{N} \frac{\sin(\omega N/2)}{\sin[(\omega-2\pi k/N)/2]} e^{-j(\frac{N-1}{2}\omega + \frac{k\pi}{N})}$$

$$= \frac{1}{N} \frac{\sin[N(\omega/2 - \pi k/N)]}{\sin(\omega/2 - \pi k/N)} e^{j\frac{k\pi}{N}(N-1)} e^{-j\frac{N-1}{2}\omega} \quad (3-62)$$

将式(3-62)表示成更方便的形式

$$\Phi_k(e^{j\omega}) = \Phi(\omega - 2\pi k/N)$$

式中

$$\Phi(\omega) = \frac{1}{N} \frac{\sin(\omega N/2)}{\sin(\omega/2)} e^{-j\frac{N-1}{2}\omega} \quad (3-63)$$

所以有

$$X(e^{j\omega}) = \sum_{k=0}^{N-1} X(k) \Phi(\omega - 2\pi k/N) \quad (3-64)$$

频域插值函数 $\Phi(\omega)$ 的幅度特性和相位特性如图 3.13 所示。

其中,相位呈线性相移加上一个 π 的整数倍的相移变化,$\Phi(\omega)$ 每隔 $2\pi/N$ 的整数倍相位翻转,因而每隔 $2\pi/N$ 的整数倍 $\Phi(\omega)$ 的相位要加上 π。当变量 $\omega=0$ 时,$\Phi(\omega)=1$;当 $\omega = i\frac{2\pi}{N}(i=1, 2, \cdots, N-1)$ 时,$\Phi(\omega)=0$。因而,可以知道,$\Phi\left(\omega - k\frac{2\pi}{N}\right)$ 满足以下关系

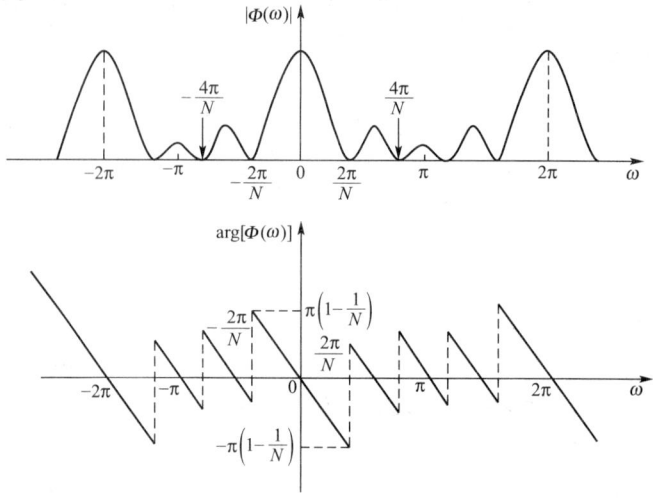

图 3.13 频域插值函数的幅度特性与相位特性 ($N=5$)

$$\Phi\left(\omega-k\frac{2\pi}{N}\right)=\begin{cases}1, & \omega=k\dfrac{2\pi}{N}=\omega_k \\ 0, & \omega=i\dfrac{2\pi}{N}=\omega_i,\ i\neq k\end{cases} \quad (3-65)$$

式(3-65)说明,函数 $\Phi\left(\omega-k\dfrac{2\pi}{N}\right)$ 在采样点 $\left(\omega=k\dfrac{2\pi}{N}\right)$ 上时,$\Phi\left(\omega-k\dfrac{2\pi}{N}\right)=1$;在其他非采样点 $\left(\omega=i\dfrac{2\pi}{N},\ i\neq k\right)$ 上时,$\Phi\left(\omega-k\dfrac{2\pi}{N}\right)=0$。频率特性 $X(\mathrm{e}^{\mathrm{j}\omega})$ 是由 N 个 $\Phi\left(\omega-k\dfrac{2\pi}{N}\right)$ 函数分别与 $X(k)$ 相乘后求和。所以可以明显地看出,在每一个采样点上 $X(\mathrm{e}^{\mathrm{j}\omega})$ 精确地等于 $X(k)$,即

$$X(\mathrm{e}^{\mathrm{j}\omega})\big|_{\omega=\frac{2\pi k}{N}}=X(k) \quad 0\leqslant k\leqslant N-1$$

一般情况下,$X(\mathrm{e}^{\mathrm{j}\omega})$ 和 $X(k)$ 都是复数。在各采样点上的 $X(\mathrm{e}^{\mathrm{j}\omega})$ 与 $X(k)$ 相等,各采样点之间的 $X(\mathrm{e}^{\mathrm{j}\omega})$ 值由各采样点的加权函数 $X(k)\Phi\left(\omega-k\dfrac{2\pi}{N}\right)$ 在所求 ω 点上的值的叠加得到,如图 3.14 所示。

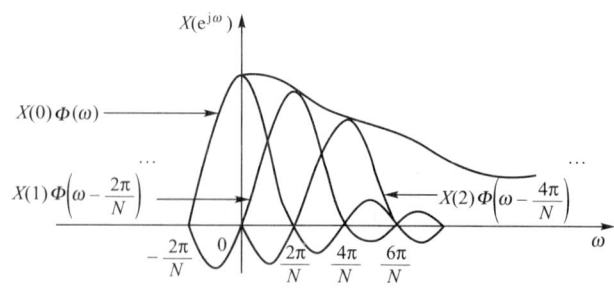

图 3.14 由内插函数求得的 $X(\mathrm{e}^{\mathrm{j}\omega})$ 的示意图

3.7 快速傅里叶变换

DFT 在信号处理中能够得到广泛地应用,一个重要的原因就是其存在高效算法。DFT 使计算机在频域处理信号成为可能,但是当 N 很大时,直接计算 N 点 DFT 的计算量非常大。快速傅里叶变换(Fast Fourier Transform,FFT)可使实现 DFT 的运算量下降几个数量级,从而使数字信号处理的速度大大提高。自从 1965 年第库利(J.W. Cooley)和图基(J.W. Tukey)在《计算数学》(*Mathematics of Computation*)提出 DFT 的快速算法以来,人们已经研究出多种复杂度和运算效率各不相同的 FFT 算法,使得 DFT 的运算在实际中真正得到广泛的应用。

3.7.1 直接计算 DFT 存在的问题以及改进途径

1. 直接计算 DFT 的运算量

设长度为 N 点有限长序列 $x(n)$,其 DFT 为

$$X(k) = \sum_{n=0}^{N-1} x(n) W_N^{nk}, \quad k = 0, 1, 2, \cdots, N-1 \tag{3-66}$$

反变换(IDFT)为

$$x(n) = \frac{1}{N} \sum_{k=0}^{N-1} X(k) W_N^{-nk}, \quad n = 0, 1, 2, \cdots, N-1 \tag{3-67}$$

两式的差别在于 W_N 的指数不同,以及差一个常数因子 $\frac{1}{N}$,所以下面只讨论 DFT 的运算量,IDFT 具有与 DFT 完全相同的运算量。

一般来说,$x(n)$ 和 W_N^{nk} 都是复数,$X(k)$ 也是复数,因此每计算一个 $X(k)$ 值,需要 N 次复数乘法和 N-1 次复数加法。而 $X(k)$ 一共有 N 个点(k 从 0 取到 N-1),所以完成整个 DFT 运算总共需要 N^2 次复数乘法和 $N(N-1)$ 次复数加法。在这些运算中乘法运算要比加法运算复杂,需要的运算时间也多一些。因为复数运算实际上是由实数运算来完成的,这时式(3-66)可写成

$$X(k) = \sum_{n=0}^{N-1} (a + jb)(c + jd)$$

的形式,由此可见,1 次复数乘法需用 4 次实数乘法和 2 次实数加法;1 次复数加法需用 2 次实数加法。因而每运算一个 $X(k)$ 需 4N 次实数乘法和 2N+2(N-1)=2(2N-1)次实数加法。所以整个 DFT 运算总共需要 $4N^2$ 次实数乘法和 2N(2N-1)次实数加法。

从上面的统计可以看到,直接计算 DFT,乘法次数和加法次数都是与 N^2 成正比的,当 N 很大时,运算量是很大的,有时甚至是无法忍受的。例如,当 N=8 时,DFT 需 64 次复数乘法,计算量小,而当对一幅 $N \times N$ 的二位图像进行 DFT 变换,N=1 024 时,直接计算 DFT 所需复数乘法次数为 10^{12} 次,如果用每秒可做 10 万次复数乘法的计算机,即使不考虑加法运算时间,也需要近 3 000h。这对实时性很强的信号处理来说,要么提高计算机的计算处理速度,而这样对计算速度的要求太高了;要么就改进 DFT 的计算方法,减少复数乘法、加法的运算次数。

2. 改进途径

下面讨论减少运算量的途径。仔细观察 DFT 的运算就可以看出，利用系数(旋转因子)W_N^{nk} 的以下固有特性，就可以减少运算量。

(1) W_N^{nk} 的对称性：$(W_N^{N-m})^* = W_N^m$。

(2) W_N^{nk} 的周期性：$W_N^{m+rN} = \mathrm{e}^{-\mathrm{j}\frac{2\pi}{N}(m+rN)} = \mathrm{e}^{-\mathrm{j}\frac{2\pi}{N}m} = W_N^m$。

(3) W_N^{nk} 的可约性：$W_{mN}^{nkm} = W_{mN/m}^{nkm/m} = W_N^{nk}$。

利用这些特性，DFT 运算中有些项便可以合并，并能将长序列的 DFT 分解为短序列的 DFT 进行运算。而前面已经讲到，DFT 的运算量与 N^2 是成正比的，所以 N 越小越有利，因而小点数序列的 DFT 的运算量要小。

快速傅里叶变换算法正是基于这样的基本思想而发展起来的，其算法形式有很多种，但基本上可以分为两大类，即按时间抽选(Decimation-In-Time, DIT)法和按频率抽选(Decimation-In-Frequence, DIF)法。下面分别进行讨论。

3.7.2 按时间抽选的基-2FFT算法

1. 算法原理

设序列点数为 $N=2^M$，M 为正整数，若不满足这个条件，可以补若干个零值点，以达到这一要求。这种 N 为 2 的整数幂的 FFT 称为基 2-FFT。

按时间抽选(DIT)的基 2-FFT 算法的基本出发点是，利用旋转因子 W_N^{nk} 的对称性和周期性，将一个长序列的 DFT 分解为一些点数逐次变小的 DFT 来计算。分解过程遵循两条规则：①对时间进行奇偶分解；②对频率进行前后分解。

设序列 $x(n)$ 长度为 N，且满足 $N=2^M$，M 为正整数。按照 n 的奇偶性把 $x(n)$ 分解为两个 $\frac{N}{2}$ 点的子序列

$$\begin{cases} x(2r) = x_1(r) \\ x(2r+1) = x_2(r) \end{cases} \quad r = 0, 1, 2, \cdots, \frac{N}{2}-1$$

则可将 DFT 化为

$$\begin{aligned}
X(k) = \mathrm{DFT}[x(n)] &= \sum_{n=0}^{N-1} x(n) W_N^{nk}, \quad k = 0, 1, 2, \cdots, N-1 \\
&= \sum_{n\text{为偶数}} x(n) W_N^{nk} + \sum_{n\text{为奇数}} x(n) W_N^{nk} \\
&= \sum_{r=0}^{N/2-1} x(2r) W_N^{2rk} + \sum_{r=0}^{N/2-1} x(2r+1) W_N^{(2r+1)k} \\
&= \sum_{r=0}^{N/2-1} x_1(r) W_{N/2}^{rk} + W_N^k \sum_{r=0}^{N/2-1} x_2(r) W_{N/2}^{rk} \quad k = 0, 1, 2, \cdots, N-1
\end{aligned} \quad (3-68)$$

式(3-68)说明，将序列 $x(n)$ 按照 n 的奇偶性分解为两个 $\frac{N}{2}$ 点的序列 $x_1(r)$ 和 $x_2(r)$，从而 N 点序列的离散傅里叶变换分解为两个 $\frac{N}{2}$ 点序列的离散傅里叶变换来实现。用序列

$X_1(k)$、$X_2(k)$分别表示$x_1(r)$和$x_2(r)$的$\dfrac{N}{2}$点的DFT,即

$$X_1(k)=\text{DFT}[x_1(r)]=\sum_{r=0}^{N/2-1}x_1(r)W_{N/2}^{rk},\quad k=0,1,2,\cdots,N/2-1 \tag{3-69}$$

$$X_2(k)=\text{DFT}[x_2(r)]=\sum_{r=0}^{N/2-1}x_2(r)W_{N/2}^{rk},\quad k=0,1,2,\cdots,N/2-1 \tag{3-70}$$

所以

$$X(k)=X_1(k)+W_N^k X_2(k),\quad k=0,1,2,\cdots,N/2-1 \tag{3-71}$$

利用$W_N^{k+\frac{N}{2}}=-W_N^k$和序列$X_1(k)$、$X_2(k)$隐含的周期性可以得到

$$X\left(k+\dfrac{N}{2}\right)=X_1(k)-W_N^k X_2(k),\quad k=0,1,2,\cdots,N/2-1 \tag{3-72}$$

这样将N点的序列DFT变换分解为计算两个$\dfrac{N}{2}$点的DFT变换$X_1(k)$、$X_2(k)$代入式(3-71),可以求得$X(k)$前一半$\left(k=0,1,2,\cdots,\dfrac{N}{2}-1\right)$项数的结果,再计算式(3-72),得到$X(k)$的后一半$\left(k=\dfrac{N}{2},\cdots,N-1\right)$项数的结果。

式(3-71)、(3-72)的运算可以用信号流程图表示出来,如图3.15所示。因为图形的形状类似蝴蝶结,所以称之为蝶形信号流程图。图中各支路的传递系数标注在支路的一侧,没有标注系数时,该支路系数为1。

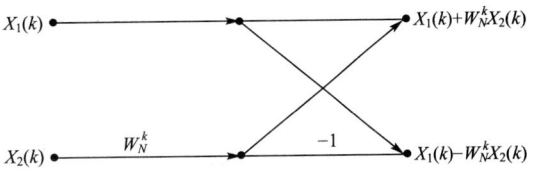

图 3.15 按时间抽选的蝶形运算信号流程图

采用这种算法,将$N=8$点的序列$x(n)$的DFT的运算分解过程如图3.16所示。

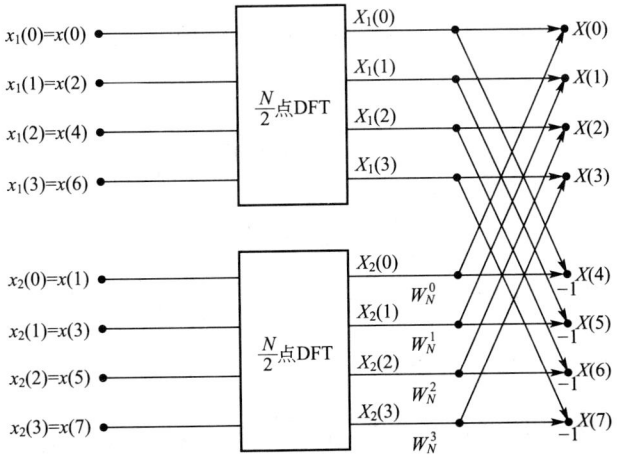

图 3.16 按时间抽选,将N点DFT分解为2个$\dfrac{N}{2}$点DFT

由前面分析可以看出,每一个蝶形运算有一次复数乘法$X_2(k)W_N^k$及2次复数加(减)

法。按照蝶形运算的计算，可以得到 1 个 N 点的 DFT 分解为 2 个 $\frac{N}{2}$ 点的 DFT 变换后，直接计算 $\frac{N}{2}$ 点的 DFT，则每个 $\frac{N}{2}$ 点的 DFT 需要 $\left(\frac{N}{2}\right)^2 = \frac{N^2}{4}$ 次复数乘法，$\frac{N}{2}\left(\frac{N}{2}-1\right)$ 次的复数加法，2 个 $\frac{N}{2}$ 点的 DFT 变换共需要 $2 \times \frac{N^2}{4} = \frac{N^2}{2}$ 次复数乘法和 $N\left(\frac{N}{2}-1\right)$ 次复数加法。另外，把 2 个 $\frac{N}{2}$ 点的 DFT 合成为 N 点的 DFT 时，有 $\frac{N}{2}$ 个蝶形运算，还需要 $\frac{N}{2}$ 次的复数乘法以及 N 次的复数加法。因此，完成 N 点序列的一次分解，共需要 $\frac{N^2}{2} + \frac{N}{2} \approx \frac{N^2}{2}$ 次复数乘法和 $N\left(\frac{N}{2}-1\right) + N = \frac{N^2}{2}$ 次复数加法。对比直接计算 N 点的 DFT 和进行一次分解后的计算量，可以看出进行一次分解后的运算量减少了约一半。

由于 $N = 2^M$，因而 $\frac{N}{2}$ 仍旧是偶数，可以进一步把每个 $\frac{N}{2}$ 点的子序列再按奇偶性分组为两个 $\frac{N}{4}$ 点的子序列。

将 $x_1(r)$ 分解为

$$\begin{cases} x_1(2l) = x_3(l) \\ x_1(2l+1) = x_4(l) \end{cases}, \quad l = 0, 1, 2, \cdots, \frac{N}{4} - 1$$

$$\begin{aligned} X_1(k) &= \sum_{l=0}^{N/4-1} x_1(2l) W_{N/2}^{2lk} + \sum_{l=0}^{N/4-1} x_1(2l+1) W_{N/2}^{(2l+1)k} \\ &= \sum_{l=0}^{N/4-1} x_3(l) W_{N/4}^{lk} + W_{N/2}^k \sum_{l=0}^{N/4-1} x_4(l) W_{N/4}^{lk} \\ &= X_3(k) + W_{N/2}^k X_4(k), \quad k = 0, 1, 2, \cdots, \frac{N}{4} - 1 \end{aligned} \quad (3-73)$$

且

$$X_1\left(k + \frac{N}{4}\right) = X_3(k) - W_{N/2}^k X_4(k), \quad k = 0, 1, 2, \cdots, \frac{N}{4} - 1 \quad (3-74)$$

其中

$$X_3(k) = \sum_{l=0}^{N/4-1} x_3(l) W_{N/4}^{lk}$$

$$X_4(k) = \sum_{l=0}^{N/4-1} x_4(l) W_{N/4}^{lk}$$

图 3.17 所示为当 $N=8$ 时，将一个 $\frac{N}{2}$ 点 DFT 分解为 $\frac{N}{4}$ 点的 DFT，由这 2 个 $\frac{N}{4}$ 点的 DFT 组合成 $\frac{N}{2}$ 点的 DFT 的运算示意图。

$x_2(r)$ 也可以进行同样的分解，得到

$$X_2(k) = X_5(k) + W_{N/2}^k X_6(k), \quad k = 0, 1, 2, \cdots, \frac{N}{4} - 1$$

$$X_2\left(k + \frac{N}{4}\right) = X_5(k) - W_{N/2}^k X_6(k), \quad k = 0, 1, 2, \cdots, \frac{N}{4} - 1$$

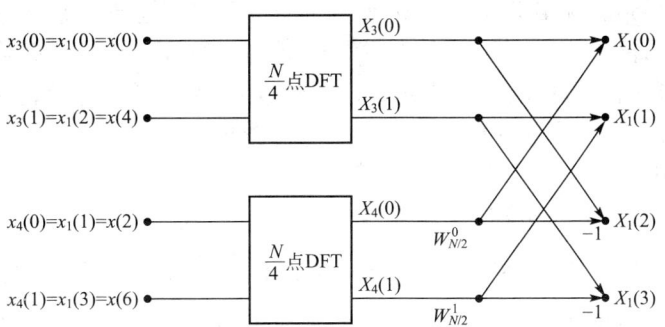

图 3.17 2 个 $\dfrac{N}{4}$ 点的 DFT 组合成 $\dfrac{N}{2}$ 点的 DFT 运算示意图

其中

$$X_5(k) = \sum_{l=0}^{N/4-1} x_5(l) W_{N/4}^{lk}$$

$$X_6(k) = \sum_{l=0}^{N/4-1} x_6(l) W_{N/4}^{lk}$$

按照定义式分别求取 $X_3(k)$，$X_4(k)$，$X_5(k)$，$X_6(k)$ 的数值，得到 $N=8$ 序列的 FFT 运算的蝶形示意图，如图 3.18 所示。

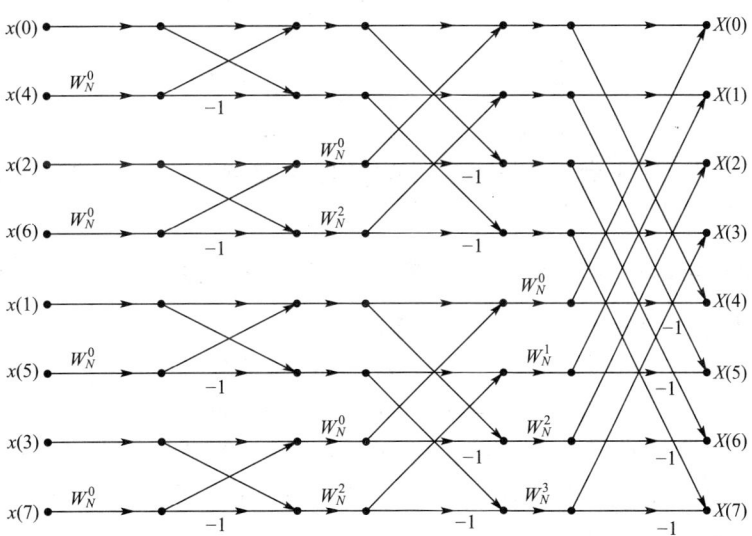

图 3.18 $N=8$ 时 DIT 的 FFT 运算示意图

2. 按时间抽选的 FFT 的运算规律与软件实现的方法

1) 原位运算

由图 3.18 可以看出，DIT - FFT 运算很有规律。$N=2^M$ 点的 FFT 由 M 级运算，每级由 $\dfrac{N}{2}$ 个蝶形运算组成。同一级中，每级蝶形运算的 2 个输入点只对计算本级的蝶形运算有用，而且每个蝶形运算的输入、输出数据在同一条水平线上，这就意味着计算完一个蝶形运算后,所得到的输出数据可以立即作为下一级蝶形运算的输入数据,因此可以将上一级蝶形运算的输出数据直接覆盖上一级蝶形运算的输入数据,即将计算得到的输出数据存入原输入数据所占用的存储单元。这样经过 M 级蝶形运算后,原来存放输入序列数据的 N 个存储单元便依次存放了 $X(k)$ 的 N 个数值。这种利用统一存储单元存储蝶形运算的输入、输出数据的方法称为原位运算。

2) 旋转因子的指数 r 的变化规律

N 点的 DIT - FFT 蝶形运算图中,每一级都有 $\frac{N}{2}$ 个蝶形,每一个蝶形都要乘以 W_N^r,称其为旋转因子。但是蝶形运算级数不同 W_N^r 形式及循环方式也不同。用 m 表示由左向右的运算级数($m=1,2,\cdots,M$),由图 3.18 可以看出,蝶形图中第 m 级共有 2^{m-1} 个不同的因子 W_N^r,当 $N=2^3=8$ 时各级蝶形运算的各级旋转因子表示为

$$m=1 \text{ 时,} \quad W_N^r = W_{N/4}^p = W_{2^m}^p, \quad p=0$$
$$m=2 \text{ 时} \quad W_N^r = W_{N/2}^p = W_{2^m}^p, \quad p=0,1$$
$$m=3 \text{ 时} \quad W_N^r = W_N^p = W_{2^m}^p, \quad p=0,1,2$$

对于 $N=2^M$ 的一般情况下,第 m 级的旋转因子为

$$W_N^r = W_{2^m}^p, \quad p=0,1,2,\cdots,2^{m-1}-1$$

由于

$$2^m = 2^M \times 2^{m-M} = N \times 2^{m-M}$$

所以

$$W_N^r = W_{2^m}^p = W_{2^M \times 2^{m-M}}^p = W_N^{p \times 2^{M-m}} \tag{3-75}$$

$$r = p \times 2^{M-m} \quad p=0,1,2,\cdots,2^{m-1}-1 \tag{3-76}$$

编程实现 DIT - FFT 时,旋转因子的确定可以按照式(3-75)、式(3-76)进行计算。

3) 蝶形运算规律

从图 3.18 中可以看出这种运算很有规律,其每一级(每列)计算都有 $\frac{N}{2}$ 个蝶形运算构成,每一个蝶形运算完成下述基本的迭代运算

$$X_m(k) = X_{m-1}(k) + X_{m-1}(j)W_N^r$$
$$X_m(j) = X_{m-1}(k) - X_{m-1}(j)W_N^r \tag{3-77}$$

式中,m 表示第 m 列迭代,k 和 j 表示数据所在的行数,$j-k$ 即为蝶形结的运算节点的距离,由图 3.18 可以看出 DIT 蝶形运算的蝶形结的运算两节点间的距离为 2^{m-1}。式(3-77)的蝶形运算流程如图 3.19 所示。

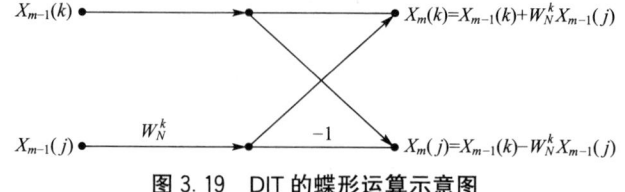

图 3.19　DIT 的蝶形运算示意图

4) 倒位序规律

由图 3.18 可以看出,按照原位计算时,FFT 的输出 $X(k)$ 是按照顺序位输出的,即

按照 $X(0)$,$X(1)$,…,$X(7)$ 的顺序排列,但这时输入序列 $x(n)$ 不是按自然顺序排列的,而是按 $x(0)$,$x(4)$,…,$x(7)$ 的顺序存入存储单元的,看起来杂乱无序,实际上是有规律的,称之为倒位序。

造成倒位序的原因是输入序列按照序列标号的奇偶不断分组。这种不断分成偶数组序列和奇数组序列的过程可以用图 3.20 所示的二进制树状图来说明。

5) 编程实现的思想

观察图 3.18,可以归纳出编程实现有用的规律:在第 m 级蝶形运算中,每个蝶形运算的两数据之间相隔 2^{m-1} 个点;同一旋转因子对应着 2^{M-m} 个蝶形结。

编程实现时,先从第 1 级(输入端)开始,逐级进行,共进行 M 级运算。在进行第 m 级运算时,依次求出 2^{m-1} 个不同的旋转因子,每求出一个旋转因子,就计算完它所对应的所有 2^{M-m} 个蝶形。这样,可以用 3 重循环实现 DIT-FFT 运算,运算和程序框图如图 3.21 所示。

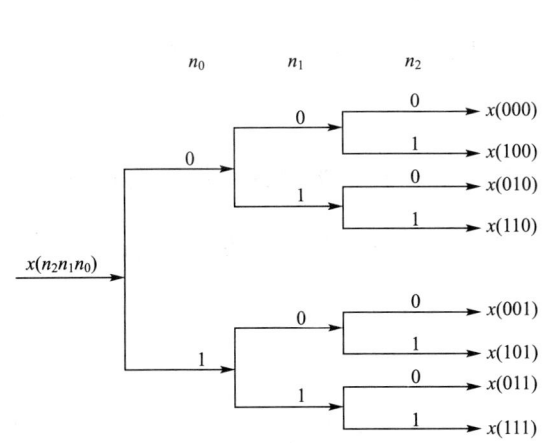

图 3.20 描述倒位序的二进制树状图

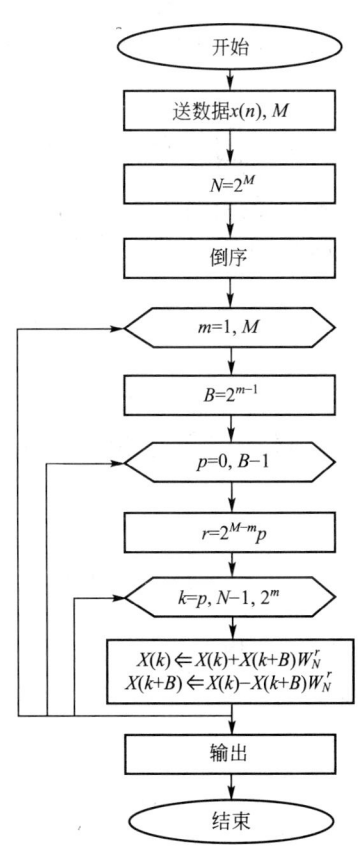

图 3.21 DIT-FFT 运算和程序框图

3.7.3 按频率抽选的基-2FFT 算法

1. 算法原理

这种按频率抽选(DIF)的基-2FFT 算法推导过程遵循两个规则:①对时间进行前后分

解；②对频率进行奇偶分解。

设序列点数为 $N=2^M$，M 为正整数，同按时间抽选（DIT）的基-2FFT算法，若不满足这个条件，可以人为地加上若干个零值点，从而达到这一要求。按规则①把输入序列按前一半、后一半分开（不是按奇数、偶数分开），把 N 点 DFT 写成两部分。

$$\begin{aligned} X(k) &= \sum_{n=0}^{N-1} x(n) W_N^{nk} = \sum_{n=0}^{N/2-1} x(n) W_N^{nk} + \sum_{n=N/2}^{N-1} x(n) W_N^{nk} \\ &= \sum_{n=0}^{N/2-1} x(n) W_N^{nk} + \sum_{n=0}^{N/2-1} x\left(n+\frac{N}{2}\right) W_N^{nk} W_N^{k\frac{N}{2}} \\ &= \sum_{n=0}^{N/2-1} \left[x(n) + x\left(n+\frac{N}{2}\right) W_N^{Nk/2}\right] W_N^{nk}, \quad k=0,1,2,\cdots,N-1 \end{aligned} \quad (3-78)$$

式（3-78）中，用的是 W_N^{nk}，而不是 $W_{N/2}^{nk}$。因而这并不是 $\frac{N}{2}$ 点的 DFT。

序列 $x(n)$ 的离散傅里叶变换中，由于 $W_N^{k\frac{N}{2}} = e^{-j\pi k} = (-1)^k$，所以式（3-78）可以写成

$$X(k) = \sum_{n=0}^{N/2-1} \left[x(n) + (-1)^k x\left(n+\frac{N}{2}\right)\right] W_N^{nk}, \quad k=0,1,2,\cdots,N-1 \quad (3-79)$$

按照 k 的奇偶性将频域中序列 $X(k)$ 分成偶数组序列和奇数组序列。用 $X(2r)$ 表示偶数组序列，$X(2r+1)$ 表示奇数组序列，则有

$$X(2r) = \sum_{n=0}^{N/2-1} \left\{\left[x(n) + x\left(n+\frac{N}{2}\right)\right]\right\} W_N^{2nr} = \sum_{n=0}^{N/2-1} \left[x(n) + x\left(n+\frac{N}{2}\right)\right] W_{N/2}^{nr} \quad (3-80a)$$

$$X(2r+1) = \sum_{n=0}^{N/2-1} \left[x(n) - x\left(n+\frac{N}{2}\right)\right] W_N^{n(2r+1)} = \sum_{n=0}^{N/2-1} \left\{\left[x(n) - x(n+N/2)\right] W_N^n\right\} W_{N/2}^{nr} \quad (3-80b)$$

式中，$r=0,1,2,\cdots,N/2$，式（3-80a）为序列 $x(n)$ 前一半与后一半序列值之和的 $\frac{N}{2}$ 点的 DFT，式（3-80b）为序列 $x(n)$ 的前一半与后一半序列值之差再与 W_N^n 之积的 $\frac{N}{2}$ 点的 DFT。

令

$$\begin{cases} x_1(n) = x(n) + x\left(n+\frac{N}{2}\right) \\ x_2(n) = \left[x(n) - x\left(n+\frac{N}{2}\right)\right] W_N^n \end{cases} \quad n=0,1,2,\cdots,\frac{N}{2}-1 \quad (3-81)$$

即有

$$\begin{cases} X(2r) = \sum_{n=0}^{N/2-1} x_1(n) W_{N/2}^{nr} \\ X(2r+1) = \sum_{n=0}^{N/2-1} x_2(n) W_{N/2}^{nr} \end{cases} \quad r=0,1,2,\cdots,\frac{N}{2}-1 \quad (3-82)$$

式(3-81)表示的运算关系可以用图 3.22 所示的蝶形运算示意图来表示。

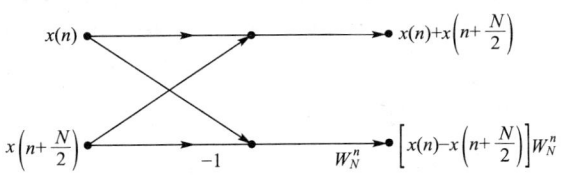

图 3.22　DIF 的蝶形运算示意图

按照上述算法，可以绘制得到 $N=8$ 点的序列的蝶形运算流程图，如图 3.23 所示。

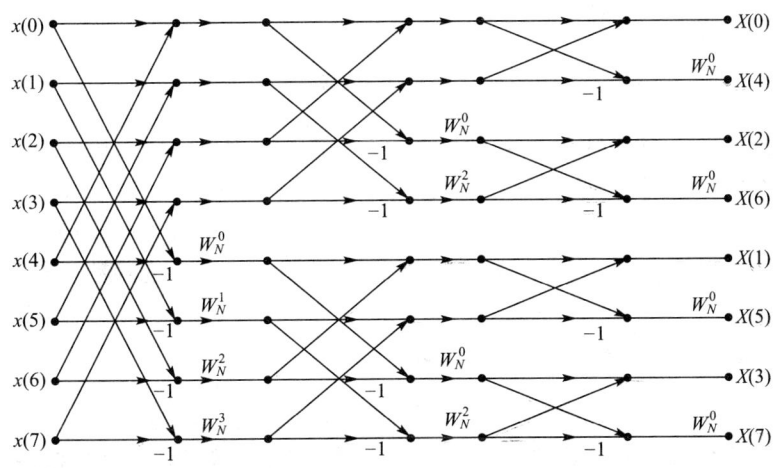

图 3.23　8 点序列的 DIF 的蝶形运算示意图

2. 按频率抽选的 FFT 的运算特点

1) 原位运算

按频率抽选的基-2 快速算法特点与按时间抽选的算法基本相同。从图 3.23 中可以看出它也是通过 $\dfrac{N}{2}$ 个蝶形运算完成的，每个蝶形结构完成下述基本的迭代运算

$$\begin{cases} X_m(k) = X_{m-1}(k) + X_{m-1}(j) \\ X_m(j) = [X_{m-1}(k) - X_{m-1}(j)]W_N^r \end{cases} \tag{3-83}$$

式中，m 表示第 m 列迭代，k、j 为数据所在的行数，此式的迭代运算如图 3.24 所示，与按时间抽选的算法一样，也是由一次复数乘法和两次复数加法组成，由图 3.23 看出这仍是原位运算。

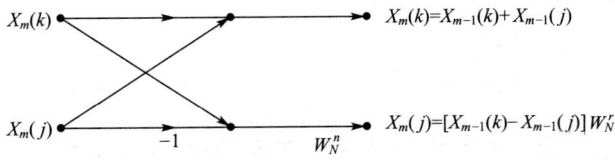

图 3.24　按频率抽取蝶形运算示意图

2) 蝶形运算的距离

由图 3.23 看出，计算第 1 级（列）蝶形运算时（$m=1$），1 个蝶形的 2 个节点"距离"为 4；第 2 列时（$m=2$），蝶形的 2 个节点的"距离"为 2；第 3 列时（$m=3$），蝶形的 2 个节点的"距离"为 1。由于数据点数 N 与蝶形运算的级数 M 之间存在关系 $N=2^M$，所以可以推出蝶形运算的 2 个节点的"距离"为 2^{M-m}。

3) 旋转因子的指数 r 的确定

对于第 m 级蝶形运算，1 个蝶形运算的 2 个节点间的"距离"为 2^{M-m}，则式（3-83）的第 m 级的一个蝶形运算可以表示为

$$\begin{cases} X_m(k) = X_{m-1}(k) + X_{m-1}\left(k + \dfrac{N}{2^m}\right) \\ X_m\left(k + \dfrac{N}{2^m}\right) = \left[X_{m-1}(k) - X_{m-1}\left(k + \dfrac{N}{2^m}\right)\right] W_N^r \end{cases} \quad (3-84)$$

对于不同级数（m）的迭代运算中旋转因子 W_N 的指数因子 r 如何确定，可以有严格的数学关系推导得到，在这里直接给出结论。确定 r 的方法为：①将式（3-84）中蝶形运算的两个节点中的第一个节点标号（k 值），表示成 M 位二进制数；②将此二进制数左移（$m-1$）位，把右边空出的位置补零；③将该二进制数表示成十进制数，即得到旋转因子的指数 r。

3. 按时间抽选和按频率抽选的 FFT 的区别

由图 3.18、图 3.23 可以看出 DIT 的 FFT 流程图中输入数据倒位序，输出自然序，而 DIF 的 FFT 流程图中输入自然序，输出倒位序，两者正好相反，但这并不是实质性区别，对于 DIF、DIT 法的 FFT，都可以将输入与输出进行重排，使两者的输入或输出顺序成为自然序或倒位序。实质性的区别在于 DIF、DIT 的基本蝶形不同，复数乘法与复数加法的先后次序不同。

两种 FFT 算法的运算总量相同。当 $N=2^M$ 时，两种算法都有 M 级蝶形运算，每级有 $\dfrac{N}{2}$ 个蝶形组成，且每一个蝶形运算需要一次复数乘法、两次复数加法，因而 M 级蝶形运算总共需要 $\dfrac{N}{2}\log_2 N$ 次的复数乘法、$N\log_2 N$ 复数加法运算。

两种 FFT 算法可以进行转换，将 DIT 的蝶形运算流程图进行转置就可以得到 DIF 的蝶形运算图，反之，亦然。

3.7.4 离散傅里叶反变换（IDFT）的快速算法

上面的 FFT 算法也同样适用于离散傅里叶反变换（IDFT）运算，即快速傅里叶反变换（IFFT）。离散傅里叶反变换的公式为

$$x(n) = \frac{1}{N} \sum_{k=0}^{N-1} X(k) W_N^{-kn}, \quad n = 0, 1, 2, \cdots, N-1 \quad (3-85)$$

式（3-85）与离散傅里叶变换的公式区别在于 W_N 的指数是负的，将式（3-85）变换如下

$$x(n) = \left[\frac{1}{N}\sum_{k=0}^{N-1} X^*(k) W_N^{kn}\right]^*, \quad n = 0, 1, 2, \cdots, N-1 \tag{3-86}$$

经过变换后，式(3-86)中 W_N 的指数变成了正的，与离散傅里叶变换的形式一样，就可以应用 FFT 变换的程序来计算 IFFT 了。用 FFT 求 IDFT 的步骤为：(1)对序列 $X(k)$ 取共轭；(2)对 $X^*(k)$ 进行 FFT；(3)对变换后的序列取共轭，再乘以 $\frac{1}{N}$，即得 $x(n)$。

现在有关 FFT 算法的程序不少，也相当成熟，可以查阅相关手册或资料。

3.8 模拟信号的频谱分析

对模拟信号进行频谱分析，就是计算模拟信号的傅里叶变换。但模拟信号及其傅里叶变换都是连续函数，显然不能用计算机进行数值运算。而 DFT(FFT)是一种时域、频域均离散化的变换，适合数值运算，因此需要通过时域采样把模拟信号变成时域离散信号，然后用 DFT(FFT)进行频谱分析。

3.8.1 公式推导及参数选择

假设模拟信号 $x_a(t)$ 的持续时间(观察时间)为 T_0，它的傅里叶变换为

$$X_a(j\Omega) = \int_{-\infty}^{\infty} x_a(t) e^{-j\Omega t} dt \tag{3-87}$$

$X_a(j\Omega)$ 的最高频率是 f_h。用高于 $2f_h$ 的采样频率 f_s 对该模拟信号进行采样，得到离散序列 $x_a(t)|_{t=nT} = x_a(nT) = x(n)$，采样间隔为 T，在时间区间 T_0 内共采样 N 点。对式(3-87)作零阶近似($t=nT$, $dt=T$)得到

$$X_a(j\Omega) = T \sum_{n=0}^{N-1} x_a(nT) e^{-j\Omega Tn} \tag{3-88}$$

再对 $X_a(j\Omega)$ 进行等间隔采样，设在 $[0, f_s]$ 区间同样采样 N 点，采样间隔为 F_0，得到

$$F_0 = f_s/N = \frac{1}{NT} = \frac{1}{T_0} \tag{3-89}$$

将 $f = kF_0(\Omega = k\Omega_0)$ 及式 $\Omega_0 T = 2\pi F_0/f_s = \frac{2\pi}{N}$ 代入式(3-88)中，得到

$$X_a(jk\Omega_0) = T \sum_{n=0}^{N-1} x_a(nT) e^{-j\frac{2\pi}{N}nk} = T \cdot \text{DFT}[x_a(nT)] \tag{3-90}$$

$$X_a(jk\Omega_0) = T \sum_{n=0}^{N-1} x(n) e^{-j\frac{2\pi}{N}nk} = T \cdot \text{DFT}[x(n)], \quad k = 0, 1, 2, \cdots, N-1 \tag{3-91}$$

式(3-91)表明由模拟信号时域采样得到 N 点采样序列，经过 DFT(FFT)，再乘以 T，就是模拟信号在频域的采样。式中 $X(k)$ 代表在 $[0, 2\pi]$ 区间上第 k 点的采样值，对应模拟频域就是 $[0, f_s]$ 区间上第 k 点的采样值。由式(3-91)还可以得到

$$x(n) = \frac{1}{T} \text{IDFT}[X_a(jk\Omega_0)], \quad 0 \leqslant n \leqslant N-1 \tag{3-92}$$

式(3-91)和式(3-92)组成一对 DFT，由 $X(k)$ 经 DFT 反变换，再除以 T，得到原

采样序列。将 $X_a(jk\Omega_0)$、$x(n)$ 分别代入频域插值公式和时域插值公式求得连续时间信号 $x(t)$ 的频谱函数 $X_a(j\Omega)$ 及 $x(t)$。

在对模拟信号进行频谱分析时,有几个重要的参数要选择,即采样频率 f_s,频率分辨率 F_0,频谱分析范围及采样点数 N。采样频率 f_s 决定于信号的最高截止频率,因此需要预先知道信号的最高截止频率 f_h。F_0 是频域的采样间隔,是用 DFT 分析频谱时,能够分辨的两个频率分量最小的间隔,因此 F_0 称为频率分辨率。显然 F_0 应根据频谱分析的要求确定。信号的最高频率不应该超过 $f_s/2$,因此频谱分析范围是 $[0, f_s/2]$。采样点数 N 与对信号的观察时间 T_0 有关,但 T_0 又与频率分辨率有关。下面给出几个参考公式。

$$f_s \geqslant 2f_h; \quad N_{\min}=2f_h/F_0; \quad T_{0\min}=1/F_0 \tag{3-93}$$

为了使用 FFT,要求采样点数 N 服从 2 的整数次幂。实际上,模拟信号 $x_a(t)$ 一般为无限长,既要提高频率分辨率,又要照顾到频谱分析范围不减小,必须增加观察时间 T_0。

【例 3-6】 对模拟信号进行频谱分析,要求频谱分辨率 $F_0 \leqslant 10\text{Hz}$,信号最高频率 $f_h=2.5\text{kHz}$。试计算

(1) 最小的记录时间长度 $T_{0\min}$、最大采样间隔 $T_{\max}$、最小采样点数 $N_{\min}$ 及谱分析范围。

(2) 如果信号的最高频率不变,采样频率不能降低,如何改变参数将频谱分辨率提高 1 倍?

解:(1) 由式(3-93)可得

$$T_{0\min}=1/F_0=1/10=0.1\text{s}$$
$$T_{\max}=1/2f_h=1/(2\times2\,500)=0.2\text{ms}$$
$$N_{\min}=2f_h/F_0=(2\times2\,500)/10=500$$

(2) 要将频率分辨率提高 1 倍,采样频率不能降低,只有通过增加时间,增加采样点数实现。最小记录时间和最小采样频率计算如下

$$T_{0\min}=1/(0.5\times F_0)=1/5=0.2\text{s}$$
$$N_{\min}=2f_h/(0.5\times F_0)=(2\times2\,500)/5=1\,000$$

实际中采样频率可以选择为信号最高频率的 3~4 倍,采样点数要满足 2 的整数幂。

3.8.2 用 DFT(FFT)对周期信号进行频谱分析

如果模拟信号是周期信号,经过时域采样得到时域离散周期信号,简称周期序列。周期序列的每一个周期中有相同数目的栅栏值,也就是说对模拟信号采样时,要求在模拟信号的每个周期采样点数相同。将该周期序列截取长度为整数倍周期的一段,进行 DFT(FFT),可以得到模拟信号的频谱。

假设由模拟信号采样得到周期序列 $\tilde{x}(n)$,其周期为 N,对 $\tilde{x}(n)$ 进行傅里叶变换,得到 $\tilde{x}(n)$ 的频谱为

$$X(e^{j\omega})=\frac{2\pi}{N}\sum_{k=-\infty}^{\infty}\tilde{X}(k)\delta\left(\omega-\frac{2\pi}{N}k\right) \tag{3-94}$$

式中,$\tilde{X}(k)=\text{DFS}[\tilde{x}(n)]$。

由此可见,以 N 为周期的周期序列有 N 次谐波,可用主值区间 $[0, 2\pi]$ 上的 N 条

谱线表示。第 k 条谱线位于 $\omega_k = \dfrac{2\pi}{N}k$ 处，谱线的强度为 $\dfrac{2\pi}{N}\tilde{X}(k)$。

如果截取 $\tilde{x}(n)$ 的主值区，得到 $x(n)=\tilde{x}(n)R_N(n)$，再对 $x(n)$ 进行 N 点 DFT，得到
$$X(k)=\mathrm{DFT}[x(n)]=\tilde{X}(k)R_N(k)$$

因此，可以截取 $\tilde{x}(n)$ 的主值区，进行 N 点 DFT，用得到的 $X(k)$ 表示 $\tilde{x}(n)$ 的频谱的有效频谱成分。

如果截取 $\tilde{x}(n)$ 的 m 个周期，长度为 $M=mN$，得到 $x_M(n)=\tilde{x}(n)R_M(n)$，并对它进行 M 点的 DFT，得到 $X_M(k)=\mathrm{DFT}[x_M(n)]$，$X_M(k)$ 也可以表示 $\tilde{x}(n)$ 的频谱。

对于模拟周期信号用 DFT(FFT) 作谱分析，仍然要求截取的长度是周期的倍数。另外采样频率要满足采样定理，满足每个周期中采样点数相等，这样得到的序列才是周期序列。

如果对于模拟信号或者序列截取的一段不是周期的整数倍，则会出现非常大的谱分析误差。

【例 3-7】 已知模拟信号 $x_a(t)=\cos(2\pi ft+\varphi)$，其中 $f=2\mathrm{kHz}$，$\varphi=\dfrac{\pi}{4}$，试用 DFT 分析信号频谱。

解：这是一个周期信号，信号周期为 $T_0=1/f=1/2\,000=0.5\mathrm{ms}$。对信号进行采样的最小采样频率为 $f_{s\min}=2f=4\mathrm{kHz}$，取采样率为 $16\mathrm{kHz}$，并且取采样时间为一个周期，即 $0.5\mathrm{ms}$，采样点数为 $N=16\mathrm{kHz}/2\mathrm{kHz}=8$，即一个周期中取 8 点，采样后序列可以用下式表示

$$x(n)=x_a(t)|_{t=nT}=\cos\left(2\pi fn/f_s+\dfrac{\pi}{4}\right)=\cos\left(\dfrac{\pi}{4}n+\dfrac{\pi}{4}\right)$$

$$X(k)=T\sum_{n=0}^{7}x(n)W_8^{nk}=T\sum_{n=0}^{7}\cos\left(\dfrac{\pi}{4}n+\dfrac{\pi}{4}\right)\mathrm{e}^{-\mathrm{j}\frac{2\pi}{8}nk}$$

对上式可以进行 8 点的 DFT 计算，得到 $X(k)$，它的幅度曲线如图 3.25(a)所示。8 点的数字频率为 $\omega_i=\dfrac{2\pi}{8}k$，$i=0,1,2,\cdots,7$；对应的模拟频率为 $f_i=\omega_i f_s/2\pi=2i\mathrm{kHz}$。当 $i=0,1,2,\cdots,7$ 时，具体的模拟频率为 $f_i=0,2,4,\cdots,14\mathrm{kHz}$。信号刚好在 $f=2\mathrm{kHz}(k=1)$ 的谱线上。

如果对该周期信号不按照周期的倍数截取，假设取 $0.75\mathrm{ms}$，仍按 $f_s=16\mathrm{kHz}$ 进行采样，共采样 12 点，进行 12 点 DFT，得到 $X(k)$ 的幅度曲线如图 3.25(b)所示。

由图中可以看到频谱图不再是一条谱线，和理论曲线有较大的差别，如果用该波形确定余弦波的频率，则只能进行估计。算出 $k=1$ 的模拟频率是 $f=\dfrac{\dfrac{2\pi}{12}\times 1\times 16}{2\pi}=1.33\mathrm{kHz}$，$k=2$ 的模拟频率是 $f=2.667\mathrm{kHz}$。如果用最大幅度值确定，则 $f=2.667\mathrm{kHz}$，显然误差很大。这种现象就是长序列截断后形成的截断效应。

如果只知道信号是周期信号，而不知道信号的周期，可以取观察时间长一些，这样可以减少截断效应的影响。例如在该例题中，取 45 点，但信号频率很明显是 $k=5,6$ 处，算出对应的模拟频率是 $1.82\mathrm{kHz}$ 和 $2.18\mathrm{kHz}$，如果按最大幅度确定，估计信号的频率是 $2.18\mathrm{kHz}$，相对误差要比取 12 点小一些，其频谱曲线如图 3.25(c)所示。

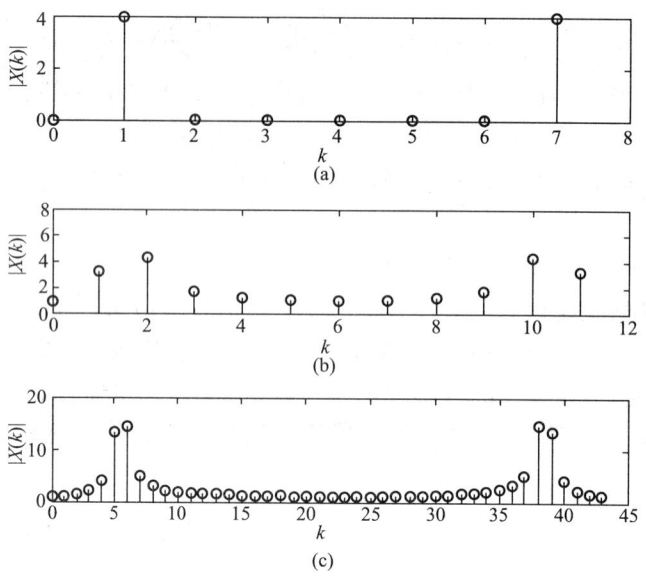

图 3.25 频谱曲线图

知识拓展

如果知道周期信号的周期,又要求比较精确地测试它的频谱,可以采用下面的方法。首先对 $\tilde{x}(n)$ 截取 M 点的长度

$$x_M(n)=\tilde{x}(n)R_M(n)$$

对上式作 M 点的 DFT,得到

$$X_M(k)=\mathrm{DFT}[x_M(n)]$$

再对 $\tilde{x}(n)$ 截取 $2M$ 点的长度,得到

$$x_{2M}(n)=\tilde{x}(n)R_{2M}(n)$$

对上式作 $2M$ 点的 DFT,得到

$$X_{2M}(k)=\mathrm{DFT}[x_{2M}(n)]$$

将 $X_{2M}(k)$ 和 $X_M(k)$ 进行比较,如果它们的主谱差别满足分析误差要求,则将 $X_{2M}(k)$ 作为 $\tilde{x}(n)$ 的近似频谱,否则继续将截取的长度加倍,得到

$$x_{4M}(n)=\tilde{x}(n)R_{4M}(n)$$

作 $4M$ 点的 DFT,得到 $X_{4M}(k)$;再将 $X_{4M}(k)$ 和 $X_{2M}(k)$ 进行比较,如果它们的主谱差别满足分析误差要求,则将 $X_{4M}(k)$ 作为 $\tilde{x}(n)$ 的近似频谱,否则继续如此做下去,直到满足分析误差为止。

3.8.3 用 DFT(FFT) 对模拟信号进行频谱分析的误差

1. 频谱混叠

如果采样频率 f_s 不满足采样定理,会在 $f_s/2$ 附近引起频谱混叠,造成频谱分析误差。一般,模拟信号只要有不连续点,它的频谱函数总会拖着很长的尾巴,并不是陡截止的,因此,采样频率要选择得适当高一些,但总还会存在轻微的频谱混叠。另外信号中总会或多或少地有干扰或噪声,这也是引起频谱混叠的原因。在进行谱分析时,应该注意因频谱混叠引起的误差。

2. 截断效应

模拟信号的傅里叶变换是在$(-\infty,+\infty)$区间上的一种积分运算,实际中观察到的模拟信号一般是有限长的,没有观察到的那部分只能认为是零,这相当于将模拟信号截取一部分进行分析。即使能得到无限长的模拟信号,也只能截断,因为DFT是一种有限点的离散傅里叶变换。因截断引起的误差现象称为截断效应。

假设对模拟信号进行采样得到采样序列$x(n)$,对它截取一段,长度为N,得到采样序列

$$x_N(n)=x(n)R_N(n) \tag{3-95}$$

式中,$R_N(n)$起对信号截断的作用,称为矩形窗。对式(3-95)进行傅里叶变换,得到

$$X_N(\mathrm{e}^{\mathrm{j}\omega})=\frac{1}{2\pi}X(\mathrm{e}^{\mathrm{j}\omega})*R_N(\mathrm{e}^{\mathrm{j}\omega}) \tag{3-96}$$

式中

$$X(\mathrm{e}^{\mathrm{j}\omega})=\sum_{n=-\infty}^{\infty}x(n)\mathrm{e}^{-\mathrm{j}\omega n}$$

$$R_N(\mathrm{e}^{\mathrm{j}\omega})=\mathrm{e}^{-\mathrm{j}\frac{N-1}{2}\omega}\frac{\sin(\omega N/2)}{\sin(\omega/2)}=R_N(\omega)\mathrm{e}^{\mathrm{j}\varphi(\omega)} \tag{3-97}$$

式中,$R_N(\omega)=\dfrac{\sin(\omega N/2)}{\sin(\omega/2)}$,$\varphi(\omega)=-\dfrac{N-1}{2}\omega$。

矩形窗的幅度谱$R_N(\omega)$如图3.26所示,它有一个主瓣,主瓣旁边有许多旁瓣,主瓣的宽度为$\dfrac{4\pi}{N}$。显然因为信号的频谱与矩形窗的频谱函数进行卷积,使截断后的信号的频谱波形不同于原来的频谱,产生了误差。例如,$x(n)=\cos(\omega_0 n)$,$\omega_0=\dfrac{\pi}{4}$,它的理论频谱应该是在$\pm\omega_0$处的两条谱线,并以2π为周期进行延拓,波形如图3.27(a)所示,用矩形窗将它截断后的幅度谱如图3.27(b)所示,比较截断前后的幅度谱,主要有以下两方面的差别。

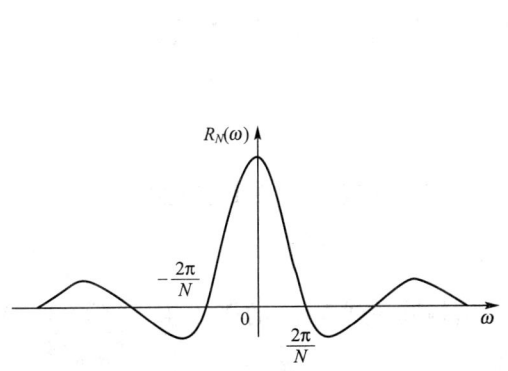

图3.26 矩形窗的幅度谱

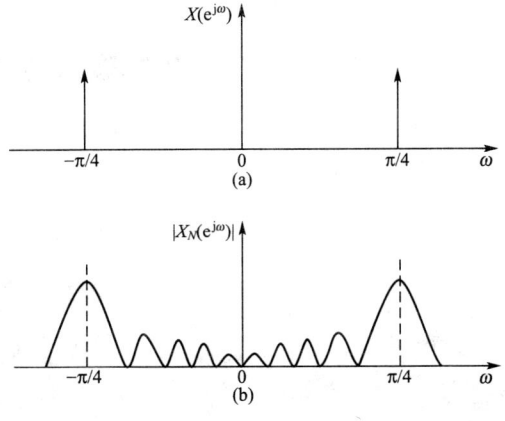

图3.27 $x(n)=\cos\omega_0 n$加矩形窗前、后的幅度谱

(1) 频谱泄露。进行截断处理后,信号的离散谱线向两边展宽,展宽的宽度和矩形窗的长度有关,一般矩形窗的长度越长,展宽就越窄。这种将谱线展宽的现象称为谱线泄露。泄露会使谱线模糊,谱的分辨率降低。如果有两个信号的中心频率离得很近,在频域会因为泄露现象使两个信号分辨不开,即降低了谱分辨率。

(2) 谱间干扰。因为矩形窗函数的频谱存在很多旁瓣,和主信号卷积以后形成了许多旁瓣,这些旁瓣起着谱间干扰的作用,假设观察信号中有两个不同频率的信号,即一个强信号一个弱信号,因为谱间干扰,可能强信号的旁瓣掩盖了弱信号的主瓣,这就忽略了弱信号的存在。或者弱信号根本不存在,误把强信号的旁瓣看成一个信号,造成假信号。

一般情况下谱间干扰也起着降低谱分辨率的作用。频谱泄露和谱间干扰统称为信号的截断效应。

如何减轻截断效应,提高谱分析的分辨率即精确度是一个重要的问题。可以通过改变窗函数的形状,提高窗函数主瓣的能量,压低旁瓣的幅度,减轻谱间干扰,但这样会增加主瓣的宽度,又会减小谱的分辨率。有关各种窗函数的问题可参考 6.3 节介绍的 FIR 滤波器。

3. 栅栏效应

一般信号的频谱是频率的连续函数(周期信号除外),但用 DFT(FFT)计算出的频谱是离散谱,当 DFT 的点数较多时,离散谱的包络才接近于信号的频谱,这只能是近似的。N 点 DFT(FFT)得到的只是 N 个采样点的频谱值,两点之间的频谱值是不知道的,就好像被栅栏遮住一样,因此这种现象被称为栅栏效应。为了减轻栅栏效应可以增加 DFT(FFT)的变换点数,即对信号频谱进行更多点的采样。如果采样点数不能再增多,可以通过信号的尾部加零的方法加大 DFT(FFT)的变换点数。

用 DFT(FFT)对采样序列进行频谱分析的误差,除了可能产生频谱混叠现象以外,截断效应和栅栏效应和模拟信号的情况一样,不再重复。

对连续信号的谱分析中,主要关心两个指标,一个是前面介绍的分辨率,另一个是谱分析范围。如果采样频率 f_s 一定,为了不产生频谱混叠,要求信号的最高频率 $f_h \leqslant 0.5 f_s$,因此对模拟信号进行谱分析范围为 $0 \sim 0.5 f_s$。如果扩大频谱分析范围,只有增加采样频率。

3.9　DFT 的矩阵表示与 DFT、FFT 的 MATLAB 实现

3.9.1　DFT 的矩阵表示

有限长序列的离散傅里叶变换 DFT 也可以用矩阵形式表示,DFT 定义式

$$X(k) = \sum_{n=0}^{N-1} x(n) W_N^{nk}$$

可以表示成向量形式 $\boldsymbol{X} = \boldsymbol{D}\boldsymbol{x}$。其中,向量 $\boldsymbol{X}$ 由频域序列 $X(k)$ 的 N 个 DFT 的系数构成,即

$$X(k) = [X(0), X(1), \cdots, X(N-1)]^T$$

第3章 离散傅里叶变换及其快速算法

向量 **x** 由时域序列 $x(n)$ 的 N 个样本值构成，即

$$\boldsymbol{x} = [x(0), x(1), \cdots, x(N-1)]^T$$

系数矩阵 **D** 是由离散傅里叶变换的系数 W_N^{nk} 构造成的 $N \times N$ 的 DFT 矩阵，表示为

$$\boldsymbol{D} = \begin{bmatrix} 1 & 1 & 1 & \cdots & 1 \\ 1 & W_N^1 & W_N^2 & \cdots & W_N^{N-1} \\ 1 & W_N^2 & W_N^4 & \cdots & W_N^{2(N-1)} \\ \vdots & \vdots & \vdots & \cdots & \vdots \\ 1 & W_N^{N-1} & W_N^{2(N-1)} & \cdots & W_N^{(N-1)\times(N-1)} \end{bmatrix} \tag{3-98}$$

离散傅里叶反变换的定义式 $x(n) = \dfrac{1}{N}\sum_{k=0}^{N-1} X(k) W_N^{-nk}$ 表示成矩阵的形式为

$$\boldsymbol{x} = \boldsymbol{D}^{-1}\boldsymbol{X}$$

式中，$\boldsymbol{D}^{-1}$ 是由离散傅里叶反变换的系数 W_N^{-nk} 构造成的 $N \times N$ 的 IDFT 矩阵

$$\boldsymbol{D}^{-1} = \dfrac{1}{N}\begin{bmatrix} 1 & 1 & 1 & \cdots & 1 \\ 1 & W_N^{-1} & W_N^{-2} & \cdots & W_N^{-(N-1)} \\ 1 & W_N^{-2} & W_N^{-4} & \cdots & W_N^{-2(N-1)} \\ \vdots & \vdots & \vdots & \cdots & \vdots \\ 1 & W_N^{-(N-1)} & W_N^{-2(N-1)} & \cdots & W_N^{-(N-1)\times(N-1)} \end{bmatrix} \tag{3-99}$$

比较式(3-98)、式(3-99)式可以求得

$$\boldsymbol{D}^{-1} = \dfrac{1}{N}\boldsymbol{D}^* \tag{3-100}$$

从序列的离散傅里叶变换的矩阵形式可以看出，对于相同长度的时域序列经过相同的变换矩阵 **D** 变换，得到频域相应的序列 $X(k)$，如果对于长度为 $N=4$ 的序列，经过式(3-98)变换得到 4×4 的 DFT 变换矩阵 **D** 为

$$\boldsymbol{D} = \begin{bmatrix} 1 & 1 & 1 & 1 \\ 1 & -j & -1 & j \\ 1 & -1 & 1 & -1 \\ 1 & j & -1 & -j \end{bmatrix}$$

例如，当序列 $x(n)=\{2,3,3,2\}$；$n=0,1,2,3$，时，可以按照式 $\boldsymbol{X}=\boldsymbol{D}\boldsymbol{x}$ 求得

$$\begin{bmatrix} X(0) \\ X(1) \\ X(2) \\ X(3) \end{bmatrix} = \begin{bmatrix} 1 & 1 & 1 & 1 \\ 1 & -j & -1 & j \\ 1 & -1 & 1 & -1 \\ 1 & j & -1 & -j \end{bmatrix} \times \begin{bmatrix} 2 \\ 3 \\ 3 \\ 2 \end{bmatrix} = \begin{bmatrix} 10 \\ -1-j \\ 0 \\ -1+j \end{bmatrix}$$

以矩阵形式表示序列的 DFT，可以更清楚地理解序列的变换实质上就是数学意义上的映射，即将序列从一个域映射到另一个域，从而实现更有效的信号表达，更有利于信号分析和处理。

3.9.2 用 MATLAB 计算序列的 DFT

根据上述 DFT 和 IDFT 的矩阵表示式，可以直接利用 MATLAB 矩阵运算求取序列

的 DFT 或 IDFT。但直接计算 DFT 计算量很大,计算速度太慢。下面介绍 MATLAB 函数 FFT 实现快速傅里叶变换算法。

MATLAB 提供了用快速傅里叶变换算法计算 DFT 的函数 FFT,其调用格式如下
$$Xk = \text{FFT}(x, N)$$

调用参数 x 为被变换的时域序列向量,N 是 DFT 变换区间长度,当 N 大于 x 的长度时,FFT 函数自动在序列 x 后面补零。函数返回 x 的 N 点 DFT 变换结果向量 $\boldsymbol{Xk}$。当 N 小于 x 的长度时,FFT 函数计算的前面 N 个元素构成的 N 长序列的 N 点 DFT,忽略 x 后面的元素。

IFFT 函数计算 IDFT,其调用格式与 FFT 函数相同。

【例 3 - 8】 设 $x(t) = \cos(0.48\pi t) + \cos(0.52\pi t)$,取采样间隔 $T = 1\text{s}$,采样点数为 $N = 100$。

(1) 对 $x(t)$ 进行采样得到序列 $x(n)$,求其 FFT 变换。

(2) 将(1)中序列 $x(n)$ 补零补至 200 点,求其 FFT 变换。

(3) 数据采样点数为 200 点,即 $0 \leqslant n \leqslant 199$,分析高密度频谱与高分辨率频谱之间的差异。

```
%Program3-8a
N1=100;T=1;                              %采样点数与采样间隔
n1=0:N1-1;t=n1*T;%时间序列
x=cos(2*pi*0.24*t)+cos(2*pi*0.26*t);     %离散化后的离散信号
figure(1);
n1=0:N1-1;y1=x(1:1:100)
subplot(2,3,1)
stem(n1,y1);
title('时域离散信号 x(n)');
xlabel('n');
hold on;
axis([0 100 -4 4]);                      %确定坐标系
Y1=fft(y1);magY1=abs(Y1(1:1:51));
k1=0:1:50;w1=2*pi/100*k1;
subplot(2,3,4)
stem(w1/pi,magY1);
title('幅度')
xlabel('频率/rad')
%Program3-8b
N2=200;N1=100;T=1;                       %采样点数与采样间隔
n1=0:N1-1;t=n1*T;                        %时间序列
n2=0:N2-1;
x=cos(2*pi*0.24*t)+cos(2*pi*0.26*t);     %离散化后的离散信号
y2=[x(1:100),zeros(1,100)]                %将序列补零至 200 点
subplot(2,3,2);stem(n2,y2);hold on;
axis([0 200 -2.5 2.5]);                  %确定坐标系
```

```
title('含有 100 个零点离散信号');
xlabel('时间/s');
Y2=fft(y2);magY2=abs(Y2(1:1:101));
k2=0:1:100;
w2=2*pi/N2*k2;
subplot(2,3,5)
stem(w2/pi,magY2);
title('含有 100 个零点信号的 FFT');
xlabel('频率/rad')
%Program3-8c
n=0:N2-1;t=n*T;                              %时间序列,采用 200 个数据点
x=cos(2*pi*0.24*t)+cos(2*pi*0.26*t);         %时域离散信号
subplot(2,3,3);
stem(n,x);hold on;
title('200 点时域信号');xlabel('时间/s');
Y3=fft(x);magY3=abs(Y3(1:1:101));
k3=0:1:100;
w3=2*pi/N2*k3;
subplot(2,3,6)
stem(w3/pi,magY3);
title('200 点信号的 FFT');
xlabel('频率/rad')
```

程序执行结果如图 3.28 所示。

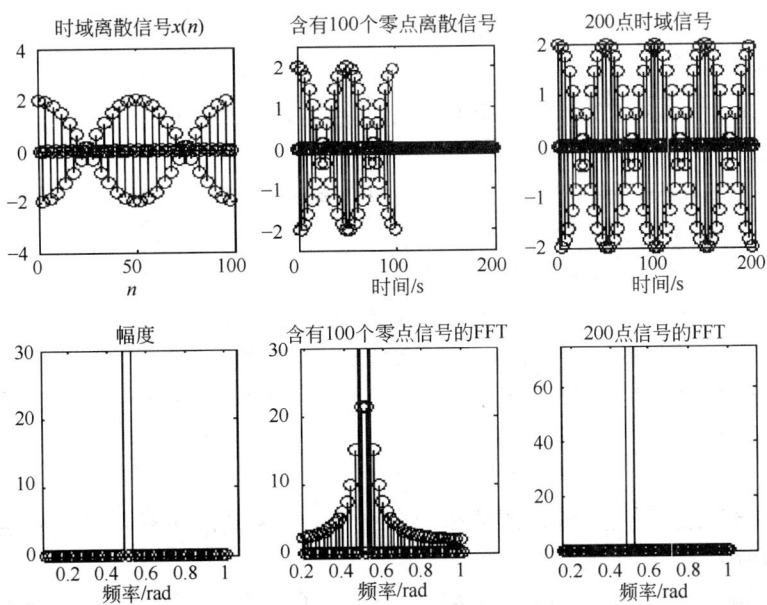

图 3.28　程序运行结果

本章小结

本章在介绍了傅里叶变换的几种可能形式的基础上,从周期序列的傅里叶级数变换开始,介绍了周期序列的傅里叶级数变换及其性质。周期序列的傅里叶级数(DFS)变换不同于连续周期信号的傅里叶变换,两者在表现形式上相同,但是离散傅里叶级数的谐波成分只有 N 个,而连续傅里叶级数有无穷多个。周期序列实际上只有有限个序列值有意义,从它和有限长序列的本质联系出发,由周期序列 $\tilde{x}(n)$ 的离散傅里叶级数(DFS)变换得出了有限长序列 $x(n)$ 的离散傅里叶变换(DFT)的定义及其物理意义,并详细阐述了有限长序列的离散傅里叶变换的性质,讨论了离散傅里叶变换(DFT)与周期序列的傅里叶级数变换(DFS)、序列的傅里叶变换(DTFT)和序列的 z 变换之间的关系。

直接计算 N 点序列的 DFT,复数乘法与复数加法的次数都和 N^2 成正比,当 N 很大时,运算量很大,不利于信号的实时处理。利用 DFT 的对称性和周期性,合并 DFT 运算中可以合并的项,将长序列的 DFT 变成短序列的 DFT 进行运算,可以大大减少运算量,提高运算速度。本章在讨论离散傅里叶变换直接计算的基础上,详细介绍了基-2 按时间抽选(Decimation-in-Time)的 FFT 算法和基-2 按频率(Decimation-in-Frequency)抽选的 FFT 算法,以及具体的实现方法,同时阐述了离散傅里叶反变换的快速计算方法等。

本章在最后介绍了频域采样定理和模拟信号的频谱分析以及 DFT、FFT 的 MAT-LAB 实现。FFT 在数字信号处理中有着广泛的应用,特别是在信号的频谱分析和线性卷积运算中,应用 FFT 处理非常方便。

习 题

一、选择题

1. 已知 $x(n)=\delta(n)$,N 点的 DFT$[x(n)]=X(k)$,则 $X(5)=($ $)$。
   A. N B. 1   C. 0   D. $-N$

2. 已知 DFT$[x(n)]=X(k)$,下面说法中正确的是(   )。
   A. 若 $x(n)$ 为实数偶对称函数,则 $X(k)$ 为虚数奇对称函数
   B. 若 $x(n)$ 为实数奇对称函数,则 $X(k)$ 为虚数奇对称函数
   C. 若 $x(n)$ 为虚数偶对称函数,则 $X(k)$ 为虚数奇对称函数
   D. 若 $x(n)$ 为虚数奇对称函数,则 $X(k)$ 为虚数奇对称函数

3. 设 $X(k)$ 表示长度为 N 的有限长序列 $x(n)$ 的离散傅里叶变换,如果满足关系式 $x(n)=-x(N-1-n)$,则 $X(0)=($ $)$。
   A. 1   B. 2   C. 0   D. -1

4. 若序列长度为 M,能够由频域采样信号 $X(k)$ 恢复原序列,而不发生时域混叠现象,则频域采样点数 N 应满足的条件是(   )。
   A. $N \geqslant M$ B. $N \leqslant M$ C. $N > 2M$ D. $N < 2M$

5. 已知实序列 $x(n)$ 的 10 点 DFT$[x(n)]=X(k)$,$0 \leqslant k \leqslant 9$。如果 $X(2)=1+$j,则 $X(8)$ 的数值为(   )。

A. 1−j B. 1+j C. −1−j D. −1+j

二、计算与 MATLAB 验证题

1. 序列 $x(n)$ 为
$$x(n)=2\delta(n)+\delta(n-1)+\delta(n-3)$$
(1) 计算 $x(n)$ 的 5 点的离散傅里叶变换。
(2) 如果满足条件 $Y(k)=X^2(k)$，求 $y(n)=\text{IDFT}[Y(k)]$。

2. 已知序列 $x(n)=4\delta(n)+3\delta(n-1)+2\delta(n-2)+\delta(n-3)$，$X(k)$ 是 $x(n)$ 的 6 点 DFT。
(1) 如果有限长序列 $y(n)$ 的 6 点的 DFT 是 $Y(k)=W_6^{4k}X(k)$，求 $y(n)$ 及 $z_n=x(n)*y(n)$。
(2) 如果有限长序列 $w(n)$ 的 6 点的离散傅里叶变换 $W(k)=\text{Re}[X(k)]$，求 $w(n)$。
(3) 如果有限长序列 $p(n)$ 的 3 点的离散傅里叶变换 $P(k)=X(2k+1)$，求 $p(n)$。

3. 已知有限长序列
$$x(n)=\delta(n)+2\delta(n-5)$$
(1) 计算序列 $x(n)$ 的 10 点的 DFT。
(2) 如果序列 $y(n)$ 的离散傅里叶变换为
$$Y(k)=e^{j2k\frac{2\pi}{10}}X(k)$$
式中，$X(k)$ 是 $x(n)$ 的 10 点离散傅里叶变换，求序列 $y(n)$。
(3) 如果 10 点序列 $y(n)$ 的离散傅里叶变换为
$$Y(k)=X(k)W(k)$$
式中，$X(k)$ 是 $x(n)$ 的 10 点离散傅里叶变换，$W(k)$ 是 $x(n)$ 的 10 点离散傅里叶变换
$$w(n)=\begin{cases}1, & 0\leq n\leq 6\\ 0, & \text{其他 } n \text{ 值}\end{cases}$$
求序列 $y(n)$。

4. 已知有限长复数序列 $f(n)$ 由两个有限长实数序列 $x(n)$ 和 $y(n)$ 组成，即 $f(n)=x(n)+jy(n)$，其离散傅里叶变换 $\text{DFT}[f(n)]=F(k)$，试求取 $F(k)$ 为下式时 $X(k)$、$Y(k)$ 以及 $x(n)$、$y(n)$，式中，a, b 为实数。
(1) $F(k)=\dfrac{1-a^N}{1-aW_N^k}+j\dfrac{1-b^N}{1-bW_N^k}$。
(2) $F(k)=1+jN$。

5. 已知 $x(n)$ 是长度为 N 的有限长序列，$X(k)=\text{DFT}[x(n)]$。现将序列 $x(n)$ 补零值使其变成长度为 rN 点的序列 $y(n)$
$$y(n)=\begin{cases}x(n), & 0\leq n\leq N-1\\ 0, & N\leq n\leq rN-1\end{cases}$$
试求 rN 点的 $\text{DFT}[y(n)]$ 并分析与序列 $X(k)$ 之间的关系。

6. 已知 $x(n)$ 是长度为 N 的有限长序列，$X(k)=\text{DFT}[x(n)]$。现将序列 $x(n)$ 的每两个序列值之间插入 $r-1$ 个零值点，得到 rN 点的序列 $y(n)$
$$y(n)=\begin{cases}x(n/r), & n=ir, i=0, 1, 2, \cdots, N-1\\ 0, & \text{其他 } n \text{ 值}\end{cases}$$
试求 rN 点的 $\text{DFT}[y(n)]$ 并分析与序列 $X(k)$ 之间的关系。

7. 已知模拟信号 $x_a(t)=\cos(2\pi\times 1\,000t+\varphi)$，现在以 $T=0.25\text{ms}$ 进行等间隔采样，

设定采样开始时间 $t=0$,采样点数为 N 点。

(1) 求采样频率及数字角频率,并写出采样序列的数学表达式。

(2) 模拟信号 $x_a(t)$ 的初相位 φ 的值是否会造成采样失真,分析原因。

(3) 对 $x(n)$ 进行 N 点的 DFT 变换,当 N 取哪些值时,得到的 DFT 的结果是精确的?

8. 已知序列 $x(n)=\delta(n)+2\delta(n-1)+\delta(n-4)+3\delta(n-5)$,$y(n)=R_4(n)$。

(1) 求取 $z(n)=x(n)*y(n)$。

(2) $f(n)=x(n)⑤y(n)$(5 点圆周卷积),分析 $z(n)$ 与 $f(n)$ 哪些点的序列值相等。

9. 设序列 $x(n)=R_{15}(n)$,$h(n)=R_5(n)$,应用 MATLAB 编写实现二序列线性卷积和圆周卷积的程序,并验证应用圆周卷积代替线性卷积的条件是 $L \geqslant N+M-1=19$。

10. 设模拟信号为 $x(t)=0.5\sin(6\pi t)+\cos(20\pi t)$,对该信号进行等间隔采样,采样间隔为 $T=0.02\mathrm{s}$,采样点数为 512。应用 FFT 变换对该信号进行滤波,将频率为 7~15Hz 的成分滤去,绘制滤波前后信号的振幅谱以及滤波后的时域信号。

第4章 数字滤波器的基本结构

本章教学目的与要求

1. 掌握IIR数字滤波器的4种基本结构。
2. 掌握FIR数字滤波器几种基本的结构。
3. 了解数字滤波器的全零点(FIR)格型结构和全极点(IIR)格型结构。

本章知识结构

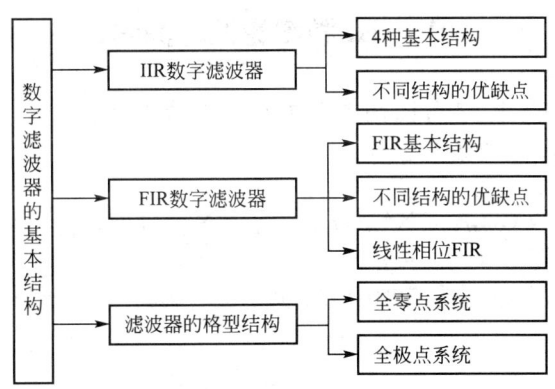

4.1 引 言

数字滤波器是通过一定的运算关系改变输入信号所含频率成分的相对比例或滤除某些频率成分的器件或运算模块。滤波器在实际信号处理中起到了很重要的作用,它是去除信号中噪声的基本手段。数字滤波是数字信号处理中的重要组成部分,它可以由计算机软件来实现,也可以由专用的数字硬件、专用的数字信号处理器或采用通用的信号处理器来实现。

DSP 滤波器在存储示波器中的应用

泰克公司长期领导数字示波器的发展,在运用 DSP 技术方面同样成绩突出,它的高档数字存储示波器 TDS6154C 如图 4.1 所示。采用任意 FIR 滤波器来补偿通带和阻带的频率响应特性。每条通道上有用户可选的 DSP 滤波器,以提供频率响应的幅度和相位校正,还可以将模拟带宽扩展到 15GHz,以便针对高速测量获得更精确的信号保真度,也就是能够轻松捕获在下一代 6.25Gb/s 串行数据标准中使用的 3.125GHz 嵌入式时钟的第五次谐波,甚至是正为将来系统开发的 5GHz 时钟的第 3 次谐波。

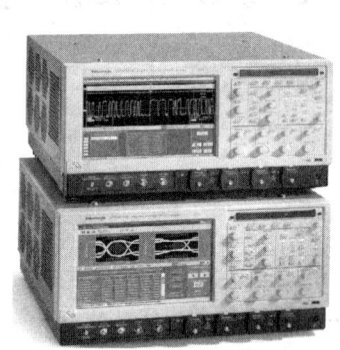
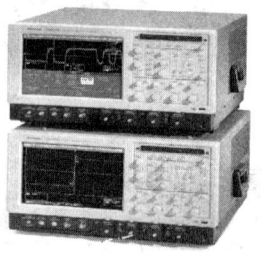

图 4.1 TDS6154C 存储示波器

本章主要介绍数字滤波器的基本结构。

4.2 IIR 数字滤波器的结构

一个时域离散系统或网络可以用差分方程、单位采样响应以及系统函数进行描述。如果系统输入输出服从 N 阶差分方程

$$y(n)=\sum_{j=0}^{M}b_j x(n-j)+\sum_{i=1}^{N}a_i y(n-i) \tag{4-1}$$

那么它的系统函数一般可表示为有理函数形式

$$H(z)=\frac{\sum_{j=0}^{M}b_j z^{-j}}{1-\sum_{i=1}^{N}a_i z^{-i}} \tag{4-2}$$

若式(4-2)中,系数 $a_i(i=0,1,2,\cdots,N)$ 至少有一个不为零,则为 IIR 滤波器形式;若 $a_i=0(i=1,2,\cdots,N)$,则为 FIR 滤波器。这两种滤波器的设计方法不同,运算结构也不同。

数字滤波器从实现方法上分为有限长冲激响应 FIR(Finite Impulse Response)滤波器和无限长冲激响应 IIR(Infinite Impulse Response)滤波器。IIR 滤波器的差分方程和系统函数分别如式(4-1)、式(4-2)所示。IIR 滤波器的单位采样响应 $h(n)$ 是无限长的。

FIR 滤波器的单位采样响应 $h(n)$ 是有限长的，FIR 滤波器的系统函数表示为

$$H(z) = \sum_{n=0}^{N-1} h(n) z^{-n} \tag{4-3}$$

可以看出，数字滤波器的功能就是把输入序列通过一定的运算（如式 4-1）变换成输出序列。由式(4-1)看出，实现一个数字滤波器需要几种基本的运算单元——加法器、单位延时和常数乘法器。这些基本单元可以有两种表示法——框图和信号流图，因而一个数字滤波器的运算结构也可以有两种表示法，如图 4.2(a)、(b)所示。

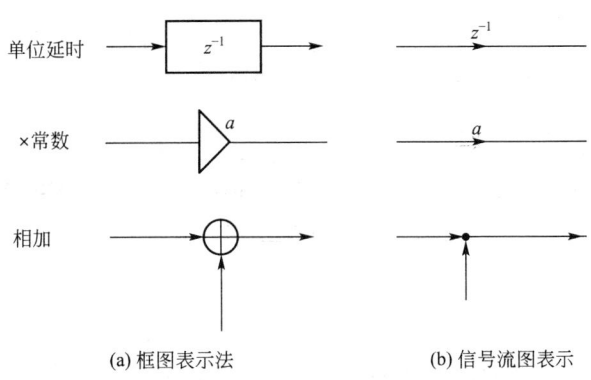

图 4.2 三种基本运算的流图表示

信号流图是一种有向图，它用带箭头的线段来代表一条支路，箭头的方向代表信号流动的方向，它是由许多节点和各节点间的定向支路连成的结构。每个节点可以有几条输入支路和输出支路，任一节点的节点值等于它的所有输入支路的信号之和，而输入支路的信号值等于这一支路起点处节点信号值乘以支路的传输系数。如果支路上不标传输系数值，则认为其传输系数为 1，而延迟支路则用延迟算子 z^{-1} 表示，它表示单位延时。

IIR 系统的输出不仅与现在和以前的输入有关，而且还与以前的输出有关。IIR 数字滤波器的单位采样响应 $h(n)$ 是无限长的，其系统函数 $H(z)$ 在有限 z 平面上存在极点，因此结构上存在反馈环路，即具有递归结构。实现 IIR 数字滤波器的结构主要有直接Ⅰ型、直接Ⅱ型、级联型和并联型 4 种基本结构。

1. 直接Ⅰ型

N 阶差分方程表示为

$$y(n) = \sum_{i=1}^{N} a_i y(n-i) + \sum_{j=0}^{M} b_j x(n-j) \tag{4-4}$$

其系统函数为

$$H(z) = \frac{\sum_{j=0}^{M} b_j z^{-j}}{1 - \sum_{i=1}^{N} a_i z^{-i}} = \frac{Y(z)}{X(z)} \tag{4-5}$$

式(4-4)就表示了一种算法。$\sum_{j=0}^{M} b_j x(n-j)$ 表示，将输入及延时后的输入组成 M 节的延时网络，把每节延时抽头后加权(加权系数 b_j)，然后把结果相加，这就组成了一个横向结构网络。$\sum_{i=1}^{N} a_i y(n-i)$ 表示将输出加以延时，组成 N 节的延时网络，再将每节延时抽头后加权(加权系数 a_i)，然后把结果相加。最后网络的输出 $y(n)$ 是这两个和式相加而成。式(4-4)右端的第一个和式构成了反馈网络。这种结构称为直接Ⅰ型结构，其信号流图如图 4.3 所示。

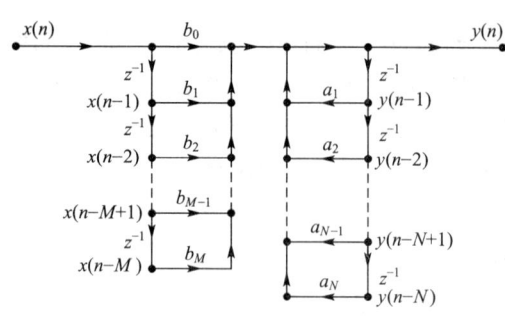

图 4.3 直接Ⅰ型信号流图

由图 4.3 可以看出，直接Ⅰ型结构网络由上面讨论的 2 个网络级联组成，第 1 个横向结构 M 节延时网络实现零点，第 2 个有反馈的 N 节延时网络实现极点；直接Ⅰ型网络结构需要 $M+N$ 个延时单元。

2. 直接Ⅱ型

由图 4.3 看出，该线性移不变系统有 2 个子网络级联而成，交换 2 个子网络的先后次序，系统函数不会发生变化，也就是系统的输入输出关系不发生变化。这样就可以得到另外一种结构，如图 4.4(a) 所示，它的两个级联子网络，第 1 个实现系统函数的极点，第 2 个实现系统的零点。由图 4.4(a) 看出系统网络中，两行串行延时支路有相同的输入，因而可以将它们合并，得到图 4.4(b) 所示的结构，称为直接Ⅱ型结构。

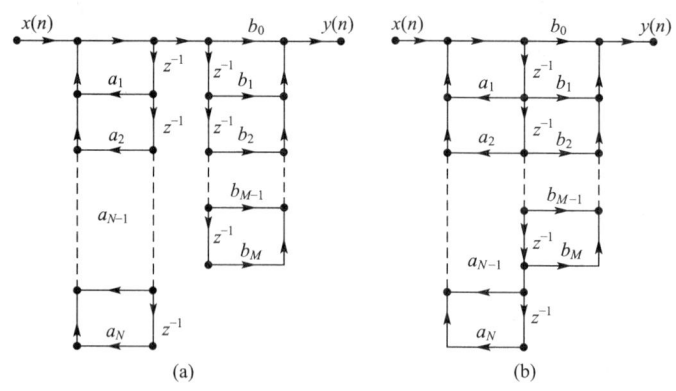

图 4.4 直接Ⅰ型结构的变型到直接Ⅱ型结构的变换

这种结构对于 N 阶差分方程只需 N 个延时单元(一般系统满足 $N \geqslant M$)，因而比直接Ⅰ型结构延时单元要少，这也是实现 N 阶滤波器所需的最少延时单元。因而直线Ⅱ型结构在应用软件实现时可以节省存储单元，硬件实现时可以节省寄存器，比直接Ⅰ型好。但直接Ⅰ、Ⅱ型系统共同的缺点是系数 a_i 与 b_j 对滤波器性能控制作用不明显，这是因为它们与系统函数的零极点关系不明显，调整困难；这种结构极点对系数的变化过于灵敏，从而使系统频率响应对系数变化过于灵敏，也就是对有限精度(有限字长)运算过于灵敏，容易出现不稳定或产生较大误差。

【例 4-1】 已知 IIR 数字滤波器的系统函数，画出该滤波器的直接 Ⅱ 型结构图。

$$H(z)=\frac{8z^3-4z^2+11z-2}{\left(z-\frac{1}{4}\right)\left(z^2-z+\frac{1}{2}\right)}$$

解：为了得到直接 Ⅱ 型结构，首先将滤波器系统函数 $H(z)$ 变换为为 z^{-1} 的有理式

$$H(z)=\frac{8z^3-4z^2+11z-2}{\left(z-\frac{1}{4}\right)\left(z^2-z+\frac{1}{2}\right)}=\frac{8z^3-4z^2+11z-2}{z^3-\frac{5}{4}z^2+\frac{3}{4}z-\frac{1}{8}}$$

$$=\frac{8-4z^{-1}+11z^{-2}-2z^{-3}}{1-\frac{5}{4}z^{-1}+\frac{3}{4}z^{-2}-\frac{1}{8}z^{-3}}$$

绘制得到滤波器的直接 Ⅱ 型结构如图 4.5 所示。

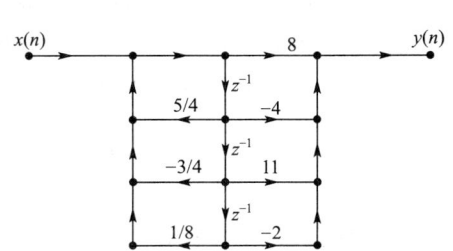

图 4.5 例 4-1 图

思考：例 4-1 也可通过列出差分方程作出直接 Ⅱ 型的网络结构，想一想如何完成。

3. 级联型

一个 N 阶系统函数可用它的零极点来表示，即系统函数的分子、分母均为多项式，可因式分解为一阶多项式的乘积。对于物理可实现系统，系统函数的分子、分母多项式系数应为实数；如果系统函数有复数极点、零点，那么它们必然是共轭成对出现的。因此将它们分解成二阶实系数形式表示更为合理。把式(4-2)的系统函数按零极点进行因式分解，则可以表示成

$$H(z)=\frac{\sum_{j=0}^{M}b_j z^{-j}}{1-\sum_{i=1}^{N}a_i z^{-i}}=A\frac{\prod_{j=1}^{M_1}(1-p_j z^{-1})\prod_{j=1}^{M_2}(1-q_j z^{-1})(1-q_j^* z^{-1})}{\prod_{i=1}^{N_1}(1-c_i z^{-1})\prod_{i=1}^{N_2}(1-d_i z^{-1})(1-d_i^* z^{-1})} \quad (4-6)$$

式中，$M=M_1+2M_2$，$N=N_1+2N_2$，p_j、c_i 分别表示一阶实数零、极点，q_j、q_j^* 表示共轭复数零点，d_i、d_i^* 表示共轭复数极点，A 为常数。当系数 a_i、b_j 是实数时，将式(4-6)中共轭成对的零点(极点)组合成实系数的二阶因子，则整个 $H(z)$ 就可以分解成具有完全相同形式的实系数二阶因子的子网络结构，即

$$H(z)=A\prod_k \frac{1+\beta_{1k}z^{-1}+\beta_{2k}z^{-2}}{1-\alpha_{1k}z^{-1}-\alpha_{2k}z^{-2}}=A\prod_k H_k(z) \quad (4-7)$$

当 $M=N$ 时，整个滤波器有 $\left[\frac{N+1}{2}\right]$ ($\left[\frac{N+1}{2}\right]$ 表示 $\frac{N+1}{2}$ 的整数)节子网络构成。如果有奇数个零点，则有 $\beta_{2k}=0$；同样，有奇数个极点，则有 $\alpha_{2k}=0$。每一个一阶、二阶子系统(网络)$H_k(z)$ 被称为一阶、二阶基本节，如图 4.6 所示。

由以上的级联网络结构可以看出，调整任何一对零点或是极点都不影响其他零点和极点。因此有独立性，可以准确的实现系统函数的特性要求，便于调整。并且 $H_k(z)$ 的

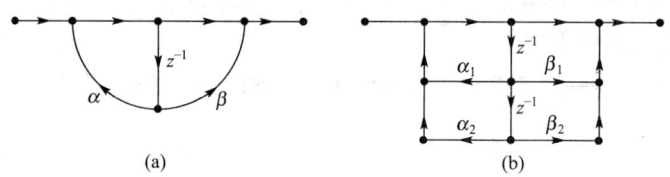

图 4.6 级联型结构的一阶和二阶节本节结构

级联顺序可以互换，零点和极点的搭配也可以任意，所以一个系统函数的级联结构有多种。不同的级联方式，在相同的运算精度下产生的误差是不同的。

【例 4-2】 设 IIR 数字滤波器系统函数为

$$H(z)=\frac{8-4z^{-1}+11z^{-2}-2z^{-3}}{1-\frac{5}{4}z^{-1}+\frac{3}{4}z^{-2}-\frac{1}{8}z^{-3}}$$

试作出其级联型网络结构。

解：将 $H(z)$ 分子分母因式分解，得到

$$H(z)=\frac{(2-0.379z^{-1})(4-1.24z^{-1}+5.264z^{-2})}{(1-0.25z^{-1})(1-z^{-1}+0.5z^{-2})}$$

为简化网络结构，将一阶的分子、分母多项式组成一个一阶子网络，二阶的分子、分母多项式组成一个二阶子网络，再对两个子网络进行级联，如图 4.7 所示。

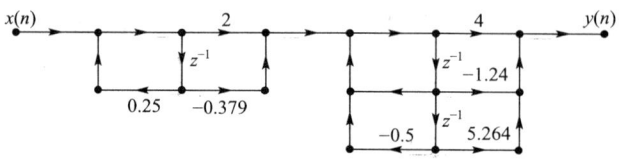

图 4.7 例 4-2 图

4. 并联型

将滤波器系统函数 $H(z)$ 展开成部分分式之和的形式，可用并联的方式构成滤波器。系统共轭复数极点对应的部分分式可以组合成为二阶实系数的部分分式，一阶实数极点对应的部分分式也组合成二阶实系数的部分分式，当 $N=M$ 时，有

$$H(z)=A_0+\sum_{k=1}^{\left[\frac{N+1}{2}\right]}\frac{\gamma_{0k}+\gamma_{1k}z^{-1}}{1-\alpha_{1k}z^{-1}-\alpha_{2k}z^{-2}} \quad (4-8)$$

式(4-8)中，$\left[\frac{N+1}{2}\right]$ 表示取 $\frac{N+1}{2}$ 的整数部分。当 N 为奇数时，系统包含由一个一阶基本节，即有一节的 $\alpha_{2k}=\gamma_{1k}=0$。式(4-8)说明滤波器可用一阶网络、二阶网络以及一个常数 A_0（$M=N$ 时，A_0 是常数）并联组成滤波器 $H(z)$，分别画出各子网络的直接Ⅱ结构，再将这些子网络并联即可得到并联型结构。图 4.8 所示为 $M=N=3$ 时的并联型结构。

由式(4-8)及图 4.8 可以看出,并联型结构具有以下特点。

(1) 系统实现简单,只需一个二阶节,系统通过改变输入系数即可完成。
(2) 极点位置可单独调整。
(3) 运算速度快,可并行运行,并能单独调整极点的位置。
(4) 各二阶网络的误差互不影响,总的误差小,对字长要求低,是 4 种结构中对误差最不敏感的结构形式。

该结构的缺点是不能直接调整零点,因为多个二阶节的零点并不是整个系统函数的零点,当需要准确的传输零点时,级联型最合适。其他情况下,采用并联型比较好。

【例 4-3】 已知 IIR 数字滤波器的系统函数,画出其并联型结构流图。

$$H(z)=\frac{8-4z^{-1}+11z^{-2}-2z^{-3}}{1-\frac{5}{4}z^{-1}+\frac{3}{4}z^{-2}-\frac{1}{8}z^{-3}}$$

解: 将 $H(z)$ 展成部分分式的形式

$$H(z)=16+\frac{8}{1-0.5z^{-1}}+\frac{-16+20z^{-1}}{1-z^{-1}+0.5z^{-2}}$$

将每一部分用直接型结构实现,其并联型网络结构如图 4.9 所示。

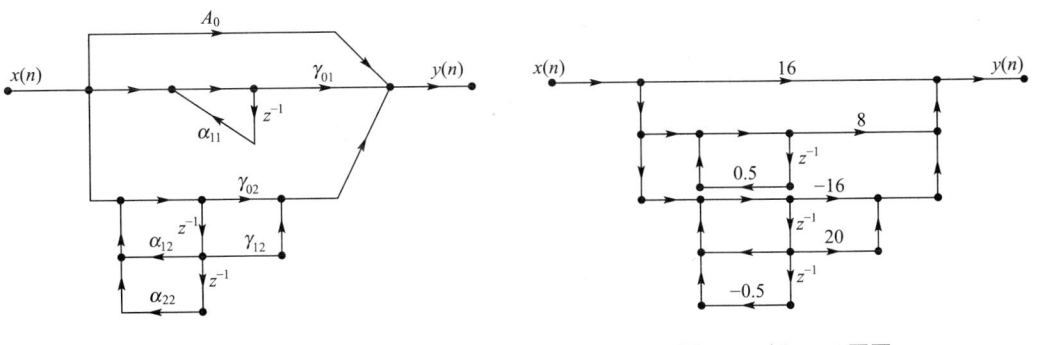

图 4.8 并联型结构   图 4.9 例 4-4 题图

【例 4-4】 已知某三阶数字滤波器的系统函数为

$$H(z)=\frac{3+\frac{5}{3}z^{-1}+\frac{2}{3}z^{-2}}{\left(1-\frac{1}{3}z^{-1}\right)\left(1+\frac{1}{2}z^{-1}+\frac{1}{2}z^{-2}\right)}$$

试画出其直接Ⅱ型、级联型和并联型结构 3 种结构流图。

解: (1) 直接Ⅱ型。将系统函数 $H(z)$ 表达为

$$H(z)=\frac{3+\frac{5}{3}z^{-1}+\frac{2}{3}z^{-2}}{1+\frac{1}{6}z^{-1}+\frac{1}{3}z^{-2}-\frac{1}{6}z^{-3}}$$

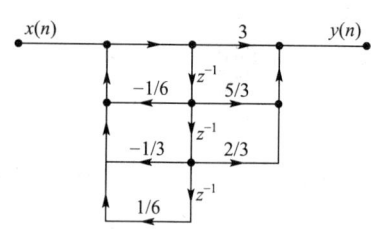

图 4.10 直接Ⅱ型结构图

直接Ⅱ型结构如图 4.10 所示。

（2）级联型。将系统函数 $H(z)$ 表达为一阶、二阶实系数分式之积

$$H(z)=\frac{1}{1-\frac{1}{3}z^{-1}} \cdot \frac{3+\frac{5}{3}z^{-1}+\frac{2}{3}z^{-2}}{1+\frac{1}{2}z^{-1}+\frac{1}{2}z^{-2}}$$

级联型结构如图 4.11 所示。

（3）并联型。将系统函数 $H(z)$ 表达为部分分式之和的形式

$$H(z)=\frac{2}{1-\frac{1}{3}z^{-1}}+\frac{1+z^{-1}}{1+\frac{1}{2}z^{-1}+\frac{1}{2}z^{-2}}$$

并联型结构如图 4.12 所示。

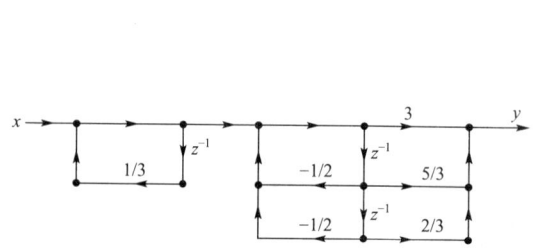

图 4.11 级联型结构图

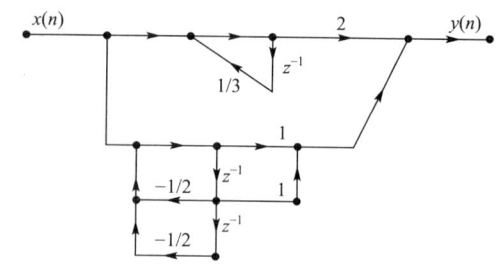

图 4.12 并联型结构图

知识拓展

对 IIR 数字滤波器的结构进行比较。直接Ⅰ型和直接Ⅱ型实现起来具有简单直观的特点。需要 $N+M$ 个加法器和 $N+M$ 个乘法器，直接Ⅱ型比直接Ⅰ型节省 M 个延时单元。直接型的主要缺点在于差分方程的系数对滤波器的性能控制不直接，同时由于其高度的反馈性，容易出现不稳定或产生较大误差。

级联型结构的特点是每个二阶节是相互独立的，可通过调整零、极点来对滤波器性能进行控制，且各二阶节的顺序可重排，能有效地减少有限字长效应。该结构应用广泛。

并联型结构使用的加法器，乘法器，延时单元基本与级联型结构相同。它只能独立的调整各极点的位置，不能单独调整零点的位置。但并联结构的误差比级联结构的运算误差小。

4.3 FIR 数字滤波器的结构

FIR 数字滤波器的单位采样响应 $h(n)$ 是有限长的，即 $h(n)$ 是个有限长序列。其系统函数 $H(z)$ 在 $|z|>0$ 处收敛，极点全部在 $z=0$ 处，即 FIR 系统一定为稳定系统。结构上主要是非递归结构，没有输出到输入的反馈，但有些结构中（例如频率采样结构）也包含

有反馈的递归部分。实现 FIR 数字滤波器的结构主要有直接型、级联型、频率采样型以及快速卷积结构等形式。

FIR 数字滤波器的系统函数和差分方程有如下形式

$$\begin{cases} H(z) = \sum_{n=0}^{N-1} h(n) z^{-n} & (4-9a) \\ y(n) = \sum_{i=0}^{N-1} h(i) x(n-i) = \sum_{i=0}^{N-1} h(n-i) x(i) & (4-9b) \end{cases}$$

1. 直接型

直接型是卷积公式(4-9b)的直接实现，即输出是单位采样响应与输入的线性卷积形式，所以这种结构也称为卷积型结构或横截型结构。其信号流图如图 4.13 所示，实现需要 N 个乘法和 $N-1$ 个加法。

【例 4-5】 FIR 滤波器的系统函数为

$$H(z) = 0.96 + 2.0z^{-1} + 2.8z^{-2} + 1.5z^{-3}$$

试画出其直接型结构。

解：直接型结构如图 4.14 所示。

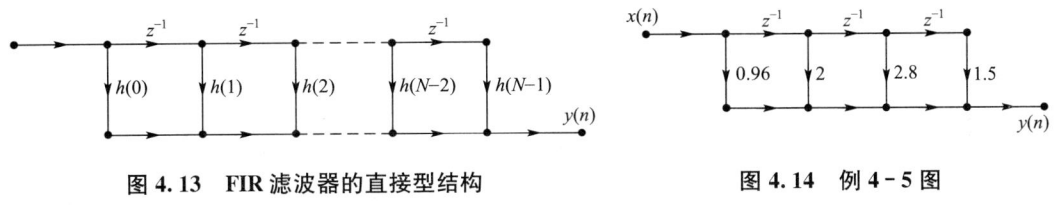

图 4.13　FIR 滤波器的直接型结构　　　　图 4.14　例 4-5 图

2. 级联型

当需要控制滤波器的传输零点时，对 $H(z)$ 进行因式分解，并将共轭成对的零点放在一起，形成一个系数为实数的二阶形式，这样，级联型网络结构就是由一阶或二阶因子构成的级联结构，其中每一个因式都用直接型实现。

将系统函数分解为二阶实系数因子的形式

$$H(z) = \sum_{n=0}^{N-1} h(n) z^{-n} = \prod_{i=1}^{M} (a_{0i} + a_{1i} z^{-1} + a_{2i} z^{-2}) \qquad (4-10)$$

由多个二阶节级联实现 FIR 滤波器，如图 4.15 所示。

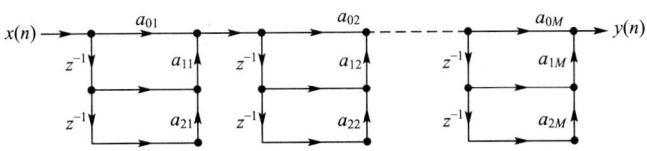

图 4.15　级联型结构

由式(4-10)及图 4.15 可以得到级联型结构的特点，具体如下。

(1) 这种结构所需的系数比直接型多，所需乘法运算也比直接型多，很少用。

（2）这种结构的每个二阶节控制一对零点，因而可以在需要控制传输零点时采用。

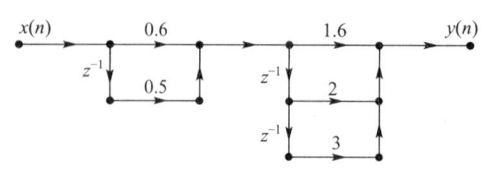

图 4.16　例 4-6 图

【例 4-6】　已知 FIR 滤波器的系统函数为 $H(z)=0.96+2.0z^{-1}+2.8z^{-2}+1.5z^{-3}$，试画出其级联型结构。

解：将 FIR 滤波器系统函数分解因式，得
$$H(z)=(0.6+0.5z^{-1})(1.6+2z^{-1}+3z^{-2})$$
直接型结构图如图 4.16 所示。

3. 频率采样型

设 FIR 数字滤波器的单位采样响应 $h(n)$ 的长度为 $N(n=0,1,2,\cdots,N-1)$，由频域采样定理，滤波器的传输函数可表示为

$$H(z)=(1-z^{-N})\frac{1}{N}\sum_{k=0}^{N-1}\frac{H(k)}{1-W_N^{-k}z^{-1}}=\frac{1}{N}H_c(z)\cdot\left[\sum_{k=0}^{N-1}H_k(z)\right] \qquad (4-11)$$

$H(z)$ 是由两部分级联而成，级联中的第一部分为由 N 节延时器组成的梳状滤波器
$$H_c(z)=(1-z^{-N})$$
它在单位圆上有 N 个等分的零点，即
$$1-z^{-N}=0$$
$$z_i=e^{j\frac{2\pi}{N}i},\quad i=0,\cdots N-1$$
其频率特性为
$$H_c(e^{j\omega})=1-e^{-j\omega N} \qquad (4-12)$$
幅度特性为
$$|H_c(e^{j\omega})|=2\left|\sin\left(\frac{N}{2}\omega\right)\right| \qquad (4-13)$$
频率响应是梳齿状的。

第二部分由 N 个并联的一阶网络组成
$$H_k(z)=\frac{H(k)}{1-W_N^{-k}z^{-1}} \qquad (4-14)$$

式中，$H(k)$ 是对系统函数 $H(z)$ 在单位圆上作 N 等分采样，这个采样值也就是 $h(n)$ 的离散傅里叶变换值
$$H(k)=H(z)|_{z=W_N^{-k}}=\text{DFT}[h(n)]$$
此一阶网络在单位圆上有一个极点
$$z_k=W_N^{-k}=e^{j\frac{2\pi}{N}k}$$
该网络在 $\omega=\frac{2\pi}{N}k$ 处的频率响应为 ∞，是一个谐振频率为 $\frac{2\pi}{N}k$ 的谐振器。这些并联谐振器的极点正好各自抵消一个梳状滤波器的零点，从而使这个频率点的响应等于 $H(k)$。两部分级联后，就得到频率采样型结构，如图 4.17 所示。

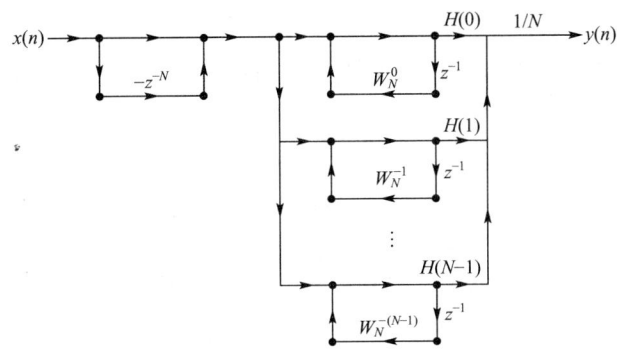

图 4.17　FIR 滤波器的频率采样结构

4. 快速卷积结构

设 FIR 滤波器的单位采样响应 $h(n)$ 的非零值长度为 M，输入 $x(n)$ 的非零值长度为 N，则输出 $y(n)=x(n)*h(n)$，且长度 $L=N+M-1$。若将 $x(n)$ 补零加长至 L，需要补 $L-N$ 个零点；将 $h(n)$ 补零加长至 L，需要补 $L-M$ 个零点。这样进行 L 点圆周卷积，可代替 $x(n)*h(n)$。

$$y(n)=h(n)\,\textcircled{L}\,x(n)=h(n)*x(n)$$

$$x(n)=\begin{cases} x(n), & 0\leqslant n\leqslant N-1 \\ 0, & N\leqslant n\leqslant L \end{cases}$$

其中

$$h(n)=\begin{cases} h(n), & 0\leqslant n\leqslant M-1 \\ 0, & M\leqslant n\leqslant L \end{cases}$$

而圆周卷积可用 DFT 和 IDFT 来计算，即可得到 FIR 的快速卷积结构。快速卷积结构流程如下

$$\begin{matrix} x(n)\to X(k)\to \\ h(n)\to H(k)\to \end{matrix} Y(k)=X(k)H(k)\to \text{IDFT}[Y(k)]\to y(n)=x(n)*h(n)$$

此时

$$y(n)=\frac{1}{L}\sum_{k=0}^{L-1}Y(k)\mathrm{e}^{\mathrm{j}\frac{2\pi}{L}kn} \tag{4-15}$$

5. 线性相位 FIR 滤波器的结构

FIR 滤波器的线性相位是非常重要的，因为数据传输以及图像处理都要求系统具有严格的线性相位，而 FIR 滤波器的单位采样响应是有限长的，因而有可能做成严格线性相位。

如果 FIR 滤波器的单位采样响应 $h(n)$（$0\leqslant n\leqslant N-1$）为实数，且满足奇、偶对称关系

$$h(n)=\pm h(N-1-n) \tag{4-16}$$

也就是，$h(n)$ 以 $n=(N-1)/2$ 为对称中心，则这种 FIR 滤波器具有严格线性相位。

设 FIR 滤波器的单位采样响应为 $h(n)$，$0\leqslant n\leqslant N-1$，且 $h(n)$ 满足式(4-16)的任意一种对称条件。滤波器的系统函数为

$$H(z) = \sum_{n=0}^{N-1} h(z) z^{-n} \tag{4-17}$$

下面对 N 为奇数和 N 为偶数两种情况分别进行讨论。

1) N 为奇数时

$$H(z) = \sum_{n=0}^{N-1} h(n) z^{-n} = \sum_{n=0}^{\frac{N-1}{2}-1} h(n) z^{-n} + h\left(\frac{N-1}{2}\right) z^{-\frac{N-1}{2}} + \sum_{n=\frac{N-1}{2}+1}^{N-1} h(n) z^{-n}$$

在等式第二个等号的第二个∑式中，令 $n = N-1-m$，再将 m 换成 n，得到

$$H(z) = \sum_{n=0}^{\frac{N-1}{2}-1} h(n) z^{-n} + h\left(\frac{N-1}{2}\right) z^{-\frac{N-1}{2}} + \sum_{n=0}^{\frac{N-1}{2}-1} h(N-1-n) z^{-(N-1-n)}$$

代入线性相位奇偶对称条件

$$h(n) = \pm h(N-1-n)$$

可得

$$H(z) = \sum_{n=0}^{\frac{N-1}{2}-1} h(n) [z^{-n} \pm z^{-(N-1-n)}] + h\left(\frac{N-1}{2}\right) z^{-\frac{N-1}{2}} \tag{4-18}$$

式(4-18)中，方括号内的"+"号表示 $h(n)$ 呈偶对称，"−"表示 $h(n)$ 呈奇对称。$h(n)$ 呈奇对称时，必有 $h\left(\frac{N-1}{2}\right) = 0$。根据式(4-18)可以画出 N 为奇数时线性相位 FIR 滤波器的直接结构图，如图 4.18 所示。

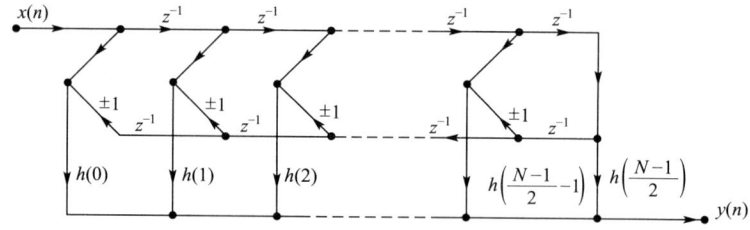

图 4.18　N 为奇数时线性相位滤波器的直接型结构

2) N 为偶数时

$$H(z) = \sum_{n=0}^{N-1} h(n) z^{-n} = \sum_{n=0}^{\frac{N}{2}-1} h(n) z^{-n} + \sum_{n=\frac{N}{2}}^{N-1} h(n) z^{-n}$$

在等式第二个等号的第二个∑式中，令 $n = N-1-m$，再将 m 换成 n，得到

$$H(z) = \sum_{n=0}^{\frac{N}{2}-1} h(n) z^{-n} + \sum_{n=0}^{\frac{N}{2}-1} h(N-1-n) z^{-(N-1-n)}$$

代入线性相位奇偶对称条件

$$h(n) = \pm h(N-1-n)$$

可得

$$H(z) = \sum_{n=0}^{\frac{N}{2}-1} h(n)[z^{-n} \pm z^{-(N-1-n)}] \qquad (4-19)$$

式(4-19)中,方括号内的"+"号表示$h(n)$呈偶对称,"-"表示$h(n)$呈奇对称。根据式(4-19)可以画出N为偶数时线性相位FIR滤波器的直接结构图,如图4.19所示。

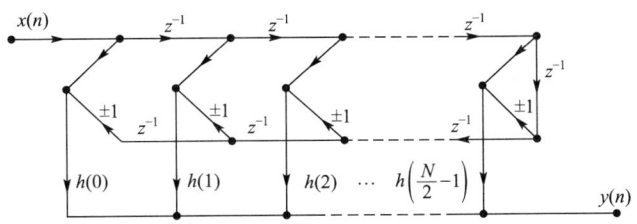

图 4.19　N 为偶数时线性相位滤波器的直接型结构

由上面的分析和图 4.18、图 4.19 看出,线性相位FIR滤波器结构比一般直接型结构可以节省一半数量的乘法运算次数。

4.4　数字滤波器的格型结构

在数字信号处理中,滤波器的格型(Lattice)结构起着重要的作用,这种结构在现代谱估计、语音信号处理、自适应滤波、线性预测等方面得到了广泛应用。格型结构的主要优点如下。

(1) 它的模块化结构便于实现高速并行处理。

(2) 一个 m 阶格型滤波器可以产生从 $1\sim m$ 阶的 m 个横向滤波器的输出性能。

(3) 它对有限字长的舍入误差不灵敏。

本节分别讨论全零点(FIR)格型滤波器和全极点(IIR)格型滤波器。

1. 全零点(FIR)格型滤波器

一个 M 阶的 FIR 滤波器的系统函数 $H(z)$ 可写成如下形式

$$H(z) = B(z) = \sum_{i=0}^{M} h(i)z^{-i} = 1 + \sum_{i=1}^{M} b_i^{(M)} z^{-i} \qquad (4-20)$$

式中,$b_i^{(M)}$ 表示 M 阶 FIR 滤波器的第 i 个系数,设 $H(z)$ 的首项系数 $b_0=1$。

要分析这一格型结构,先讨论如何由横向结构的参量导出格型结构的参量。或如何由格型结构的参量导出横向结构的参量。在 FIR 横向结构中有 M 个 $b_i^{(M)}$ [或 $h(i)$] $i=1$,2,$\cdots$,M,共需 M 次乘法,M 次延迟;在 FIR 的格型结构中也有 M 个参数 $k_i(i=1,2,\cdots,M)$,k_i 称为反射系数,共需 $2M$ 次乘法,M 次延迟。此格型结构的信号只有正馈通路,没有反馈通路,所以是一个典型的 FIR 系统。$H(z)$对应的格型结构如图 4.20 所示。

由以上结构可看出:FIR 格型滤波器是由 M 个格型网络单元级联而成。每个网络单元有两个输入端和两个输出端,输入信号 $x(n)$ 同时送到第一级网络单元的两个输入端,而在输出端仅取最后一级网络单元上面的一个输出端作为整个格型滤波器的输出信号 $y(n)$。

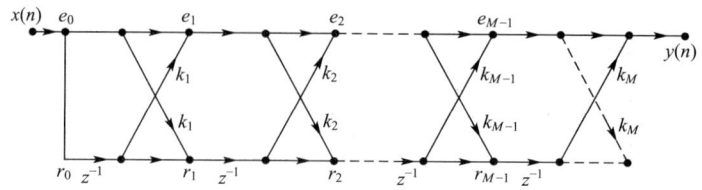

图 4.20 全零点格型滤波器网络结构

知识拓展

下面推导由 $H(z)=B(z)$ 的系数 $\{b_i\}$ 求出格型结构网络系数 $\{k_i\}$ 的逆推公式。图 4.21 所示基本格型单元的输入、输出关系如下式

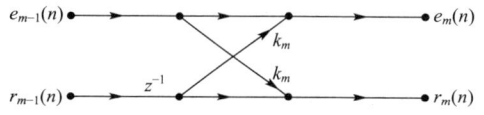

图 4.21 全零点格型结构基本传输单元

$$e_m(n)=e_{m-1}(n)+r_{m-1}(n-1)k_m,$$
$$m=1, 2, \cdots, M \quad (4-21\text{a})$$
$$r_m(n)=e_{m-1}(n)k_m+r_{m-1}(n-1),$$
$$m=1, 2, \cdots, M \quad (4-21\text{b})$$

并且有

$$e_0(n)=r_0(n)=x(n) \quad (4-22)$$
$$y(n)=e_M(n) \quad (4-23)$$

设 $B_m(z)$ 与 $J_m(z)$ 分别表示由输入端 $x(n)$ 至第 m 个基本传输单元上、下输出端 $e_m(n)$ 与 $r_m(n)$ 所对应的系统函数

$$B_m(z)=\frac{E_m(z)}{E_0(z)}=1+\sum_{i=1}^m b_i^{(m)}z^{-i}, \quad m=1, 2, \cdots, M \quad (4-24\text{a})$$

$$J_m(z)=\frac{R_m(z)}{R_0(z)}, \quad m=1, 2, \cdots, M \quad (4-24\text{b})$$

可以看出，当 $m=M$ 时，$B_m(z)=B(z)$。对式(4-21)取 z 变换，得

$$E_m(z)=E_{m-1}(z)+k_m z^{-1}R_{m-1}(z) \quad (4-25\text{a})$$
$$R_m(z)=k_m E_{m-1}(z)+z^{-1}R_{m-1}(z) \quad (4-25\text{b})$$

将式(4-25a)除以 $E_0(z)$，式(4-25b)除以 $R_0(z)$，考虑到式(4-24)的形式，可得

$$B_m(z)=B_{m-1}(z)+k_m z^{-1}J_{m-1}(z) \quad (4-26\text{a})$$
$$J_m(z)=k_m B_{m-1}(z)+z^{-1}J_{m-1}(z) \quad (4-26\text{b})$$

写成矩阵形式为

$$\begin{bmatrix}B_m(z)\\J_m(z)\end{bmatrix}=\begin{bmatrix}1 & k_m z^{-1}\\k_m & z^{-1}\end{bmatrix}\begin{bmatrix}B_{m-1}(z)\\J_{m-1}(z)\end{bmatrix} \quad (4-27)$$

或表示为

$$\begin{bmatrix}B_{m-1}(z)\\J_{m-1}(z)\end{bmatrix}=\frac{\begin{bmatrix}1 & -k_m\\-k_m z & z\end{bmatrix}\begin{bmatrix}B_m(z)\\J_m(z)\end{bmatrix}}{1-K_m^2} \quad (4-28)$$

式(4-27)、式(4-28)给出了格型结构中从高阶到低一阶或从低一阶到高一阶的系统函数的递推关系。

由式(4-24a)知
$$B_0(z)=J_0(z)=1$$

将其代入式(4-26)，并依次令 m 分别等于 $1, 2, \cdots, M$，可以推导出

$$J_m(z)=z^{-m}B_m(z^{-1}) \tag{4-29}$$

将式(4-29)分别代入式(4-27)和式(4-28)，得

$$B_m(z)=B_{m-1}(z)+k_m z^{-m}B_{m-1}(z^{-1}) \tag{4-30a}$$

$$B_{m-1}(z)=\frac{B_m(z)-k_m z^{-m}B_m(z^{-1})}{1-k_m^2} \tag{4-30b}$$

式(4-30)反映了从低阶到高阶或从高阶到低阶的递推关系，这里有 M 阶 FIR 系统的 $B(z)$。

下面给出格型滤波器的反射系数与横向滤波器各系数间的关系。将式(4-24a)

$$B_m(z)=\frac{E_m(z)}{E_0(z)}=1+\sum_{i=1}^{m}b_i^{(m)}z^{-i}$$

及式

$$B_{m-1}(z)=1+\sum_{i=1}^{m-1}b_i^{(m-1)}z^{-i}$$

代入式(4-30a)及式(4-30b)，利用待定系数法可得到以下两组递推关系

$$\begin{cases} b_m^{(m)}=k_m \\ b_i^{(m)}=b_i^{(m-1)}+k_m b_{m-i}^{(m-1)} \end{cases} \tag{4-31}$$

$$\begin{cases} k_m=b_m^{(m)} \\ b_i^{(m-1)}=\frac{1}{1-k_m^2}\left[b_i^{(m)}-k_m b_{m-i}^{(m)}\right] \end{cases} \tag{4-32}$$

式(4-31)、式(4-32)中，$i=1, 2, \cdots, m-1$；$m=2, 3, \cdots, M$。

实际工作中，一般先给出 $H(z)=B(z)=B_M(z)$，要得到滤波器的 $H(z)$ 的格型结构，需求出格型滤波器的反射系数 $k_1, k_2, \cdots, k_M$。

(1) 首先由式(4-31)求得 $k_M=b_M^{(M)}$。

(2) 根据式(4-32)，由 k_M 及系数 $b_1^{(M)}, b_2^{(M)}, \cdots, b_M^{(M)}$，求出 $B_{m-1}(z)$ 的系数 $b_1^{(M-1)}$，$b_2^{(M-1)}, \cdots, b_{M-1}^{(M-1)}=k_{M-1}$。

(3) 重复步骤(2)，可全部求出 $k_M, k_{M-1}, \cdots, k_1$；$B_{M-1}(z), \cdots, B_1(z)$。

【例 4-7】 求 FIR 滤波器传输函数的格型网络参数和格型网络结构。

$$y(n)=x(n)+\frac{13}{24}x(n-1)+\frac{5}{8}x(n-2)+\frac{1}{3}x(n-3)$$

解：对差分方程两边取 z 变换，得 $H(z)=B_3(z)$

$$H(z)=B_3(z)=1+\sum_{i=1}^{M}b_i^{(M)}z^{-i}=1+\frac{13}{24}z^{-1}+\frac{5}{8}z^{-2}+\frac{1}{3}z^{-3}$$

这是一个三阶系统，因而

$$b_1^{(3)}=\frac{13}{24}, \quad b_2^{(3)}=\frac{5}{8}, \quad b_3^{(3)}=\frac{1}{3}, \quad k_3=b_3^{(3)}=\frac{1}{3}$$

按照式(4-32)，可得

$$b_1^{(2)} = \frac{1}{1-k_3^2}\left[b_1^{(3)} - k_3 b_2^{(3)}\right] = \frac{3}{8}$$

$$b_2^{(2)} = \frac{1}{1-k_3^2}\left[b_2^{(3)} - k_3 b_1^{(3)}\right] = \frac{1}{2}$$

所以

$$k_2 = b_2^{(2)} = \frac{1}{2}$$

又

$$b_1^{(1)} = \frac{1}{1-k_2^2}\left[b_1^{(2)} - k_2 b_1^{(2)}\right] = \frac{1}{4}$$

所以

$$k_1 = b_1^{(1)} = \frac{1}{4}$$

格型网络结构如图 4.22 所示。

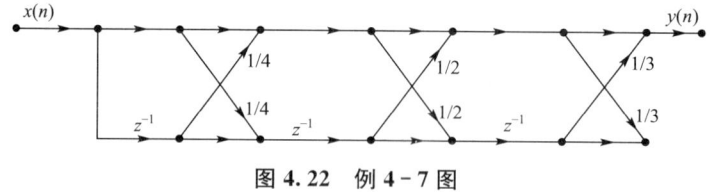

图 4.22 例 4-7 图

2. 全极点(IIR)格型滤波器

全极点滤波器是全零点滤波器的逆滤波器。因此按照网络的求逆规则，全极点网络的格型结构可由全零点格型结构求得。

求逆规则：将输入到输出的无延迟的通路全部反向，将该通路的常数值支路增益变成原来的倒数，再把指向这条新通路的各节点的其他支路增益乘以 -1，并交换输入输出的位置，即得原网络的逆网络。全极点(IIR)滤波器格型结构如图 4.23 所示。

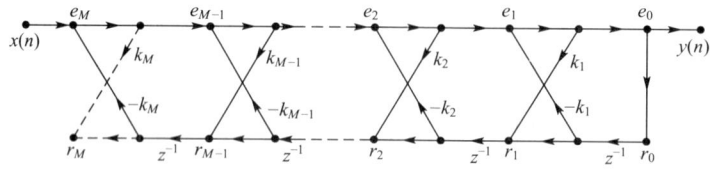

图 4.23 全极点(IIR)滤波器格型结构

【**例 4-8**】 IIR 数字滤波器，其传输函数为

$$H(z) = \frac{1}{1 + \frac{13}{24}z^{-1} + \frac{5}{8}z^{-2} + \frac{1}{3}z^{-3}}$$

求其格型结构网络系数并画出它的全极点格型网络结构。

解： $B_M(z) = A_M(z) = 1 + \frac{13}{24}z^{-1} + \frac{5}{8}z^{-2} = 1 + \sum_{i=1}^{3} b_i^{(M)}$

$$M=3, \quad b_1^{(3)}=\frac{13}{24}, \quad b_2^{(3)}=\frac{5}{8}, \quad b_3^{(3)}=\frac{1}{3}$$

由例 4-7 所求 FIR 格型结构网络系数

$$k_1=\frac{1}{4}, \quad k_2=\frac{1}{2}, \quad k_3=\frac{1}{3}$$

可得该滤波器的全极点格型网络结构，如图 4.24 所示。

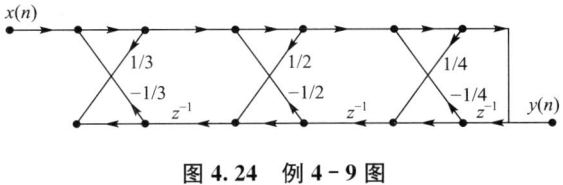

图 4.24　例 4-9 图

本 章 小 结

本章介绍了 IIR 数字滤波器的结构主要有直接 I 型、直接 II 型、级联型和并联型 4 种基本结构。直接 I 型和直接 II 型结构由 IIR 数字滤波器的系统函数 $H(z)$ 的分子、分母多项式可以直接得到。将系统函数 $H(z)$ 分解成各子系统相乘的形式，分别画出子系统的直接型结构，再将它们级联起来，便可得到级联型结构；将系统函数 $H(z)$ 分解成各子系统相加的形式，分别画出直接型结构，再将它们并联起来，便可得到并联型结构。级联型结构的每一个基本节系数变化只影响该子系统的零极点，因而易于控制滤波器的零极点，也便于调整滤波器的频率特性。并联型结构各子系统之间互不影响，易于实现并行处理。

实现 FIR 数字滤波器的结构主要有直接型、级联型、频率采样型以及快速卷积结构等几种基本形式。级联型结构与直接型结构所需的基本运算单元数量相同，但级联型结构可以分别控制每个子系统的零点，这些零点也是整个系统的零点。频率采样型结构一般比直接型结构复杂，所用的存储单元和乘法器也比直接型多。由于频率采样型结构在 z 平面的单位圆上存在零点和极点，在有限字长情况下，若单位圆上的极点不能和零点抵消，则滤波器可能不稳定。线性相位 FIR 滤波器是非常重要的一类滤波器，它的乘法运算次数是直接型结构乘法运算次数的一半，在数据传输和图像处理方面有着广泛的应用。

FIR 和 IIR 也可以通过格型滤波器结构实现，格型结构在信号建模、谱估计和自适应滤波中得到了广泛的应用。根据谱估计中预测误差滤波器的格型结构，可以推导出全零点(FIR)格型滤波器和全极点(IIR)格型滤波器。实现格型结构需要更多的运算，但可以降低有限字长效应的影响。

习　题

一、填空题

1. 题图 4.1 所示信号流图的系统函数为 $H(z)=$ ＿＿＿＿＿＿＿。

2. IIR 滤波器的 4 种基本结构中，_____结构运算速度最快，_____结构能方便地调整零极点的位置。

3. 已知 FIR 滤波器的差分方程为
$$y(n)=0.2x(n)+0.5x(n-1)+0.9x(n-2)+0.5x(n-3)+0.2x(n-4)$$
该滤波器的单位采样响应长度 $N=$_____，长度 N 与差分方程阶数的关系为_____。

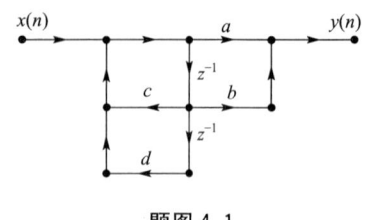

题图 4.1

4. FIR 滤波器的基本结构有_____、_____、_____和_____等几种形式。

二、画图与计算题

1. 已知一数字系统的系统函数为
$$H(z)=\frac{z^3}{(z-0.4)(z^2-0.6z+0.2)}$$
试分别画出该系统的直接型、级联型和并联型结构。

2. 用级联型结构实现以下系统函数
$$H(z)=\frac{(z^{-2}+z^{-1}+2)(z^{-2}-0.4z^{-1}+1)}{(z^{-2}-0.3z^{-1}+0.8)(z^{-2}+0.9z^{-1}+0.8)}$$
试问一共能构造成几种级联网络？

3. 已知 FIR 数字滤波器的系统函数为
$$H(z)=(z^{-1}+1)(z^{-2}-2z^{-1}+2)$$
试分别画出该系统的直接型和级联型结构。

4. 用直接型结构分别实现以下 3 个系统函数
$$H_1(z)=z^{-3}-0.6z^{-2}-1.4z^{-1}+0.8$$
$$H_2(z)=z^{-3}-0.9z^{-2}-0.9z^{-1}-0.8$$
$$H_3(z)=\frac{H_1(z)}{H_2(z)}$$

5. 一个线性 FIR 滤波器的单位采样响应为
$$h(n)=\begin{cases}\frac{1}{64}\left[1-\cos\frac{2\pi n}{64}\right], & 0\leq n\leq 63\\ 0, & \text{其他 } n \text{ 值}\end{cases}$$
画出该系统的频率采样型结构。

6. 某系统的系统函数为
$$H(z)=\frac{1-az}{z-a}\cdot\frac{1-bz}{z-b}$$
试画出该系统的网络结构，要求只用 2 次乘法，3 个延迟器。

7. 某个线性时不变系统的单位采样响应为
$$h(n)=\begin{cases}a^n, & 0\leq n\leq 6\\ 0, & \text{其他 } n \text{ 值}\end{cases}$$
(1) 试画出该系统的 FIR 滤波器直接型结构图。

(2) 求系统的系统函数，并由该系统函数画出由 FIR 系统和 IIR 系统级联成的结构图。

(3) 比较这两种系统实现方法，确定每一个输出值所需的乘法器、加法器及存储器的数目。

8. 设某 FIR 数字滤波器的系统函数为

$$H(z) = \frac{1}{6}(1 + 3z^{-1} + 5z^{-2} + 3z^{-3} + z^{-4})$$

试画出滤波器的线性相位结构。

9. 已知

$$H(z) = \frac{1}{1 - 0.6z^{-1} - 0.72z^{-2} + 0.84z^{-3}}$$

试求滤波器格型结构各系数，并画出其结构图。

10. 已知全零点 FIR 格型滤波器各系数为 $k_1 = -0.6125$，$k_2 = 0.6753$，$k_3 = -0.5896$，试求三阶 FIR 滤波器直接结构的各系数 $b_i^{(3)}$，$i = 1, 2, 3 (b_0 = 1)$。

第5章 IIR 数字滤波器的设计与 MATLAB 实现

本章教学目的与要求

1. 了解模拟滤波器设计的方法和步骤。
2. 学会应用查表法设计模拟低通滤波器。
3. 熟练掌握冲激响应不变法、双线性变换法对模拟滤波器的数字化方法。
4. 掌握频带变换法设计 IIR 数字滤波器的方法和步骤。
5. 学会应用 MATLAB 设计 IIR 滤波器,实现检测信号的滤波处理。

本章知识结构

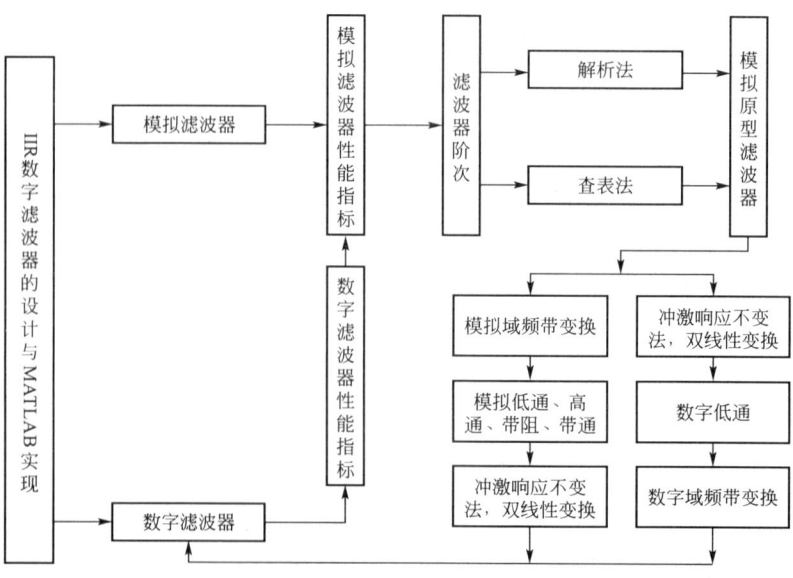

第5章 IIR数字滤波器的设计与MATLAB实现

5.1 引　言

数字滤波是指通过对输入信号进行数值运算,让输入信号的某些频率成分或某个频带进行压缩、放大,从而改变输入信号的频谱结构,也可以说是一个频率选择器。另外,滤波的概念还包括对信号进行检测和参数估计,例如检测噪声中是否存在信号,或者为识别信号估计某一个或几个参数。实现这种处理的数字硬件系统或程序模块称为数字滤波器。

案例

IIR 滤波器在频率选择性滤波中的应用

图 5.1 所示为一受到噪声污损的信号,经过滤波器滤波前后的信号波形。

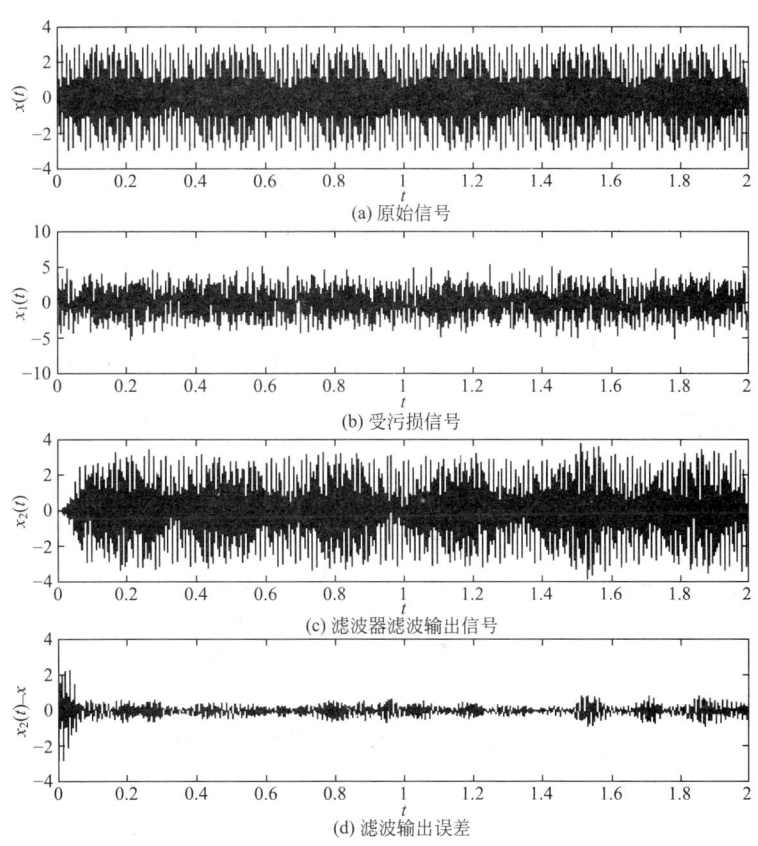

图 5.1　频率选择性滤波器滤波效果图

本章主要讲解 IIR 数字滤波器的设计与 MATLAB 实现。

5.1.1　滤波器的概念

数字滤波器与模拟滤波器具有不同的滤波方法,数字滤波器是通过对输入信号进行数值运算实现滤波处理的,模拟滤波器则利用电阻、电容、电感以及有源器件构成的滤

波器对信号进行滤波。对于数字滤波器，要求输入、输出信号均为数字信号，要想应用数字滤波器实现对模拟信号的滤波，可以在数字滤波器的输入端和输出端分别加上 A/D 转换器和 D/A 转换器就可以实现。

从数字滤波器的实现方法上考虑，可将滤波器分为无限长单位冲激响应数字滤波器(Infinite Impulse Response Digital Filter，IIRDF)和有限长单位冲激响应数字滤波器(Finite Impulse Response Digital Filter，FIRDF)。IIR 数字滤波器的单位冲激(采样)响应为无限长，结构中有反馈；FIR 滤波器的单位冲激(采样)响应是有限长的，结构中一般没有反馈。IIR 滤波器的系统函数用下式表示

$$H(z) = \frac{\sum_{m=0}^{M} b_m z^{-m}}{1 - \sum_{n=1}^{N} a_n z^{-n}}, \quad 至少存在一个 a_n \neq 0 \quad (5-1)$$

IIR 滤波器的系统函数一般是一个有理分式，其分母多项式决定滤波器结构的反馈。FIR 滤波器系统函数用下式表示

$$H(z) = \sum_{n=0}^{N-1} h(n) z^{-n} \quad (5-2)$$

这两种滤波器的设计方法和性能特点也截然不同，本章内容将分别讲述它们的设计方法。

背景资料

数字选频滤波器与模拟滤波器类似，数字滤波器按照频率特性划分为低通、高通、带通、带阻和全通等类型。图 5.2 所示为各种数字滤波器的理想幅度频率响应(只表示正频率部分)，系统的频率响应 $H(e^{j\omega})$ 是以 2π 为周期的周期频谱，按照奈奎斯特采样定理，信号的频率特性只能限带于 $|\omega| < \pi$，即折叠频率为 $\frac{\omega_s}{2} = \pi$ (ω_s 为数字域采样频率)。

5.1.2 滤波器的技术指标

理想滤波器是非因果的，其单位冲激(采样)响应是从 $-\infty$ 延伸到 $+\infty$，因此理想滤波器是不能实现的，但其概念非常重要。一般来讲滤波器的性能指标往往以频率响应的幅度特性的允许误差来表征。以低通滤波器为例，如图 5.3 所示，频率响应有通带、过渡带及阻带 3 个范围(而不是理想滤波器的陡截止的通带和阻带)。在通带内，幅度响应以误差 α_1(容限)

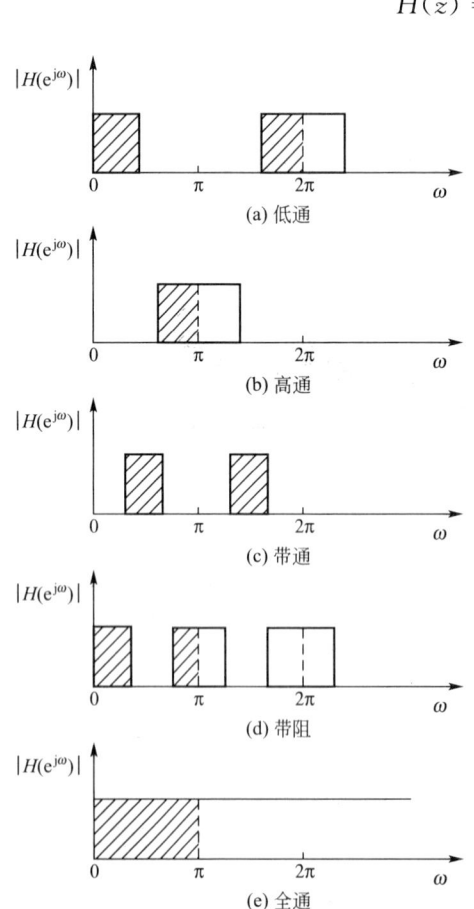

图 5.2 各种数字滤波器的理想幅度频率响应

逼近于 1，即

$$1-\alpha_1 \leqslant |H(e^{j\omega})| \leqslant 1, \quad |\omega| \leqslant \omega_c \tag{5-3a}$$

在阻带中，幅度响应以误差 α_2（容限）而逼近于零，即

$$|H(e^{j\omega})| \leqslant \alpha_2, \quad \omega_{st} \leqslant |\omega| \leqslant \pi \tag{5-3b}$$

式中，ω_c 及 ω_{st} 分别为通带截止频率和阻带起始频率，它们都是数字域频率。为了逼近理想低通滤波器特性，还必须有一个

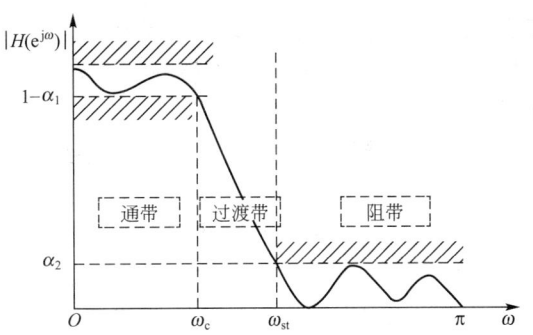

图 5.3　理想低通滤波器逼近的误差容限图

宽度为 $(\omega_{st}-\omega_c)$ 的过渡带，在过渡带内，实际系统的频率响应从通带下降到阻带。在滤波器设计的技术指标中，对阻带和通带的技术指标要求，一般不用通带容限 α_1 和阻带容限 α_2 给出，而是用通带的最大衰减（纹波）δ_1 和阻带的最小衰减（纹波）δ_2 给出。δ_1 与 δ_2 的定义为

$$\delta_1 = 20\lg \frac{|H(e^{j0})|}{|H(e^{j\omega_c})|} = -20\lg|H(e^{j\omega_c})| = -20\lg(1-\alpha_1)\text{dB} \tag{5-4a}$$

$$\delta_2 = 20\lg \frac{|H(e^{j0})|}{|H(e^{j\omega_{st}})|} = -20\lg|H(e^{j\omega_{st}})| = -20\lg(\alpha_2)\text{dB} \tag{5-4b}$$

式中，假定 $|H(e^{j\omega})|=1$ 已经被归一化了。例如，当 $\omega=\omega_c$ 时，$|H(e^{j\omega})|=1/\sqrt{2}$，$\delta_1=$ 3dB；当 $\omega=\omega_{st}$ 时，$|H(e^{j\omega})|=1/1\,000$，则 $\delta_2=60$dB。

5.1.3　数字滤波器设计步骤及 IIR 滤波器的设计方法

1. 数字滤波器设计步骤

一个数字滤波器设计过程一般包含有以下 4 个步骤。

（1）由任务要求，确定数字滤波器的性能指标。

（2）用一个因果稳定的线性时（移）不变系统函数去逼近这一性能要求。根据不同的设计要求，可以采用 IIR 滤波器逼近，也可以采用 FIR 滤波器系统函数去逼近。

（3）利用有限精度算法来实现这个系统。这里包括运算结构的选择、选择合适的字长以及有效数字的处理（截尾、舍入）等。

（4）实际技术实现。滤波器的实际技术的实现，可以采用通用计算机软件或专用数字滤波器硬件来实现，或采用专用的或通用的数字信号处理器来实现。

在本课程中，主要讨论滤波器设计的第（2）个步骤，即用因果稳定的离散线性时不变系统的系统函数去逼近给定的性能指标，也就是要求取实际滤波器的系统函数 $H(z)$。

2. IIR 滤波器的设计方法

IIR 滤波器的系统函数为 z^{-1}（或 z）的有理分式，即

$$H(z) = \frac{\sum\limits_{m=0}^{M} b_m z^{-m}}{1-\sum\limits_{n=1}^{N} a_n z^{-n}} \tag{5-5}$$

系统函数一般满足 $M \leqslant N$，这类系统为 N 阶系统，当 $M > N$ 时，系统函数 $H(z)$ 可以看成是一个 N 阶的 IIR 子系统与一个 $(M-N)$ 阶的 FIR 子系统的级联。在以下的讨论中，假定 $M \leqslant N$。

IIR 滤波器的逼近问题就是去求取系统函数 $H(z)$ 的各项系数 a_n、b_m，以使得滤波器满足给定的性能指标。比如，采用通带的起伏及阻带的衰减要求或最优化准则（最小均方误差要求或最大误差最小要求）逼近滤波器所要求的性能指标。

IIR 数字滤波器的设计方法包括以下两类。

(1) 利用模拟滤波器和数字滤波器之间的关系，通过设计模拟滤波器来间接设计数字滤波器。模拟滤波器的设计理论已经非常成熟，而且有许多性能优良的典型滤波器可供选择，设计公式和设计图表完善，设计方便。设计数字滤波器时先把给定的或要求的数字滤波器的设计指标转换为模拟滤波器性能指标，根据已有的模拟滤波器的设计表格和公式设计模拟滤波器，然后对模拟滤波器进行数字化得到数字滤波器。

(2) 计算机辅助设计法。该设计方法一般分两步来进行设计。

① 选择最优准则。例如选择最小均方误差准则，即在一组离散的频率点上 ω_i，$i=1$，2，$\cdots$，M 上，所设计的实际滤波器的频率响应幅度 $|H(\mathrm{e}^{\mathrm{j}\omega})|$ 与所要求的理想滤波器的频率响应幅度 $|H_\mathrm{d}(\mathrm{e}^{\mathrm{j}\omega})|$ 的均方误差 ε 最小。

$$\varepsilon = \sum_{i=1}^{M} [|H(\mathrm{e}^{\mathrm{j}\omega})| - |H_\mathrm{d}(\mathrm{e}^{\mathrm{j}\omega})|]^2$$

此外还有许多误差最小的准则，如最大误差最小准则等。

② 在选定的最优准则下，求滤波器的系统函数的系数 a_n、b_m。一般是在不断地改变系数 a_n、b_m，计算 ε 的数值，最后找到一组使 ε 最小时的系数 a_n、b_m，从而完成设计。这种设计需要进行大量的迭代运算，因此离不开计算机，所以把这种设计方法叫做计算机辅助设计法。

5.2 模拟滤波器的设计

为了从模拟滤波器（Analog Filter，AF）设计 IIR 数字滤波器，必须先设计一个满足技术指标要求的模拟原型滤波器，也就是把数字滤波器的性能指标转换为模拟滤波器的性能指标，通过查找表格或应用现成的计算公式设计得到模拟原型滤波器（归一化通带截止频率的滤波器）。

模拟滤波器的设计过程如下：(1) 根据信号处理要求确定设计指标；(2) 选择滤波器类型；(3) 计算滤波器阶数；(4) 通过查表或计算确定滤波器系统函数 $H_\mathrm{a}(s)$；(5) 综合实现并装配调试。

第 (5) 步属于模拟滤波器具体实现的内容。在设计滤波器时，总是先设计低通滤波器，再通过频带变换法将低通滤波器转变为所希望滤波器的类型。下面介绍应用幅度平方函数来确定模拟滤波器的系统函数。

模拟滤波器的幅度响应常用幅度平方函数 $|H_\mathrm{a}(\mathrm{j}\Omega)|^2$ 来表示，即

$$|H_\mathrm{a}(\mathrm{j}\Omega)|^2 = H_\mathrm{a}(\mathrm{j}\Omega) H_\mathrm{a}^*(\mathrm{j}\Omega)$$

由于滤波器的冲激响应函数 $h_a(t)$ 是实函数,因而 $|H_a(j\Omega)|$ 满足
$$H_a^*(j\Omega)=H_a(-j\Omega)$$
所以
$$|H_a(j\Omega)|^2=H_a(j\Omega)H_a(-j\Omega)=H_a(s)H_a(-s)|_{s=j\Omega} \tag{5-6}$$
式中,$H_a(s)$ 是模拟滤波器的系统函数,是复变量 s 的有理函数;$H_a(j\Omega)$ 是滤波器的频率响应特性;$|H_a(j\Omega)|$ 是滤波器的幅度响应函数。

现在的问题是由 $|H_a(j\Omega)|^2$ 来求取 $H_a(s)$,由式(5-6)可得,若给定的冲激响应函数 $h_a(t)$ 是实函数,$H_a(s)$ 有一个极点(或零点)位于 $s=s_0$ 处,则极点(或零点)必定以共轭成对形式出现,即在 $s=s_0^*$ 处一定有极点或零点。所以对应 $H_a(-s)$ 在 $s=-s_0$,$s=-s_0^*$ 处必定有极点或零点存在,$H_a(s)H_a(-s)$ 的极点或零点的分布必成象限对称,如图 5.4 所示。

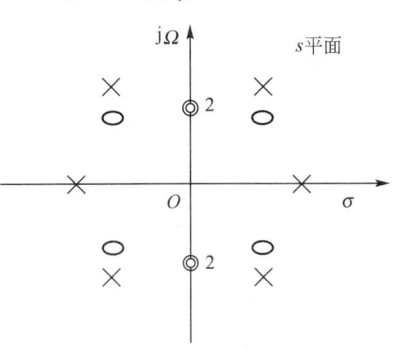

图 5.4 $H_a(s)H_a(-s)$ 的零极点分布
(虚轴零点上的 2 表示二阶零点)

对于任何物理上可以实现的滤波器都是稳定的,因此其系统函数 $H_a(s)$ 的极点一定落在 s 平面的左半部分,所以在 $H_a(s)H_a(-s)$ 的零极点图中位于复平面左侧的极点一定属于 $H_a(s)$,右侧的极点一定属于 $H_a(-s)$。系统零点的分布没有这种限制,要求系统为最小相位系统时,$H_a(s)$ 应取复平面左侧的零点,如无特殊要求,则可以将 $H_a(s)H_a(-s)$ 的任意一半零点取作 $H_a(s)$ 的零点。对于模拟滤波器的增益常数,可以按照 $H_a(j\Omega)$ 与 $H_a(s)$ 的低频或高频特性的对比确定出滤波器的增益常数。由上面确定的滤波器的零点、极点以及增益常数,就可以完全地确定模拟滤波器的系统函数 $H_a(s)$。

5.2.1 模拟巴特沃斯低通滤波器的特点与设计

1. 基本性质

巴特沃斯(Butterworth)低通滤波器以巴特沃斯函数来近似滤波器的系统函数。巴特沃斯低通滤波器是根据幅频特性在通带内具有最平坦特性定义的滤波器。对一个 N 阶低通滤波器来说,所谓最平坦特性,就是指滤波器的平方幅频特性函数的前 $2N-1$ 阶导数在模拟频率 $\Omega=0$ 处都为零。巴特沃斯低通滤波器的另一特性是在通带和阻带内的幅频特性始终是频率的单调递减函数,如图 5.5 所示。可以看出,滤波器的幅频特性随着滤波器阶次 N 的增加而变得越来越好,在截止频率 Ω_c 处的幅频响应为 $\frac{1}{\sqrt{2}}$ 的情况下,通带内有更多的频带取得的值趋近于 1;在阻带内更迅速地趋近于零。

巴特沃斯低通滤波器的幅度平方函数表示

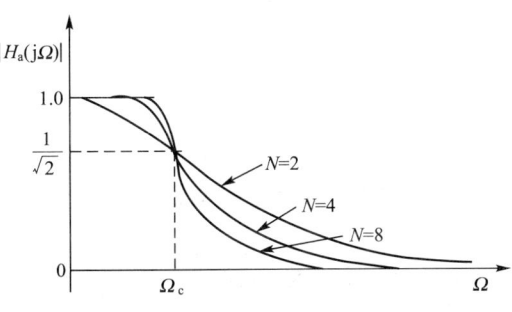

图 5.5 巴特沃斯低通滤波器幅频特性

$$|H_a(j\Omega)|^2 = \frac{1}{1+\left(\dfrac{\Omega}{\Omega_c}\right)^{2N}} \qquad (5-7)$$

式中，N 为正整数，代表滤波器的阶次数，Ω_c 为截止频率。当 $\Omega=\Omega_c$ 时，有

$$|H_a(j\Omega)|^2 = \frac{1}{2}$$

即

$$|H_a(j\Omega)| = \sqrt{\frac{1}{2}}, \quad \delta_1 = 20\lg\frac{|H_a(j0)|}{|H_a(j\Omega_c)|} = 3\text{dB}$$

所以把 Ω_c 称为巴特沃斯滤波器的 3dB 带宽。

下面归纳了巴特沃斯滤波器的主要特征：(1)对所有的 N，$|H_a(j\Omega)|^2_{\Omega=0}=1$。对所有的 N，$|H_a(j\Omega)|^2_{\Omega=\Omega_c}=\dfrac{1}{2}$。即 $|H_a(j\Omega)|_{\Omega=\Omega_c}=0.707$，$\delta_1=3\text{dB}$；(2) $|H_a(j\Omega)|^2$ 是 Ω 的单调递减函数；(3) $|H_a(j\Omega)|^2$ 随着阶次 N 的增大而更接近于理想低通滤波器。

在以后的设计和分析时，经常以归一化巴特沃斯低通滤波器为原型滤波器，一旦归一化低通滤波器的系统函数确定后，其他巴特沃斯低通滤波器及高通、带通、带阻滤波器的传递函数都可以通过频带变换法从归一化低通原型滤波器的传递函数 $H_a(s)$ 得到。归一化原型滤波器是指截止频率 Ω_c 已经归一化成 $\Omega_c'=1$ 的低通滤波器。对于截止频率为某个 Ω_c 的低通滤波器，则令 s/Ω_c 代替归一化原型滤波器系统函数中的复变量 s。对于其他高通、带通、阻带滤波器，可应用后面讨论到的频带变换法，变换得出。

2. 系统函数和极点分布

设巴特沃斯滤波器的系统函数为 $H_a(s)$，则频率响应是

$$H_a(j\Omega) = H_a(s)|_{s=j\Omega}$$

$$|H_a(j\Omega)|^2 = H_a(s)H_a(-s) = \frac{1}{1+\left(\dfrac{s}{j\Omega_c}\right)^{2N}} \qquad (5-8)$$

令式(5-8)分母为零可以得到 $H_a(s)H_a(-s)$ 的 $2N$ 个极点 s_k，即

$$1+\left(\frac{s_k}{j\Omega_c}\right)^{2N} = 0$$

解得

$$s_k = (-1)^{\frac{1}{2N}}(j\Omega_c) = \Omega_c e^{j\left[\frac{1}{2}+\frac{2k-1}{2N}\right]\pi}, \quad k=1,2,\cdots,2N \qquad (5-9)$$

$H_a(s)H_a(-s)$ 在左半平面的极点即为 $H_a(s)$ 的极点，因而

$$H_a(s) = \frac{\Omega_c^N}{\prod\limits_{k=1}^{N}(s-s_k)} \qquad (5-10a)$$

式(5-10a)中，分子的系数由 $H_a(s)$ 的低频特性决定，数值为 Ω_c^N（代入 $H_a(j0)=1$ 求得），极点 s_k 为

$$s_k = \Omega_c e^{j\left[\frac{1}{2}+\frac{2k-1}{2N}\right]\pi}, \quad k=1,2,\cdots,N \qquad (5-10b)$$

图 5.6 所示分别为 $N=3$、$N=4$ 时，$H_a(s)H_a(-s)$ 的极点在 s 平面上的分布情况，可以

看出,无论 N 为奇数还是偶数,这些极点都均匀等间隔地分布在复平面中以 Ω_c 为半径、以原点为中心的圆周上,而且都是以原点为对称中心成对出现的,即对任一极点 $s=s_k$,必有另一极点 $s=-s_k$。以 $N=3$ 阶巴特沃斯低通滤波器幅度平方函数的极点分布为例,考虑到系统的稳定性,系统函数是由 s 平面左半部分的极点 (s_1, s_2, s_3)组成的,它们分别为

$$s_1 = \Omega_c e^{j\frac{2\pi}{3}}, \quad s_2 = -\Omega_c, \quad s_3 = \Omega_c e^{-j\frac{2\pi}{3}}$$

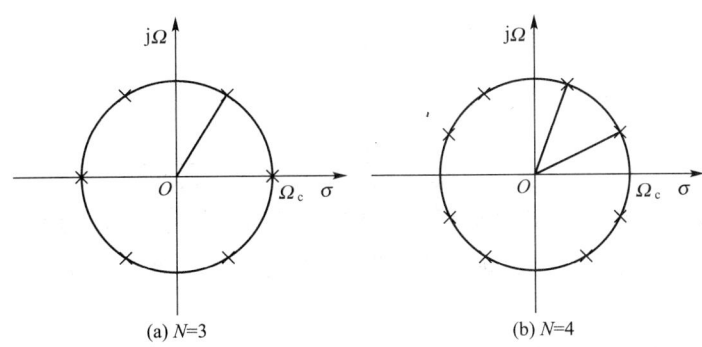

图 5.6 $N=3$,$N=4$ 时 $H_a(s)H_a(-s)$ 的极点分布

则三阶系统函数为

$$H_a(s) = \frac{\Omega_c^3}{(s-s_1)(s-s_2)(s-s_3)}$$

令 $\Omega_c=1$,得到归一化的三阶巴特沃斯滤波器的系统函数为

$$H_a(s) = \frac{1}{s^3 + 2s^2 + 2s + 1}$$

如果去归一化,则有

$$H_a(s) = \frac{1}{(s/\Omega_c)^3 + 2(s/\Omega_c)^2 + 2(s/\Omega_c) + 1}$$

3. 模拟巴特沃斯低通滤波器的设计

设计一个巴特沃斯低通滤波器,一般要给定滤波器通带和阻带的技术指标,通带的纹波系数 δ_1(不一定是 3dB)、通带截止频率 Ω_p(不一定等于 Ω_c)和阻带的纹波系数 δ_2 和阻带起始频率 Ω_{st}。技术指标关系式为

$$\delta_1 \leqslant -20\lg|H_a(j\Omega_p)| \tag{5-11}$$

$$\delta_2 \geqslant -20\lg|H_a(j\Omega_{st})| \tag{5-12}$$

第一步将滤波器的性能指标按照式(5-11)、式(5-12)的相等条件代入巴特沃斯滤波器的幅度平方函数表达式中,得到

$$\delta_1 = -20\lg|H_a(j\Omega_p)| = 10\lg[1+(\Omega_p/\Omega_c)^{2N}]$$

$$\delta_2 = -20\lg|H_a(j\Omega_{st})| = 10\lg[1+(\Omega_{st}/\Omega_c)^{2N}]$$

化简后得

$$N = \lg\left(\frac{10^{\delta_2/10}-1}{10^{\delta_1/10}-1}\right) \Big/ \left[2\lg\left(\frac{\Omega_{st}}{\Omega_p}\right)\right] \tag{5-13}$$

第二步由式(5-13)计算得到的 N 值,取大于计算值的最小正整数。将取得 N 值代入滤波器阻带的性能指标表达式或通带的指标表达式中,求得3dB通带截止频率 Ω_c。

$$\Omega_c = \frac{\Omega_p}{(10^{0.1\delta_1}-1)^{1/2N}}, \quad 或 \quad \Omega_c = \frac{\Omega_{st}}{(10^{0.1\delta_2}-1)^{1/2N}} \quad (5-14)$$

第三步可以采用两种办法。

(1) 查表法。由阶次数 N 查表5-1或表5-2得到归一化模拟原型滤波器的有理分式表达式 $H_{an}(s)$

$$H_{an}(s) = \frac{d_0}{a_0 + a_1 s + a_2 s + \cdots + a_N s} \quad (5-15)$$

或滤波器零极点表达式 $H_{an}(s)$

$$H_{an}(s) = \frac{d_0}{(s-s_1)(s-s_2)\cdots(s-s_N)} \quad (5-16)$$

式中,$a_0, a_1, \cdots, a_n$ 以及 d_0 为巴特沃斯滤波器系统函数的分母和分子的系数,d_0 由滤波器的高频或低频特性决定,如果直流增益等于1,则 $d_0 = a_0$。各系数可由表5-1和表5-2查得。

表5-1 巴特沃斯滤波器分母多项式 $s^N + a_{N-1}s^{N-1} + \cdots + a_2 s^2 + a_1 s + 1 (a_0 = a_N)$ 的系数

N	a_1	a_2	a_3	a_4	a_5	a_6	a_7	a_8	a_9
1	1								
2	1.414 213 6								
3	2.000 000 0	2.000 000 0							
4	2.613 125 9	3.414 213 6	2.613 125 9						
5	3.236 068 0	5.236 068 0	5.236 068 0	3.236 068 0					
6	3.863 703 3	7.464 101 6	9.141 620 2	7.464 101 6	3.863 703 3				
7	4.493 959 2	10.097 834 7	14.591 793 9	14.591 793 9	10.097 834 7	4.493 959 2			
8	5.125 830 9	13.137 071 2	21.846 151 0	25.688 355 9	21.846 151 0	13.137 071 2	5.125 830 9		
9	5.758 770 5	16.581 718 7	31.163 437 5	41.986 385 7	41.986 385 7	31.163 437 5	16.581 718 7	5.758 770 5	
10	6.392 453 2	20.431 729 1	42.802 061 1	64.882 396 3	74.233 429 2	64.882 396 3	42.802 061 1	20.431 729 1	6.392 453 2

表5-2 巴特沃斯低通滤波器分母多项式 $(s-s_1)(s-s_2)\cdots(s-s_N)=0$ 的根

N=1	N=2	N=3	N=4	N=5	N=6	N=7	N=8	N=9
−1.000 000 00	−0.707 106 8	−1.000 000 0	−0.382 683 4	−1.000 000 0	−0.258 819 0	−1.000 000 0	−0.195 090 3	−1.000 000 0
	±j0.707 106 8	−0.500 000 0	±j0.923 879 5	−0.309 017 0	±j0.965 925 8	−0.222 520 9	±j0.980 785 3	−0.173 648 2
		±j0.860 254	−0.923 879 5	±j0.951 056 5	−0.707 106 8	±j0.974 927 9	−0.555 570 2	±j0.984 807 8
			±j0.382 683 4	−0.809 017 0	±j0.707 168	−0.623 489 8	±j0.831 469 6	−0.500 000 0
				±j0.587 785 2	−0.965 925 8	±j0.781 831 5	−0.831 469 6	±j0.866 025 4
					±j0.258 819 0	−0.900 968 9	±j0.555 570 2	−0.766 044 4
						±j0.433 883 7	−0.980 785 3	±j0.642 787 6
							±j0.195 090 3	−0.939 692 6
								±j0.342 020 1

然后去归一化，即

$$H_a(s) = H_{an}(s)|_{s=\frac{s}{\Omega_c}} = H_{an}\left(\frac{s}{\Omega_c}\right)$$

即得到实际滤波器传输函数。

(2) 公式法。由式(5-10b)求得滤波器的极点 s_k 及利用滤波器的阻带的指标求得 Ω_c，将数据代入式(5-10a)，即可求得模拟低通滤波器的系统函数 $H_a(s)$。

【例 5-1】 试设计一个模拟巴特沃斯低通滤波器，使其满足以下指标：通带截止频率 $\Omega_p = 20\text{rad/s}$，通带的最大衰减为 $\delta_1 = 2\text{dB}$，阻带的起始频率 $\Omega_{st} = 30\text{rad/s}$，阻带的最小衰减为 $\delta_2 = 10\text{dB}$。

解：(1) 由滤波器的性能指标 $\Omega_p = 20\text{rad/s}$，$\delta_1 = 2\text{dB}$，$\Omega_{st} = 30\text{rad/s}$，$\delta_2 = 10\text{dB}$ 确定滤波器的阶次 N，代入到式(5-13)得

$$N = \lg\left(\frac{10^{\delta_2/10}-1}{10^{\delta_1/10}-1}\right) \Big/ \left[2\lg\left(\frac{\Omega_{st}}{\Omega_p}\right)\right] = \lg\left(\frac{10^1-1}{10^{0.2}-1}\right) \Big/ 2\lg\left(\frac{30}{20}\right) = 3.371$$

取 $N=4$，查表 5-1 得到四阶巴特沃斯原型滤波器

$$H_{an}(s) = \frac{1}{s^4 + 2.613s^3 + 3.414s^2 + 2.613s + 1}$$

(2) 由式(5-14)求得滤波器的 3dB 截止频率

$$\Omega_c = \frac{\Omega_{st}}{(10^{0.1\delta_2}-1)^{1/2N}} = \frac{30}{(10^1-1)^{1/8}} = 21.387$$

(3) 去归一化，得到

$$H_a(s) = \frac{2.09 \times 10^5}{s^4 + 55.88s^3 + 1.562 \times 10^3 s^2 + 2.556 \times 10^4 s + 2.09 \times 10^5}$$

5.2.2 切比雪夫低通滤波器

巴特沃斯滤波器的频率特性曲线，无论在通带或是阻带都是频率的单调函数。因此，当通带边界处满足指标要求时，通带内肯定会有余量。因此，更有效的实际方法应该是将精确度均匀地分布在整个通带内，或者均匀地分布在整个阻带内，或者同时分布在两者之内。这样，就可以用阶数较低的系统满足要求，可通过选择具有等波纹特性的逼近函数来实现。

切比雪夫滤波器的幅度特性在一个频带中(通带或阻带)具有等波纹特性。它有两种形式：切比雪夫Ⅰ型滤波器的幅度特性在通带内是等波纹的，在阻带内是单调的；切比雪夫Ⅱ型滤波器的幅度特性在通带内是单调的，在阻带内是等波纹的。在通带内或阻带内都呈均匀分布(等纹波特性)的滤波器称为椭圆形滤波器或考尔型滤波器。

图 5.7 所示分别画出了阶数 N 分别为奇数和偶数时的切比雪夫Ⅰ型滤波器幅频特性。

这里仅介绍切比雪夫Ⅰ型滤波器的设计方法。切比雪夫Ⅰ型滤波器的幅度平方函数为

$$|H_a(j\Omega)|^2 = \frac{1}{1+\varepsilon^2 C_N^2\left(\frac{\Omega}{\Omega_c}\right)} \tag{5-17}$$

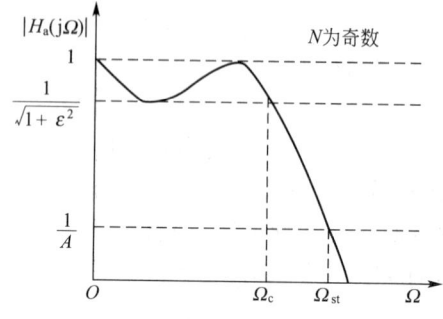
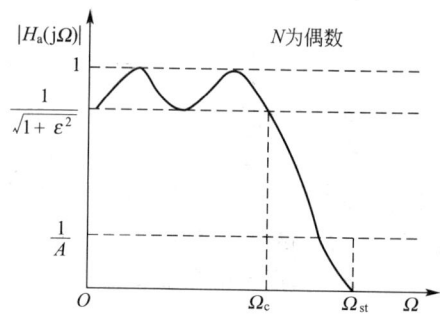

图 5.7 N 分别为奇数和偶数时的切比雪夫 I 型滤波器幅频特性

式中，ε 为小于 1 的正数，它是表示通带波纹大小的一个参数，ε 越大，波纹也越大。$\dfrac{\Omega}{\Omega_c}$ 为 Ω 对 Ω_c 的归一化频率，Ω_c 为截止频率，也是滤波器的某一衰减分贝处的通带宽度（这里某一分贝数不一定是 3dB，也就是说，在切比雪夫滤波器中，不一定是 3dB 的带宽）。$C_N(x)$ 是 N 阶切比雪夫多项式，定义为

$$C_N(x)=\begin{cases}\cos(N\arccos x), & |x|\leqslant 1 \\ \operatorname{ch}(N\operatorname{arcch} x), & |x|>1\end{cases} \tag{5-18}$$

切比雪夫多项式的零点在 $|x|\leqslant 1$ 间隔内。当 $|x|\leqslant 1$ 时，$C_N(x)$ 是余弦函数，所以 $|C_N(x)|\leqslant 1$，且多项式 $C_N(x)$ 在 $|x|\leqslant 1$ 内具有等波纹幅度特性；当 $|x|>1$ 时，$C_N(x)$ 是双曲余弦函数，它随 x 的增大而增大。

显然，切比雪夫滤波器的幅度响应 $|H_a(j\Omega)|=\dfrac{1}{\sqrt{1+\varepsilon^2 C_N^2\left(\dfrac{\Omega}{\Omega_c}\right)}}$ 有如下特点。

(1) 当 $\Omega=0$，N 为偶数时，$|H_a(j0)|=\dfrac{1}{\sqrt{1+\varepsilon^2}}$；当 N 为奇数时，$|H_a(j0)|=1$。

(2) $\Omega=\Omega_c$ 时，$|H_a(j\Omega_c)|=\dfrac{1}{\sqrt{1+\varepsilon^2}}$。

即所有的幅度函数曲线都通过 $\dfrac{1}{\sqrt{1+\varepsilon^2}}$ 点，因此把 Ω_c 定义为切比雪夫滤波器的截止频率。但此截止频率与巴特沃斯滤波器的截止频率不一样，此截止频率的数值不一定是幅度函数下降 3dB 时的频率，可以是下降其他的分贝值。

(3) 在通带范围内，即在 $|\Omega|<\Omega_c$ 以内时，$H_a(j\Omega)$ 在 $1\to\dfrac{1}{\sqrt{1+\varepsilon^2}}$ 之间等波纹变化（起伏）。

(4) 在通带以外，即 $|\Omega|>\Omega_c$ 时，随着 Ω 的增加，迅速满足

$$\varepsilon^2 C_N^2\left(\dfrac{\Omega}{\Omega_c}\right)\gg 1$$

使得 $|H_a(j\Omega)|$ 单调的趋向于零。

由幅度平方函数的式子看出，切比雪夫滤波器有 3 个参数：ε、Ω_c 和 N。Ω_c 是通带截止频率，一般是预先给定的。ε 是与通带波纹有关的一个参数，通带波纹 δ_1 表示成

第5章 IIR数字滤波器的设计与MATLAB实现

$$\delta_1 = 20\lg \frac{|H_a(j\Omega)|_{\max}}{|H_a(j\Omega)|_{\min}}, \quad |\Omega| \leqslant \Omega_c$$

这里，$|H_a(j\Omega)|_{\max}=1$，表示通带幅度响应的最大值；$|H_a(j\Omega)|_{\min}=\dfrac{1}{\sqrt{1+\varepsilon^2}}$表示通带幅度响应的最小值，所以

$$\delta_1 = 10\lg(1+\varepsilon^2)$$

因而

$$\varepsilon^2 = 10^{\delta_1/10} - 1 \tag{5-19}$$

可以看出，给定通带波纹值 δ_1 后，就能求得 ε^2，这里注意，通带波纹值不一定是3dB，也可以是其他值。滤波器的阶数 N 等于通带内最大值和最小值的总数。前面已经说过，N 为奇数时，$\Omega=0$ 处的 $|H_a(j\Omega)|$ 为最大值1；N 为偶数时，$\Omega=0$ 处的 $|H_a(j\Omega)|$ 为最小值 $1/\sqrt{1+\varepsilon^2}$。N 的数值可由阻带衰减来确定。设阻带的起始点频率(阻带截止频率)用 Ω_{st} 表示，此时在阻带的幅值平方函数满足

$$|H_a(j\Omega)|^2 \leqslant \frac{1}{A^2}$$

式中，A 为常数。如果阻带的纹波系数用 δ_2 表示，则有

$$\delta_2 = 20\lg \frac{1}{1/A} = 20\lg A$$

所以

$$A = 10^{\delta_2/20} = 10^{0.05\delta_2} \tag{5-20}$$

设 Ω_{st} 为阻带的截止频率，即当 $\Omega=\Omega_{st}$ 时，将 A 的数值带入 $|H_a(j\Omega)|^2 \leqslant \dfrac{1}{A^2}$ 中，有

$$|H_a(j\Omega)|^2 = \frac{1}{1+\varepsilon^2 C_N^2\left(\dfrac{\Omega_{st}}{\Omega_c}\right)} \leqslant \frac{1}{A^2}$$

由此得到

$$C_N\left(\frac{\Omega_{st}}{\Omega_c}\right) \geqslant \frac{1}{\varepsilon}\sqrt{A^2-1}$$

由于 $\dfrac{\Omega_{st}}{\Omega_c}>1$，所以由式(5-18)的第二式得到

$$C_N\left(\frac{\Omega_{st}}{\Omega_c}\right) = \text{ch}\left[N\,\text{arcch}\left(\frac{\Omega_{st}}{\Omega_c}\right)\right] \geqslant \frac{1}{\varepsilon}\sqrt{A^2-1} \tag{5-21}$$

从而求得滤波器的阶次数

$$N \geqslant \frac{\text{arcch}\left[\dfrac{1}{\varepsilon}\sqrt{A^2-1}\right]}{\text{arcch}\left(\dfrac{\Omega_{st}}{\Omega_c}\right)} = \frac{\text{arcch}\left[\dfrac{1}{\varepsilon}\sqrt{10^{0.1\delta_2}-1}\right]}{\text{arcch}\left(\dfrac{\Omega_{st}}{\Omega_c}\right)} \tag{5-22}$$

最后，滤波器的阶次数为大于由式(5-22)所确定的 N 的一个最小正整数。将式(5-21)取等号，可以导出由 Ω_c、ε、δ_2 表示的 Ω_{st} 为

$$\Omega_{st} = \Omega_c \text{ch}\left\{\frac{1}{N}\text{arcch}\left[\frac{1}{\varepsilon}\sqrt{A^2-1}\right]\right\}$$

$$= \Omega_c \text{ch}\left\{\frac{1}{N}\text{arcch}\left[\frac{1}{\varepsilon}\sqrt{10^{0.1\delta_2}-1}\right]\right\} \quad (5-23)$$

求滤波器的系统函数 $H_a(s)$。由上面两步已经知道 N、Ω_c、ε，故可以求得 $H_a(s)$。一种方法是查表法，即利用表 5-3 和表 5-4 找到归一化的模拟原型滤波器，去归一化后得到 $H_a(s)$。另一种方法是由滤波器的极点分布来求取 $H_a(s)$，本书不作详细介绍，可以查阅相关资料来了解。

知识拓展

切比雪夫滤波器分子系数的确定。求出切比雪夫滤波器的幅度平方函数的极点后，选择 $H_a(s)$ 的极点，从而得到切比雪夫滤波器的系统函数为

$$H_a(s) = \frac{K}{\prod_{k=1}^{N}(s-s_k)}$$

常数 K 的数值可由 $|H_a(j\Omega)|$ 和 $H_a(s)$ 的高频或低频特性对比求得，也可以由幅度平方函数直接求得，即

$$|H_a(s)| = \frac{1}{\sqrt{1+\varepsilon^2 C_N^2\left(\frac{s}{j\Omega_c}\right)}} = \frac{K}{\left|\prod_{k=1}^{N}(s-s_k)\right|}$$

式中，$C_N\left(\frac{s}{j\Omega_c}\right)$ 的首项 $\left[\left(\frac{s}{j\Omega_c}\right)^N\right]$ 的系数为 2^{N-1}，因而 s^N 项的系数为 $\frac{2^{N-1}}{\Omega_c^N}$，整个分母多项式 s^N 的系数为 $\frac{\varepsilon \cdot 2^{N-1}}{\Omega_c^N}$，等式相等，推导得到

$$K = \frac{\Omega_c^N}{\varepsilon \cdot 2^{N-1}}$$

将 K 代入系统函数表达式，可得滤波器的系统函数

$$H_a(s) = \frac{\Omega_c^N}{\varepsilon \cdot 2^{N-1} \prod_{k=1}^{N}(s-s_k)}$$

【例 5-2】 给定模拟低通滤波器的性能指标，在通带内，即在 $0 \leqslant \Omega \leqslant 2\pi \times 10^4 \text{rad/s}$ 范围内，幅度函数的纹波系数为(起伏)$\delta_1 \leqslant 1\text{dB}$；在阻带内，即在 $\Omega \geqslant 2\pi \times 1.5 \times 10^4 \text{rad/s}$ 时，幅度函数衰减 $\delta_2 \geqslant 15\text{dB}$。试用切比雪夫滤波器实现并求取系统函数 $H_a(s)$。

解： (1) 由题意知，滤波器通带的纹波 $\delta_1 = 1\text{dB}$，阻带衰减 $\delta_2 = 15\text{dB}$ 求通带纹波参数 ε。由式(5-19)得

$$\varepsilon = \sqrt{10^{0.1\delta_1}-1} = \sqrt{10^{0.1}-1} = 0.50885$$

(2) 求阶次数 N。由式(5-22)得

$$N \geqslant \frac{\text{arcch}\left[\frac{1}{\varepsilon}\sqrt{10^{0.1\delta_2}-1}\right]}{\text{arcch}\left(\frac{\Omega_{st}}{\Omega_c}\right)} = 3.1977$$

取 $N=4$。

(3) 查表 5-3，得到原型滤波器的系统函数

第5章 IIR数字滤波器的设计与MATLAB实现

$$H_{an}(s) = \frac{1}{4.07(s+0.139\,536\,0+j0.983\,379\,2)(s+0.139\,536\,0-j0.983\,379\,2)} \times$$

$$\frac{1}{(s+0.336\,869\,7+j0.407\,329\,0)(s+0.336\,869\,7-j0.407\,329\,0)}$$

（4）去归一化，得到模拟滤波器

$$H_a(s) = \frac{3.828\,6\times 10^{18}}{s^4+5.897\times 10^4 s^3+5.741\times 10^9 s^2+1.843\times 10^4 s+4.296\times 10^{18}}$$

表 5-3 切比雪夫滤波器分母多项式 $(s-s_1)(s-s_2)\cdots(s-s_N)=0$ 的根

N=1	N=2	N=3	N=4	N=5	N=6	N=7	N=8	N=9
a. 1/2dB波纹（ε=0.349 311 4，ε²=0.122 018 4）									
−2.862 775 2	−0.712 812 2 ±j1.004 042 5	−0.626 456 5 −0.313 228 2 ±j1.021 927 5	−0.175 353 1 ±j1.016 252 9 −0.423 398 ±j0.420 945 7	−0.362 319 6 −0.111 962 9 ±j1.011 557 4 −0.293 122 7 ±j0.625 176 85	−0.077 650 1 ±j1.008 460 8 −0.212 144 0 ±j0.738 244 6 −0.289 794 9 ±j0.270 216 2	−0.256 170 0 −0.057 003 2 ±j1.006 408 5 −0.159 719 4 ±j0.807 077 0 −0.230 801 2 ±j0.447 893 9	−0.043 620 1 ±j1.005 002 1 −0.124 219 5 ±j0.851 999 6 −0.185 907 6 ±j0.569 287 9 −0.219 292 9 ±j0.199 907 3	−0.198 405 3 −0.034 452 7 ±j1.004 004 0 −0.099 202 6 ±j0.882 906 9 −0.151 987 3 ±j0.655 317 0 −0.186 440 0 ±j0.348 686 9
b. 1dB波纹（ε=0.508 847 1，ε²=0.258 925 4）									
−1.965 226 7	−0.548 867 2 ±j0.895 128 6	−0.494 170 6 −0.247 085 3 ±j0.965 998 7	−0.139 536 0 ±j0.983 379 2 −0.336 869 7 ±j0.407 329 0	−0.289 493 3 −0.089 458 4 ±j0.990 107 1 −0.234 205 0 ±j0.611 919 8	−0.062 181 0 ±j0.993 411 5 −0.169 881 7 ±j0.727 227 5 −0.232 062 7 ±j0.266 183 7	−0.205 414 1 −0.045 708 9 ±j0.995 283 9 −0.128 073 6 ±j0.798 155 7 −0.185 071 7 ±j0.442 943 0	−0.035 008 2 ±j0.996 451 3 −0.099 695 0 ±j0.995 283 9 −0.149 204 1 ±j0.564 444 3 −0.175 998 3 ±j0.198 206 5	−0.159 330 5 −0.027 667 4 ±j0.997 229 7 −0.079 665 2 ±j0.876 949 0 −0.122 054 2 ±j0.650 895 4 −0.149 721 7 ±j0.346 334 2
c. 2dB波纹（ε=0.764 783 1，ε²=0.584 893 2）									
−1.307 560 3	−0.401 908 2 ±j0.689 375 0	−0.368 910 8 −0.184 455 4 ±j0.923 077 1	−0.104 887 2 ±j0.957 953 0 −0.253 220 2 ±j0.396 797 1	−0.218 308 3 −0.067 461 0 ±j0.973 455 7 −0.176 615 1 ±j0.601 628 7	−0.046 973 2 ±j0.981 705 2 −0.128 333 2 ±j0.718 658 1 −0.175 306 4 ±j0.263 047 1	−0.155 295 8 −0.034 556 6 ±j0.986 613 9 −0.096 825 3 ±j0.791 202 9 −0.139 916 7 ±j0.439 084 0	−0.026 492 4 ±j0.989 787 6 −0.075 443 9 ±j0.839 100 9 −0.112 908 8 ±j0.560 669 3 −0.133 186 2 ±j0.196 880 9	−0.120 629 8 −0.020 947 1 ±j0.991 947 1 −0.060 314 9 ±j0.872 303 6 −0.092 407 0 ±j0.647 447 5 −0.113 354 9 ±j0.344 499 6

续表

N=1	N=2	N=3	N=4	N=5	N=6	N=7	N=8	N=9
d. 3dB波纹($\varepsilon=0.997\,628\,3$，$\varepsilon^2=0.995\,262\,3$)								
−1.002 377 3	−0.324 498	−0.298 620 2	−0.085 170 4	−0.177 508 5	−0.038 229 5	−0.126 485 8	−0.021 578 2	−0.098 271 6
	±j0.777 157 6	−0.149 310 1	±j0.946 484 4	−0.054 853 1	±j0.976 406 0	−0.028 145 6	±j0.986 766 4	−0.017 064 7
		±j0.903 814 4	−0.205 619 5	±j0.965 923 8	−0.104 445 0	±j0.982 695 7	−0.061 449 4	±j0.989 551 6
			±j0.392 046 7	−0.143 607 4	±j0.714 778 8	−0.078 862 3	±j0.836 540 1	−0.049 135 8
				±j0.596 973 8	−0.142 674 5	±j0.788 060 8	−0.091 965 5	±j0.870 197 1
					±j0.261 627 2	−0.113 959 0	±j0.558 958 2	−0.075 280 4
						±j0.437 340 7	−0.108 480 7	±j0.645 883 9
							±j0.196 280 0	−0.092 345 1
								±j0.343 667 7

表 5-4 切比雪夫滤波器分母多项式 $s^N+a_{N-1}s^{N-1}+\cdots+a_2s^2+a_1s+a_0$（$a_N=1$）的系数

N	a_0	a_1	a_2	a_3	a_4	a_5	a_6	a_7	a_8
a. 1/2dB波纹($\varepsilon=0.349\,311\,4$，$\varepsilon^2=0.122\,018\,4$)									
1	2.862 775 2								
2	1.516 202 6	1.425 624 5							
3	0.715 693 8	1.534 895 4	1.252 913 0						
4	0.379 050 6	1.025 455 3	1.716 866 2	1.197 385 6					
5	0.178 923 4	0.752 518 1	1.309 574 7	1.937 367 5	1.172 490 9				
6	0.094 762 6	0.432 366 9	1.171 861 3	1.589 763 5	2.171 844 6	1.151 217 6			
7	0.044 730 9	0.282 072 2	0.755 651 1	1.647 902 9	1.869 407 9	2.412 651 0	1.151 217 6		
8	0.023 690 7	0.152 544 4	0.573 560 4	1.148 589 4	2.184 015 4	2.149 217 3	2.656 749 8	1.146 080 1	
9	0.011 182 7	0.094 119 5	0.340 819 3	0.983 619 5	1.611 388 0	2.781 499 5	2.429 329 7	2.902 733 7	1.142 570 5
10	0.005 992 27	0.049 285 5	0.237 268 8	0.626 968 9	1.527 430 7	2.144 237 2	3.440 962 8	2.709 741 5	3.149 875 7
b. 1dB波纹($\varepsilon=0.508\,847\,1$，$\varepsilon^2=0.258\,925\,4$)									
1	1.965 226 7								
2	1.102 510 3	1.097 734 3							
3	0.491 306 7	1.238 409 2	0.988 341 2						
4	0.275 627 6	0.742 619 4	1.453 924 8	0.952 811 4					
5	0.122 826 7	0.580 534 2	0.974 396 1	1.688 816 0	0.936 820 1				
6	0.068 906 9	0.307 080 8	0.939 346 1	1.202 140 9	1.930 825 6	0.928 251 0			
7	0.030 706 6	0.213 671 2	0.548 619 2	1.357 544 0	1.428 793 0	2.176 077 8	0.923 122 8		
8	0.017 226 7	0.107 344 7	0.447 825 7	0.844 824 3	1.836 902 4	1.655 155 7	2.423 026 4	0.919 811 3	
9	0.007 676 7	0.070 604 8	0.244 186 4	0.786 310 9	1.201 607 1	2.378 118 8	1.881 479 8	2.670 946 8	0.915 747 6
10	0.004 306 7	0.034 497 1	0.182 451 2	0.455 389 2	1.244 491 4	1.612 985 6	2.981 509 4	2.107 852 9	2.919 465 7

续表

N	a_0	a_1	a_2	a_3	a_4	a_5	a_6	a_7	a_8
c. 2dB 波纹（$\varepsilon=0.7647831$，$\varepsilon^2=0.5848932$）									
1	1.307 560 3								
2	0.636 768 1	0.803 816 4							
3	0.326 890 1	1.022 190 3	0.737 821 6						
4	0.205 765 1	0.516 798 1	1.256 481 9	0.716 215 0					
5	0.081 722 5	0.459 349 1	0.693 477 0	1.499 543 3	0.706 460 6				
6	0.051 441 3	0.210 270 6	0.771 461 8	0.867 014 9	1.745 858 7	0.701 225 7			
7	0.020 422 8	0.166 092 0	0.382 505 6	1.144 439 0	1.039 220 3	1.993 527 2	0.697 892 9		
8	0.012 860 3	0.072 937 3	0.358 704 3	0.598 221 4	1.579 580 7	1.211 712 1	2.242 529	0.696 064 6	
9	0.005 107 6	0.054 375 6	0.168 447 3	0.644 467 7	0.856 864 8	2.076 747 9	1.383 746 4	2.491 289 7	0.694 679 3
10	0.003 215 1	0.023 334 7	0.144 005 7	0.317 756 0	1.038 910 4	1.158 252 87	2.636 250 7	1.555 742 4	2.740 603 2
d. 3dB 波纹（$\varepsilon=0.9976283$，$\varepsilon^2=0.9952623$）									
1	1.002 377 3								
2	0.707 947 8	0.644 899 6							
3	0.250 594 3	0.928 348 0	0.597 240 4						
4	0.176 986 9	0.404 767 9	1.169 117 6	0.581 579 9					
5	0.062 639 1	0.407 942 1	0.548 862 6	1.414 984 7	0.574 429 6				
6	0.044 246 7	0.163 429 9	0.699 097 7	0.690 609 8	1.662 848 1	0.570 697 9			
7	0.015 662 1	0.146 153 0	0.300 016 7	1.051 844 5	0.831 441 1	1.911 550 7	0.568 420 1		
8	0.011 061 7	0.056 481 3	0.320 764 6	0.471 899 0	1.466 699 0	0.971 947 3	2.160 714 8	0.566 947 6	
9	0.003 915 4	0.047 590 0	0.131 385 1	0.583 498 4	0.678 907 5	1.943 844 3	1.112 286 3	2.410 134 6	0.565 923 4
10	0.002 765 4	0.018 031 5	0.127 756 0	0.249 204 3	0.949 920 8	0.921 065 9	2.483 420 5	1.252 667	2.659 737 8

5.3 IIR 数字滤波器的设计

模拟滤波器的设计理论已经非常成熟，而且有许多性能优良的滤波器可供选择，设计公式和图表完善，所以由模拟滤波器间接设计数字滤波器的方法得到普遍应用。利用模拟滤波器设计 IIR 数字滤波器的设计步骤如下。

（1）将给定的数字滤波器的性能指标，按照某一变换（映射）规则转换为相应的模拟滤波器的性能指标。

（2）若设计的滤波器不是低通滤波器，需要将步骤（1）中变换所得到的模拟滤波器的性能指标转换为模拟低通滤波器的性能指标。这是因为只有模拟低通滤波器才有图形和表格等可用资源。

（3）用所得到的模拟低通滤波器的性能指标，应用模拟滤波器的逼近方法，设计并查表求得模拟低通滤波器的系统函数，即设计数字滤波器的"样本"或"原型"。

(4) 利用步骤(1)、(2)中同一变换规则,将"原型"低通滤波器的系统函数变换成所需要的数字各型滤波器的系统函数。

在步骤(1)中的变换规则就是从模拟滤波器数字化为数字滤波器的方法,也就是把模拟滤波器的系统函数 $H_a(s)$ 变换为所要的数字滤波器的系统函数 $H(z)$,实现 s 域到 z 域的映射。这种由 s 域向 z 域的映射必须满足以下两个基本条件。

(1) 频率轴要对应,即 s 平面的虚轴 $j\Omega$ 必须映射到 z 平面的单位圆 $e^{j\omega}$ 的圆周上。

(2) s 平面映射到 z 平面映射前、后滤波器的稳定性不变。也就是 s 平面的左半平面 $\mathrm{Re}(s)<0$ 必须映射到 z 平面的单位圆的内部 $|z|<1$。

模拟"原型"滤波器有多种设计方法,设计数字滤波器时,就是将满足数字滤波器性能指标要求的作为"原型"的模拟滤波器映射为数字滤波器。下面介绍冲激响应不变法和双线性变换法。

5.3.1 冲激响应不变法设计 IIR 数字滤波器

1. 变换原理

冲激响应不变法是从滤波器的冲激响应出发,使数字滤波器的单位冲激响应序列 $h(n)$ 正好等于模拟滤波器的冲激响应 $h_a(t)$ 的采样值,即 $h(n)=h_a(nT)$,T 为采样周期。如果 $H_a(s)$、$H(z)$ 分别表示 $h_a(t)$ 的拉普拉斯变换和 $h(n)$ 的 z 变换,即 $H_a(s)=L[h_a(t)]$,$H(z)=\sum_{n=-\infty}^{\infty}h(n)z^{-n}$。利用 2.2 节中采样序列的 z 变换与模拟信号的拉普拉斯变换之间的关系,即利用式(2-20),得到

$$H(z)|_{z=e^{sT}}=\frac{1}{T}\sum_{k=-\infty}^{\infty}H_a\left(s-\mathrm{j}\frac{2\pi}{T}k\right) \quad (5-24)$$

由式(5-24)可以看出,冲激响应不变法将模拟滤波器的 s 平面变换为数字滤波器的 z 平面的映射关系为 $z=e^{sT}$,它所完成的 s 平面到 z 平面的变换,正是拉普拉斯变换到 z 变换的标准变换关系,即首先对 $H_a(s)$ 作周期延拓,然后再经过 $z=e^{sT}$ 的映射关系映射到 z 平面上。如图 5.8 所示,s 平面上的每一条宽度为 $2\pi/T$ 的横带都将重叠地映射到整个 z 平面上,而每一横条的左半边 $\mathrm{Re}(s)<0$ 映射到 z 平面单位圆以内,右半边 $\mathrm{Re}(s)>0$ 映射到 z 平面单位圆以外,而 s 平面虚轴映射到 z 平面单位圆上,虚轴上每一段长为 $2\pi/T$ 的线

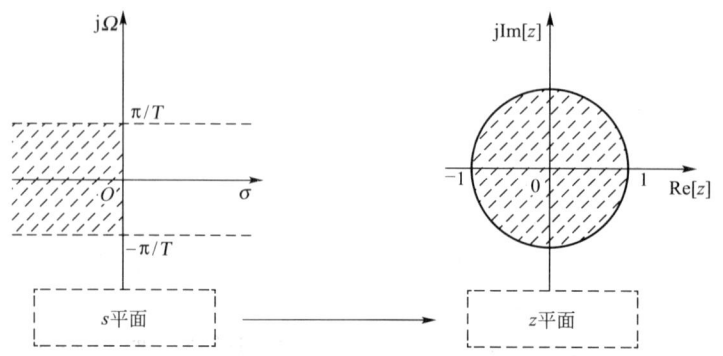

图 5.8 冲激响应不变法 s 平面到 z 平面的映射关系

段都映射到 z 平面单位圆上一周。由于 s 平面每一横带都要重叠地映射到 z 平面上，这正好反映了 $H(z)$ 和 $H_a(s)$ 的周期延拓函数之间的变换关系 $z = e^{sT}$，故冲激响应不变法并不是从 s 平面到 z 平面的简单代数映射关系。

背景资料

冲激响应不变法设计数字滤波器的基本思想是基于数字滤波器的单位冲激响应 $h(n)$ 模仿模拟滤波器的冲激响应 $h_a(t)$ 的基础上的。将模拟滤波器的冲激响应函数 $h_a(t)$ 进行等间隔取值，使得 $h(n)$ 正好等于 $h_a(t)$ 的采样值，即满足 $h(n) = h_a(t)|_{t=nT}$。

2. 混叠失真

由式(5-24)可以得到数字滤波器与模拟滤波器频率响应之间的关系为

$$H(e^{j\omega}) = \frac{1}{T} \sum_{k=-\infty}^{\infty} H_a\left(j\frac{\omega - 2\pi k}{T}\right) \tag{5-25}$$

可以看出，数字滤波器的频率响应并不是简单地重现模拟滤波器的频率响应，而是模拟滤波器频率响应的周期延拓。因此由时域采样定理可知，如果模拟滤波器的频率响应带限于折叠频率 $\Omega_s/2$ 以内，即

$$H_a(j\Omega) = 0, \quad |\Omega| \geqslant \frac{\pi}{T} = \frac{\Omega_s}{2} \tag{5-26}$$

这时数字滤波器的频率响应在折叠频率以内才能不失真地重现模拟滤波器的频率响应，即

$$H(e^{j\omega}) = \frac{1}{T} H_a\left(\frac{\omega}{T}\right), \quad |\omega| < \pi \tag{5-27}$$

对于任何一个实际的模拟滤波器，其频率响应都不可能是严格限制带宽的，也就不可避免地存在频谱的交叠，产生频率响应的混叠失真，如图 5.9 所示。

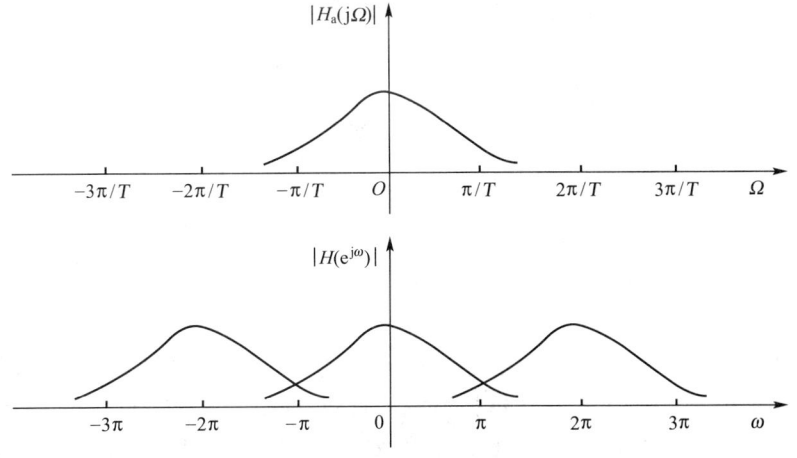

图 5.9 冲激响应不变法的频谱混叠现象

如果原模拟信号的频带不是限于 $\pm\frac{\pi}{T}$ 之间，映射到 z 平面上，在 $\omega = \pm\pi$ 附近产生频率混叠。这种频率混叠现象会使设计出的数字滤波器在折叠频率附近的频率特性不同程

度地偏离模拟滤波器在折叠频率附近的频率特性，严重时使数字滤波器不满足给定的技术指标。为此，希望实际的滤波器是带限的滤波器，如果不是带限的，例如高通滤波器、带阻滤波器，需要在高通、带阻滤波器之前加防混叠滤波器，滤除高于折叠频率$\frac{\pi}{T}$以上的频带，以免产生频率混叠现象。但这样会增加系统的成本和复杂性，因此高通和带阻滤波器不适合应用冲激响应不变法进行设计。

冲激响应不变法的优点是频率坐标变换是线性$(\omega=\Omega T)$的，即如果不考虑频率混叠现象，用这种方法设计的数字滤波器会很好地重现原模拟滤波器的频率特性。另外一个优点是数字滤波器的冲激响应完全模仿模拟滤波器的冲激响应，时域特性逼近良好。

3. 模拟滤波器的数字化

由于冲激响应不变换法要由已经求得的模拟滤波器的系统函数 $H_a(s)$ 求拉普拉斯反变换，得到模拟冲激响应函数 $h_a(t)$，然后对 $h_a(t)$ 进行采样后得到 $h_a(nT)$，使数字滤波器的单位采样响应 $h(n)=h_a(nT)$，再取 z 变换得到数字滤波器的系统函数 $H(z)$，设计过程非常烦琐。下面从冲激响应不变法所造成的 s 平面与 z 平面的对应关系来寻找 $H_a(s)$ 与 $H(z)$ 之间的直接变换关系。

设模拟滤波器的系统函数 $H_a(s)$ 只有单阶极点，且分母的阶次数(N)高于分子的阶次数(M)，则系统函数 $H_a(s)$ 可表达为部分分式形式

$$H_a(s) = \sum_{k=1}^{N} \frac{A_k}{s-s_k} \quad (5-28)$$

其拉普拉斯反变换是相应的冲激响应 $h_a(t)$，即

$$h_a(t) = L^{-1}[H_a(s)] = \sum_{k=1}^{N} A_k e^{s_k t} u(t)$$

式中，$u(t)$ 是连续时间的单位阶跃函数，在冲激响应不变法中求对 $h_a(t)$ 采样得到的序列需与要设计的数字滤波器的单位冲激响应 $h(n)$ 相等，即

$$h(n) = h_a(nT) = \sum_{k=1}^{N} A_k e^{s_k nT} u(n)$$

再对 $h(n)$ 进行 z 变换，得到数字滤波器的传递函数

$$H(z) = \sum_{n=-\infty}^{\infty} h(n) z^{-n} = \sum_{n=0}^{\infty} \sum_{k=1}^{N} A_k (e^{s_k T} z^{-1})^n$$

$$= \sum_{k=1}^{N} \frac{A_k}{1-e^{s_k T} z^{-1}} \quad (5-29)$$

对比式$(5-28)$、$(5-29)$，可以得到：①s 平面的每一个单极点 $s=s_k$ 变换到 z 平面的上 $z=e^{s_k T}$ 处的单极点；②模拟滤波器的系统函数 $H_a(s)$ 与数字滤波器的系统函数 $H(z)$ 的部分分式的分子相同，都是 A_k；③模拟滤波器是稳定的，则在 $H_a(s)$ 的所有极点位于 s 平面的左侧，即有 $\text{Re}(s)<0$，数字化处理后数字滤波器的全部极点位于 z 平面单位圆以内，即 $|e^{s_k T}|<1$，数字滤波器也是稳定的。

冲激响应不变法能保证 s 平面极点与 z 平面极点有这种代数对应关系，但并不等于整个 s 平面与 z 平面有这种代数对应关系，模拟滤波器的零点和数字滤波器的零点就不存在这种对应关系，而是随着 $H_a(s)$ 的极点 s_k 以及系数 A_k 的变化而变化。

由式(5-27)看出,数字滤波器的频率响应幅度与采样间隔 T 成反比

$$H(e^{j\omega}) = \frac{1}{T}H_a\left(\frac{\omega}{T}\right), \quad |\omega| < \pi$$

如果采样频率很高,即 T 很小时,数字滤波器有很高的增益,这是不希望的,因此对冲激响应不变法作简单的修正,以使得数字滤波器的增益不再随采样频率的变化而变化。令

$$h(n) = Th_a(nT) \quad (5-30)$$

则有

$$H(z) = \sum_{k=1}^{N} \frac{TA_k}{1 - e^{s_k T} z^{-1}} \quad (5-31)$$

及

$$H(e^{j\omega}) = \sum_{k=-\infty}^{\infty} H_a\left(j\frac{\omega - 2\pi k}{T}\right) \quad (5-32)$$

【例 5-3】 已知模拟滤波器系统函数为

$$H_a(s) = \frac{2}{s^2 + 4s + 3}$$

应用冲激响应不变法将其转换成数字滤波器,设 $T=1s$。比较模拟滤波器与数字滤波器的频率特性。

解: (1) 将模拟滤波器系统函数 $H_a(s)$ 分解为部分分式的和的形式

$$H_a(s) = \frac{2}{s^2 + 4s + 3} = \frac{1}{s+1} - \frac{1}{s+3}$$

(2) 直接应用式(5-31),得到数字滤波器的系统函数

$$H(z) = \frac{T}{1 - z^{-1}e^{-T}} - \frac{T}{1 - z^{-1}e^{-3T}}$$

$$= \frac{Tz^{-1}(e^{-T} - e^{-3T})}{1 - z^{-1}(e^{-T} + e^{-3T}) + z^{-2}e^{-4T}}$$

将已知 $T=1s$ 代入上式得到

$$H(z) = \frac{0.318z^{-1}}{1 - 0.4177z^{-1} + 0.01831z^{-2}}$$

(3) 模拟滤波器 $H_a(j\Omega)$ 与数字滤波器的频率响应 $H(e^{j\omega})$ 分别为

$$H_a(j\Omega) = \frac{2}{(3 - \Omega^2) + j4\Omega}$$

$$H(e^{j\omega}) = \frac{0.3181e^{-j\omega}}{1 - 0.4177e^{-j\omega} + 0.01831e^{-j2\omega}}$$

$|H_a(j\Omega)|$ 与 $|H(e^{j\omega})|$ 绘制在图 5.10 上,由图可以看出,由于 $H_a(j\Omega)$ 不是充分限带的,所以 $H(e^{j\omega})$ 产生了严重的频谱混叠。

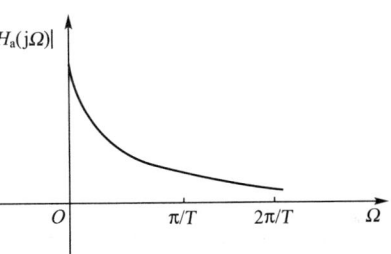
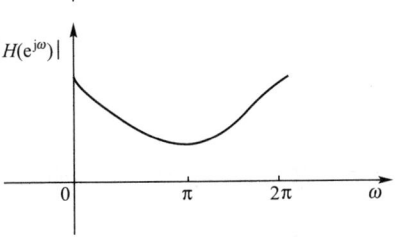

图 5.10 模拟滤波器与数字滤波器的频谱幅度特性对比

5.3.2 双线性变换法设计 IIR 数字滤波器

1. 变换原理

冲激响应不变法的主要缺点是产生频率响应的混叠失真，这是因为从 s 平面到 z 平面的映射是多值映射关系所造成的。为了克服这一缺点，可以采用非线性频率压缩方法，将整个频率轴的频率范围压缩到 $-\frac{\pi}{T} \sim +\frac{\pi}{T}$ 之间，再按照关系 $z = e^{sT}$ 变换到 z 平面上。也就是说，在进行变换的过程中，第一步先将整个 s 平面变换到 s_1 平面的 $-\frac{\pi}{T} \sim +\frac{\pi}{T}$ 的一条横带里；然后通过标准变换关系 $z = e^{s_1 T}$ 将 s_1 平面的宽度为 $\frac{2\pi}{T}$ 的横带变换到整个 z 平面上，经过这种变换就将 s 平面与 z 平面建立了一一对应的单值关系，消除了多值变换性，消除了频谱混叠。映射关系如图 5.11 所示。

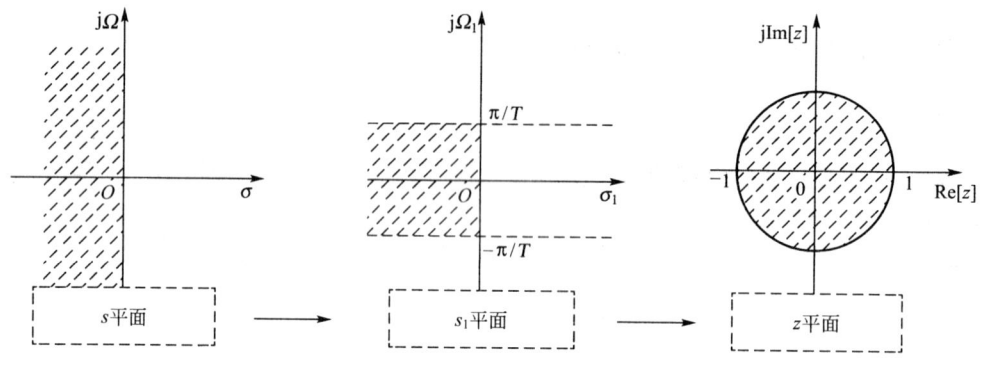

图 5.11 双线性变换的映射关系

为了将 s 平面的整个虚轴 $j\Omega$ 变换到 s_1 平面 $j\Omega_1$ 上的 $-\frac{\pi}{T} \sim +\frac{\pi}{T}$ 段上，可以采用下面的变换关系

$$\Omega = \tan\left(\frac{\Omega_1 T}{2}\right) \tag{5-33}$$

这样频率 Ω 从 $-\infty$ 变化到 $+\infty$，也就是 s 平面的整个虚轴，频率 Ω_1 从 $-\frac{\pi}{T}$ 变化到 $\frac{\pi}{T}$，可将式(5-33)表示成

$$j\Omega = \frac{e^{j\frac{\Omega_1 T}{2}} - e^{-j\frac{\Omega_1 T}{2}}}{e^{j\frac{\Omega_1 T}{2}} + e^{-j\frac{\Omega_1 T}{2}}}$$

将此关系解析延拓到整个 s 平面与 s_1 平面，令 $s = j\Omega$，$s_1 = j\Omega_1$，有

$$s = \frac{e^{\frac{s_1 T}{2}} - e^{-\frac{s_1 T}{2}}}{e^{\frac{s_1 T}{2}} + e^{-\frac{s_1 T}{2}}} = \frac{1 - e^{-s_1 T}}{1 + e^{s_1 T}} \tag{5-34}$$

按照 s_1 平面到 z 平面的标准变换关系 $z = e^{s_1 T}$ 变换得到

第5章 IIR数字滤波器的设计与MATLAB实现

$$s = \frac{1-z^{-1}}{1+z^{-1}} \tag{5-35}$$

$$z = \frac{1+s}{1-s} \tag{5-36}$$

一般来讲,在对模拟滤波器进行数字化的变换过程中,为了使模拟滤波器和数字滤波器的任一频率有对应关系,引入待定系数 c,使得 s 平面到 s_1 平面的变换为

$$\Omega = c\tan\left(\frac{\Omega_1 T}{2}\right) \tag{5-37}$$

引入待定常数 c 后,式(5-35)、(5-36)变为

$$s = c\frac{1-z^{-1}}{1+z^{-1}} \tag{5-38}$$

$$z = \frac{c+s}{c-s} \tag{5-39}$$

式(5-38)、(5-39)是 s 平面到 z 平面之间的单值映射关系,且这种变换都是两个线性函数之比,把这种关系称为双线性变换。

2. 变换常数 c 的选择

采用不同的方法选择 c,可以使模拟滤波器频率特性与数字滤波器的频率特性在不同频率处有对应的关系,也就是可以通过参数 c 的选择调节频带间的对应关系。选择常数 c 的方法有以下2种。

(1) 模拟滤波器与数字滤波器在低频段具有较为确切的对应关系,在低频处有 $\Omega \approx \Omega_1$。当 Ω_1 较小时有

$$\tan\left(\frac{\Omega_1 T}{2}\right) \approx \frac{\Omega_1 T}{2}$$

由式(5-37)及 $\Omega = \Omega_1$ 得

$$c = \frac{2}{T} \tag{5-40}$$

此时,模拟低通滤波器的低频段特性近似等于数字滤波器的低频特性。

(2) 采用数字滤波器的某一频率,比如通带截止频率 ω_c 与模拟原型滤波器的特定频率 Ω_c 严格对应,则常数 c 由已知的滤波器的参数代入式(5-39)求取

$$c = \Omega_c \cot\frac{\omega_c}{2} \tag{5-41}$$

方法(2)的主要优点是在特定的模拟频率与特定的数字频率处,频率响应是严格相等的,从而可以较为准确地控制截止频率的位置。

3. 双线性变换法预畸变处理

双线性变换法避免了冲激响应不变法的频率响应的混叠现象,由 s 域变换到 z 域是单值的一一对应关系,s 平面整个 $j\Omega$ 轴单值对应于 z 平面单位圆的一周。这个变换关系表示为

$$\Omega = c\tan\frac{\omega}{2} \tag{5-42}$$

模拟角频率Ω与数字角频率ω之间的关系曲线如图5.12所示。

由式(5-42)可以看出，频率在零频率附近时数字角频率与模拟角频率之间近似成线性变换关系，当Ω增加时，变换关系为非线性的，也就是频率Ω与ω之间存在严重的非线性关系。这样非线性变换关系就产生了问题，一个是线性相位的模拟滤波器经过双线性变换后得到了非线性相位的滤波器，不再保持原有的线性相位；另外，这种非线性关系要求模拟滤波器为分段常数型的，否则，经过变换后的数字滤波器的频率特性相对于原模拟滤波器的幅频响应会有畸变，如图5.13所示，一个模拟微分器不能变换为数字微分器。

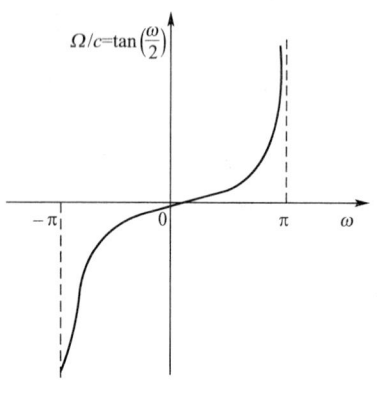

图5.12 双线性变换的频率间非线性关系

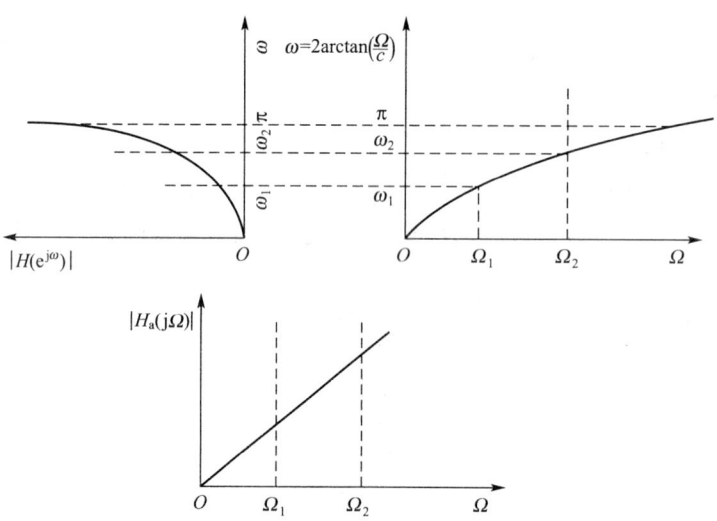

图5.13 理想微分器经双线性变换后产生畸变

对于分段常数的滤波器，经过双线性变换后，仍旧得到频率特性为分段常数的滤波器，但会在各分段边缘的临界频点处产生畸变。这种畸变可以通过对给定的模拟滤波器的边缘频率进行预畸变处理来加以校正。比如，要设计的数字带通滤波器的4个截止频率为ω_1、ω_2、ω_3、ω_4，按照线性变换所对应的模拟滤波器的截止频率为

$$\Omega_1=\frac{\omega_1}{T},\quad \Omega_2=\frac{\omega_2}{T},\quad \Omega_3=\frac{\omega_3}{T},\quad \Omega_4=\frac{\omega_4}{T}$$

显然，模拟滤波器经过双线性变换$\left(\omega=2\arctan\left(\frac{\Omega}{c}\right)\right)$后数字角频率显然不等于原来所要求的频率$\omega_1$、$\omega_2$、$\omega_3$、$\omega_4$。要想使得经过双线性变换后的数字角频率与设计要求的数字频率相等，就需要将模拟角频率加以预畸，即利用

$$\Omega=c\tan\frac{\omega}{2}$$

将设计所要求的数字角频率 $\omega_i(i=1,2,3,4)$ 变换为一组模拟角频率 $\Omega_i(i=1,2,3,4)$,然后利用 $\Omega_i(i=1,2,3,4)$ 这组模拟频率来设计模拟带通滤波器,这就是用于设计数字滤波器时的"原型"滤波器。这一预畸过程如图 5.14 所示。

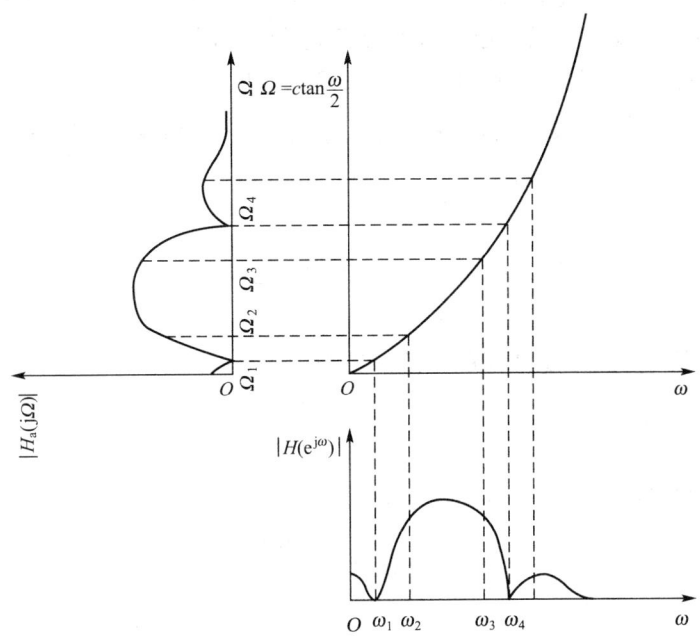

图 5.14 双线性变换的频率非线性预畸

4. 模拟滤波器的数字化

双线性变换法与冲激响应变换法相比较,设计和运算上比较直接和简单,由于双线性变换法中,s 到 z 域的变换是简单的代数关系,所以可直接把式(5-38)代入模拟滤波器的系统函数中,即

$$H(z) = H_a(s) \Big|_{s=c\frac{1-z^{-1}}{1+z^{-1}}} \tag{5-43}$$

得到数字滤波器的系统函数。

总结双线性变换法设计数字滤波器的步骤如下。

设给定的数字低通滤波器的性能指标为:通带截止频率 ω_p、通带纹波系数 δ_1 以及阻带起始频率 ω_{st}、阻带纹波系数 δ_2。

(1) 应用公式 $\Omega = c\tan\frac{\omega}{2}$ 对滤波器的通带截止频率 ω_p 和阻带的截止频率 ω_{st} 进行预畸变,得到模拟低通滤波器的截止频率 Ω_p、Ω_{st},预畸变公式为

$$\Omega = \frac{2}{T}\tan\frac{\omega}{2}$$

(2) 求满足指标 Ω_p、Ω_{st}、δ_1、δ_2 的模拟低通原型滤波器的系统函数 $H_{an}(s)$。

(3) 由模拟低通滤波器的阻带的性能指标求得低通滤波器的 3dB 截止频率 Ω_c,对模拟原型滤波器去归一化,即 $H_a(s) = H_{an}(s)\Big|_{s=\frac{s}{\Omega_c}}$。

(4) 利用双线性变换公式 $s=c\dfrac{1-z^{-1}}{1+z^{-1}}$ 将 $H_a(s)$ 映射为 $H(z)$。

【例 5-4】 数字低通滤波器设计指标要求为：通带截止频率 $\omega_p=0.25\pi$ rad，通带内的最大衰减 $\delta_1 \leqslant 0.5$dB；阻带起始截止频率为 $\omega_{st}=0.55\pi$ rad，阻带内的最小衰减 $\delta_2 \geqslant 15$dB。试应用双线性变换法设计巴特沃斯数字低通滤波器。

解：（1）进行频率预畸变，设 $T=2$s，求 Ω_p 及 Ω_{st}。

$$\Omega_p=\frac{2}{T}\tan\left(\frac{\omega_p}{2}\right)=\tan 0.125\pi=0.414\,213\,6, \quad \Omega_{st}=\frac{2}{T}\tan\left(\frac{\omega_{st}}{2}\right)=1.170\,849\,6$$

（2）计算巴特沃斯滤波器的阶次数

$$N=\lg\left(\frac{10^{\delta_2/10}-1}{10^{\delta_1/10}-1}\right)\bigg/\left[2\lg\left(\frac{\Omega_{st}}{\Omega_p}\right)\right]=2.658\,699\,7$$

取 $N=3$。

（3）查表求得三阶原型滤波器的系统函数为

$$H_{an}(s)=\frac{1}{(s+1)(s^2+s+1)}$$

（4）由滤波器阻带的性能指标求 3dB 截止频率为

$$\Omega_c=\frac{\Omega_{st}}{(10^{0.1\delta_2}-1)^{1/2N}}=\frac{1.170\,849\,6}{(10^{0.1\times15}-1)^{1/6}}=0.588\,148\text{rad/s}$$

所以

$$H_a(s)=\frac{0.203\,451}{(s+0.588\,148)(s^2+0.588\,148s+0.345\,918)}$$

（5）数字化，求得 $H(z)$ 为

$$H(z)=H_a(s)\bigg|_{s=\frac{1-z^{-1}}{1+z^{-1}}}$$

$$=\frac{0.066\,227\,2(1+z^{-1})^3}{(1-0.259\,328z^{-1})(1-0.676\,285\,8z^{-1}+0.391\,746\,8z^{-2})}$$

5.4 频率变换法设计 IIR 数字滤波器

同模拟滤波器一样，实际应用的数字滤波器也有低通、高通、带通和带阻等滤波器。设计各类数字滤波器的方法主要有以下两种。

（1）模拟域频带变换法。即把一个归一化的模拟原型滤波器在模拟域进行频带变换为所需类型(低通、带通、带阻和高通)的滤波器，然后再通过冲激响应不变法或双线性变换法转化为所需类型的数字滤波器，如图 5.15(a)所示。在实际设计时常常把前两步合并为一步，将模拟域进行频带变换与相应滤波器的数字化的公式合并，就可以从模拟低通归一化的原型滤波器通过一定频率变换完成数字滤波器的设计，如图 5.15(b)所示。

（2）数字域频带变换法。先利用冲激响应不变法或双线性变换法，把模拟低通滤波器变换为数字低通滤波器，然后在数字域进行频带变换，将其变换为所需类型的数字滤波器，如图 5.15(c)所示。

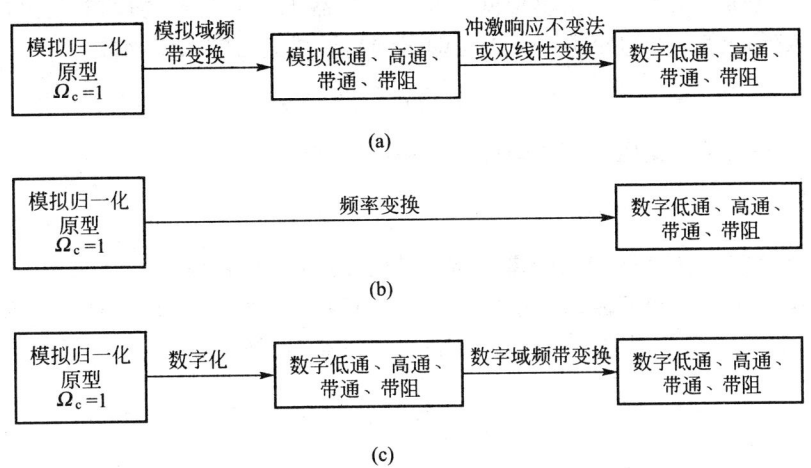

图 5.15 频带变换法设计 IIR 数字滤波器

5.4.1 模拟域频带变换法设计 IIR 数字滤波器

模拟域频带变换法中，前两步主要完成模拟低通原型滤波器转换为截止频率不同的模拟低通、高通、带通和带阻滤波器，本书不再作详细的推导，在此通过一个表格列出模拟滤波器的频带变换关系，s 为低通原型滤波器的拉普拉斯变量，p 为频带变换后各型滤波器的拉普拉斯变量，如表 5-5 所列。

表 5-5 截止频率为 Ω_c 的模拟低通滤波器变换为其他各型模拟滤波器的转换公式

变换类型	变换关系式	说明
低通原型→低通	$s = \dfrac{\Omega_c}{\overline{\Omega}_c} p$	$\overline{\Omega}_c$：实际低通滤波器的通带截止频率，p 为变换后低通滤波器的拉普拉斯变量
低通原型→高通	$s = \dfrac{\Omega_c \overline{\Omega}_c}{p}$	$\overline{\Omega}_c$：实际高通滤波器的截止频率，一般指阻带宽度
低通原型→带通	$s = \Omega_c \dfrac{p^2 + \overline{\Omega}_1 \overline{\Omega}_2}{p(\overline{\Omega}_2 - \overline{\Omega}_1)}$	$\overline{\Omega}_1, \overline{\Omega}_2$：实际带通滤波器的通带边界频率，$\overline{\Omega}_0 = \sqrt{\overline{\Omega}_1 \overline{\Omega}_2}$ 通带几何中心频率
低通原型→带阻	$s = \Omega_c \dfrac{p(\overline{\Omega}_2 - \overline{\Omega}_1)}{p^2 + \overline{\Omega}_1 \overline{\Omega}_2}$	$\overline{\Omega}_1, \overline{\Omega}_2$：实际带阻滤波器的阻带边界频率，$\overline{\Omega}_0 = \sqrt{\overline{\Omega}_1 \overline{\Omega}_2}$ 阻带几何中心频率

1. 模拟低通滤波器变换为数字高通滤波器

由表 5-5 知道，模拟低通原型滤波器变换为模拟高通滤波器的变换公式为

$$s = \frac{\Omega_c \overline{\Omega}_c}{p} \tag{5-44}$$

式中，Ω_c 为模拟低通滤波器的通带截止频率，$\overline{\Omega}_c$ 为模拟高通滤波器的通带截止频率。

设计数字高通滤波器，先由模拟低通原型滤波器 $H_{\text{lp}}(s)$ 变换为模拟高通 $H_{\text{hp}}(p)$，将 $H_{\text{lp}}(s)$ 中代入低通到高通的变换关系式，即得到高通滤波器的系统函数

$$H_{\text{hp}}(p) = H_{\text{lp}}(s)\Big|_{s=\frac{\Omega_c \overline{\Omega}_c}{p}} \tag{5-45}$$

再由双线性变换法变换为数字高通滤波器，即把式

$$p = c\frac{1-z^{-1}}{1+z^{-1}} \tag{5-46}$$

代入式(5-45)就把模拟高通系统函数变成了数字高通系统函数。

将上述运算中模拟滤波器的频带变换式(5-45)与数字化式(5-46)合并为一步运算，就可直接得到模拟低通原型滤波器与数字高通滤波器的变换关系

$$s = \frac{\Omega_c \overline{\Omega}_c}{p}\bigg|_{p=c\frac{1-z^{-1}}{1+z^{-1}}} = \frac{\Omega_c \overline{\Omega}_c}{c}\left[\frac{(1+z^{-1})}{1-z^{-1}}\right] = C_1\frac{1+z^{-1}}{1-z^{-1}} \tag{5-47}$$

根据双线性变换，模拟高通滤波器与数字高通滤波器频率之间的变换关系为

$$\overline{\Omega} = c\tan\left(\frac{\omega}{2}\right) \tag{5-48}$$

则

$$\overline{\Omega}_c = c\tan\left(\frac{\omega_c}{2}\right)$$

又因为 $C_1 = \dfrac{\Omega_c \overline{\Omega}_c}{c}$，故

$$C_1 = \Omega_c \tan\frac{\omega_c}{2} \tag{5-49}$$

下面考察数字高通滤波器与模拟低通滤波器的频率之间的关系。令 $s = j\Omega$，$z = e^{j\omega}$ 代入式(5-47)，经推导得

$$\Omega = -C_1\cot\frac{\omega}{2} \tag{5-50}$$

其变换关系曲线如图 5.16 所示。

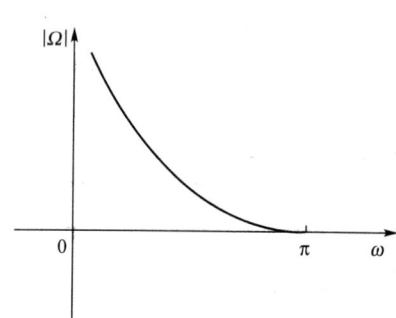

图 5.16 模拟低通变换到数字高通时频率间的变换关系

【例 5-5】 设计一个巴特沃斯高通滤波器，其指标要求为：通带截止频率(-3dB点处)为 $f_c = 300\text{Hz}$，通带的衰减不大于 3dB；阻带上限截止频率为 $f_{\text{st}} = 200\text{Hz}$，阻带的衰减不小于 14dB，采样频率为 $f_s = 1\,000\text{Hz}$。

解：(1) 求各数字频率

$$\omega_c = 2\pi\frac{f_c}{f_s} = \frac{2\pi\times 300}{1\,000} = 0.6\pi \text{ rad}$$

$$\omega_{\text{st}} = 2\pi\frac{f_{\text{st}}}{f_s} = \frac{2\pi\times 200}{1\,000} = 0.4\pi \text{ rad}$$

(2) 求常数 C_1。采用归一化的原型低通滤波器作为变换的低通原型，则

$$C_1 = \Omega_c \tan\frac{\omega_c}{2} = 1\times\tan\left(\frac{0.6\pi}{2}\right) = 1.376\,381\,92$$

第5章 IIR数字滤波器的设计与MATLAB实现

(3) 由数字高通滤波器的阻带起始频率与模拟低通滤波器的阻带起始频率的关系,得到

$$\Omega_{st} = C_1 \cot \frac{\omega_{st}}{2} = 1.376\,381\,9 \times 1.376\,381\,9 = 1.894\,427\,2$$

(4) 求模拟低通原型滤波器的阶次数 N。模拟低通原型滤波器与数字高通滤波器的阻带具有相同的衰减要求,按照巴特沃斯低通滤波器的幅度平方函数公式

$$20\lg|H_a(j\Omega_{st})| = -10\lg\left[1 + \left(\frac{\Omega_{st}}{\Omega_c}\right)^{2N}\right] \leqslant -14$$

求归一化原型滤波器的阶次数 N,$\Omega_c = 1\,\text{rad/s}$,所以有 $N = \dfrac{\lg(10^{1.4}-1)}{2\lg(1.894\,427\,2)} = 2.490\,931$,取 $N = 3$。

(5) 查表求得归一化的原型滤波器系统函数为

$$H_{an}(s) = \frac{1}{s^3 + 2s^2 + 2s + 1}$$

(6) 数字化得到数字高通滤波器的系统函数

$$H(z) = H_{an}(s)\Big|_{s=1.376\,381\,9\frac{1+z^{-1}}{1-z^{-1}}} = \frac{0.099\,079\,84(1 - 3z^{-1} + 3z^{-2} - z^{-3})}{1 + 0.571\,784\,8z^{-1} + 0.420\,116\,7z^{-2} + 0.556\,932\,5z^{-3}}$$

2. 模拟低通滤波器变换为数字带通滤波器

由表 5-5 知道,由模拟低通滤波器变换为模拟带通滤波器的变换公式为

$$s = \Omega_c \frac{p^2 + \overline{\Omega}_1 \overline{\Omega}_2}{p(\overline{\Omega}_2 - \overline{\Omega}_1)}$$

式中,Ω_c、$\overline{\Omega}_2$、$\overline{\Omega}_1$ 分别为:模拟低通滤波器的通带截止频率和模拟带通滤波器的通带上、下截止频率,满足模拟带通滤波器的带宽 $B = \Omega_c = \overline{\Omega}_2 - \overline{\Omega}_1$,几何中心频率 $\overline{\Omega}_0 = \sqrt{\overline{\Omega}_2 \overline{\Omega}_1}$。

设计数字带通滤波器,由模拟低通原型滤波器 $H_{lp}(s)$ 变换为模拟带通 $H_{bp}(p)$,将 $H_{lp}(s)$ 中代入低通到带通的变换关系式,即得到带通滤波器的系统函数

$$H_{bp}(p) = H_{lp}(s)\Big|_{s=\Omega_c \frac{p^2 + \overline{\Omega}_1 \overline{\Omega}_2}{p(\overline{\Omega}_2 - \overline{\Omega}_1)}} \tag{5-51}$$

再由双线性变换法变换为数字带通滤波器,即把

$$p = c\frac{1 - z^{-1}}{1 + z^{-1}} \tag{5-52}$$

代入式(5-51),将模拟带通系统函数变成了数字带通系统函数。

将上述运算中模拟滤波器的频带变换式(5-51)与数字化式(5-52)合并为一步运算,就可以直接得到模拟低通原型滤波器与数字带通滤波器的变换关系为

$$s = \Omega_c \frac{p^2 + \overline{\Omega}_1 \overline{\Omega}_2}{p(\overline{\Omega}_2 - \overline{\Omega}_1)}\Bigg|_{p=\frac{1-z^{-1}}{1+z^{-1}}} = \Omega_c \left[\frac{c^2(1-z^{-1})^2}{(1+z^{-1})^2} + \overline{\Omega}_1 \overline{\Omega}_2\right] \Big/ \left[\frac{c(1-z^{-1})}{1+z^{-1}}(\overline{\Omega}_2 - \overline{\Omega}_1)\right]$$

变换整理得

$$s = \frac{c^2 + \overline{\Omega}_0^2}{c} \cdot \frac{z^{-2} - 2\left(\dfrac{c^2 - \overline{\Omega}_0^2}{c^2 + \overline{\Omega}_0^2}\right)z^{-1} + 1}{1 - z^{-2}} \tag{5-53}$$

根据双线性变换，模拟带通滤波器与数字带通滤波器频率之间的变换关系为

$$\overline{\Omega} = c\tan\left(\frac{\omega}{2}\right)$$

及

$$\overline{\Omega}_0 = \sqrt{\overline{\Omega}_1 \overline{\Omega}_2} \tag{5-54}$$

上式为模拟带通滤波器的几何中心频率与通带边界频率之间的关系。由此得到数字滤波器的各频率（ω_0，ω_2，ω_1 分别为数字带通滤波器的中心频率和通带的上、下边界频率）之间的关系为

$$\tan^2\frac{\omega_0}{2} = \tan\frac{\omega_1}{2} \cdot \tan\frac{\omega_2}{2} \tag{5-55a}$$

$$\tan\frac{\omega_2}{2} - \tan\frac{\omega_1}{2} = \frac{\Omega_c}{c} \tag{5-55b}$$

考虑到模拟带通滤波器与数字带通滤波器是通带中心频率对应的映射关系，设数字滤波器的通带中心频率为 ω_0，则有

$$\overline{\Omega}_0 = c\tan\frac{\omega_0}{2} \tag{5-56}$$

因而

$$c = \overline{\Omega}_0 \cot\frac{\omega_0}{2} \tag{5-57}$$

设式 (5-53) 中 $\frac{c^2 + \overline{\Omega}_0^2}{c} = D$，则利用式 (5-55)、式 (5-57) 和标准三角函数恒等式，得

$$D = \Omega_c \cot\left(\frac{\omega_2 - \omega_1}{2}\right) \tag{5-58}$$

设 $2\frac{c^2 - \overline{\Omega}_0^2}{c^2 + \overline{\Omega}_0^2} = E$，同样可以得出

$$E = 2\frac{\cos\left(\frac{\omega_2 + \omega_1}{2}\right)}{\cos\left(\frac{\omega_2 - \omega_1}{2}\right)} = \frac{2\sin(\omega_1 + \omega_2)}{\sin\omega_1 + \sin\omega_2} = 2\cos\omega_0 \tag{5-59}$$

将 D、E 代入式 (5-53)，得到模拟低通滤波器到数字带通滤波器的变换关系为

$$s = D\frac{z^{-2} - Ez^{-1} + 1}{1 - z^{-2}} \tag{5-60}$$

在滤波器设计过程中，数字滤波器的中心频率和通带的上、下边界频率，即 ω_0、ω_2、ω_1 一般在设计时是给定的，可以由式 (5-58)、式 (5-59) 求得 D 与 E，利用式 (5-60) 变换，把模拟低通滤波器变换为数字带通系统函数

$$H(z) = H_{lp}(s)\bigg|_{s = D\frac{1 - Ez^{-1} + z^{-2}}{1 - z^{-2}}} \tag{5-61}$$

下面考察数字带通滤波器与模拟低通滤波器的频率之间的关系。令 $s = j\Omega$，$z = e^{j\omega}$，代入式 (5-60)，经推导得

$$\Omega = D\frac{\cos\omega_0 - \cos\omega}{\sin\omega} \tag{5-62}$$

其变换关系曲线如图 5.17 所示，映射关系为

$$\Omega=0\rightarrow\omega=\omega_0$$
$$\Omega=\infty\rightarrow\omega=\pi$$
$$\Omega=-\infty\rightarrow\omega=0$$

也就是说，低通滤波器的通带（$\Omega=0$ 附近）映射为带通滤波器的通带（$\omega=\omega_0$ 附近），低通的阻带映射到带通的阻带（$\omega=0$, π）。

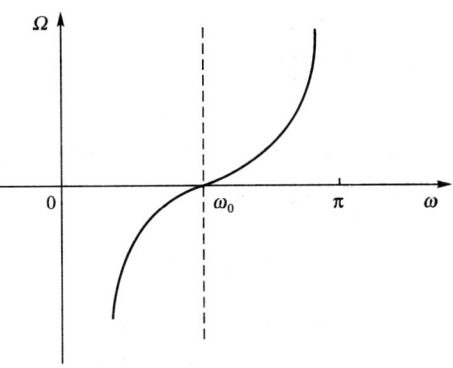

图 5.17 模拟低通滤波器与数字带通滤波器变换间的频率关系

【例 5-6】 设计一数字带通滤波器，其性能指标为：通带范围为 0.4π rad～0.5π rad，通带的最大衰减为 3dB，0.2π rad 以下和 0.8π rad 以上为阻带，阻带内的最小衰减为 20dB，采用巴特沃斯原型滤波器设计。

解：(1) 求参数 D, E。由式(5-58)得

$$D=\Omega_c\cot\left(\frac{\omega_2-\omega_1}{2}\right)=\Omega_c\cot\left(\frac{0.5\pi-0.4\pi}{2}\right)=\Omega_c\cot(0.05\pi)$$

取 $\Omega_c=1$ rad/s，则 $D=6.313\,751\,515$。

由式(5-59)得

$$E=2\cos\omega_0=2\frac{\cos\left(\frac{\omega_2+\omega_1}{2}\right)}{\cos\left(\frac{\omega_2-\omega_1}{2}\right)}=0.316\,768\,88$$

(2) 求满足数字带通滤波器要求的模拟低通原型滤波器的阻带起始截止频率。按照式(5-62)得

$$\Omega_{st1}=D\frac{\cos\omega_0-\cos\omega_{st1}}{\sin\omega_{st1}}=-6.988\,832\,25\,\text{rad/s}$$

$$\Omega_{st2}=D\frac{\cos\omega_0-\cos\omega_{st2}}{\sin\omega_{st2}}=10.391\,434\,62\,\text{rad/s}$$

根据巴特沃斯滤波器的特点，滤波器在较小阻带截止频率处满足 20dB 的衰减要求，则在阻带较大频率处一定满足衰减要求，因此取

$$\Omega_{st}=\min(|\Omega_{st1}|,|\Omega_{st2}|)=6.988\,832\,25\,\text{rad/s}$$

(3) 求原型滤波器的阶次数 N。将频率 $\Omega=\Omega_{st}=6.988\,832\,25$ rad/s 代入巴特沃斯滤波器的幅度平方函数公式中，解得

$$N=\frac{\lg(10^2-1)}{2\lg(6.988\,832\,25)}=1.181\,6$$

取 $N=2$，查表 5-1，得到二阶巴特沃斯低通归一化原型滤波器的系统函数为

$$H_{an}(s)=\frac{1}{s^2+1.414\,213\,65s+1}$$

去归一化，则有

$$H_a(s)=H_{an}(s/\Omega_c)$$

(4) 数字化。求 $H(z)$

$$H(z)=H_a(s)\Big|_{s=D\frac{z^{-2}-Ez^{-1}+1}{1-z^{-2}}}=H_{an}(s/\Omega_c)\Big|_{s=\Omega_c\cot\left(\frac{\omega_2-\omega_1}{2}\right)\left(\frac{z^{-2}-Ez^{-1}+1}{1-z^{-2}}\right)}$$

整理上式可以看到

$$H(z)=H_{an}(s)\Big|_{s=\cot\left(\frac{\omega_2-\omega_1}{2}\right)\left(\frac{z^{-2}-Ez^{-1}+1}{1-z^{-2}}\right)}$$

即在求取参数 D 的过程中按归一化的 $\Omega_c=1\text{rad}/\text{s}$ 来求取，求取 $H(z)$ 可以直接用归一化的原型滤波器设计即可。

$$H(z)=\frac{0.020\,250\,69(1-z^{-2})^2}{1-0.563\,696\,8z^{-1}+1.639\,294z^{-2}-0.449\,674\,3z^{-3}+0.640\,045\,2z^{-4}}$$

3. 模拟低通滤波器变换为数字带阻滤波器

由表 5-5 知道，由模拟低通滤波器变换为模拟带阻滤波器的变换公式为

$$s=\Omega_c\frac{p(\overline{\Omega}_2-\overline{\Omega}_1)}{p^2+\overline{\Omega}_1\overline{\Omega}_2}$$

设计数字带阻滤波器，先由模拟低通原型滤波器 $H_{lp}(s)$ 变换为模拟带阻 $H_{br}(p)$，其中 Ω_c 为模拟低通滤波器的通带截止频率，模拟带阻滤波器的阻带宽度为 $B=\overline{\Omega}_2-\overline{\Omega}_1$，将 $H_{lp}(s)$ 中代入低通到带阻的变换关系式，即得到模拟带阻滤波器的系统函数

$$H_{br}(p)=H_{lp}(s)\Big|_{s=\Omega_c\frac{p(\overline{\Omega}_2-\overline{\Omega}_1)}{p^2+\overline{\Omega}_1\overline{\Omega}_2}} \tag{5-63}$$

再由双线性变换法变换为数字带阻滤波器，即把

$$p=c\frac{1-z^{-1}}{1+z^{-1}} \tag{5-64}$$

代入式(5-63)中，就把模拟带阻系统函数变成了数字带阻系统函数。

将上述运算中模拟滤波器的频带变换式(5-63)与数字化式(5-64)合并为一步运算，就可以直接得到模拟低通原型滤波器与数字带阻滤波器的变换关系

$$s=\Omega_c\frac{p(\overline{\Omega}_2-\overline{\Omega}_1)}{p^2+\overline{\Omega}_2\overline{\Omega}_1}\Big|_{p=c\frac{1-z^{-1}}{1+z^{-1}}}=\Omega_c\left[\frac{c(1-z^{-1})}{(1+z^{-1})}(\overline{\Omega}_2-\overline{\Omega}_1)\right]\Big/\left[\frac{c^2(1-z^{-1})^2}{(1+z^{-1})^2}+\overline{\Omega}_2\overline{\Omega}_1\right]$$

变换整理得

$$s=\frac{c\overline{\Omega}_1\overline{\Omega}_2(1-z^{-2})}{(c^2+\overline{\Omega}_1\overline{\Omega}_2)\left(1-2\frac{c^2-\overline{\Omega}_1\overline{\Omega}_2}{c^2+\overline{\Omega}_1\overline{\Omega}_2}z^{-1}+z^{-2}\right)} \tag{5-65}$$

根据双线性变换，模拟带阻滤波器与数字带阻滤波器频率之间的变换关系

$$\overline{\Omega}=c\tan\left(\frac{\omega}{2}\right)$$

及 $\overline{\Omega}_0=\sqrt{\overline{\Omega}_1\overline{\Omega}_2}$（模拟带阻滤波器阻带的几何中心频率与通带截止频率的关系）得到数字滤波器的各频率（ω_0，ω_1，ω_2 分别为带阻滤波器的中心频率和边界频率）之间的关系

$$\tan^2\frac{\omega_0}{2}=\tan\frac{\omega_1}{2}\tan\frac{\omega_2}{2}$$

$$\tan\frac{\omega_2}{2}-\tan\frac{\omega_1}{2}=c^2\frac{\tan\frac{\omega_1}{2}\tan\frac{\omega_2}{2}}{\Omega_c}$$

考虑到模拟带阻滤波器与数字带阻滤波器是阻带中心频率对应的映射关系,设数字滤波器的阻带中心频率为 ω_0,则有

$$\overline{\Omega}_0 = c\tan\frac{\omega_0}{2} \quad (5-66)$$

因而

$$c = \overline{\Omega}_0 \cot\frac{\omega_0}{2} \quad (5-67)$$

设式(5-65)中 $\dfrac{c\overline{\Omega}_1\overline{\Omega}_2}{c^2+\overline{\Omega}_1\overline{\Omega}_2}=D_1$,则利用式(5-66)、式(5-67)和标准三角函数恒等式,得

$$D_1 = \Omega_c \tan(\frac{\omega_2-\omega_1}{2}) \quad (5-68)$$

设 $2\dfrac{c^2-\overline{\Omega}_1\overline{\Omega}_2}{c^2+\overline{\Omega}_1\overline{\Omega}_2}=E_1$,同样可以得出

$$E_1 = 2\frac{\cos\left(\dfrac{\omega_2+\omega_1}{2}\right)}{\cos\left(\dfrac{\omega_2-\omega_1}{2}\right)} = 2\cos\omega_0 \quad (5-69)$$

将 D_1、E_1 代入式(5-65),得到模拟低通滤波器到数字带阻滤波器的变换关系

$$s = D_1 \frac{(1-z^{-2})}{1-E_1 z^{-1}+z^{-2}} \quad (5-70)$$

在数字带阻滤波器设计过程中,ω_0、ω_1、ω_2 一般是给定的,可以由式(5-68)、式(5-69)求 D_1 与 E_1,利用式(5-70)变换,把模拟低通滤波器变换为数字带阻系统函数

$$H(z) = H_{lp}(s)\Big|_{s=D_1\frac{1-z^{-2}}{1-E_1 z^{-1}+z^{-2}}} \quad (5-71)$$

下面考察数字带阻滤波器与模拟低通滤波器的频率之间的关系。令 $s=\mathrm{j}\Omega$,$z=\mathrm{e}^{\mathrm{j}\omega}$,代入式(5-70),经推导得

$$\Omega = D_1 \frac{\sin\omega}{\cos\omega-\cos\omega_0} \quad (5-72)$$

其变换关系曲线如图 5.18 所示,映射关系为

$$\Omega=0 \rightarrow \omega=0,\quad \omega=\pi$$
$$\Omega=\pm\infty \rightarrow \omega=\omega_0$$

也就是说,低通滤波器的通带($\Omega=0$ 附近)映射为带阻滤波器的阻带范围之外($\omega=0$ 附近以及 $\omega=\pi$ 附近),低通的阻带($\Omega=\pm\infty$)映射到带阻滤波器的阻带($\omega=\omega_0$ 附近)。

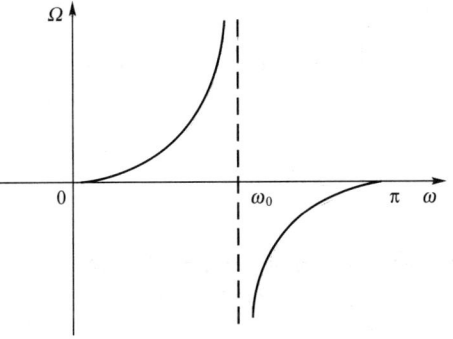

图 5.18 模拟低通与数字带阻滤波器变换时频率间的关系曲线

【例 5-7】 设计一数字带阻滤波器,其采样频率为 $f_s=1\mathrm{kHz}$,要求滤波器滤除 100Hz 的干扰,其 3dB 的阻带边界频率为 95Hz 和 105Hz,且其原型归一化的低通滤波

器的系统函数为

$$H_{an}(s) = \frac{1}{1+s}$$

求取数字滤波器的系统函数 $H(z)$。

解：（1）求取数字滤波器的边界频率。

$$\omega_1 = 2\pi f_1/f_s = 2\pi \times 95/1\,000 = 0.19\pi \text{ rad}$$

$$\omega_2 = 2\pi f_2/f_s = 2\pi \times 105/1\,000 = 0.21\pi \text{ rad}$$

（2）求参数 D_1，E_1。

$$D_1 = \Omega_c \tan\left(\frac{\omega_2 - \omega_1}{2}\right) = \tan(0.01\pi) = 0.031\,43 \quad (\text{取 } \Omega_c = 1\text{rad/s})$$

$$E_1 = 2\frac{\cos[(\omega_2 + \omega_1)/2]}{\cos[(\omega_2 - \omega_1)/2]} = 2\frac{\cos(0.2\pi)}{\cos(0.01\pi)} = 1.618\,8$$

（3）数字化，得到

$$H(z) = H_{an}(s)\Big|_{s=D_1\frac{1-z^{-2}}{1-E_1 z^{-1}+z^{-2}}} = \frac{0.969\,5(1-1.618\,8z^{-1}+z^{-2})}{1-1.569\,5z^{-1}+0.939\,0z^{-2}}$$

5.4.2 数字域频带变换法设计 IIR 数字滤波器

前面在设计数字滤波器的过程中，找到一个模拟原型滤波器，然后在模拟域中进行频带变换得到其他各种类型的模拟滤波器并通过数字化得到相应的数字滤波器。同样如果找到一个数字滤波器的低通原型 $H_1(z)$，可以通过一定的变换，来设计其他各种不同的数字滤波器 $H(z)$。这种变换就是将 $H_1(z)$ 所在的 v 平面映射到 $H(z)$ 所在的 z 平面。为了区分变换前后的两个不同的 z 平面，把变换前的 z 平面定义为 v 平面，两者的变换就是由 v 平面到 z 平面的变换

$$v^{-1} = G(z^{-1}) \tag{5-73}$$

这样，数字滤波器的变换关系就为

$$H(z) = H_1(v)\big|_{v^{-1}=G(z^{-1})} \tag{5-74}$$

现在来讨论数字原型滤波器与数字各型滤波器的变换关系 $v^{-1} = G(z^{-1})$ 应该满足的要求。首先，变换前后系统的因果稳定性不变，即 v 平面单位圆的内部要与 z 平面单位圆内部相对应；其次，两个函数的频率响应要满足一定的要求，即频率轴要对应，v 平面的单位圆要映射到 z 平面的单位圆上。用 θ 和 ω 分别表示 v 平面和 z 平面的数字角频率，则 $e^{j\theta}$ 和 $e^{j\omega}$ 分别表示 v 平面和 z 平面的单位圆，则式(5-73)可表示为

$$e^{-j\theta} = G(e^{-j\omega}) = |G(e^{-j\omega})|e^{j\varphi(\omega)} \tag{5-75}$$

式中，$\varphi(\omega)$ 是 $G(e^{-j\omega})$ 的相位函数。

由式(5-75)可以得到

$$|G(e^{-j\omega})| = 1 \tag{5-76}$$

也就是变换关系中变换函数 $G(z^{-1})$ 在单位圆上的幅度恒等于1，即该函数为全通函数。任何一个全通函数都可以表示为

$$G(z^{-1}) = \pm \prod_{i=1}^{N} \frac{z^{-1} - \alpha_i^*}{1 - \alpha_i z^{-1}} \tag{5-77}$$

式中，α_i 是函数的极点，可以是实数也可以是复数，但必须位于单位圆以内；零点与极

点为共轭倒数关系，N 为全通函数的阶数，当 ω 由 $0\to\pi$ 时，其相位函数的变换量为 $N\pi$。选择了 N 与 α_i，就得到了变换关系，实现了数字域的频带变换。

1. 数字低通与数字低通的变换

由低通向低通的变换中，$H_1(e^{j\theta})$ 与 $H(e^{j\omega})$ 都是低通滤波器，只是截止频率互不相同，因此当 θ 从 0 变化到 π，相应地 ω 也应由 0 变化到 π，根据全通函数相位 $\varphi(\omega)$ 变化量为 $N\pi$ 的性质，就可以完全确定全通函数的阶数必须为 1，并且满足以下两个条件

$$G(1)=1$$
$$G(-1)=-1$$

由式(5-73)、(5-77)可以计算得到满足上述要求的映射关系为

$$G(z^{-1})=\frac{z^{-1}-\alpha}{1-\alpha z^{-1}} \tag{5-78}$$

式中，α 是实数，且 $|\alpha|<1$。

考察这个变换所对应的频率变换关系，代入 $v=e^{j\theta}$，$z=e^{j\omega}$，有

$$e^{-j\theta}=\frac{e^{-j\omega}-\alpha}{1-\alpha e^{-j\omega}} \tag{5-79}$$

变换式(5-79)，可以求得变换后低通滤波器的频率 ω 与变换前滤波器的频率 θ 之间的关系为

$$\omega=\arctan\left[\frac{(1-\alpha^2)\sin\theta}{2\alpha+(1+\alpha^2)\cos\theta}\right]=\theta-2\arctan\left[\frac{\alpha\sin\theta}{1+\alpha\cos\theta}\right] \tag{5-80}$$

在设计滤波器的过程中，变换前后滤波器的通带截止频率是已知或由已知参数可以求取的量，因此根据式(5-80)，可以求得

$$\alpha=\frac{\sin\left(\dfrac{\theta_c-\omega_c}{2}\right)}{\sin\left(\dfrac{\theta_c+\omega_c}{2}\right)} \tag{5-81}$$

从而，由式(5-74)、(5-78)及式(5-81)就可以由已知的数字低通滤波器(截止频率为 θ_c)变换为新的数字低通滤波器(截止频率为 ω_c)，即

$$H(z)=H_1(v)\big|_{v^{-1}=\frac{z^{-1}-\alpha}{1-\alpha z^{-1}}} \tag{5-82}$$

2. 数字低通与数字高通的变换

数字低通滤波器变换为高通滤波器只是将低通频率响应在单位圆上旋转 $180°$，也就是将 z 变成 $-z$ 即可。将式(5-78)中的变量 z^{-1} 变换为 $-z^{-1}$，就完成了低通到高通的变换，即

$$G(z^{-1})=\frac{(-z)^{-1}-\alpha}{1+\alpha z^{-1}}=-\left(\frac{z^{-1}+\alpha}{1+\alpha z^{-1}}\right) \tag{5-83}$$

式(5-83)满足 $G(-1)=1$，$G(1)=-1$，且有 $|\alpha|<1$。这时低通原型滤波器的截止频率为 θ_c，对应变换之后的高通滤波器的频率为 $\omega_c+\pi$，$-\theta_c$ 对应于高通滤波器的截止频率 ω_c，则有

$$e^{-j(-\theta_c)}=-\frac{e^{-j\omega_c}+\alpha}{1+\alpha e^{-j\omega_c}}$$

由此可得

$$\alpha = -\frac{\cos\left(\dfrac{\theta_c + \omega_c}{2}\right)}{\cos\left(\dfrac{\theta_c - \omega_c}{2}\right)} \tag{5-84}$$

求得了 α，就可以由已知的数字低通滤波器（截止频率为 θ_c）变换为数字高通滤波器（截止频率为 ω_c），即

$$H(z) = H_1(v)\big|_{v^{-1} = -\frac{z^{-1}+\alpha}{1+\alpha z^{-1}}} \tag{5-85}$$

3. 数字低通变换为数字带通

若带通滤波器的中心频率为 ω_0，它对应于低通原型的通带中心，即 $\theta = 0$；当带通的频率由 $\omega_0 \to \pi$ 时，是由通带变化到阻带，因此对应于低通滤波器的频率 θ 由 $0 \to \pi$；同样 ω 由 $\omega_0 \to 0$ 时，也是由通带变化到阻带，对应于低通原型滤波器的镜像部分，相应于 θ 由 $0 \to -\pi$。这样可看出 ω 由 $0 \to \pi$ 时，θ 必相应变化 2π，也就是全通函数的阶数必定为 2，此时有

$$G(z^{-1}) = \pm \frac{z^{-1} - \alpha^*}{1 - \alpha z^{-1}} \cdot \frac{z^{-1} - \alpha}{1 - \alpha^* z^{-1}} = \pm \frac{z^{-2} + d_1 z^{-1} + d_2}{d_2 z^{-2} + d_1 z^{-1} + 1} \tag{5-86}$$

由于变换应满足下列条件

$$v^{-1} = -1 \to z^{-1} = -1$$
$$v^{-1} = -1 \to z^{-1} = 1$$

式(5-86)的符号必取"−"号，所以可得到数字低通到数字带通的变换关系为

$$v^{-1} = G(z^{-1}) = -\frac{z^{-1} - \alpha^*}{1 - \alpha z^{-1}} \cdot \frac{z^{-1} - \alpha}{1 - \alpha^* z^{-1}} = -\frac{z^{-2} + d_1 z^{-1} + d_2}{d_2 z^{-2} + d_1 z^{-1} + 1} \tag{5-87}$$

根据变换的边界条件

$$\begin{aligned} v = e^{-j\theta_c} &\to z = e^{j\omega_1} \\ v = e^{j\theta_c} &\to z = e^{j\omega_2} \\ v = 1 &\to z = e^{\pm j\omega_0} \end{aligned} \tag{5-88}$$

及式(5-87)，利用三角恒等关系式可以求得

$$d_1 = \frac{-2\cos\left(\dfrac{\omega_2 + \omega_1}{2}\right)\Big/\cos\left(\dfrac{\omega_2 - \omega_1}{2}\right)}{1 + \cot\left(\dfrac{\theta_c}{2}\right)\tan\left(\dfrac{\omega_2 - \omega_1}{2}\right)} \tag{5-89}$$

$$d_2 = \frac{1 - \cot\left(\dfrac{\theta_c}{2}\right)\tan\left(\dfrac{\omega_2 - \omega_1}{2}\right)}{1 + \cot\left(\dfrac{\theta_c}{2}\right)\tan\left(\dfrac{\omega_2 - \omega_1}{2}\right)} \tag{5-90}$$

求得了 d_1 和 d_2，就可以由已知的数字低通滤波器（截止频率为 θ_c）变换为数字带通滤波器（通带边界频率为 ω_1, ω_2），即

$$H(z) = H_1(v)\big|_{v^{-1} = -\frac{z^{-2} + d_1 z^{-1} + d_2}{d_2 z^{-2} + d_1 z^{-1} + 1}} \tag{5-91}$$

4. 数字低通变换为数字带阻

与数字低通向数字带通滤波器的变换一样，可以通过旋转变换来实现数字低通到数

字带阻滤波器的转换。变换后 ω 在 $(-\pi, \pi)$ 之间或 $(0, 2\pi)$ 之间形成两个阻带，也就是变换函数需要 θ 在本身单位圆上旋转两次，故全通函数的阶次为 2。从低通到带通的变换，按照滤波器变换的边界条件得到变换函数为

$$v^{-1} = G(z^{-1}) = \frac{z^{-1} - \alpha^*}{1 - \alpha z^{-1}} \cdot \frac{z^{-1} - \alpha}{1 - \alpha^* z^{-1}} = \frac{z^{-2} + d_1 z^{-1} + d_2}{d_2 z^{-2} + d_1 z^{-1} + 1} \tag{5-92}$$

由边界条件及三角函数恒等式，可以求得

$$d_1 = \frac{-2\cos\left(\frac{\omega_2 + \omega_1}{2}\right) \Big/ \cos\left(\frac{\omega_2 - \omega_1}{2}\right)}{1 + \tan\left(\frac{\theta_c}{2}\right) \tan\left(\frac{\omega_2 - \omega_1}{2}\right)} \tag{5-93}$$

$$d_2 = \frac{1 - \tan\left(\frac{\theta_c}{2}\right) \tan\left(\frac{\omega_2 - \omega_1}{2}\right)}{1 + \tan\left(\frac{\theta_c}{2}\right) \tan\left(\frac{\omega_2 - \omega_1}{2}\right)} \tag{5-94}$$

同上所述，求得了 d_1 与 d_2 的取值，就可以由已知的数字低通滤波器(截止频率为 θ_c)变换为数字带阻滤波器(数字带阻滤波器通带的上下两截止频率分别为 ω_1 与 ω_2)，即

$$H(z) = H_1(v) \big|_{v^{-1} = \frac{z^{-2} + d_1 z^{-1} + d_2}{d_2 z^{-2} + d_1 z^{-1} + 1}} \tag{5-95}$$

数字域频带变换法设计数字滤波器的步骤总结如下：(1)由给定的数字滤波器的性能指标转变为模拟低通滤波器的性能指标 $\Omega_c, \delta_1, \delta_2, N$；(2)查表或应用相应公式求得归一化模拟低通原型滤波器 $H_{an}(s)$；(3)进行数字化得到数字低通原型滤波器 $H_1(z)$；(4)用数字域频带变换法变换得到所需的数字滤波器 $H(z)$。

5.5 IIR 滤波器的 MATLAB 实现

5.2 节介绍了模拟滤波器的设计，基于模拟滤波器的频带变换原理的 IIR 数字滤波器的设计步骤为：按照一定规则将给定的数字滤波器的指标转换为模拟低通滤波器的技术指标；根据转换后的技术指标应用滤波器阶数选择函数，确定滤波器最小阶数和 3dB 通带截止频率；由滤波器最小阶次 N 求得模拟低通原型滤波器；再在模拟域进行频带变换，转换为所需类型的模拟滤波器；将相应的模拟滤波器转换为满足给定指标的数字滤波器。在 MATLAB 的数字信号处理工具箱中，提供了直接设计 IIR 数字滤波器的设计函数，把以上几个步骤集成为一个整体，为设计通用滤波器带来了极大的方便。以巴特沃斯滤波器为例介绍 IIR 滤波器的 MATLAB 实现。

1. 巴特沃斯滤波器阶数选择

$$[N, W_n] = \text{buttord}(W_p, W_s, R_p, R_s)$$

函数中，W_p 为通带截止频率，W_s 为阻带起始截止频率，R_p 为通带的最大衰减，R_s 为阻带的最小衰减，N 为符合要求的滤波器的最小阶数，W_n 为滤波器的 3dB 截止频率(3dB 带宽)。

2. 模拟低通原型滤波器的产生

$$[Z, P, K] = \text{buttap}(N)$$

函数实现由阶数 N 计算得到巴特沃斯滤波器零极点。

3. 零极点表达式与系统函数间的转换

$$[\text{num}, \text{den}] = \text{zp2tf}(Z, P, K)$$

函数中，Z、P、K 分别为系统函数的零点，极点和增益，num、den 为系统函数的分子和分母多项式各项的系数。

4. 低通滤波器向低通滤波器的转换

$$[b, a] = \text{lp2lp}(\text{Bap}, \text{Aap}, W_n)$$

该函数实现将分子和分母系数分别为 Bap、Aap 的原型低通滤波器变换为截止频率为 W_n 的低通滤波器。

5. 数字化为数字滤波器

$$[bz, az] = \text{bilinear}(b, a, f_s)$$

$$[bz, az] = \text{impinvar}(b, a, f_s)$$

该函数实现把分子和分母系数为 b、a 的模拟滤波器变换为数字滤波器，其中 f_s 为采样频率。

【例 5-8】 用冲激响应不变法设计数字低通滤波器，要求通带和阻带具有单调下降特性。指标参数要求为：通带截止频率为 200Hz，通带的最大衰减为 $\delta_1 = 0.8$；阻带截止频率为 300Hz，阻带最小衰减 $\delta_2 = 20\text{dB}$，采样时间间隔 $T = 1\text{ms}$。

（1）应用 MATLAB 函数设计该滤波器，并观察滤波器的幅频特性曲线。

（2）若输入信号为 $x(t) = 2\sin 400\pi t + \sin 700\pi t + w(t)$，$w(t)$ 为随机信号，应用该滤波器对信号进行滤波器变换。

解：

```
%应用冲激响应不变法设计数字滤波器
fp=200;Ap=0.8;fr=300;Ar=20;T=0.001;fs=1/T;   %给出滤波器的性能指标
Wp=2*pi*fp;Wr=2*pi*fr
[N,Wn]=buttord(Wp,Wr,Ap,Ar,'s')              %选择滤波器的最小阶数
[b,a]=butter(N,Wn,'s')                       %创建 Butterworth 低通原型滤波器
[bz,az]=impinvar(b,a,fs)                     %运用冲激响应不变法把模拟滤波器转
                                              换为数字滤波器
[H,W]=freqz(bz,az)                           %对数字滤波器进行频率特性分析
figure(1)
plot(W*fs/(2*pi),abs(H));grid on             %绘制幅频特性曲线
title('低通滤波器频率特性曲线')
xlabel('频率/Hz');ylabel('幅值');
n=0:199;%设定数据点数
t=n*T;
x=2*sin(400*pi*t)+sin(700*pi*t)+randn(sizes(t));  %输入序列 x(n)
y=filter(bz,az,x);                           %对信号进行滤波
```

```
figure(2)
subplot(2,1,1)
plot(n,x,'r')
xlabel('t');ylabel('x(t)');title('原信号 x(t)');
subplot(2,1,2)
plot(n,y,'b');
xlabel('t');ylabel('y(t)');title('滤波后信号 y(t)');
```

程序运行结果如图 5.19(a)和 5.19(b)所示。

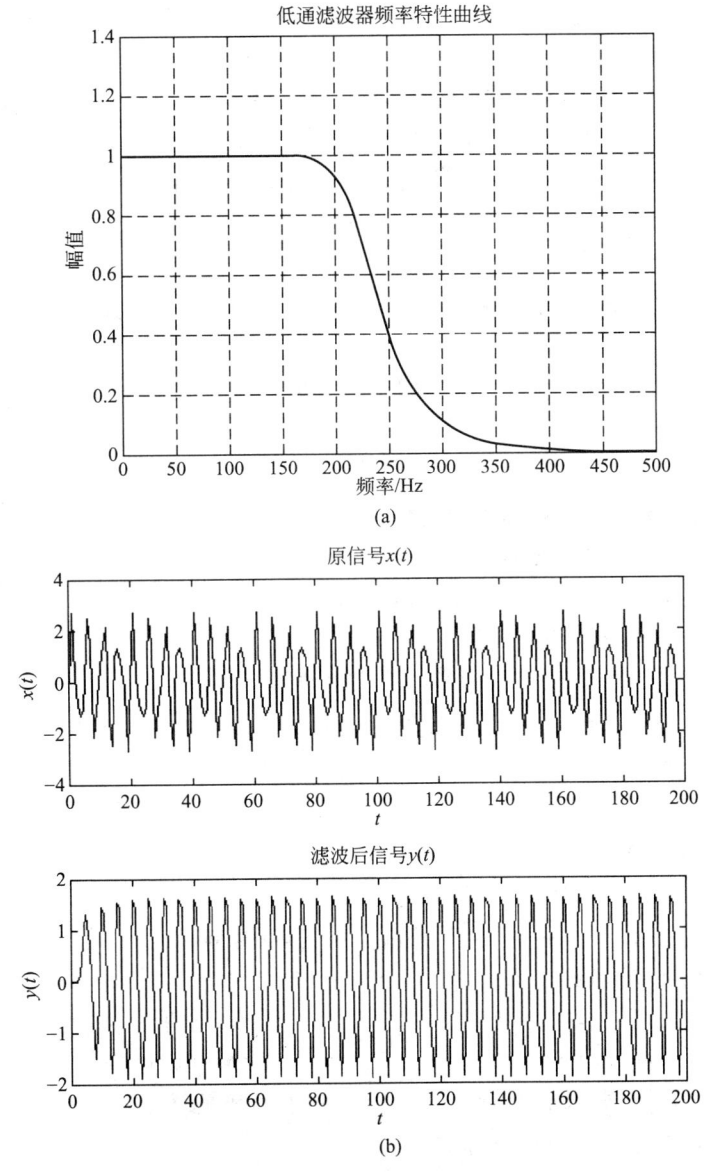

图 5.19 滤波前后信号对比

本章小结

本章介绍了滤波器的基本概念、分类和滤波器的技术指标,数字滤波器设计步骤及IIR滤波器的设计方法。从模拟滤波器的设计入手,比较详细地介绍了巴特沃斯和切比雪夫滤波器的特点和性能,在此基础上给出了两种模拟滤波器设计的方法和设计实例,即解析计算法和查表法。随后介绍了由模拟滤波器设计数字滤波器的两类基本方法:冲激响应不变法和双线性变换法。

在前面介绍了模拟滤波器的设计以及由模拟滤波器设计数字滤波器的基础上,本章详细介绍了数字滤波器设计的两种方法:模拟域频带变换法和数字域频带变换法,前者是由模拟低通原型滤波器经模拟域频带变换设计出模拟滤波器(低通、带通、带阻和高通),再经过双线性变换法或冲激响应不变法(只适用于低通到低通变换)变换得到数字滤波器(低通、带通、带阻和高通);后者由模拟低通原型滤波器经双线性或冲激响应不变法变换为数字低通滤波器,再在数字域进行频带变换得到数字滤波器(低通、带通、带阻)。

最后给出了IIR冲激响应数字滤波器的MATLAB实现方法及实例。

习 题

一、选择题

1. 下列特点中不是IIR滤波器特点的是(   )。
   A. 系统的单位冲激响应是无限长
   B. 系统函数在有限z平面上有极点存在
   C. 在结构上不存在输出到输入的反馈结构
   D. 实现同样的通带和阻带的衰减要求需要的系统阶次低

2. 假设某模拟滤波器$H_a(s)$是一低通滤波器,又知道$H(z)=H_a(s)|_{s=\frac{1+z^{-1}}{1-z^{-1}}}$,则数字滤波器$H(z)$的通带中心位于(   )。
   A. $\omega=0$(低通)
   B. $\omega=\pi$(高通)
   C. 除0和π以外的某一频率(带通)
   D. 除$[0,\omega_1]$和$[\omega_2,\pi]$以外的某个区域(带阻,阻带$[\omega_1,\omega_2]$)

3. 下列设计IIR数字滤波器的方法中不产生频率混叠的是(   )。
   A. 阶跃响应不变法   B. 冲激响应不变法
   C. 双线性变换法   D. 加窗设计法

4. 若一模拟信号为带限,且对其采样满足奈奎斯特采样定理,则只要将采样信号经(   )滤波,即可完全不失真恢复原信号。
   A. 理想低通滤波器   B. 理想高通滤波器
   C. 理想带通滤波器   D. 理想带阻滤波器

第5章 IIR数字滤波器的设计与MATLAB实现

5. 已知一模拟系统的传输函数为 $H_a(s)=\dfrac{1}{s}$，应用双线性变换法将其变换为数字系统($T=2$)，则数字系统的单位采样响应为(　　)。

　A. $h(n)=u(n)-u(n-1)$　　　　B. $h(n)=u(n)+u(n-1)$
　C. $h(n)=u(n)-u(n+11)$　　　　D. $h(n)=u(n-1)-u(n)$

二、计算与设计题

1. 设计一巴特沃斯模拟低通滤波器，要求：通带的截止频率为2.5kHz，通带的最大衰减为1dB；阻带的起始截止频率为8kHz，阻带的最小衰减为30dB。求该模拟滤波器的系统函数 $H_a(s)$ 及其极点的位置。

2. 设计一模拟高通滤波器，要求：通带截止频率为4kHz，通带最大衰减为0.1dB；阻带截止频率为1kHz，阻带最小衰减为40dB。应用巴特沃斯原型滤波器来设计。

3. 设计一切比雪夫模拟低通原型滤波器，设计要求：通带截止频率为 0.2π，通带的最大衰减为1dB；阻带的截止频率为 0.3π，阻带的最小衰减为15dB，采样频率为1 000Hz。

4. 已知模拟滤波器的系统函数为

(1) $H_a(s)=\dfrac{1}{s^2+1.414s+0.414}$；(2) $H_a(s)=\dfrac{1}{s^2+3s+2}$。

设采样时间间隔 $T=1\mathrm{s}$，应用冲激响应不变法和双线性变换法将模拟滤波器转换为数字滤波器 $H(z)$。

5. 理想模拟积分器的系统函数为 $H_a(s)=\dfrac{1}{s}$，应用双线性变换法求取数字积分器 $H(z)$，并写出数字积分器的差分方程，对比较模拟积分器与数字积分器的幅频、相频特性曲线，比较数字积分器的逼近误差。

6. 设一模拟滤波器的系统函数为

$$H_a(s)=\dfrac{2}{(s+2)(s+3)}$$

若采样间隔为 $T=0.5\mathrm{s}$，应用冲激响应不变法和双线性变换法将该模拟系统函数转变为数字系统函数 $H(z)$。

7. 设计一个数字高通滤波器，要求通带截止频率为 $\omega_p=0.6\pi$，且通带衰减不大于3dB，阻带起始频率 $\omega_s=0.4\pi$，且阻带衰减不小于14dB，采样频率10kHz。应用巴特沃斯滤波器设计。

8. 设计巴特沃斯带通数字滤波器，设计要求为：通带范围为 $0.4\pi\ \mathrm{rad}\leqslant\omega\leqslant0.5\pi\ \mathrm{rad}$，通带的最大衰减为3dB；阻带范围为 $0\leqslant\omega\leqslant0.2\pi\ \mathrm{rad}$，$0.8\pi\ \mathrm{rad}\leqslant\omega\leqslant\pi\ \mathrm{rad}$，阻带的最小衰减为20dB。

9. 已知序列 $x(n)=2\sin(0.48\pi n)+3\cos(0.52\pi n)$，$0\leqslant n\leqslant50$。

(1) 应用MATLAB对该离散信号进行频谱分析。

(2) 将序列 $x(n)$ 补零为100点的序列，分析其频谱。

(3) 将序列 $x(n)$ 取为100点的序列，分析其频谱，对比(2)、(3)频谱之间的差异。

10. 已知两序列

$$x(n)=\begin{cases}0.7^n,&0\leqslant n\leqslant14\\0,&\text{其他}n\text{值}\end{cases}$$

$$h(n)=\begin{cases}1, & 0\leqslant n\leqslant 4\\ 0, & \text{其他 } n \text{ 值}\end{cases}$$

应用 MATLAB 求两个序列的线性卷积 $y_1(n)=h(n)*x(n)$ 及 N 点的圆周卷积 $y(n)=h(n)Ⓝx(n)$，研究两者之间的关系。

11. 录制个人的语音信号，应用 MATLAB 软件对个人信号进行处理。

(1) 应用 MATLAB 对信号进行频谱分析。

(2) 对原语音信号加入白噪声后的信号进行频谱分析，对比加噪声和原语音信号的播放效果。

(3) 设计一个满足滤波要求的滤波器对含有噪声的语音信号进行滤波，对滤波后的语音信号进行回放，感觉滤波前后语音信号的变化。

12. 应用 MATLAB 软件编写双线性变换法设计巴特沃斯低通 IIR 数字滤波器的程序。设计要求如下。

(1) 通带指标：$\omega_p=0.2\pi$ rad，$\delta_1=1$dB；阻带指标：$\omega_s=0.3\pi$ rad，$\delta_2=15$dB。

(2) 参数可由 MATLAB GUIDE 设定界面输入。

(3) 以 $\pi/64$ 为采样间隔，在计算机屏幕上能自动显示频率区间为 $[0,\pi]$ 上的幅相频特性曲线。

(4) 显示输出数字滤波器的系统函数 $H(z)$。

第6章 FIR数字滤波器的设计与MATLAB实现

本章教学目的与要求

1. 掌握线性相位滤波器的特点及其零点位置的分布特点。
2. 学会应用窗函数法设计线性相位FIR滤波器。
3. 学会应用频率采样法设计线性相位FIR滤波器。
4. 了解等波纹最佳逼近法设计线性相位FIR滤波器的方法。
5. 学会应用MATLAB软件设计线性相位FIR滤波器。
6. 了解IIR滤波器与FIR滤波器的不同特点及两种滤波器的选用原则。

本章知识结构

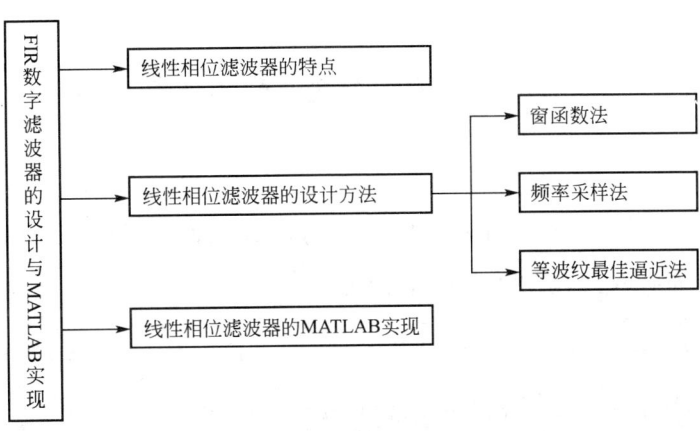

6.1 引言

IIR 数字滤波器的优点是可以利用模拟滤波器设计的结果，而模拟滤波器的设计有大量的图表可查，方便简单。但它也有明显的缺点就是相位的非线性，要得到线性相位，就需要采用全通网络对 IIR 滤波器进行相位校正，使得滤波器设计复杂，成本增加。

语音、图像处理以及数据传输要求相位为线性相位，任意幅度。而有限长冲激响应 FIR 滤波器可以做成具有严格线性相位，同时又可以具有任意的幅度特性。另外 FIR 冲激响应滤波器的单位采样响应是有限长的，因而滤波器稳定且可以用 FFT 来实现信号的滤波，大大提高运算效率。IIR 冲激响应滤波器的各种设计方法对 FIR 滤波器设计是不适用的，这是因为 IIR 滤波器的系统函数是有理分式，而 FIR 滤波器的系统函数只是 z^{-1} 的多项式。

案例

滤波器在滤除图像高频噪声，增强图像中的应用

图 6.1、图 6.2 所示为滤波器对含有噪声的图像信号进行滤波前后的图像对比。

图 6.1　含有噪声的图像

图 6.2　滤波器滤波后的图像

本章重点研究线性相位的 FIR 滤波器，非线性相位的 FIR 滤波器一般可以用 IIR 滤波器来代替。FIR 滤波器的设计任务是选择有限长度的单位采样响应 $h(n)$，使频率特性 $H(e^{j\omega})$ 满足要求。

6.2　线性相位滤波器的特点

FIR 滤波器的单位采样响应 $h(n)$ 是有限长的 $(0 \leqslant n \leqslant N-1)$，其 z 变换为 $H(z) = \sum_{n=0}^{N-1} h(n)z^{-n}$，这是 z^{-1} 的 $(N-1)$ 阶多项式，在有限 z 平面 $(0 < |z| < \infty)$ 上有 $(N-1)$ 个零点，而位于 z 平面原点 $z=0$ 处有 $(N-1)$ 阶极点。

6.2.1　线性相位的条件

对于长度为 N 的单位采样响应 $h(n)$，其频率响应为

第6章 FIR数字滤波器的设计与MATLAB实现

$$H(e^{j\omega}) = \sum_{n=0}^{N-1} h(n)e^{-j\omega n} \qquad (6-1)$$

当 $h(n)$ 为实数序列时,可将频率响应 $H(e^{j\omega})$ 表示为

$$H(e^{j\omega}) = |H(e^{j\omega})|e^{j\varphi(\omega)} = \pm|H(e^{j\omega})|e^{j\theta(\omega)} = H(\omega)e^{j\theta(\omega)} \qquad (6-2)$$

式中,$H(\omega)$ 称为幅度函数,$\theta(\omega)$ 称为相位特性,$|H(e^{j\omega})|$ 称为幅频特性,$\varphi(\omega)$ 称为相频特性。

$H(e^{j\omega})$ 线性相位是指系统的相位特性 $\theta(\omega)$ 是频率 ω 的线性函数,即

$$\theta(\omega) = -\tau\omega \qquad (6-3)$$

$$\theta(\omega) = \beta - \tau\omega \qquad (6-4)$$

式(6-3)、(6-4)中,τ 和 β 都是常数,表示相位是通过坐标原点 $\omega=0$ 或 $\theta(0)=\beta$ 的斜直线,这两种情况都满足群延迟是一个常数 $\tau = -\dfrac{d\theta(\omega)}{d\omega}$。一般满足式(6-3)称为第一类线性相位;满足式(6-4)称为第二类线性相位。如果 FIR 滤波器的单位采样响应 $h(n)$ 为实序列,而且满足以下条件

$$h(n) = h(N-1-n), \quad 0 \leqslant n \leqslant N-1 \qquad (6-5)$$

$$h(n) = -h(N-1-n), \quad 0 \leqslant n \leqslant N-1 \qquad (6-6)$$

及对称中心为 $n=(N-1)/2$,则滤波器具有准确的线性相位。其中满足式(6-5),$h(n)$ 偶对称并且以 $n=(N-1)/2$ 为对称中心的是第一类线性相位,满足式(6-6),$h(n)$ 奇对称且以 $n=(N-1)/2$ 为对称中心的是第二类线性相位。按照 $h(n)$ 的奇偶对称性及点数的奇偶性,分别对应于 4 种线性相位滤波器,如图 6.3 所示。

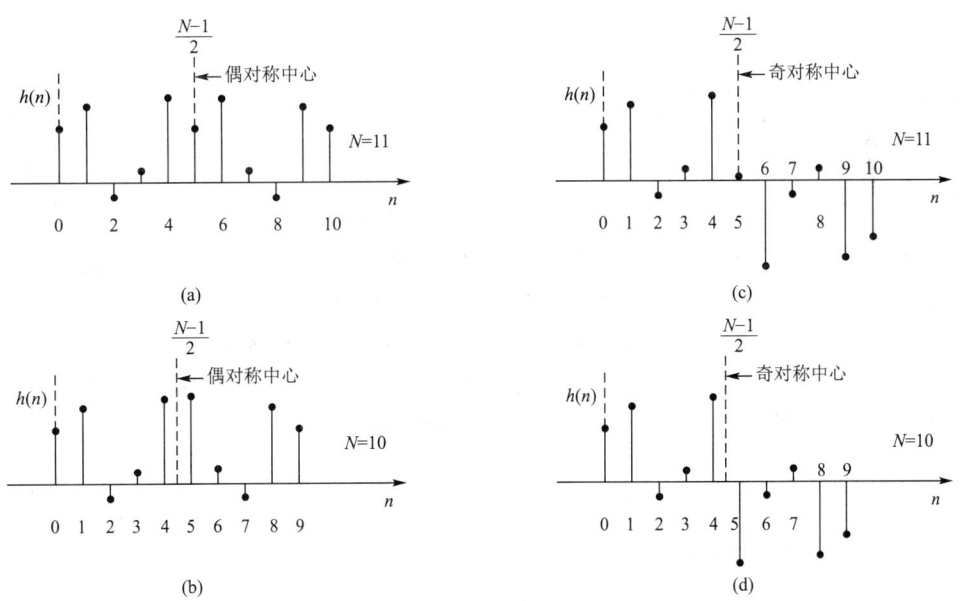

图 6.3 4 类线性相位滤波器的单位采样响应 $h(n)$

知识拓展

推导 FIR 滤波器具有线性相位的充分必要条件。把式(6-3)和式(6-4)代入式(6-2)中,并考虑式(6-1),可得到

$$H(e^{j\omega}) = \sum_{n=0}^{N-1} h(n)e^{-j\omega n} = \pm |H(e^{j\omega})| e^{-j\omega\tau} \qquad (6-7)$$

$$H(e^{j\omega}) = \sum_{n=0}^{N-1} h(n)e^{-j\omega n} = \pm |H(e^{j\omega})| e^{-j(\omega\tau-\beta)} \qquad (6-8)$$

令式(6-7)等式两端实部、虚部分别相等,可以得到对式(6-3)的第一类线性相位,必须要求

$$\pm |H(e^{j\omega})| \cos\omega\tau = \sum_{n=0}^{N-1} h(n)\cos\omega n$$

$$\pm |H(e^{j\omega})| \sin\omega\tau = \sum_{n=0}^{N-1} h(n)\sin\omega n$$

两式相除,可得

$$\tan\omega\tau = \frac{\sin\omega\tau}{\cos\omega\tau} = \frac{\sum_{n=0}^{N-1} h(n)\sin\omega n}{\sum_{n=0}^{N-1} h(n)\cos\omega n}$$

有

$$\sum_{n=0}^{N-1} h(n)\sin\omega\tau\cos\omega n - \sum_{n=0}^{N-1} h(n)\cos\omega\tau\sin\omega n = 0$$

即

$$\sum_{n=0}^{N-1} h(n)\sin[(\tau-n)\omega] = 0 \qquad (6-9)$$

要使式(6-9)成立,必须满足

$$\tau = \frac{N-1}{2} \qquad (6-10)$$

$$h(n) = h(N-1-n), \quad 0 \leqslant n \leqslant N-1 \qquad (6-11)$$

式(6-11)是 FIR 滤波器具有式(6-3)线性相位的充分且必要条件,它要求滤波器的单位采样响应 $h(n)$ 以 $n=(N-1)/2$ 为偶对称中心,此时时间延时 τ 等于 $h(n)$ 长度 $N-1$ 的一半,即 $\tau=(N-1)/2$ 个采样周期。N 为奇数,延时为整数;N 为偶数,延时为整数加半个采样周期。无论 N 是奇数还是偶数,此时的 $h(n)$ 都应满足以 $n=(N-1)/2$ 为轴呈偶对称。

对式(6-4)的第二类线性相位,将式(6-8)作同样推导,得到

$$\sum_{n=0}^{N-1} h(n)\sin[(\tau-n)\omega-\beta] = 0 \qquad (6-12)$$

要使式(6-12)成立,必须满足

$$\tau = \frac{N-1}{2} \qquad (6-13)$$

$$\beta = \pm \frac{\pi}{2}$$

$$h(n) = -h(N-1-n), \quad 0 \leqslant n \leqslant N-1 \qquad (6-14)$$

式(6-14)是 FIR 滤波器具有式(6-4)线性相位的必要且充分条件,它要求滤波器的单位采样响应 $h(n)$ 以 $n=(N-1)/2$ 为奇对称中心,此时时间延时 τ 等于 $h(n)$ 长度 $N-1$ 的一

半，即 $\tau=(N-1)/2$ 个采样周期，在 $h(n)$ 的这种奇对称情况下，$h\left(\dfrac{N-1}{2}\right)=0$。这种类型的线性相位滤波器不同于第一种线性相位的地方在于除了产生线性相位外，还有 $\pm\dfrac{\pi}{2}$ 的固定相位移。

6.2.2 线性相位 FIR 滤波器幅度函数的特点

FIR 滤波器满足线性相位的条件是，其单位采样响应 $h(n)$ 以 $n=(N-1)/2$ 为轴呈奇对称或偶对称，而 $h(n)$ 的点数可能是奇数也可能是偶数，因此线性相位 FIR 滤波器有 4 种类型。下面就这 4 种类型的滤波器来讨论其幅度函数的特点。

1. 第 Ⅰ 种类型：$h(n)$ 偶对称，N 为奇数

$h(n)$ 为偶对称，其系统函数为

$$H(z) = \sum_{n=0}^{N-1} h(n) z^{-n} = \sum_{n=0}^{N-1} h(N-1-n) z^{-n} \tag{6-15}$$

进行变量替换 $m=N-1-n$ 代入式(6-15)，得

$$H(z) = \sum_{m=0}^{N-1} h(m) z^{-(N-1-m)} = z^{-(N-1)} \sum_{m=0}^{N-1} h(m) z^{m}$$

即有

$$H(z) = z^{-(N-1)} H(z^{-1}) \tag{6-16}$$

将式(6-16)改写为

$$H(z) = \dfrac{1}{2}\left[H(z) + z^{-(N-1)} H(z^{-1})\right] = \dfrac{1}{2}\sum_{n=0}^{N-1} h(n)\left[z^{-n} + z^{-(N-1)} z^{n}\right]$$

$$= z^{-\frac{N-1}{2}} \sum_{n=0}^{N-1} h(n)\left[\dfrac{z^{-\left(n-\frac{N-1}{2}\right)} + z^{\left(n-\frac{N-1}{2}\right)}}{2}\right] \tag{6-17}$$

滤波器的频率响应为

$$H(\mathrm{e}^{\mathrm{j}\omega}) = H(z)\big|_{z=\mathrm{e}^{\mathrm{j}\omega}} = \mathrm{e}^{-\mathrm{j}\omega\left(\frac{N-1}{2}\right)} \sum_{n=0}^{N-1} h(n) \cos\left[\omega\left(\dfrac{N-1}{2}-n\right)\right] \tag{6-18}$$

由滤波器频率响应

$$H(\mathrm{e}^{\mathrm{j}\omega}) = H(\omega) \mathrm{e}^{\mathrm{j}\theta(\omega)}$$

得到 $h(n)$ 为偶对称时滤波器的幅度函数与相位特性分别为

$$H(\omega) = \sum_{n=0}^{N-1} h(n) \cos\left[\omega\left(\dfrac{N-1}{2}-n\right)\right] \tag{6-19}$$

$$\theta(\omega) = -\left(\dfrac{N-1}{2}\right)\omega \tag{6-20}$$

从式(6-19)中可以看出，不但 $h(n)$ 对于 $(N-1)/2$ 呈偶对称，满足 $h(n)=h(N-1-n)$，而且 $\cos\left[\omega\left(\dfrac{N-1}{2}-n\right)\right]$ 也关于 $(N-1)/2$ 呈偶对称，即满足

$$\cos\left\{\omega\left[\dfrac{N-1}{2}-(N-1-n)\right]\right\} = \cos\left[-\omega\left(\dfrac{N-1}{2}-n\right)\right] = \cos\left[\omega\left(\dfrac{N-1}{2}-n\right)\right]$$

因此，将幅度函数 $\sum\limits_{n=0}^{N-1} h(n) \cos\left[\omega\left(\dfrac{N-1}{2}-n\right)\right]$ 内两两相等的项合并，即 $n=0$ 项与

$n=N-1$ 项合并，$n=1$ 项与 $n=N-2$ 项合并，以此类推。这里 N 为奇数，两两合并的结果必然余下其中的一项，即 $n=(N-1)/2$ 项是单项，无法与其他项合并，这样幅度函数可以表示为

$$H(\omega) = h\left(\frac{N-1}{2}\right) + \sum_{n=0}^{(N-3)/2} 2h(n)\cos\left[\omega\left(\frac{N-1}{2}-n\right)\right]$$

进行换元处理，令 $m=\dfrac{N-1}{2}-n$，则有

$$H(\omega) = h\left(\frac{N-1}{2}\right) + \sum_{m=1}^{(N-1)/2} 2h\left(\frac{N-1}{2}-m\right)\cos\omega m \tag{6-21}$$

表示为

$$H(\omega) = \sum_{n=0}^{(N-1)/2} a(n)\cos\omega n \tag{6-22}$$

式中，$a(0)=h\left(\dfrac{N-1}{2}\right)$；$a(n)=2h\left(\dfrac{N-1}{2}-n\right)$，$n=1, 2, 3, \cdots, (N-1)/2$。

由式(6-22)看出，$\cos\omega n$ 项对 $\omega=0, \pi, 2\pi$ 皆为偶对称，因此幅度函数 $H(\omega)$ 对于 $\omega=0, \pi, 2\pi$ 也呈偶对称。

2. 第Ⅱ种类型：$h(n)$ 偶对称，N 为偶数

同样从 $h(n)$ 为偶对称时的幅度函数入手来分析，N 为偶数，式(6-19)中无单独项，全部可两两合并得

$$H(\omega) = \sum_{n=0}^{N/2-1} 2h(n)\cos\left[\omega\left(\frac{N-1}{2}-n\right)\right]$$

令 $m=N/2-n$，代入上式可得

$$H(\omega) = \sum_{m=1}^{N/2} 2h\left(\frac{N}{2}-m\right)\cos\left[\omega\left(m-\frac{1}{2}\right)\right]$$

因此有

$$H(\omega) = \sum_{n=1}^{N/2} b(n)\cos\left[\omega\left(n-\frac{1}{2}\right)\right] \tag{6-23}$$

其中

$$b(n) = 2h\left(\frac{N}{2}-n\right), \quad n=1, 2, 3, \cdots, N/2$$

根据式(6-23)可以得到，当 $\omega=\pi$ 时，$\cos\left[\omega\left(n-\dfrac{1}{2}\right)\right]=0$，余弦项关于 $\omega=\pi$ 奇对称，因此 $H(\pi)=0$，即 $H(z)$ 在 $z=-1$ 处有一个零点，而且 $H(\omega)$ 关于 $\omega=\pi$ 呈奇对称。当 $\omega=0$ 或 2π 时，$\cos\left[\omega\left(n-\dfrac{1}{2}\right)\right]$ 为 1 或 -1，余弦项关于 $\omega=0, 2\pi$ 为偶对称，幅度函数 $H(\omega)$ 关于 $\omega=0, 2\pi$ 也呈偶对称。

如果数字滤波器的幅度在 $\omega=\pi$ 处不为零，如高通滤波器、带阻滤波器，则不能选用这种类型的滤波器来设计。

3. 第Ⅲ种类型：$h(n)$ 为奇对称，N 为奇数

由 $h(n)$ 奇对称，可得

$$h(n) = -h(N-1-n)$$

和其频率响应及其 z 变换的关系,推导得到 $h(n)$ 为奇对称时滤波器的幅度函数和相位特性为

$$H(\omega) = \sum_{n=0}^{N-1} h(n) \sin\left[\omega\left(\frac{N-1}{2} - n\right)\right] \qquad (6-24)$$

$$\theta(\omega) = -\omega\left(\frac{N-1}{2}\right) + \frac{\pi}{2} \qquad (6-25)$$

由于 $h(n)$ 关于 $(N-1)/2$ 呈奇对称,当 $n=(N-1)/2$ 时,$h\left(\frac{N-1}{2}\right) = 0$。在式(6-24)中 $\sin\left[\omega\left(\frac{N-1}{2} - n\right)\right]$ 也关于 $(N-1)/2$ 呈奇对称,即

$$\sin\left(\omega\left[\frac{N-1}{2} - (N-1-n)\right]\right) = -\sin\left[\omega\left(\frac{N-1}{2} - n\right)\right]$$

同 $h(n)$ 为偶对称时的推导方法,得到幅度函数为

$$H(\omega) = \sum_{n=1}^{(N-1)/2} c(n) \sin\omega n \qquad (6-26)$$

$$c(n) = 2h\left(\frac{N-1}{2} - n\right), \quad n=1, 2, 3, \cdots, (N-1)/2$$

由于 $\sin\omega n$ 在 $\omega = 0, \pi, 2\pi$ 处都为零,并对于这些点呈奇对称,因此 $H(\omega)$ 在 $\omega = 0, \pi, 2\pi$ 处为零,即 $H(z)$ 在 $z = \pm 1$ 处都有零点,且 $H(\omega)$ 对于 $\omega = 0, \pi, 2\pi$ 也呈奇对称。如果数字滤波器幅度在 $\omega = 0, \pi, 2\pi$ 处不为零,如低通滤波器、高通滤波器、带阻滤波器,则不适合选用这种类型的滤波器来设计。

4. 第Ⅳ种类型:$h(n)$ 为奇对称,N 为偶数

与前面第3种情况的推导类似,不同点在于 N 为偶数,因此式(6-24)中无单独项,全部可以两两合并整理得

$$H(\omega) = \sum_{n=1}^{N/2} 2h\left(\frac{N}{2} - n\right) \sin\left[\omega\left(n - \frac{1}{2}\right)\right]$$

可以表示为

$$H(\omega) = \sum_{n=1}^{N/2} d(n) \sin\left[\omega\left(n - \frac{1}{2}\right)\right] \qquad (6-27)$$

其中

$$d(n) = 2h\left(\frac{N}{2} - n\right), \quad n=1, 2, 3, \cdots, N/2 \qquad (6-28)$$

式(6-27)中,当 $\omega = 0, 2\pi$ 时,$\sin\left[\omega\left(n - \frac{1}{2}\right)\right] = 0$,且关于 $\omega = 0, 2\pi$ 呈奇对称,因此 $H(\omega)$ 在 $\omega = 0, 2\pi$ 处为零,即 $H(z)$ 在 $z = 1$ 处有一个零点,且 $H(\omega)$ 对于 $\omega = 0, 2\pi$ 也呈奇对称。当 $\omega = \pi$ 时,$\sin\left[\omega\left(n - \frac{1}{2}\right)\right] = -1$ 或 1,则 $\sin\left[\omega\left(n - \frac{1}{2}\right)\right]$ 对于 $\omega = \pi$ 呈偶对称,幅度函数 $H(\omega)$ 对于 $\omega = \pi$ 也呈偶对称。

如果数字滤波器幅度在 $\omega = 0, 2\pi$ 处不为零,如低通滤波器、带阻滤波器,则不适合选用这种类型的数字滤波器来设计。

下面,将4种类型FIR滤波器的特性列于表6-1中。

表6-1 4种线性相位滤波器

		偶对称单位冲激响应 $h(n)=h(N-1-n)$	
情况1	相位响应 $\theta(\omega)=-\omega\left(\dfrac{N-1}{2}\right)$ (图：θ(ω)线性下降至 $-(N-1)\pi$)	N为奇数 $h(n)$ (图) $a(n)$ (图)	$H(\omega)=\displaystyle\sum_{n=0}^{(N-1)/2}a(n)\cos n\omega$ (图：$H(\omega)$ 波形)
情况2		N为偶数 $h(n)$ (图) $b(n)$ (图)	$H(\omega)=\displaystyle\sum_{n=1}^{N/2}b(n)\cos\left[\left(n-\dfrac{1}{2}\right)\omega\right]$ (图：$H(\omega)$ 波形)
		奇对称单位冲激响应 $h(n)=-h(N-1-n)$	
情况3	相位响应 $\theta(\omega)=-\omega\left(\dfrac{N-1}{2}\right)+\dfrac{\pi}{2}$ (图：θ(ω)从 $\pi/2$ 下降)	N为奇数 $h(n)$ (图) $c(n)$ (图)	$H(\omega)=\displaystyle\sum_{n=1}^{(N-1)/2}c(n)\sin(n\omega)$ (图：$H(\omega)$ 波形)
情况4	(图：下降至 $-\left(N-\dfrac{3}{2}\right)\pi$)	N为偶数 $h(n)$ (图) $d(n)$ (图)	$H(\omega)=\displaystyle\sum_{n=1}^{N/2}d(n)\sin\left[\omega\left(n-\dfrac{1}{2}\right)\right]$ (图：$H(\omega)$ 波形)

> **知识拓展**

一般来说，Ⅰ型滤波器适合于设计低通、高通、带通和带阻滤波器；Ⅱ型适合于设计低通、带通滤波器；Ⅲ型适合于设计带通滤波器；Ⅳ型适合于设计高通、带通滤波器。但在实际应用中，低通、高通、带通和带阻滤波器的设计一般选择Ⅰ与Ⅱ两种类型，Ⅲ与Ⅳ两种线性相位 FIR 滤波器常在微分器和希尔伯特变换器中使用。

6.2.3 线性相位 FIR 滤波器零点位置的分布特点

将线性相位滤波器的相位约束条件

$$h(n) = \pm h(N-1-n)$$

代入滤波器的系统函数

$$H(z) = \sum_{n=0}^{N-1} h(n) z^{-n}$$

得到

$$H(z) = \pm \sum_{n=0}^{N-1} h(N-1-n) z^{-n} = \pm z^{-(N-1)} H(z^{-1}) \qquad (6-29)$$

因此，若 $z = z_i$ 是 $H(z)$ 的零点，即 $H(z_i) = 0$，则它的倒数 $z = 1/z_i = z_i^{-1}$ 也一定是 $H(z)$ 的零点，因为 $H(z_i^{-1}) = \pm z_i^{(N-1)} H(z_i) = 0$。由于 $h(n)$ 是实数，$H(z)$ 的零点必共轭成对出现，所以 $z = z_i^*$ 及 $z = (z_i^*)^{-1}$ 也一定是 $H(z)$ 的零点，因而线性相位滤波器的零点必是互为倒数的共轭对。所以 $H(z)$ 的零点一般按上述约束关系 4 个为一组出现，只要确定其中 1 个，其他 3 个也就随之确定了。特殊情况具体处理，单位圆上的复数零点以共轭对出现，单位圆上的实数零点单独出现。线性相位 FIR 滤波器的零点分布规律如图 6.4 所示。

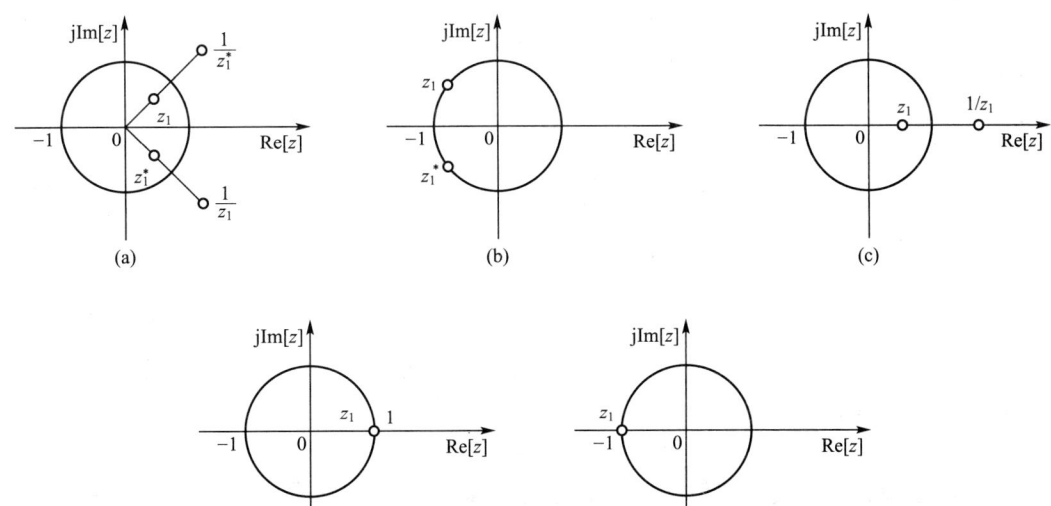

图 6.4 线性相位 FIR 滤波器零点分布示意图

【例 6-1】 一个线性相位 FIR 滤波器,其单位采样响应 $h(n)$ 为实序列,且当 $n<0$ 或 $n>4$ 时 $h(n)=0$。系统函数 $H(z)$ 在 $z=\mathrm{j}$ 和 $z=2$ 各有一个零点,并且已知系统对直流分量无畸变,即在 $\omega=0$ 处的频率响应为 1,求 $H(z)$ 的表达式。

解:因为 $n<0$ 或 $n>4$ 时 $h(n)=0$,且 $h(n)$ 是实序列,所以当 $H(z)$ 在 $z=\mathrm{j}$ 处有一个零点,则它的共轭位置 $z=-\mathrm{j}$ 处一定有另一个零点;系统函数还包含一个 $z=2$ 的零点,线性约束条件需要在 $z=1/2$ 处也有一个零点。于是有

$$H(z)=K(1-\mathrm{j}z^{-1})(1+\mathrm{j}z^{-1})\left(1-\frac{1}{2}z^{-1}\right)(1-2z^{-1})$$

由 $\omega=0$ 处的频率响应等于 1,得到 $K=-1$,所以滤波器系统函数为

$$H(z)=-(1-\mathrm{j}z^{-1})(1+\mathrm{j}z^{-1})\left(1-\frac{1}{2}z^{-1}\right)(1-2z^{-1})$$

6.3 窗函数法设计 FIR 数字滤波器

窗函数法设计的基本思想是设计一个有限长滤波器频率响应来逼近理想滤波器的频率响应。设理想滤波器的频率响应为 $H_\mathrm{d}(\mathrm{e}^{\mathrm{j}\omega})$,其单位采样响应用 $h_\mathrm{d}(n)$ 表示。通常选择 $H_\mathrm{d}(\mathrm{e}^{\mathrm{j}\omega})$ 为具有分段常数特性的理想滤波器,因此 $h_\mathrm{d}(n)$ 是无限长非因果的,不能直接作为 FIR 数字滤波器的单位采样响应。窗函数设计法就是截取 $h_\mathrm{d}(n)$ 的一段为有限长因果序列,并选择合适的窗函数进行加权作为 FIR 数字滤波器的单位采样(冲激)响应。

6.3.1 设计方法

一般先给定理想滤波器的频率响应 $H_\mathrm{d}(\mathrm{e}^{\mathrm{j}\omega})$,设计一个 FIR 滤波器的频率响应

$$H(\mathrm{e}^{\mathrm{j}\omega})=\sum_{n=0}^{N-1}h(n)\mathrm{e}^{-\mathrm{j}\omega n}$$

来逼近 $H_\mathrm{d}(\mathrm{e}^{\mathrm{j}\omega})$。以低通线性相位滤波器为例,一般选择 $H_\mathrm{d}(\mathrm{e}^{\mathrm{j}\omega})$ 为线性相位理想低通滤波器,即

$$H_\mathrm{d}(\mathrm{e}^{\mathrm{j}\omega})=\begin{cases}\mathrm{e}^{-\mathrm{j}\omega\alpha}, & |\omega|\leqslant\omega_\mathrm{c} \\ 0, & \omega_\mathrm{c}<|\omega|\leqslant\pi\end{cases} \quad (6-30)$$

FIR 滤波器的设计是在时域中进行的,因而先由 $H_\mathrm{d}(\mathrm{e}^{\mathrm{j}\omega})$ 的傅里叶反变换导出 $h_\mathrm{d}(n)$,即

$$h_\mathrm{d}(n)=\frac{1}{2\pi}\int_{-\pi}^{\pi}H_\mathrm{d}(\mathrm{e}^{\mathrm{j}\omega})\mathrm{e}^{\mathrm{j}\omega n}\mathrm{d}\omega=\frac{1}{2\pi}\int_{-\pi}^{\pi}\mathrm{e}^{-\mathrm{j}\omega\alpha}\mathrm{e}^{\mathrm{j}\omega n}\mathrm{d}\omega=\frac{\sin[\omega_\mathrm{c}(n-\alpha)]}{\pi(n-\alpha)} \quad (6-31)$$

$h_\mathrm{d}(n)$ 是中心点在 α 的偶对称无限长非因果序列,要得到有限长序列 $h(n)$,最简单的方法就是取矩形窗 $R_N(n)$,如图 6.5 所示。

$$w(n)=R_N(n)$$

作截断处理。按照线性相位滤波器的条件要求,$h(n)$ 必须是偶对称,对称中心应为长度的一半,因而必须有 $\alpha=(N-1)/2$。所以有

$$h(n)=h_\mathrm{d}(n)w(n)$$

把式(6-31)代入上式中,可得

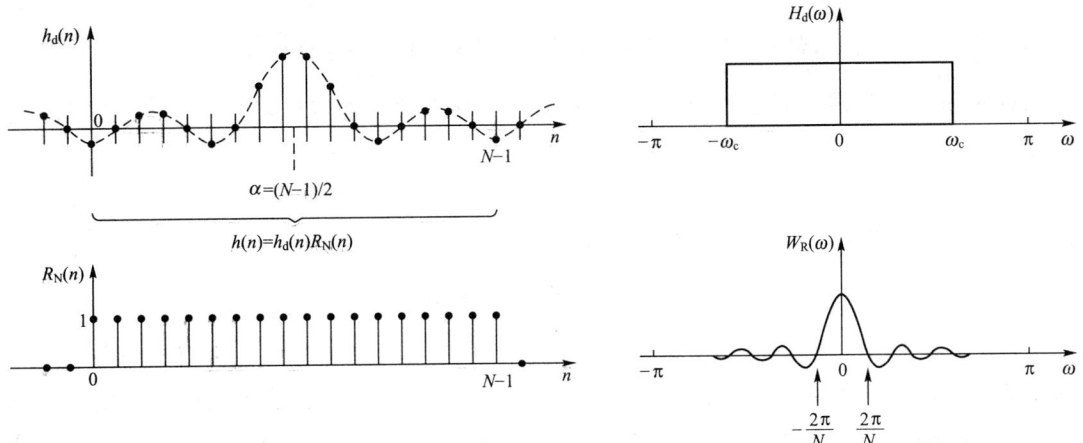

图 6.5 理想矩形幅频特性 $H_d(\omega)$ 和 $h_d(n)$ 以及矩形窗函数序列 $R_N(n)$ 和其幅度函数 $W_R(\omega)$

$$h(n) = \begin{cases} \dfrac{\omega_c}{\pi} \dfrac{\sin\left[\omega_c\left(n-\dfrac{N-1}{2}\right)\right]}{\omega_c\left(n-\dfrac{N-1}{2}\right)}, & 0 \leqslant n \leqslant N-1 \\ 0, & \text{其他 } n \text{ 值} \end{cases} \quad (6-32)$$

下面讨论理想滤波器的单位采样响应经截断处理后,频率响应发生了怎样的变化,以及如何减小这种影响。加窗处理后,得到 $h(n)$ 的频率响应为

$$H(e^{j\omega}) = \frac{1}{2\pi}\int_{-\pi}^{\pi} H_d(e^{j\theta})W(e^{j(\theta-\omega)})d\theta \quad (6-33)$$

由式(6-33)可以看出,$H(e^{j\omega})$ 能否逼近 $H_d(e^{j\omega})$ 取决于窗函数的频谱特性 $W(e^{j\omega})$

$$W(e^{j\omega}) = \sum_{n=0}^{N-1} w(n)e^{-j\omega n}$$

在这里选用矩形窗 $R_N(n)$,其频谱特性为

$$W_R(e^{j\omega}) = \sum_{n=0}^{N-1} e^{-j\omega n} = \frac{1-e^{-j\omega N}}{1-e^{-j\omega}} = e^{-j\left(\frac{N-1}{2}\right)\omega} \cdot \frac{\sin(\omega N/2)}{\sin(\omega/2)} \quad (6-34)$$

$W_R(e^{j\omega})$ 的幅度函数和相位函数分别用 $W_R(\omega)$ 和 $\theta(\omega)$ 表示,分别为

$$W_R(\omega) = \frac{\sin(\omega N/2)}{\sin(\omega/2)}$$

$$\theta(\omega) = -\left(\frac{N-1}{2}\right)\omega$$

其中,$W_R(\omega)$ 是周期函数,如图 6.5 所示。通常定义坐标原点左右两边第一个过零点之间的区域为主瓣,其宽度为 $4\pi/N$。

如果将理想滤波器的频率响应表示成

$$H_d(e^{j\omega}) = H_d(\omega)e^{-j\left(\frac{N-1}{2}\right)\omega} \quad (6-35)$$

则其幅度函数为

$$H_d(\omega) = \begin{cases} 1, & |\omega| \leqslant \omega_c \\ 0, & \omega_c < |\omega| \leqslant \pi \end{cases} \quad (6-36)$$

将式(6-34)、(6-36)代入式(6-33)并推导,得

$$H(\mathrm{e}^{\mathrm{j}\omega}) = \mathrm{e}^{-\mathrm{j}(\frac{N-1}{2})\omega} \cdot \frac{1}{2\pi}\int_{-\pi}^{\pi} H_\mathrm{d}(\theta) W_\mathrm{R}(\omega-\theta)\mathrm{d}\theta \qquad (6-37)$$

即 $H(\mathrm{e}^{\mathrm{j}\omega})$ 所对应的滤波器也是线性相位滤波器,用幅度函数 $H(\omega)$ 与相位特性 $\theta(\omega)$ 表示为

$$H(\mathrm{e}^{\mathrm{j}\omega}) = H(\omega)\mathrm{e}^{\mathrm{j}\theta(\omega)} = H(\omega)\mathrm{e}^{-\mathrm{j}(\frac{N-1}{2})\omega}$$

其中,实际设计的 FIR 滤波器的幅度函数 $H(\omega)$ 为

$$H(\omega) = \frac{1}{2\pi}\int_{-\pi}^{\pi} H_\mathrm{d}(\theta) W_\mathrm{R}(\omega-\theta)\mathrm{d}\theta \qquad (6-38)$$

显然,对实际 FIR 滤波器频率响应的幅度函数 $H(\omega)$ 有影响的只是窗函数频率响应的幅度函数 $W_\mathrm{R}(\omega)$,实际 FIR 滤波器频率响应的幅度函数是理想低通滤波器的幅度函数与窗函数幅度函数的复卷积。复卷积过程可用图 6.6 所示图像说明。根据式(6-38),幅度函数 $H(\omega)$ 值如图 6.6(f)所示,是图 6.6(a)与图 6.6(b)两个函数乘积的积分。

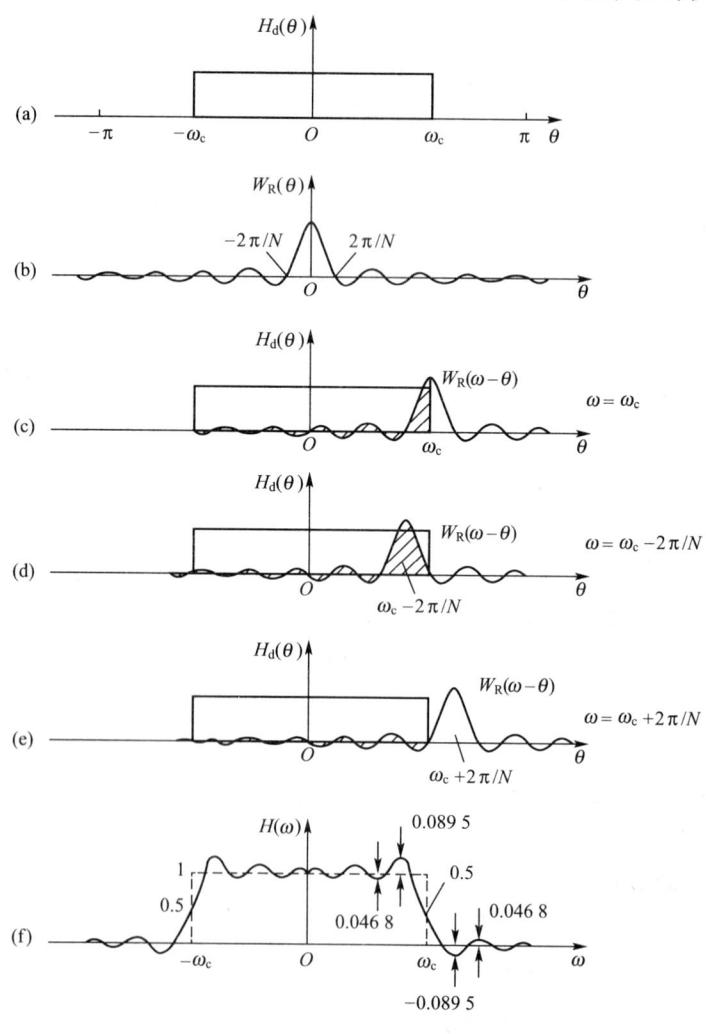

图 6.6 矩形窗对理想低通滤波幅度特性的影响

由图 6.6 可以看出，加矩形窗处理后引起的幅度误差主要有以下两点。

（1）理想低通滤波器过渡带带宽为零，但实际滤波器幅度函数 $H(\omega)$ 以 $\omega=\omega_c$ 为中心形成过渡带，过渡带宽度近似等于 $W_R(\omega)$ 的主瓣宽度 $\Delta\omega=4\pi/N$。窗函数的主瓣越宽，过渡带也越宽。

（2）在截止频率 ω_c 的两边，即 $\omega=\omega_c\pm\dfrac{2\pi}{N}$ 的地方，$H(\omega)$ 出现最大尖峰值，尖峰值的两侧形成起伏振荡，振荡幅度取决于旁瓣的相对幅度，振荡的多少，取决于旁瓣的个数。

以上两点就是对 $h_d(n)$ 加矩形窗截断后在频域的反应，称为吉布斯效应。这种效应直接影响滤波器的性能。在矩形窗函数下，其幅度函数

$$W_R(\omega)=\frac{\sin(\omega N/2)}{\sin(\omega/2)}\approx\frac{\sin(\omega N/2)}{\omega/2}=N\frac{\sin x}{x}$$

式中，$x=\omega N/2$。可见，改变窗函数截取长度 N，只能改变窗谱的主瓣宽度，改变 ω 坐标的比例及改变 $W_R(\omega)$ 的绝对值大小，但是不能改变主瓣与旁瓣的相对比例（N 太小时，会影响旁瓣的相对值），这个相对比例由 $\sin x/x$ 决定，或者说是由窗函数的形状来决定。因此，调整窗函数的截取长度 N，可以有效地控制过渡带的宽度，但要减少通带内波动以及加大阻带衰减只能从改变窗函数的形状上找解决办法。如果找到的窗函数形状，使其谱函数的主瓣包含更多的能量，相应的旁瓣幅度就减少了。旁瓣幅度减少可以使通带波动减小从而加大阻带衰减，但这是以加宽过渡带宽度为代价的。

6.3.2 常用的窗函数

从以上讨论看出，窗函数的形状及长度的选择很关键，实际选用窗函数时，一般是在保证主瓣宽度达到一定要求的前提下，适当牺牲主瓣宽度以换取对相对旁瓣的抑制。同时，选用窗函数时，窗函数 $w(n)$ 不仅要满足长度 N 有限，而且 $w(n)$ 要以 $(N-1)/2$ 为其对称中心。

1. 矩形窗（Rectangle window）

$$w(n)=R_N(n)=\begin{cases}1, & 0\leqslant n\leqslant N-1\\ 0, & \text{其他 }n\text{ 值}\end{cases}$$

其频率响应为

$$W_R(e^{j\omega})=W_R(\omega)e^{-j\left(\frac{N-1}{2}\right)\omega}$$

$$W_R(\omega)=\frac{\sin(\omega N/2)}{\sin(\omega/2)} \tag{6-39}$$

2. 三角窗（Bartlett window）

$$w(n)=\begin{cases}\dfrac{2n}{N-1}, & 0\leqslant n\leqslant \dfrac{N-1}{2}\\ 2-\dfrac{2n}{N-1}, & \dfrac{N-1}{2}<n\leqslant N-1\end{cases} \tag{6-40}$$

其频率响应为

$$W(\mathrm{e}^{\mathrm{j}\omega}) = \frac{2}{N-1}\left\{\frac{\sin\left[\left(\frac{N-1}{4}\right)\omega\right]}{\sin(\omega/2)}\right\}^2 \mathrm{e}^{-\mathrm{j}\left(\frac{N-1}{2}\right)\omega} \approx \frac{2}{N}\left(\frac{\sin(N\omega/4)}{\sin(\omega/2)}\right)^2 \mathrm{e}^{-\mathrm{j}\left(\frac{N-1}{2}\right)\omega} \quad (6-41)$$

近似结果在 $N \gg 1$ 时成立。此时，主瓣宽度为 $8\pi/N$，比矩形窗主瓣宽度增加一倍，但旁瓣却小很多。

3. 汉宁窗（Hanning window）

汉宁窗又称升余弦窗。

$$w(n) = \sin^2\left(\frac{\pi n}{N-1}\right)R_N(n) = \frac{1}{2}\left[1 - \cos\left(\frac{2\pi n}{N-1}\right)\right]R_N(n) \quad (6-42)$$

其频率响应为

$$\begin{aligned}W(\mathrm{e}^{\mathrm{j}\omega}) &= \left\{0.5W_R(\omega) + 0.25\left[W_R\left(\omega - \frac{2\pi}{N-1}\right) + W_R\left(\omega + \frac{2\pi}{N-1}\right)\right]\right\}\mathrm{e}^{-\mathrm{j}\left(\frac{N-1}{2}\right)\omega} \\ &= W(\omega)\mathrm{e}^{-\mathrm{j}\left(\frac{N-1}{2}\right)\omega}\end{aligned} \quad (6-43)$$

当 $N \gg 1$ 时，$N-1 \approx N$，所以窗谱的幅度函数为

$$W(\omega) \approx 0.5W_R(\omega) + 0.25\left[W_R\left(\omega - \frac{2\pi}{N}\right) + W_R\left(\omega + \frac{2\pi}{N}\right)\right] \quad (6-44)$$

这 3 部分之和使旁瓣相互抵消，能量更集中在主瓣，但代价是主瓣宽度比矩形窗函数的主瓣宽度增加 1 倍，即为 $8\pi/N$。

4. 海明窗（Hamming window）

海明窗又称为改进的升余弦窗。

$$w(n) = \left[0.54 - 0.46\cos\left(\frac{2\pi n}{N-1}\right)\right]R_N(n) \quad (6-45)$$

其频率响应为

$$\begin{aligned}W(\omega) &= 0.54W_R(\omega) + 0.23\left[W_R\left(\omega - \frac{2\pi}{N-1}\right) + W_R\left(\omega + \frac{2\pi}{N-1}\right)\right] \\ &\approx 0.54W_R(\omega) + 0.23\left[W_R\left(\omega - \frac{2\pi}{N}\right) + W_R\left(\omega + \frac{2\pi}{N}\right)\right]\end{aligned} \quad (6-46)$$

与汉宁窗相比，海明窗主瓣宽度相同，为 $8\pi/N$，但旁瓣又进一步压低，结果可将 99.963% 的能量集中在窗谱的主瓣内。

5. 布莱克曼窗（Blackman window）

为了进一步抑制旁瓣，对升余弦窗再加上一个二次谐波的余弦分量，变成布莱克曼窗，又称二阶升余弦窗。

$$w(n) = \left[0.42 - 0.5\cos\left(\frac{2\pi n}{N-1}\right) + 0.08\cos\left(\frac{4\pi n}{N-1}\right)\right]R_N(n) \quad (6-47)$$

其频谱的幅度函数为

$$\begin{aligned}W(\omega) &= 0.42W_R(\omega) + 0.25\left[W_R\left(\omega - \frac{2\pi}{N-1}\right) + W_R\left(\omega + \frac{2\pi}{N-1}\right)\right] \\ &\quad + 0.04\left[W_R\left(\omega - \frac{4\pi}{N-1}\right) + W_R\left(\omega + \frac{4\pi}{N-1}\right)\right]\end{aligned} \quad (6-48)$$

此时主瓣宽度为矩形窗谱主瓣宽度的 3 倍，即为 $12\pi/N$。

图 6.7 所示为 5 种窗的窗函数，图 6.8 所示为 $N=31$ 时 5 种窗函数的频谱。

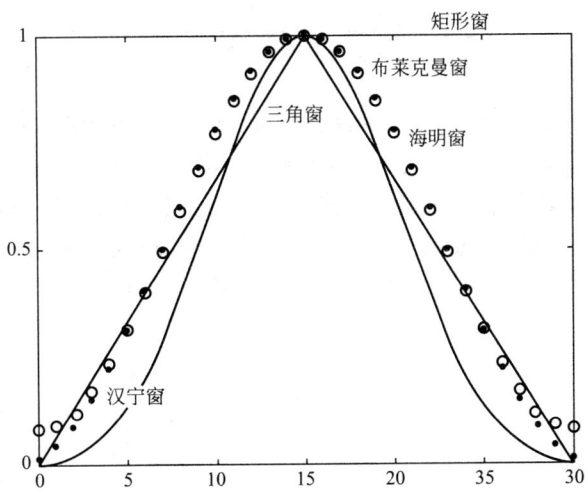

图 6.7　设计 FIR 滤波器常用的几种窗函数

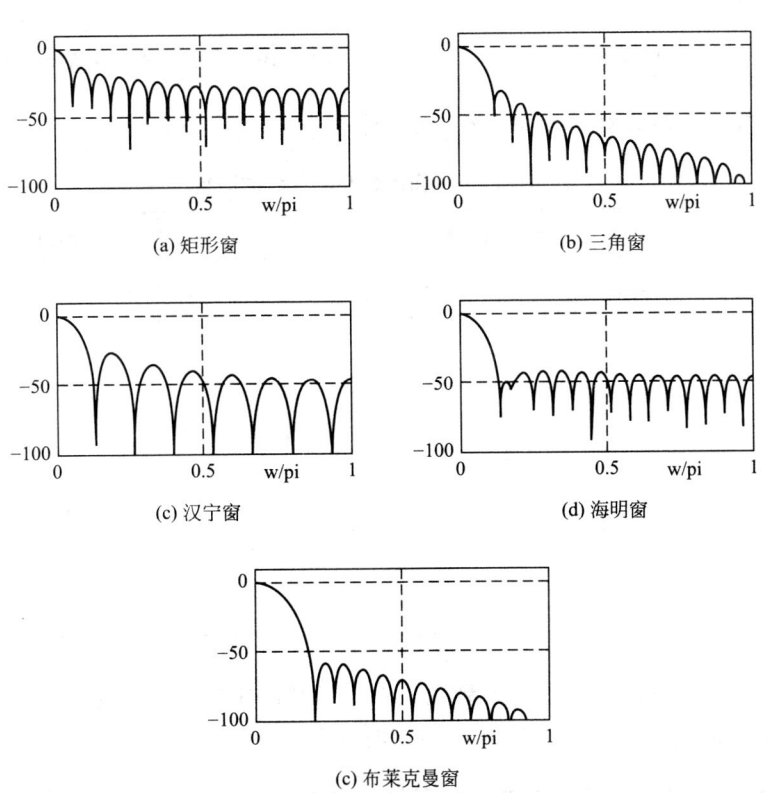

图 6.8　各种窗函数的傅里叶变换（$N=31$）

6. 凯塞尔窗(Kaiser window)

凯塞尔窗是一种适应性较强的窗，其窗函数的表达式为

$$w(n) = \frac{I_0(\beta\sqrt{1-[1-2n/(N-1)]^2})}{I_0(\beta)}, \quad 0 \leqslant n \leqslant N-1 \qquad (6-49)$$

式中，$I_0(x)$是第一类变形零阶贝塞尔函数；β是一个可自由选择的参数，它可以同时调整主瓣宽度与旁瓣电平，β越大，则$w(n)$窗越窄，而频谱的旁瓣越小，但主瓣宽度也相应增加。因而改变β值就可以对主瓣宽度和旁瓣衰减进行选择，零阶贝塞尔函数的曲线如图6.9所示，凯塞尔窗函数的曲线如图6.10所示。一般选择$4<\beta<9$，这相当于旁瓣幅度与主瓣幅度的比值由3.1%变化到0.047%(-30dB到-67dB)。

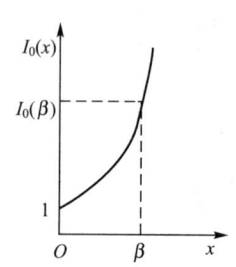
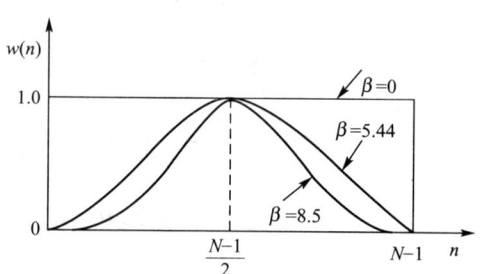

图6.9　零阶贝塞尔曲线　　　　图6.10　凯塞尔窗函数曲线

6种窗函数基本参数对照表如表6-2所列。

表6-2　6种窗函数基本参数的比较

窗函数类型	窗谱性能指标		加窗后滤波器性能指标	
	旁瓣峰值/dB	主瓣宽度/$(2\pi/N)$	过渡带带宽 $\Delta\omega$/$(2\pi/N)$	最小阻带衰减/dB
矩形窗	-13	2	0.9	-21
三角窗	-25	4	2.1	-25
汉宁窗	-31	4	3.1	-44
海明窗	-41	4	3.3	-53
布莱克曼窗	-57	6	5.5	-74
凯塞尔窗($\beta=7.865$)	-57		5	-80

由以上讨论可以看出，最小阻带衰减只由窗形状决定，不受N的影响，而过渡带的宽度则既和窗形状有关，且随窗宽N的增加而减小。

6.3.3　窗函数法设计线性相位FIR滤波器的一般步骤

窗函数法设计线性相应FIR滤波器的一般分以下5个步骤：(1)首先是给定所要求的

第6章 FIR数字滤波器的设计与MATLAB实现

频率响应函数 $H_d(e^{j\omega})$；(2) 求理想滤波器的单位采样响应：$h_d(n)=\dfrac{1}{2\pi}\int_{-\pi}^{\pi}H_d(e^{j\omega})e^{j\omega n}d\omega$；(3) 由过渡带带宽及阻带最小衰减的要求，利用表6-2，选定窗函数 $w(n)$，并估计窗口长度 N；(4) 求得所设计的 FIR 滤波器的单位采样响应：$h(n)=h_d(n)w(n)$，$n=0$，1，2，$\cdots$，$N-1$；(5) 求 FIR 滤波器的系统函数：$H(z)=\sum\limits_{n=0}^{N-1}h(n)z^{-n}$。

通常整个设计过程可利用计算机编程来实现，可多选择几种窗函数来试探，从而设计出性能良好的滤波器。

【例6-2】 一个线性相位高通滤波器设计指标为：通带截止频率 $\omega_p=0.5\pi\text{rad}$，通带衰减 $\delta_1=1\text{dB}$；阻带截止频率 $\omega_s=0.25\pi\text{rad}$，阻带的最小衰减 $\delta_2=40\text{dB}$。试应用窗函数设计法设计该滤波器。

解：(1) 设理想线性相位滤波器的频率特性为

$$H_d(e^{j\omega})=\begin{cases}e^{-j\omega\tau}, & \omega_c\leqslant|\omega|\leqslant\pi\\ 0, & 0\leqslant|\omega|<\omega_c\end{cases}$$

由阻带截止频率 ω_s 与通带截止频率 ω_p 近似求得 ω_c，即

$$\omega_c\approx\dfrac{\omega_s+\omega_p}{2}=3\pi/8$$

(2) 求得 $h_d(n)=\dfrac{1}{2\pi}\int_{-\pi}^{\pi}e^{-j\omega\tau}e^{j\omega n}d\omega=\dfrac{\sin\pi(n-\tau)}{\pi(n-\tau)}-\dfrac{\sin\omega_c(n-\tau)}{\pi(n-\tau)}$。

(3) 已知阻带最小衰减为 $\delta_2=40\text{dB}$，查表6-2知汉宁窗与海明窗均满足要求，选择汉宁窗，所设计滤波器的过渡带带宽为 $\Delta\omega\leqslant\omega_p-\omega_s=0.25\pi$，加汉宁窗处理后滤波器过渡带宽度为 $\Delta\omega=6.2\pi/N$，解得 $N\geqslant24.8$。

对于高通线性相位 FIR 滤波器，选择 N 为奇数，取 $N=25$，$\tau=(N-1)/2=12$。根据式(6-42)得到窗函数的表达式为 $w(n)=0.5\left[1-\cos\left(\dfrac{\pi n}{12}\right)\right]R_{25}(n)$。

(4) 加窗处理，得到

$$h(n)=h_d(n)w(n)$$
$$=\left\{\dfrac{\sin\pi(n-12)}{\pi(n-12)}-\dfrac{\sin[3\pi(n-12)/8]}{\pi(n-12)}\right\}\left[0.5-0.5\cos\left(\dfrac{\pi n}{12}\right)\right]R_{25}(n)$$

【例6-3】 一个线性相位低通滤波器的设计指标为：通带截止频率 $\omega_p=0.2\pi\text{rad}$，通带衰减 $\delta_1=0.25\text{dB}$；阻带截止频率 $\omega_s=0.3\pi\text{rad}$，阻带的最小衰减 $\delta_2=50\text{dB}$。试应用窗函数设计法设计该滤波器。

解：(1) 根据式(6-31)可知，理想低通滤波器的单位采样响应为

$$h_d(n)=\dfrac{1}{2\pi}\int_{-\pi}^{\pi}H_d(e^{j\omega})e^{j\omega n}d\omega=\dfrac{\sin[\omega_c(n-\tau)]}{\pi(n-\tau)},\quad \tau=\dfrac{N-1}{2}$$

(2) 查表6-2知，海明窗、布莱克曼窗均可提供大于50dB的阻带衰减，而海明窗具有小的过渡带带宽，因此选择为海明窗。

(3) 由设计要求得到，所要设计滤波器的过渡带带宽 $\Delta\omega=\omega_s-\omega_p=0.1\pi\text{rad}$，3dB 通

带截止频率为 $\omega_c = \dfrac{\omega_p + \omega_s}{2} = 0.25\pi\text{rad}$。

查表 6-2，利用海明窗设计滤波器的过渡带宽度为 $\Delta\omega = 6.6\pi/N$，解之得 $N = 66$。所以海明窗函数的表达式为

$$w(n) = \left[0.54 - 0.46\cos\left(\dfrac{2\pi n}{65}\right)\right] R_{66}(n)$$

（4）从而得到，所设计的 FIR 滤波器的单位采样响应为

$$h(n) = \dfrac{\sin[0.25\pi(n - 32.5)]}{\pi(n - 32.5)} \cdot \left[0.54 - 0.46\cos\left(\dfrac{2\pi n}{65}\right)\right] R_{66}(n)$$

滤波器的频率响应为 $H(e^{j\omega}) = \sum\limits_{n=0}^{N-1} h(n) e^{-j\omega n}$。

【例 6-4】 一个线性相位 FIR 带通滤波器技术指标为：阻带下截止频率 $\omega_{s1} = 0.2\pi\text{rad}$，阻带上截止频率 $\omega_{s2} = 0.8\pi\text{rad}$，阻带最小衰减 $\delta_2 = 60\text{dB}$；通带下截止频率 $\omega_{p1} = 0.35\pi\text{rad}$，通带上截止频率 $\omega_{p2} = 0.65\pi\text{rad}$，通带最大衰减 $\delta_1 = 1\text{dB}$。应用 MATLAB 编程实现该滤波器。

根据窗函数最小阻带衰减，选择布莱克曼窗可达到 75dB 的阻带衰减，其过渡带带宽为 $11\pi/N$。该例的 MATLAB 实现程序如下所示。

```
%实现例 6-4 FIR 带通滤波器的程序
wls=0.2*pi;wlp=0.35*pi;whp=0.65*pi;whs=0.8*pi    %设计指标参数赋值
tr_width=min((wlp-wls),(whs-whp));               %过渡带带宽
N=ceil(11*pi/tr_width)+1                         %计算滤波器长度
n=0:1:N-1;
wcl=(wls+wlp)/2;
wch=(whs+whp)/2;                                 %设置理想带通截止频率
hd=ideal_bp(wcl,wch,N);                          %理想低通滤波器的单位采样响应
win_bman=(blackman(N))';                         %布莱克曼窗函数
h=hd.*win_bman;                                  %得到实际滤波器的单位采样响应
[dB,mag,pha,w]=freqz_m(h,1);
delta_w=2*pi/1 000;
Ap=-(min(dB(wlp/delta_w+1:whp/delta_w+1)));      %实际通带波纹
Ar=-round(max(dB(whs/delta_w+1:1:501)));
subplot(2,1,1);
plot(w/pi,dB);
title('幅度响应 dB');
axis([0,1,-100,10]);
subplot(2,1,2);
stem(n,h);
title('实际单位采样响应 h(n)');
```

运行程序，得到滤波器的单位采样响应与幅度响应如图 6.11 所示。

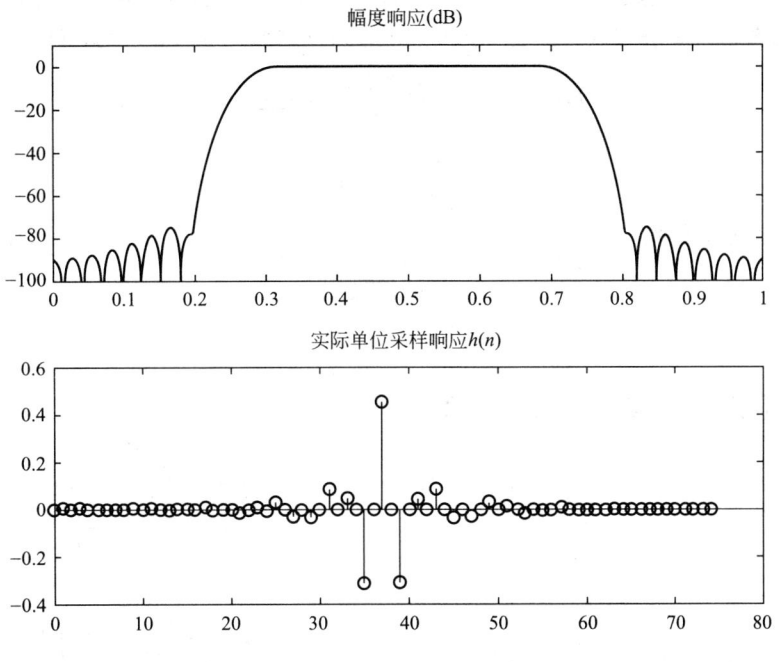

图 6.11 带通 FIR 滤波器的频率响应及其 $h(n)$

6.4 频率采样法设计 FIR 滤波器

6.4.1 设计方法

窗函数法设计是从时域出发,把理想滤波器的 $h_d(n)$ 用一定形状的窗口函数截取成有限长的 $h(n)$,以此 $h(n)$ 来逼近理想的 $h_d(n)$。而频率采样法是从频域出发,把给定的理想滤波器的频率响应 $H_d(e^{j\omega})$ 加以等间隔采样

$$H_d(e^{j\omega})|_{\omega=\frac{2\pi}{N}\cdot k}=H_d(k)$$

然后以 $H_d(k)$ 作为实际 FIR 滤波器的频率特性的采样值 $H(k)$,即

$$H(k)=H_d(k)=H_d(e^{j\omega})|_{\omega=\frac{2\pi}{N}\cdot k}, \quad k=0,1,2,\cdots,N-1 \quad (6-50)$$

由于有限长序列 $h(n)$ 和它自身的 DFT 是一一对应的,因此可以由频域的这 N 个采样值 $H(k)$ 通过 IDFT 来唯一确定有限长序列 $h(n)$,即

$$h(n)=\frac{1}{N}\sum_{k=0}^{N-1}H(k)W_N^{-nk}, \quad n=0,1,2,\cdots,N-1 \quad (6-51)$$

式(6-51)中,$h(n)$ 为待设计的滤波器的单位采样响应。其系统函数 $H(z)$ 和频率响应 $H(e^{j\omega})$ 分别为

$$H(z)=\sum_{n=0}^{N-1}h(n)z^{-n} \quad (6-52)$$

$$H(e^{j\omega})=\sum_{n=0}^{N-1}h(n)e^{-j\omega n} \quad (6-53)$$

根据 $H(z)$ 的内插公式,可以由这 N 个频域采样值 $H(k)$ 内插恢复出 FIR 滤波器的系统函数 $H(z)$ 和频率响应 $H(e^{j\omega})$,这个 $H(z)$ 或 $H(e^{j\omega})$ 将逼近 $H_d(z)$ 或 $H_d(e^{j\omega})$,即

$$H(z) = \frac{1-z^{-N}}{N} \sum_{k=0}^{N-1} \frac{H(k)}{1-W_N^{-k}z^{-1}} \quad (6-54)$$

$$H(e^{j\omega}) = \sum_{k=0}^{N-1} H(k) \Phi\left(\omega - \frac{2\pi}{N}k\right) \quad (6-55)$$

式中,$\Phi(\omega)$ 是内插函数

$$\Phi(\omega) = \frac{1}{N} \cdot \frac{\sin\left(\frac{\omega N}{2}\right)}{\sin\left(\frac{\omega}{2}\right)} e^{-j\left(\frac{N-1}{2}\right)\omega} \quad (6-56)$$

将式(6-56)代入式(6-55)中并化简,得

$$H(e^{j\omega}) = e^{-j\left(\frac{N-1}{2}\right)\omega} \cdot \frac{1}{N} \sum_{k=0}^{N-1} H(k) \cdot e^{-j\frac{\pi k}{N}} \cdot \frac{\sin\left(\frac{\omega N}{2}\right)}{\sin\left(\frac{\omega}{2} - \frac{\pi k}{N}\right)} \quad (6-57a)$$

即

$$H(e^{j\omega}) = e^{-j\left(\frac{N-1}{2}\right)\omega} \sum_{k=0}^{N-1} H(k) \cdot \frac{1}{N} e^{j\frac{\pi k}{N}(N-1)} \cdot \frac{\sin\left[N\left(\frac{\omega}{2} - \frac{\pi k}{N}\right)\right]}{\sin\left(\frac{\omega}{2} - \frac{\pi k}{N}\right)} \quad (6-57b)$$

从内插公式(6-55)可以看出,在各个频率采样点上,滤波器的实际频率响应是严格地和理想频率响应数值相等,即 $H(e^{j\frac{2\pi}{N}k}) = H(k) = H_d(k) = H_d(e^{j\frac{2\pi}{N}k})$,频率采样点之间的频率响应是由各采样点的加权内插函数的延伸叠加而形成的。理想频率响应特性变化越平缓,则内插值越接近理想值,逼近误差越小。

6.4.2 频率采样法设计线性相位滤波器的条件

设计线性相位 FIR 滤波器,其采样值 $H(k)$ 的幅度和相位一定要满足 6.2 节所讨论的,如表 6-1 所列出的 4 类线性相位滤波器的约束条件。

由表 6-1 可知,对于第 I 类线性相位滤波器,即 $h(n)$ 偶对称,N 为奇数

$$H(e^{j\omega}) = H(\omega) e^{-j\left(\frac{N-1}{2}\right)\omega} \quad (6-58)$$

的幅度函数 $H(\omega)$ 关于 $\omega = 0$,π,2π 偶对称,即

$$H(\omega) = H(2\pi - \omega) \quad (6-59)$$

如果采样值 $H(k) = H(e^{j\frac{2\pi}{N}k})$ 也用幅值 H_k(纯标量)与相位特性 θ_k 表示,则有

$$H(k) = H(e^{j\frac{2\pi}{N}k}) = H_k e^{j\theta_k} \quad (6-60)$$

由式(6-58)可得

$$\theta_k = -\left(\frac{N-1}{2}\right)\frac{2\pi}{N}k = -k\pi\left(1 - \frac{1}{N}\right) \quad (6-61)$$

H_k 必须满足偶对称关系,由式(6-59)可知

$$H_k = H_{N-k} \quad (6-62)$$

对于第 II 类线性相位滤波器,即 $h(n)$ 偶对称,N 为偶数,其频率响应 $H(e^{j\omega})$ 仍为

式(6-58)，其幅度函数 $H(\omega)$ 奇对称

$$H(\omega) = -H(2\pi - \omega)$$

所以，这时候 H_k 应满足奇对称要求，即

$$H_k = -H_{N-k} \qquad (6-63)$$

而 θ_k 与式(6-61)完全一样。

同样对于第Ⅲ类及第Ⅳ类线性相位 FIR 滤波器，幅度与相位条件同样满足表 6-1 所示的约束条件。采样值 $H(k) = H(e^{j\frac{2\pi}{N}k})$ 用幅值 H_k（纯标量）与相位特性 θ_k 表示时，两类滤波器的相位特性满足

$$\theta_k = -\left(\frac{N-1}{2}\right)\frac{2\pi}{N}k + \frac{\pi}{2} = -k\pi\left(1-\frac{1}{N}\right) + \frac{\pi}{2} \qquad (6-64)$$

第Ⅲ类及第Ⅳ类滤波器采样值 $H(k)$ 的幅值 H_k 分别满足奇对称和偶对称关系。

6.4.3 频率采样法设计线性相位 FIR 滤波器的一般步骤

一般，频率采样法设计线性相位 FIR 滤波器步骤可分为以下几步：(1)根据设计要求选择滤波器的类型；(2)根据线性相位的约束条件，确定 H_k 和 θ_k，进而得到 $H(k)$；(3)将 $H(k)$ 代入内插公式得到所设计的滤波器的频率响应 $H(e^{j\omega})$。

【例 6-5】 利用频率采样法，设计一个低通 FIR 数字滤波器，其理想频率特性是矩形的，即

$$|H_d(e^{j\omega})| = \begin{cases} 1, & 0 \leqslant \omega \leqslant \omega_c \\ 0, & 其他 \omega 值 \end{cases}$$

已知 $\omega_c = 0.5\pi$，采样点数为 $N = 33$，要求滤波器具有线性相位。

解：(1) 根据设计指标要求，采样点数 $N=33$ 是奇数，滤波器为低通滤波器，因此选择第Ⅰ种类型滤波器，θ_k 满足

$$\theta_k = -k\pi\left(1-\frac{1}{N}\right) = -\frac{32}{33}k\pi, \quad k=0, 1, 2, \cdots, 32$$

(2) 由通带截止频率 $\omega_c = 0.5\pi$，确定通带内的采样点数，即

$$\omega_c = 0.5\pi = \frac{2\pi}{N}k, \quad k = 8.25$$

取整数 $k=8$，应在通带内设置 9 个采样点。

(3) 根据 $H_k = H_{N-k}$，可得

$$H_k = \begin{cases} 1, & k=0\sim 8, \ 25\sim 32 \\ 0, & k=9\sim 24 \end{cases}$$

因此

$$H(k) = \begin{cases} e^{-j\frac{32}{33}k\pi}, & k=0\sim 8, \ 25\sim 32 \\ 0, & k=9\sim 24 \end{cases}$$

(4) 将 $H(k)$ 代入 $H(e^{j\omega})$ 的内插公式，即得到所设计滤波器的频率响应。

$$H(e^{j\omega}) = e^{-j16\omega}\left\{\frac{\sin\left(\frac{33}{2}\omega\right)}{33\sin\left(\frac{\omega}{2}\right)} + \sum_{k=1}^{8}\left[\frac{\sin\left[33\left(\frac{\omega}{2}-\frac{k\pi}{33}\right)\right]}{33\sin\left(\frac{\omega}{2}-\frac{k\pi}{33}\right)} + \frac{\sin\left[33\left(\frac{\omega}{2}+\frac{k\pi}{33}\right)\right]}{33\sin\left(\frac{\omega}{2}+\frac{k\pi}{33}\right)}\right]\right\}$$

按照例6-5的$H(e^{j\omega})$计算其对数幅频特性的结果如图6.12所示。可以看出,过渡带带宽为$2\pi/33$,最小阻带衰减为-20dB,在大多数情况下这一衰减往往不是令人满意的。为了改善频率特性,在阻带和通带交界处安排一个或几个不等于1的采样值,就可以使得它的有用频带内的纹波得以减小。例如在本例中,在$k=9$处增加一个点,$H_k=0.5$,则得到如图6.13所示结果,这相当于加宽过渡带带宽,其宽度为$4\pi/33$,算出阻带最小衰减为-40dB。

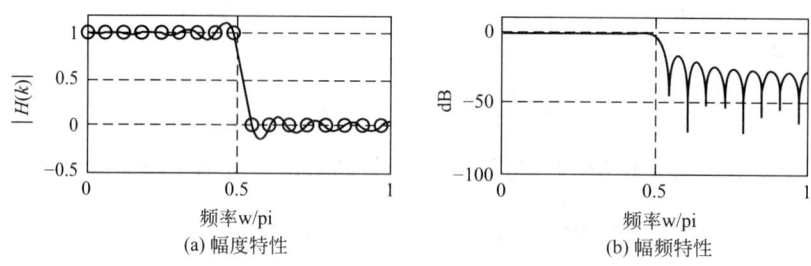

图 6.12 例7-5 频率采样法设计低通滤波器的例子

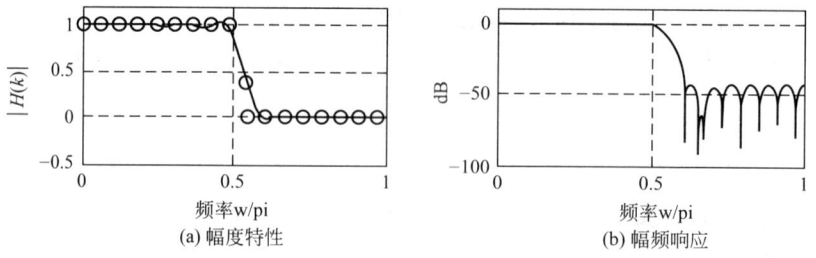

图 6.13 增加过渡带一个非零采样值及其影响

从例6-5中可以看出,为了提高滤波器逼近质量,在理想滤波器频率响应的不连续点的边缘加上一些过渡的采样点,从而增加过渡带,减少频带边缘的突变,减少了起伏振荡,增加了阻带衰减。这些采样点上的取值不同,效果也不同,一般过渡带取1、2、3点采样值即可得到满意的结果。

6.5 利用等波纹最佳逼近法设计 FIR 数字滤波器

等波纹最佳逼近法是一种优化设计方法,它克服了窗函数法和频率采样法的缺点,使最大误差最小化,并在整个逼近频段上均匀分布。用等波纹最佳逼近法设计的 FIR 滤波器的幅频响应在通带和阻带内都是等波纹的,而且可以分别控制通带和阻带的波纹幅度,最佳逼近就是指在滤波器长度给定的情况下使加权误差波纹幅度最小化。与窗函数法和频率采样法相比较,由于这种设计方法使最大误差均匀分布,所以设计的滤波器性价比最高,阶数相同时,这种设计方法使滤波器的最大逼近误差最小,即通带最大衰减最小,阻带最小衰减最大;指标相同时,这种设计方法使滤波器阶数最低。

下面以第Ⅰ类线性相位滤波器来介绍等波纹最佳逼近法设计 FIR 滤波器,将其结论作简单修改,就可以设计其他类型的滤波器。

设希望设计的滤波器 $H_d(e^{j\omega})$ 的幅度函数为 $H_d(\omega)$，要求设计线性相位 FIR 滤波器时 $H_d(\omega)$ 必须满足线性相位约束，$H(\omega)$ 表示实际设计滤波器的幅度函数，则加权误差函数为

$$E(\omega)=W(\omega)[H_d(\omega)-H(\omega)] \tag{6-65}$$

式中，$W(\omega)$ 称为误差加权函数，用来控制不同频段（一般指通带和阻带）的逼近精度。

等纹波滤波器设计问题就是求滤波器幅度函数 $H(\omega) = \sum_{n=0}^{(N-1)/2} a(n)\cos\omega n$（第 I 类线性相位）中的系数 $a(n)$，使得在一组频率点 $\widetilde{\omega}$ 上 $E(\omega)$ 的绝对值最小，即

$$\min_{a(n)}\{\max_{\omega\in\widetilde{\omega}}|E(\omega)|\}$$

例如，设计一个低通滤波器，频率组 $\widetilde{\omega}$ 可以是通带 $[0, \omega_p]$ 和阻带 $[\omega_s, \pi]$ 内的频率，如图 6.14 所示，过渡带 $[\omega_p, \omega_s]$ 是不关心的区域，求加权误差最小时不予考虑，可以采用交错定理求这个最优化问题。

交错定理：设 $\widetilde{\omega}$ 是 $[0, \pi]$ 区间内封闭子集的并集，对于一个正的加权函数 $W(\omega)$，

$$H(\omega) = \sum_{n=0}^{L} a(n)\cos\omega n, \quad L = \frac{N-1}{2}$$

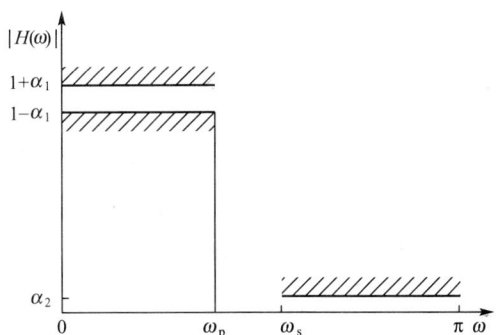

图 6.14 等波纹滤波器设计中的频率组

在 $\widetilde{\omega}$ 上，$H(\omega)$ 能成为唯一使加权误差 $|E(\omega)|$ 最大值最小的函数。其充要条件是：在 $\widetilde{\omega}$ 上 $E(\omega)$ 至少有 $L+2$ 个交错值。也就是说，在 $\widetilde{\omega}$ 上必须至少有 $L+2$ 个极值频率

$$\omega_0 < \omega_1 < \cdots < \omega_{L+1}$$

这样

$$E(\omega_k) = -E(\omega_{k+1}), \quad k = 0, 1, 2, \cdots, L$$

且

$$|E(\omega_k)| = \max_{\omega\in\widetilde{\omega}}|E(\omega)|, \quad k = 0, 1, 2, \cdots, L+1$$

交错定理说明最优滤波器是等波纹的，虽然交错定理确定了最优滤波器必须有的极值频率（或波动）的最少数目，但是可以有更多的数目。例如，一个低通滤波器可以有 $L+2$ 个或 $L+3$ 个极值频率，有 $L+3$ 个极值频率的低通滤波器称作超波纹滤波器。

由交错定理可以得到

$$W(\omega_k)[H_d(\omega_k)-H(\omega_k)] = (-1)^k\varepsilon, \quad k = 0, 1, 2, \cdots, L+1$$

式中，$\varepsilon = \max_{\omega\in\widetilde{\omega}}|E(\omega)|$ 是最大的加权误差绝对值，这些关于未知数 $a(0), a(1), \cdots, a(L)$ 以及 ε 的方程可以写成下面的形式

$$\begin{bmatrix} 1 & \cos(\omega_0) & \cdots & \cos(L\omega_0) & 1/W(\omega_0) \\ 1 & \cos(\omega_1) & \cdots & \cos(L\omega_1) & -1/W(\omega_1) \\ \vdots & \vdots & \vdots & \vdots & \vdots \\ 1 & \cos(\omega_L) & \cdots & \cos(L\omega_L) & (-1)^L/W(\omega_L) \\ 1 & \cos(\omega_{L+1}) & \cdots & \cos(L\omega_{L+1}) & (-1)^{L+1}/W(\omega_{L+1}) \end{bmatrix} \begin{bmatrix} a(0) \\ a(1) \\ \vdots \\ a(L) \\ \varepsilon \end{bmatrix} = \begin{bmatrix} H_d(\omega_0) \\ H_d(\omega_1) \\ \vdots \\ H_d(\omega_L) \\ H_d(\omega_{L+1}) \end{bmatrix}$$

(6-66)

求解式(6-66)，就可以得出系数 $a(0), a(1), \cdots, a(L)$ 以及误差 ε，由 $a(n)$ 可以求出最佳滤波器的单位采样响应 $h(n)$。但实际上交错点组的频率 $\omega_0, \omega_1, \cdots, \omega_{L+1}$ 是不知道的，且直接求解式(6-66)比较困难。为此，J. H. Mollellan 等人利用数值分析中的 Remez 算法，通过逐次迭代求出交错频率组，具体步骤如下。

(1) 在 $0 \leqslant \omega \leqslant \pi$ 频率区间内等间隔地取 $L+2$ 个频率点 $\omega_k (k=0,1,2,\cdots,L+1)$，作为交错点组的初始猜测位置，然后用下式计算 ε

$$\varepsilon = \frac{\sum_{k=0}^{L+1} a_k H_d(\omega_k)}{\sum_{k=0}^{L+1} (-1)^k a_k / W(\omega_k)} \qquad (6-67)$$

式中

$$a_k = (-1)^k \prod_{i=0, i \neq k}^{L+1} \frac{1}{\cos(\omega_i) - \cos(\omega_k)} \qquad (6-68)$$

把 $\omega_k (k=0,1,2,\cdots,L+1)$ 代入式(6-67)、(6-68)，求得 ε，这就是第一次指定极值频率的偏差值，然后利用拉格朗日插值公式得到幅度函数 $H(\omega)$，即

$$H(\omega) = \frac{\sum_{k=0}^{L} \left[\frac{a_k}{\cos\omega - \cos\omega_k}\right] c_k}{\sum_{k=0}^{L} \frac{a_k}{\cos\omega - \cos\omega_k}} \qquad (6-69)$$

式中

$$c_k = H_d(\omega_k) - (-1)^k \frac{\varepsilon}{W(\omega_k)}, \quad k=0,1,2,\cdots,L \qquad (6-70)$$

把求得的 $H(\omega)$ 代入式(6-65)误差表达式中，得到误差函数 $E(\omega)$。如果这样得到的 $E(\omega)$ 在所有频率点上都能满足 $|E(\omega)| \leqslant |\varepsilon|$，说明初始猜测的 $\omega_0, \omega_1, \cdots, \omega_{L+1}$ 恰好是交错频率组，因此设计工作就结束了。如果在某些频率点上 $|E(\omega)| > |\varepsilon|$，则说明初始猜测频率点偏离了真正的交错频率，需要修改，进行第(2)步。

(2) 在所有 $|E(\omega)| > |\varepsilon|$ 频率点附近选定新的极值频率，重复计算式(6-67)到式(6-70)，分别得到新的 ε、$H(\omega)$ 和 $E(\omega)$。如此重复迭代，由于每次新的交错点频率都是 $E(\omega)$ 的局部极值点，因此按式(6-67)计算的 $|\varepsilon|$ 是递增的，但是最后收敛到 $|\varepsilon|$ 自身的上限值，此时 $H(\omega)$ 也就是最佳一致的逼近 $H_d(\omega)$。若再进行一次迭代，$E(\omega)$ 的峰值不再大于 $|\varepsilon|$，则迭代结束，然后由 $H(\omega)$ 求得最佳滤波器的单位采样响应 $h(n)$。

【例6-6】 利用等波纹逼近法设计一个线性相位 FIR 低通滤波器，指标要求为：通带截止频率 $f_p = 800 \text{Hz}$，通带衰减 $\delta_1 = 0.5 \text{dB}$；阻带截止频率 $f_{st} = 1\,000 \text{Hz}$，阻带最小衰减 $\delta_2 = 40 \text{dB}$，采样频率 $f_s = 4\,000 \text{Hz}$。

解：先由题意计算参数：(1)利用公式 $\delta_1 = -20\lg(1-\alpha_1)$ 与 $\delta_2 = -20\lg\alpha_2$，计算得到通带波纹幅度 $\alpha_1 = 0.055\,9$，阻带波纹幅度 $\alpha_2 = 0.01$；(2)每个频带所需的幅值 mval = [1, 0]；(3)采样频率 $f_s = 4\,000 \text{Hz}$。

编写 MATLAB 程序实现该 FIR 滤波器，该滤波器频率响应如图 6.15 所示。

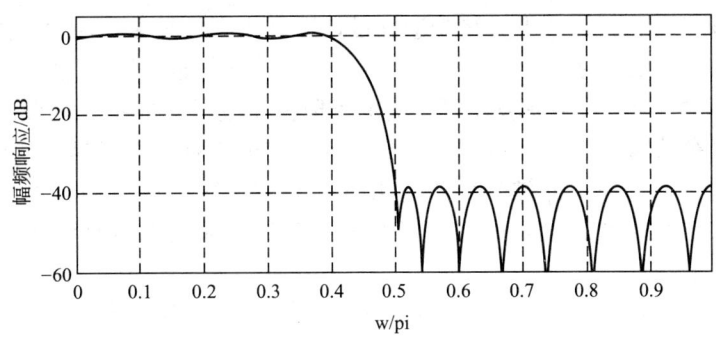

图 6.15 FIR 等波纹低通滤波器

```
%实现例6-6 FIR滤波器的程序
clear;
tr_width=[800 1 000];                %输入给定指标
mval=[1 0];
mwav=[0.055 9 0.01];
fs=4 000;                            %计算remezord参数tr_width,mval,mwav,f
[N,f0,m0,w]=remezord(tr_width,mval,mwav,fs); %确定remez函数所需参数
hn=remez(N,f0,m0,w);                 %设计滤波器
hw=fft(hn,512);                      %求设计出的滤波器的频率特性
w=[0:511]*2/512;
plot(w,20*log10(abs(hw)));           %绘制滤波器的幅频响应
grid on;
axis([0,max(w)/2,-60,5]);
xlabel('w/pi');
ylabel('幅频响应/dB')
```

6.6 FIR 数字滤波器与 IIR 数字滤波器的比较

前面已经讨论了 IIR 和 FIR 两种数字滤波器的设计方法，这两种数字滤波器各有什么优缺点？在实际应用中如何去选择它们？这里对这两种滤波器作一简单比较，并回答这些问题。

首先，从性能上说，IIR 数字滤波器可以用较低的阶数获得好的选择特性，所用的存储单元少，运算次数少，所以经济高效。但这个高效的代价是以相位的非线性得到的，而 FIR 数字滤波器获得与 IIR 相同的选择性所要求的阶数比 IIR 滤波器高，成本高，信号延迟较大。FIR 数字滤波器可以得到严格的线性相位，而 IIR 数字滤波器的选择性越好，相位的非线性越严重。要达到相同的选择性和线性要求，IIR 数字滤波器必须加全通网络进行相位校正，同样要大大增加滤波器的阶数和复杂性。

从结构上看，FIR 数字滤波器采用非递归结构，不存在内部的反馈，因此系统稳定，不论在理论上还是实际的有限精度运算中都不存在稳定性问题。而 IIR 数字滤波器采用递归结构，系统极点位置必须在单位圆以内，否则，系统将不稳定。FIR 数字滤波器可以采用快速傅里叶变换(FFT)算法大大减少运算量,运算速度快很多,而 IIR 数字滤波器没有快速运算。

从设计工具看,IIR 数字滤波器可以借助于模拟滤波器的成果,因此一般都有有效的封闭形式的设计公式可供准确计算,计算工作量比较小,对计算工具的要求不高。而 FIR 数字滤波器无法借助于模拟滤波器的设计方法,只有计算程序可循,对计算工具要求较高。现在计算机已经非常普及,而且已经开发出各种滤波器的设计程序,所以工程上的设计计算都非常简单。

另外,还应看到,IIR 滤波器虽然设计简单,但主要是用于设计具有分段常数特性的滤波器,如低通、高通、带通和带阻滤波器等,往往脱离不了模拟滤波器的局限性。而 FIR 滤波器则灵活得多,尤其能适应某些特殊的应用,应用于巴特沃斯、切比雪夫等逼近不可能达到预定指标的情况。从以上的比较可以看出,IIR 数字滤波器与 FIR 数字滤波器各有所长,在实际应用时应该根据要求,从多方面考虑再选择。例如,从使用要求看,对相位要求不敏感的场所,如语言通信等,选用 IIR 滤波器较为合适,可以充分发挥其经济高效的特点;而对于图像信号处理、数据传输等以波形携带信息的系统,选用 FIR 滤波器较好。当然,在实际设计中,还应综合考虑经济上的要求以及计算工具的条件等多方面的要求。

本 章 小 结

本章首先讨论了线性 FIR 滤波器的相位约束条件和特点,即 4 类线性相位滤波器的 $h(n)$ 特点、相位特点、幅度函数特点及零点的位置分布。在此基础上,较为详细地介绍了线性相位 FIR 滤波器设计的 3 种方法,即窗函数法、频率采样法和等波纹最佳一致逼近设计法,以及各种方法设计滤波器的 MATLAB 实现。最后,对 IIR 滤波器和 FIR 滤波器从多方面进行了比较,解决了滤波器使用的选择问题。

习　　题

一、填空题

1. FIR 滤波器能方便地实现线性相位,一般设计选频滤波器时选择系统时间响应函数 $h(n)$ 为_____对称形式。

2. 一数字滤波器时间响应函数为 $h(n)$,当 $n<0$,$n \geqslant N$ 时,$h(n)=0$,且 $h(n)$ 为实数,满足 $h(n)=-h(N-1-n)$,$H(k)$ 为 $h(n)$ 的 N 点离散傅里叶变换,则 $H(0)=$_____。

3. 一线性相位 FIR 滤波器,其单位冲激响应 $h(n)$ 为实序列,且当 $n<0$ 或 $n>4$ 时 $h(n)=0$。系统函数 $H(z)$ 在 $z=j$ 和 $z=2$ 各有一个零点,并且已知系统对直流分量无畸变,即在 $\omega=0$ 处的频率响应为 1,则 $H(z)=$_____。

4. 窗函数设计法中,加窗处理后待求滤波器的过渡带带宽与_____和_____有关,而最小阻带衰减只与_____有关。

二、计算与设计题

1. 设线性 FIR 滤波器的系统函数为

$$H(z)=\frac{1}{5}(1+0.9z^{-1}+2.2z^{-2}+0.9z^{-3}+z^{-4})$$

求滤波器的单位采样响应 $h(n)$，判断该滤波器是否具有线性相位特性。

2. 用矩形窗设计一个 FIR 线性相位低通数字滤波器。已知：$\omega_c=0.5\pi$，$N=31$。求出 $h(n)$ 并画出 $20\lg|H(e^{j\omega})|$ 曲线。

3. 请选择合适的窗函数及 N 来设计一个线性相位低通滤波器

$$H_d(e^{j\omega})=\begin{cases} e^{-j\omega\alpha}, & 0\leqslant\omega\leqslant\omega_c \\ 0, & \omega_c<\omega\leqslant\pi \end{cases}$$

要求其具有最小的阻带衰减-45dB，过渡带带宽为 $8\pi/51$。求出 $h(n)$ 并画出 $20\lg|H(e^{j\omega})|$ 曲线（设 $\omega_c=0.5\pi$）。

4. 一线性相位 FIR 滤波器有零点 $z_1=1$，$z_2=e^{j\frac{2\pi}{3}}$，$z_3=e^{-j\frac{3\pi}{4}}$，$z_4=-\frac{1}{4}$，试写出该滤波器的所有的零点，并分析系统的稳定性。

5. 已知长度 $N=15$ 的第 I 类线性相位 FIR 滤波器的幅度采样值为

$$|H(k)|=\begin{cases} 1, & k=0 \\ 0.5, & k=1,14 \\ 0, & k=2,3,\cdots,13 \end{cases}$$

求滤波器的单位采样响应 $h(n)$ 和 $H(e^{j\omega})$。

6. 应用频率采样法设计一个长度为 $N=51$ 的线性相位 FIR 高通数字滤波器，其理想频率特性是矩形的，即

$$|H_d(e^{j\omega})|=\begin{cases} 1, & \omega_c\leqslant|\omega|\leqslant\pi \\ 0, & 其他\omega值 \end{cases}$$

其中，$\omega_c=0.5\pi$。

7. 调用 MATLAB 工具箱函数 remezord 和 remez 函数设计线性相位低通滤波器，实现对模拟信号的采样序列 $x(n)$ 的数字低通滤波。指标要求为：采样频率 $f_s=16$kHz；通带截止频率 4.5kHz，通带衰减 $\delta_1\leqslant 1$dB；阻带截止频率 6kHz，阻带 $\delta_2\geqslant 70$dB。求出滤波器的单位采样响应 $h(n)$，并绘制滤波器的频率响应曲线。

8. 利用频率采样法设计一个线性相位 FIR 低通滤波器，写出 $H(k)$ 的具体表达式并应用 MATLAB 编程实现。已知条件分别为：(1)采样点数 $N=33$，$\omega_c=0.2\pi$rad；(2)采样点数 $N=33$，$\omega_c=0.2\pi$rad，设置一个过渡点 $|H(k)|=0.42$；(3)采样点数 $N=34$，$\omega_c=0.2\pi$rad，设置两个过渡点 $|H_1(k)|=0.6125$，$|H_2(k)|=0.111$。

9. 用矩形窗函数设计一线性相位数字微分器

$$H_d(e^{j\omega})=j\omega e^{-j\omega\beta}, \quad |\omega|\leqslant\pi$$

求数字微分器的单位采样响应 $h(n)(0\leqslant n\leqslant N-1)$ 及 β 与 N 的关系。

第 7 章 多采样率数字信号处理基础

本章教学目的与要求

1. 了解多采样率转换的应用及多采样率转换的分类。
2. 熟练掌握整数倍抽取的概念及整数倍抽取对频谱的影响。
3. 熟练掌握整数倍内插的概念及整数倍内插对频谱的影响。
4. 掌握有理因子采样率转换的原理及采样率转换滤波器的高效实现方法。
5. 学会应用 MATLAB 实现信号采样率的变换。

本章知识结构

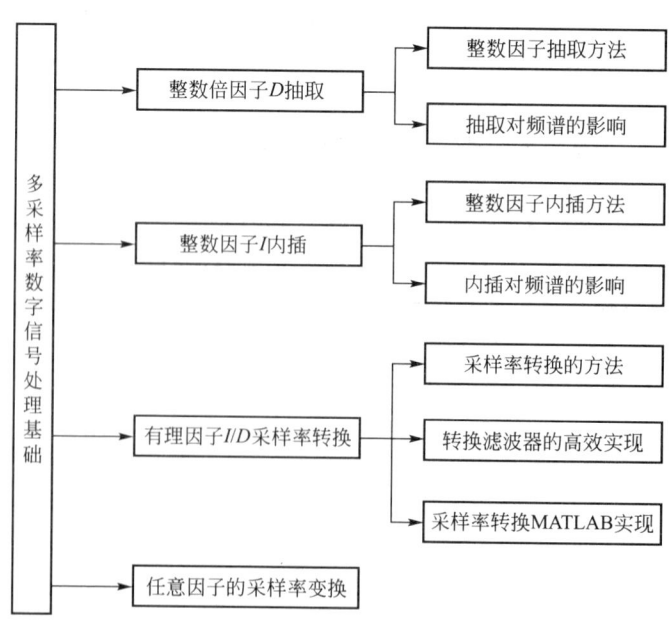

第7章 多采样率数字信号处理基础

7.1 引 言

前面介绍的信号处理的各种方法都是把采样频率 f_s 看作是固定值,在一个数字信号处理系统中只有一个采样频率。但在 A/D 转换、数字通信、音视频信号处理等系统中,常常需要两个或两个以上的采样率并进行不同采样率之间的转换,以节省信号处理的运算量和满足不同应用场合的需要。

案例

多采样率技术在可视数字电话系统中的应用

图 7.1 所示可视数字电话系统传输的信号既有图像、语音信号,又有传真信号,这些信号的频谱相差很远,带宽相差很大。在对信号进行处理的过程中,系统具有多种采样频率,根据处理信号的不同自动完成采样率的转换。

建立在采样率变换基础上"多采样率数字信号处理"已经成为数字信号处理学科中的主要内容。一般认为,在满足采样定理的前提下,首先将以采样频率 f_s 采集的数字信号进行 D/A 转换,将数字信号变换为模拟信号,再按照采样频率为 f_s' 对信号进行 A/D 转换,来实现信号采样频率由 f_s 到 f_s' 的变换。这样做的缺点是容易使信号受到损伤,比较麻烦。所以在实际应用中,直接在数字域解决这一问题。

采样率转换模型如图 7.2 所示。用 $f_s=1/T$ 表示输入信号 $x(n)$ 的采样频率,用 $f_s'=1/T'$ 表示输出信号 $y(n)$ 的采样频率。

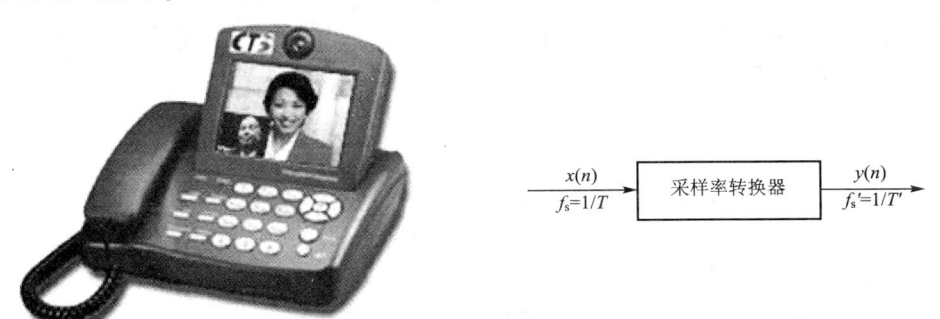

图 7.1 数字可视电话　　　　图 7.2 采样率转换模型

根据 f_s'/f_s 的比率将采样率转换分为如下几种。

(1) 整数倍因子 D 倍抽取。$f_s'=f_s/D$,D 为正整数,表示对序列 $x(n)$ 每 $D-1$ 个样值取 1 个,使采样频率降到原采样频率的 $\frac{1}{D}$。

(2) 整数因子 I 插值。$f_s'=If_s$,I 为正整数,表示对 $x(n)$ 的每两个相邻样值之间插入 $I-1$ 个新的样值,使采样频率提高为原采样频率的 I 倍。

(3) 有理数因子采样率转换。$f_s'/f_s=I/D$,D 与 I 是互素整数,这样采样频率变换为原来采样频率的 I/D 倍。

(4) 任意因子的采样率转换。f_s'/f_s 为任意有限数。

背景资料

多采样率数字信号处理的研究国外起步较早，很多学者在多采样率理论的基础研究和应用研究方面取得了卓越的成果。Vaidyanathan P. P. 等发表了大量的文章和著作，涵盖了滤波器组的设计、完全重建的实现、数字通信、语音图像处理等许多领域。

国内对于多采样率数字信号处理的研究比国外起步晚，从 20 世纪 90 年代初期才开始系统研究，其中具有代表性的是清华大学宗孔德教授编写的著作《多抽样率数字信号处理》，该著作系统、详细地介绍了多采样率系统抽取、内插、多相结构等基础理论。

7.2 整数因子抽取

假设 $x(n)$ 是对模拟信号 $x_a(t)$ 以采样频率 f_s 采样得到的信号，其频谱为 $X(e^{j\omega})$，在频率区间 $0 \leqslant |\omega| \leqslant \pi$ 内，$X(e^{j\omega})$ 不等于零。现在按整数因子 D 对信号 $x(n)$ 进行抽取，对 $x(n)$ 每隔 $D-1$ 个采样值抽取 1 个，采样率降低为 f_s/D，把抽取得到的序列值依次组成序列 $x_d(n)$，表示为

$$x_d(n) = x(Dn) \tag{7-1}$$

为了研究的方便，先引入一个中间序列 $x_p(n)$，它是将序列 $x(n)$ 脉冲采样得到的，定义 $x_p(n)$ 为

$$x_p(n) = \begin{cases} x(n), & n=0, \pm D, \pm 2D, \cdots \\ 0, & \text{其他 } n \text{ 值} \end{cases} \tag{7-2}$$

很显然，$x_p(n)$ 去掉零值点后就是抽取序列 $x_d(n)$。$x_p(n)$ 可以表示成 $x(n)$ 与采样脉冲串 $p(n)$ 的乘积，即

$$x_p(n) = x(n)p(n) = x(n) \sum_{k=-\infty}^{\infty} \delta(n-kD) \tag{7-3}$$

所以，$x(n)$，$x_p(n)$，$x_d(n)$ 三者存在以下关系

$$x_d(n) = x_p(Dn) = x(Dn) \tag{7-4}$$

图 7.3 所示为三序列的关系。

现在分析 $x(n)$，$x_p(n)$，$x_d(n)$ 在频域间的频谱函数关系。

$$X_d(e^{j\omega'}) = \sum_{m=-\infty}^{\infty} x_d(m) e^{-j\omega'm} = \sum_{m=-\infty}^{\infty} x_p(Dm) e^{-j\omega'm}$$

$$= \sum_{n \text{为} D \text{的整数倍取值}} x_p(n) e^{-j\omega'n/D} \tag{7-5}$$

由于 n 不为 D 的整数倍取值时 $x_p(n)=0$，所以式(7-5)可以表示成

$$X_d(e^{j\omega'}) = \sum_{n=-\infty}^{\infty} x_p(n) e^{-j\omega'n/D} = X_p(e^{j\omega'/D}) \tag{7-6}$$

由序列 $p(n)$ 的离散傅里叶变换公式得

第7章 多采样率数字信号处理基础

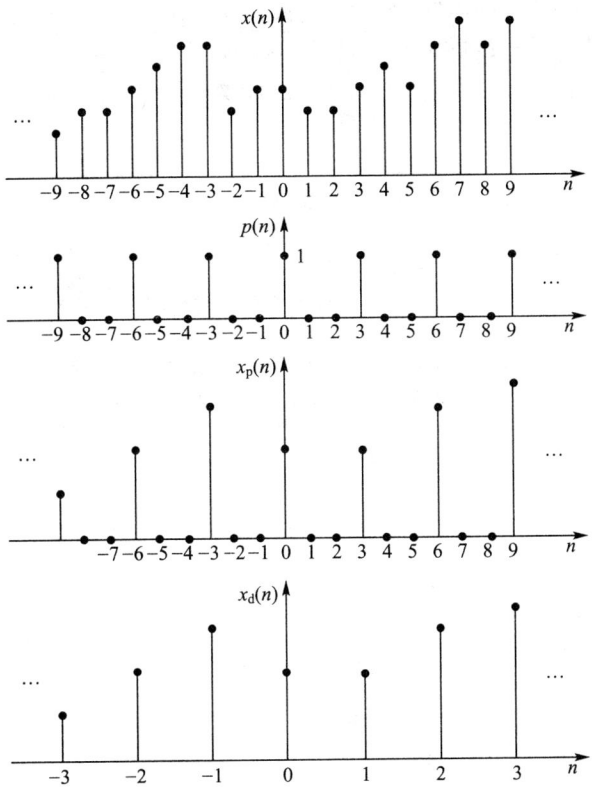

图 7.3 序列 $x(n)$，$x_p(n)$，$x_d(n)$ 之间的关系（$D=3$）

$$P(i) = \sum_{n=0}^{D-1} p(n) e^{-j2\pi i n/D} = \sum_{n=0}^{D-1} \sum_{i=-\infty}^{\infty} \delta(n-iD) e^{-j2\pi i n/D}$$
$$= \sum_{n=0}^{D-1} \delta(n) e^{-j2\pi n i/D} = 1 \tag{7-7}$$

所以，序列 $p(n)$ 为

$$p(n) = \frac{1}{D} \sum_{i=0}^{D-1} P(i) e^{j2\pi i/D} = \frac{1}{D} \sum_{i=0}^{D-1} e^{j2\pi n i/D}$$

根据序列傅里叶变换的定义得

$$X_p(e^{j\omega}) = \sum_{n=-\infty}^{\infty} x(n) p(n) e^{-j\omega n}$$
$$= \sum_{n=-\infty}^{\infty} \left[x(n) \left(\frac{1}{D} \sum_{i=0}^{D-1} e^{j2\pi n i/D} \right) \right] e^{-j\omega n}$$
$$= \frac{1}{D} \sum_{i=0}^{D-1} X(e^{j(\omega - 2\pi i/D)}) \tag{7-8}$$

从而，得到 $x(n)$，$x_p(n)$，$x_d(n)$ 三序列频谱函数之间的关系为

$$X_d(e^{j\omega'}) = X_p(e^{j\omega'/D}) = \frac{1}{D} \sum_{i=0}^{D-1} X(e^{j(\omega' - 2\pi i)/D}) \tag{7-9}$$

由式(7-9)可以看出，D 倍抽取序列 $x_d(n)$ 的频谱 $X_d(e^{j\omega'})$ 是原序列 $x(n)$ 的频谱 $X(e^{j\omega})$ 的频率的 D 倍扩张，再按 $2\pi/D$ 的整数倍移位后叠加而得到的。

序列 $x(n)$ 作 D 倍抽取得到序列 $x_d(n)$，这种操作用 $\downarrow D$ 来表示，则 D 倍抽取的框图如图 7.4 所示。

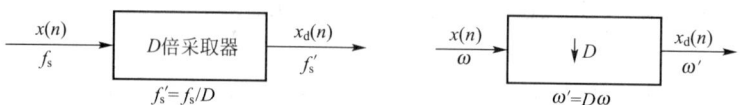

图 7.4　D 倍抽取器及其框图

图 7.5 所示为 $D=2$ 时的抽取且不产生混叠失真的频谱关系。在图 7.5 中抽取造成在数字频率 $\omega'=D\Omega T$ 轴上使频率展宽 D 倍而不产生混叠失真，采样倍数 D 增加，就有可能产生混叠失真。

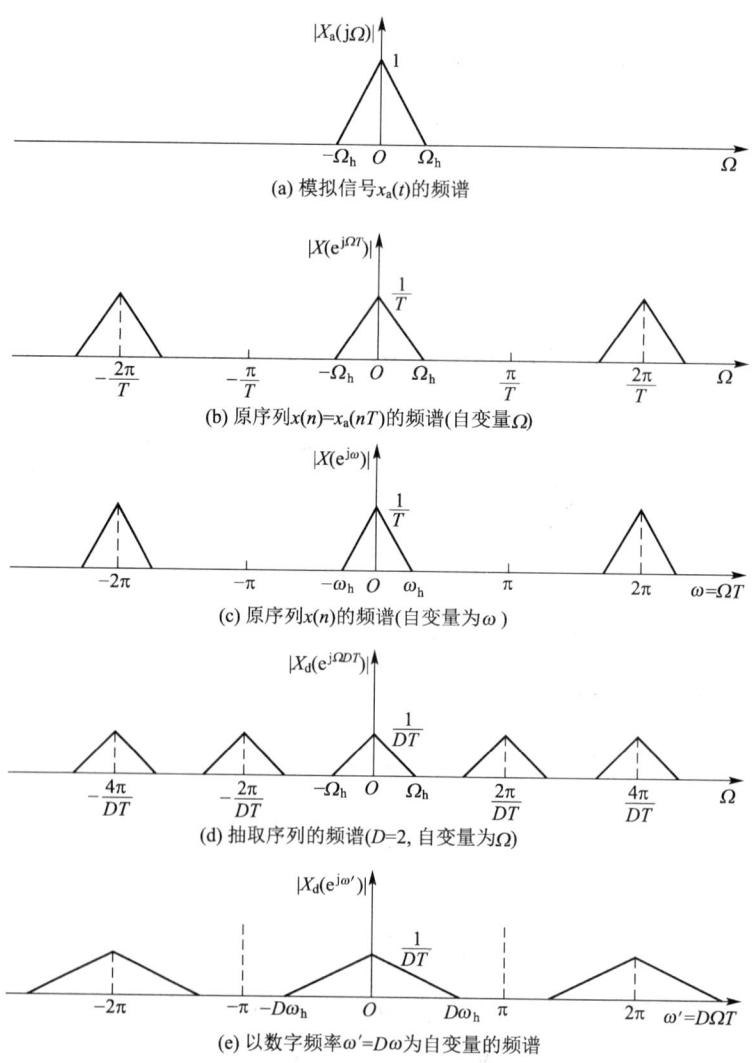

图 7.5　模拟信号 $x_a(t)$、原序列 $x(n)$ 及抽取($D=2$)序列 $x_d(n)$ 的频谱

第7章 多采样率数字信号处理基础

背景资料

用连续信号采样的角度来看序列的抽取,讨论抽取过程对信号频域产生的影响。假定一模拟信号 $x_a(t)$,以采样间隔为 T,采样频率为 $f_s=1/T$,对信号 $x_a(t)$ 进行等间隔采样得到序列 $x(n)$;以采样间隔为 $T'(T'=DT)$,采样频率为 $f'_s=1/T'=1/DT$ 对信号 $x_a(t)$ 进行等间隔采样得到序列 $x_d(n)$。如果时域与频域的对应关系为

$$x_a(t) \leftrightarrow X_a(j\Omega)$$

$$x(n) \leftrightarrow X(e^{j\Omega T})$$

$$x_d(n) \leftrightarrow X_d(e^{j\Omega T'})$$

利用序列的傅里叶变换与连续信号的傅里叶变换之间的关系可得

$$X(e^{j\omega}) = X(e^{j\Omega T}) = \frac{1}{T} \sum_{k=-\infty}^{\infty} X_a\left(j\Omega - j\frac{2\pi}{T}k\right)$$

$$X_d(e^{j\omega'}) = X(e^{j\Omega T'}) = \frac{1}{T'} \sum_{k=-\infty}^{\infty} X_a\left(j\Omega - j\frac{2\pi}{T'}k\right)$$

$$= \frac{1}{D}\frac{1}{T} \sum_{k=-\infty}^{\infty} X_a\left(j\Omega - j\frac{2\pi}{DT}k\right)$$

或者表示为

$$X(e^{j\omega}) = \frac{1}{T} \sum_{k=-\infty}^{\infty} X_a\left(j\frac{\omega - 2\pi k}{T}\right), \quad \omega = \Omega T = \Omega/f_s$$

$$X_d(e^{j\omega'}) = \frac{1}{T'} \sum_{k=-\infty}^{\infty} X_a\left(j\frac{\omega' - 2\pi k}{T'}\right), \quad \omega' = \Omega T' = D\Omega T = D\Omega/f_s$$

信号 $x_a(t)$、$x(n)$、$x_d(n)$ 及其频谱 $X_a(j\Omega)$、$X(e^{j\Omega T})$、$X_d(e^{j\Omega T'})$,以及用数字频率表示的频谱函数 $X(e^{j\omega})$、$X_d(e^{j\omega'})$ 如图 7.6 所示。

可以看出,采样频率越低,则周期延拓的各频率分量靠得越近。因而,采样率过低,抽取值过大,达到采样角频率 $\Omega'_s\left(\Omega'_s=\frac{2\pi}{T'}\right)$ 满足 $\Omega'_s/2 = \frac{\pi}{DT} < \Omega_h$($\Omega_h$ 信号最高角频率)时,就会产生频谱混叠。

式(7-9)说明,经过 $x(n)$ 的整数因子 D 抽取,得到 $x_d(n)$ 数据量降低 D 倍,原信号带宽不超过 π/D 时,D 倍抽取无失真地保留了 $x(n)$ 中感兴趣频段 $0 \leq |f| < f_s/2D$ 的低频成分,丢掉了 $|f| \geq f_s/2D$ 频段的高频成分。

一般来讲,如果原序列的采样频率 $f_s \geq 2f_h$(f_h 为模拟信号最高频率成分),则不会产生频率响应的混叠失真。当进行 D 取 1 时,如图 7.7 所示,只要原序列 $x(n)$ 的一个周期的频谱限制在 $|\omega| \leq \frac{\pi}{D}$ 范围内,则抽取后的信号 $x_d(n)$ 不会产生混叠失真。也就是说,只要原信号的采样频率满足 $f_s \geq 2Df_h$,作 D 倍抽取后,信号 $x_d(n)$ 的频谱不会产生混叠失真。由于 D 可能有不同的取值,因此为了不发生混叠失真,在作 D 取 1 之前先作防混叠低通滤波。滤波器的频带为 $|\omega| \leq \frac{\pi}{D}$,经过这种频带限制后,再作 D 取 1 的抽取,就不会

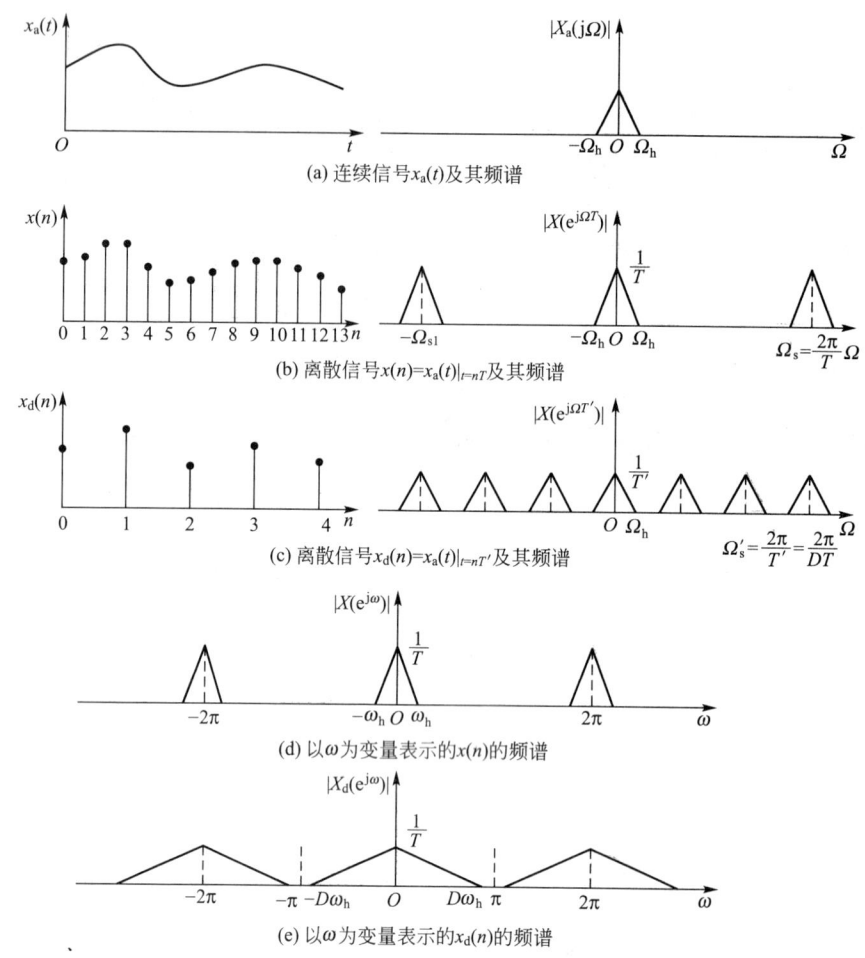

图7.6 从模拟信号采样的角度看序列的抽取

产生频谱混叠失真了,图7.7所示框图表示了这一处理过程。

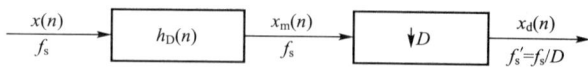

图7.7 加入防混叠滤波器的 D 取1抽取的框图

设防混叠滤波器的理想频率响应为 $H_D(e^{j\omega})$,即

$$H_D(e^{j\omega}) = \begin{cases} 1, & |\omega| \leqslant \pi/D \\ 0, & \text{其他 } \omega \text{ 值} \end{cases}$$

用来逼近理想频率响应 $H_D(e^{j\omega})$ 的实际滤波器的单位采样响应为 $h(n)$,其频率响应为 $H(e^{j\omega})$。由图7.7可以看出,加入防混叠滤波器后的信号 $x_m(n)$ 与输入序列 $x(n)$ 之间的关系为

$$x_m(n) = h(n) * x(n) = \sum_{i=-\infty}^{\infty} h(i) x(n-i) \tag{7-10}$$

序列 $x_m(n)$ 经过 D 倍抽取后的序列为 $x_d(n)$,两序列的关系为

$$x_d(n) = x_m(Dn) = \sum_{i=-\infty}^{\infty} h(i)x(Dn-i) = \sum_{i=-\infty}^{\infty} h(Dn-i)x(i) \quad (7-11)$$

知道了加入防混叠滤波后信号与抽取序列间的关系，再来推导频域间的关系。在式(7-5)中，令 $z = e^{j\omega'}$，将 $X_d(e^{j\omega'})$ 变换到 z 平面，得

$$\begin{aligned} X_d(z) &= \sum_{n=-\infty}^{\infty} x_d(n)z^{-n} = \sum_{n=-\infty}^{\infty} x_p(n)z^{-n/D} \\ &= \sum_{n=-\infty}^{\infty} x_m(n)p(n)z^{-n/D} = \sum_{n=-\infty}^{\infty} x_m(n)\left[\frac{1}{D}\sum_{i=0}^{D-1} e^{j2\pi in/D}\right]z^{-n/D} \\ &= \frac{1}{D}\sum_{i=0}^{D-1} X_m(e^{-j2\pi i/D}z^{1/D}) \end{aligned} \quad (7-12)$$

由式(7-10)可得

$$X_m(z) = H(z)X(z)$$

代入式(7-12)得到

$$X_d(z) = \frac{1}{D}\sum_{i=0}^{D-1} H(e^{-j2\pi i/D}z^{1/D})X(e^{-j2\pi i/D}z^{1/D}) \quad (7-13)$$

在单位圆上 $z = e^{j\omega'}$ 计算 $X_d(z)$，可得

$$X_d(e^{j\omega'}) = \frac{1}{D}\sum_{i=0}^{D-1} H(e^{j(\omega'-2\pi i)/D})X(e^{j(\omega'-2\pi i)/D}) \quad (7-14)$$

式中，$\omega' = \Omega T' = D\Omega T = D\Omega/f_s$，防混叠滤波器的单位采样响应 $h(n)$ 与信号 $x(n)$ 的频谱为 $H(e^{j\omega})$ 和 $X(e^{j\omega})$，其数字频率为 ω，$\omega' = D\omega$。

将式(7-14)展开，可得

$$X_d(e^{j\omega'}) = \frac{1}{D}\left[H(e^{j\omega'/D})X(e^{j\omega'/D}) + H(e^{j(\omega'-2\pi)/D})X(e^{j(\omega'-2\pi)/D}) + \cdots\right] \quad (7-15)$$

可以看出，抽取序列 $x_d(n)$ 的频谱是原序列 $x(n)$ 频谱的各延拓分量与防混叠滤波器 $h(n)$ 的频谱的各延拓分量乘积后的叠加。在频谱的一个周期内，当 $|\omega| \leqslant \pi/D$ 时，$|H_D(e^{j\omega})| = 1$，如果实际滤波器的频率特性 $H(e^{j\omega})$ 与理想特性 $H_D(e^{j\omega})$ 非常接近，则在频域 $|\omega| \leqslant \pi$ 内，存在

$$X_d(e^{j\omega'}) = \frac{1}{D}H(e^{j\omega'/D})X(e^{j\omega'/D}) \approx \frac{1}{D}X(e^{j\omega'/D}), \quad |\omega'| \leqslant \pi \quad (7-16)$$

7.3 用整数 I 的插值——提高采样率

按照整数因子 I 内插的目的是把原信号的采样频率提高 I 倍。假定 $x(n)$ 是对模拟信号 $x_a(t)$ 采样得到的时域离散信号，即 $x(n) = x_a(t)|_{t=nT}$，采样频率为 $f_s = 1/T$，满足采样定理 $f_s \geqslant 2f_h$（f_h 为信号最高频率）。按照整数因子 I 内插就是在 $x(n)$ 的每两个相邻样值之间插入 $I-1$ 个新的样值，得到一个新的序列 $x_I(n) = x_a(nT')$，$x_I(n)$ 的采样频率为 $f_s' = If_s = I/T$。现在的问题是插入的 $I-1$ 个样值是未知的，要有已知的 $x(n)$ 的样值来确定希望插入的新样值。根据时域采样定理可知，由 $x(n)$ 可以无失真地恢复出模拟信号 $x_a(t)$，因此上述问题一定是有解存在的。

序列 $x(n)$ 的采样频率为 f_s，采样频率经提升 I 倍后的信号为 $x_I(n)$，其采样频率为

f'_s, $f'_s = If_s = \dfrac{1}{T'}$, $T' = \dfrac{T}{I}$。现在把 $x(n)$ 的每两个样值之间插入 $I-1$ 个零值点，再应用一个低通滤波器进行平滑插值，使得在 $I-1$ 样值点上出现相应的采样值。图 7.8 所示为 I 倍插值系统，图中 ↑I 表示在 $x(n)$ 的相邻两个采样值之间插入 $I-1$ 个零点，称为零值插值器；插入零值后，采样频率扩展了，因此零值插值器也称为采样率扩展器，其输出为 $x_m(n)$，再经过低通滤波器 $h_I(n)$ 后，输出就是整数倍插值后的序列 $x_I(n)$。

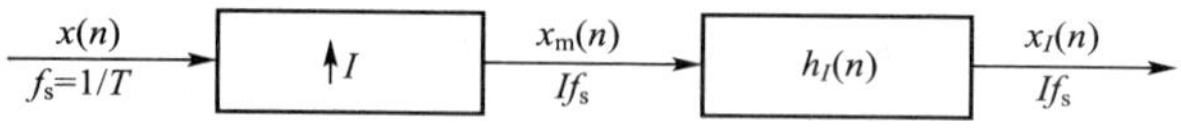

$$\underrightarrow{\substack{x(n)\\ f_s=1/T}}\boxed{\uparrow I}\underrightarrow{\substack{x_m(n)\\ If_s}}\boxed{h_I(n)}\underrightarrow{\substack{x_I(n)\\ If_s}}$$

图 7.8　I 倍插值器框图

零值插值器的输出 $x_m(n)$ 为

$$x_m(n) = \begin{cases} x(n/I), & n = 0, \pm I, \pm 2I, \cdots \\ 0, & \text{其他 } n \text{ 值} \end{cases} \tag{7-17}$$

则序列 $x_m(n)$ 的 z 变换为

$$\begin{aligned}X_m(z) &= \sum_{n=-\infty}^{\infty} x_m(n)z^{-n} = \sum_{n=I\text{的整数倍值}} x_m(n)z^{-n} \\ &= \sum_{n=I\text{的整数倍值}} x(n/I)z^{-n} = \sum_{m=-\infty}^{\infty} x(m)z^{-mI} \\ &= X(z^I)\end{aligned} \tag{7-18}$$

由序列 $x_m(n)$ 的 z 变换代入 $z = e^{j\omega'}$，得到 $x_m(n)$ 的频谱 $X_m(e^{j\omega'})$，即

$$X_m(e^{j\omega'}) = X(e^{j\omega' I}), \quad \omega' = \Omega T' = \Omega/(If_s) \tag{7-19}$$

图 7.9 所示为插值 ($I=3$) 过程中的信号及其频谱。由图 7.9 可以看出，它不仅包含基带频谱，即 $|\omega'| \leqslant \pi/I$ 之内的有用频谱，而且在 $|\omega'| \leqslant \pi$ 范围内还有基带信号的映像，它

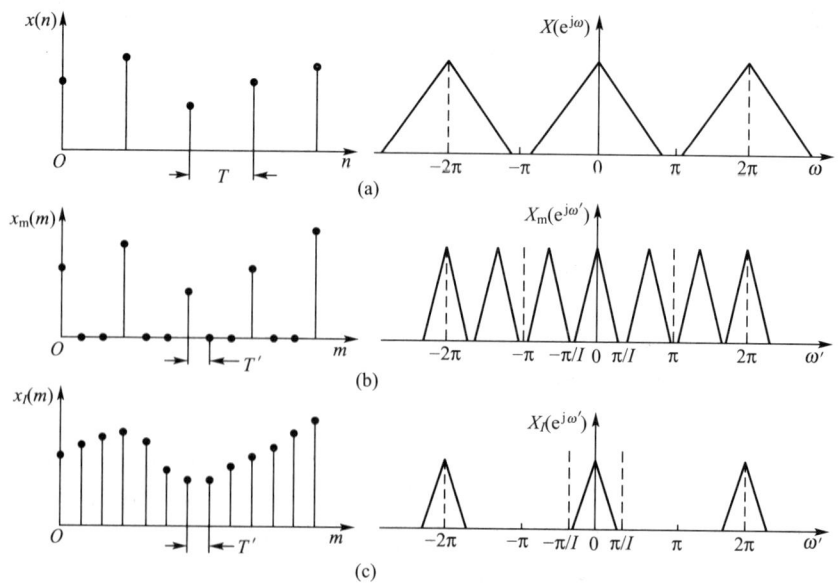

图 7.9　按照整数内插因子 $I=3$ 内插的时域和频域示意图

们的中心频率在 $\pm\frac{2\pi}{I}$, $\pm\frac{4\pi}{I}$, …处。在此例中,在 $|\omega'|\leqslant\pi$ 内只有在 $\pm\frac{2}{3}\pi$ 处有映像。$X_m(e^{j\omega'})$ 是原输入信号频谱 $X(e^{j\omega})$ 的 I 次镜像周期重复,周期为 $2\pi/I$。把 $X_m(e^{j\omega'})$ 在 $\pi/I\leqslant|\omega'|\leqslant\pi$ 上的周期重复谱称为"镜像谱"。根据时域采样定理知道,按照整数因子 I 内插输出序列 $x_m(n)$ 的频谱 $X_m(e^{j\omega'})$ 应当以 2π 为周期,因此要将 $X_m(e^{j\omega'})$ 中 $X(e^{j\omega})$ 的镜像谱滤除掉。所以在零值内插之后,经过滤波器 $h_I(n)$ 作用就是滤除掉 $X_m(e^{j\omega'})$ 中的镜像谱,输出期望的内插结果 $x_I(n)$。为此,称 $h_I(n)$ 为镜像滤波器。理想情况下,镜像滤波器 $h_I(n)$ 的频率响应特性为

$$H_I(e^{j\omega'})=\begin{cases}I, & 0\leqslant|\omega'|<\pi/I \\ 0, & \pi/I\leqslant|\omega'|\leqslant\pi\end{cases} \quad (7-20)$$

因此,输出信号的频谱为

$$X_I(e^{j\omega'})=\begin{cases}IX(e^{jI\omega'}), & 0\leqslant|\omega'|<\pi/I \\ 0, & 其他\omega'值\end{cases} \quad (7-21)$$

背景资料

镜像滤波器 $h_I(n)$ 的频率响应特性频谱常数的取值。零插值处理后序列 $x_m(n)$ 与原序列 $x(n)$ 之间要满足 $x_m(n)=x(n/I)(n=0,\pm I,\pm 2I,\cdots)$ 的关系,要把由于内插零点所造成的原序列频谱镜像周期重复的镜像谱滤除掉,还要保持频谱的幅值不变,按照此关系来求取 $h_I(n)$ 的频率特性。为了简便,取 $n=0$ 来讲求解。

$$x_I(0)=\frac{1}{2\pi}\int_{-\pi}^{\pi}X_I(e^{j\omega'})e^{j\omega'\times 0}d\omega'=\frac{1}{2I\pi}\int_{-\pi}^{\pi}X(e^{jI\omega'})e^{j\omega'\times 0}dI\omega'$$

$$=\frac{1}{2I\pi}\int_{-\pi}^{\pi}X(e^{j\omega})e^{j\omega\times 0}d\omega=\frac{1}{I}x(0)$$

所以,有镜像滤波器的频率响应为

$$H_I(e^{j\omega'})=\begin{cases}I, & 0\leqslant|\omega'|<\pi/I \\ 0, & \pi/I\leqslant|\omega'|\leqslant\pi\end{cases}$$

7.4 按照有理因子 I/D 的采样率的转换

在许多实际应用中,整数倍采样率变换不能满足要求,采样率需要按照有理因子 I/D 改变。为了最大限度地保留输入序列的频谱成分,在进行处理的过程中采取先对序列 $x(n)$ 按整数倍因子 I 插值,然后再对内插之后的输出序列按整数倍因子 D 抽取,从而达到按有理因子 I/D 的采样率的转换。可以用图 7.10 所示方案来实现有理因子 I/D 采样率的转换。

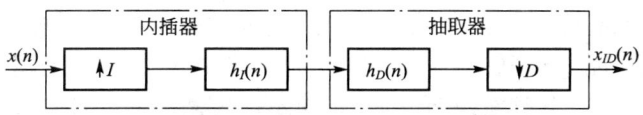

图 7.10 按有理因子 I/D 采样率转换方法

系统中输入序列 $x(n)$ 与输出序列 $x_{ID}(n)$ 的采样率分别用 $f_s=1/T$ 和 $f'_s=1/T'$，则有 $f'_s=(I/D)f_s$。图 7.10 中镜像滤波器 $h_I(n)$ 与抗混叠滤波器 $h_D(n)$ 工作在相同的采样率 If_s，并且两个滤波器串联，因此可以将它们合并成一个等效滤波器 $h(l)$，因此得到一个比较实用的 I/D 因子转换的原理图，如图 7.11 所示。

图 7.11 按有理因子 I/D 采样率转换实现的原理框图

图 7.10 中，$h_I(n)$ 是插值处理必须有的数字低通滤波器，它的作用是进行平滑和插值，将插入的零样值变成插值样点；$h_D(n)$ 是抽取前用来做防混叠失真的数字低通滤波器，两者合并成的数字低通滤波器 $h(l)$ 要同时做抽取和插值的运算，因此，它逼近的理想低通滤波器频率特性为

$$H_{ID}(e^{j\omega'}) = \begin{cases} I, & |\omega'| \leqslant \min\left(\dfrac{\pi}{I}, \dfrac{\pi}{D}\right) \\ 0, & \min\left(\dfrac{\pi}{I}, \dfrac{\pi}{D}\right) \leqslant |\omega'| \leqslant \pi \end{cases} \qquad (7-22)$$

式中

$$\omega' = \Omega T/I = \Omega/(If_s) \qquad (7-23)$$

由图 7.11 可以得到零值内插后输出序列

$$x_I(l) = \begin{cases} x(l/I), & l=0, \pm I, \pm 2I, \pm 3I, \cdots \\ 0, & \text{其他 } l \text{ 值} \end{cases} \qquad (7-24)$$

线性低通滤波器输出

$$x_D(l) = \sum_{k=-\infty}^{\infty} h(l-k) x_I(k) = \sum_{k=-\infty}^{\infty} h(l-kI) x(k) \qquad (7-25)$$

所以有整数倍因子 D 抽取后序列 $x_{ID}(n)$ 为

$$x_{ID}(n) = x_D(Dn) = \sum_{k=-\infty}^{\infty} h(Dn-kI) x(k) \qquad (7-26)$$

如果线性滤波器采用 FIR 滤波器实现，则按有理因子 I/D 采样率转换实现的系统输出序列 $x_{ID}(n)$ 就可以求得。

【例 7-1】 序列 $x(n)$ 的傅里叶变换为 $X(e^{j\omega})$，如图 7.12(a) 所示。分析并改变采样率对该信号进行采样，使得该信号频谱在一个周期内的非零部分扩展到 $-\pi \sim \pi$ 的整个频带内，且不产生混叠失真。

从信号频谱看，这个信号只采用整数抽取而又不产生混叠失真的最低采样数字频率为 $2\pi/3$，即 $2\pi f'_s/f_s = 2\pi/3$，也就是新采样率 f'_s 是原采样频率 f_s 的 $1/3$，即做 3 取 1 的抽取，得到新序列 $x_d(n)$，其频谱如图 7.12(b) 所示，可以看出，在 $6\pi/7 \leqslant \omega \leqslant \pi$ 这段频带内频谱还是零，仍旧有降低采样率的余地，但显然不能再进行整数抽取了。但可以对信号进行有理数 (I/D) 的采样率转换，先对信号 $x(n)$ 做 $I=2$ 的插值处理，将信号的采样率加倍，得到信号 $x_I(n)$，其频谱如图 7.12(c) 所示；再做 $D=7$ 的抽取，是采样率减少到 $1/7$ 倍，得到信号 $x_{ID}(n)$，其频谱如图 7.12(d) 所示。经过处理后得到信号的频谱在一个周期内的非零部分正好覆盖了 ω'' 域的 $-\pi \sim \pi$ 的整个频带,不加防混叠滤波器处理的话就不能再减小采样率了。

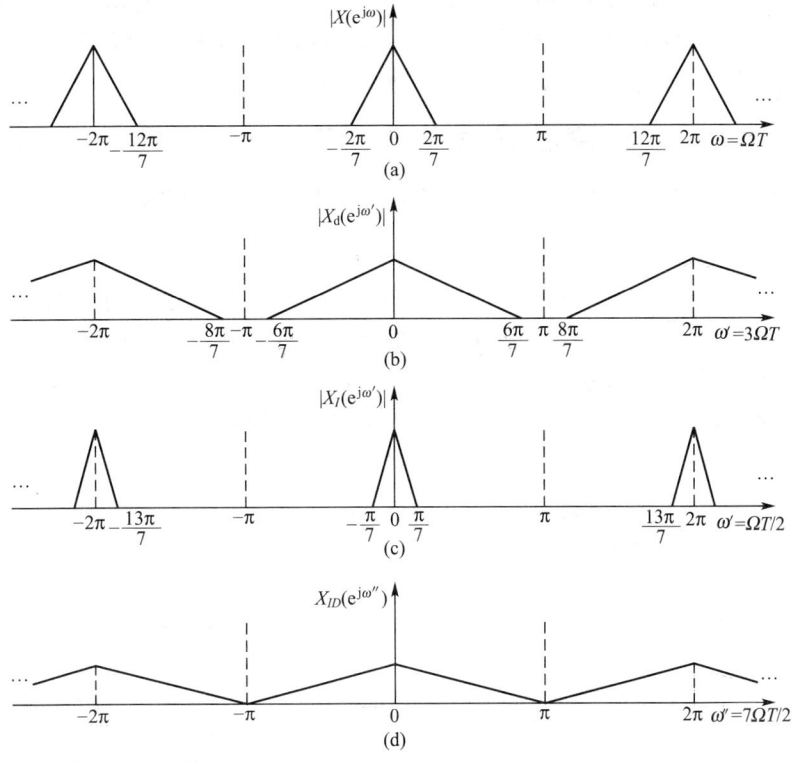

图 7.12　例 7-1 有关的序列的频谱

7.5　采样率转换滤波器的高效实现方法及转换器的 MATLAB 实现

由 7.4 节按有理因子 I/D 采样率转换实现的结构图 7.11 可以看出,如果其中的滤波器 $h(l)$ 采用直接型 FIR 滤波器来实现,则可以得到图 7.13 所示的系统结构图。

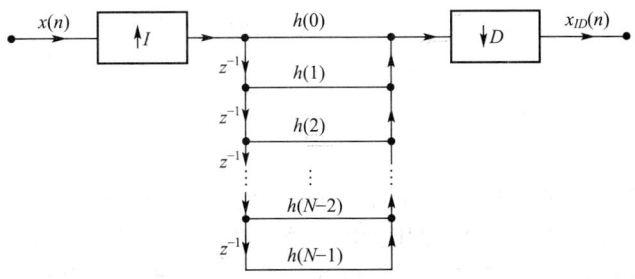

图 7.13　采样率 I/D 转换系统的直接型 FIR 滤波器结构

图 7.13 所示系统结构简单,概念清楚,但滤波器的所有乘法与加法运算都在系统中采样率最高处完成,由于零值内插过程中在输入序列 $x(n)$ 的两个相邻样值之间插入 $I-1$

零样值，如果 I 值较大，则进入 FIR 滤波器的信号大部分为零，因此乘法运算的结果也大部分为零，即多数乘法运算是无效的，在整数倍抽取过程中使 FIR 滤波器的每 D 个输出样值取一个，有 $D-1$ 个输出样值的计算是无效的，因此直接使用图 7.13 所示的直接型 FIR 滤波器结构的效率很低。这就要想办法寻求运算效率较高的结构，使 FIR 滤波器的乘法与加法运算转移到系统中采样率最低处来完成。

7.5.1 采样率转换 FIR 滤波器的高效实现方法

下面分别讨论基本的整数因子抽取与整数因子内插系统的高效实现结构。

1. 整数因子 D 抽取系统的直接型 FIR 滤波器结构

按照整数因子 D 抽取系统的框图绘制出直接型 FIR 滤波器结构如图 7.14(a)所示。在该结构中滤波器处于高采样率 f_s 下工作，但其输出的每 D 个样值抽取一个作为最终输出，舍弃 $D-1$ 样值，所以该结构效率低。为了提高该滤波器的效率，将抽取操作 $↓D$ 嵌入 FIR 滤波器结构中，使得抽取器 $↓D$ 在 $n=Dm$ 时开通抽取，选通 FIR 滤波器的一个输出作为抽取系统输出序列的一个样值 $x_d(n)$，即

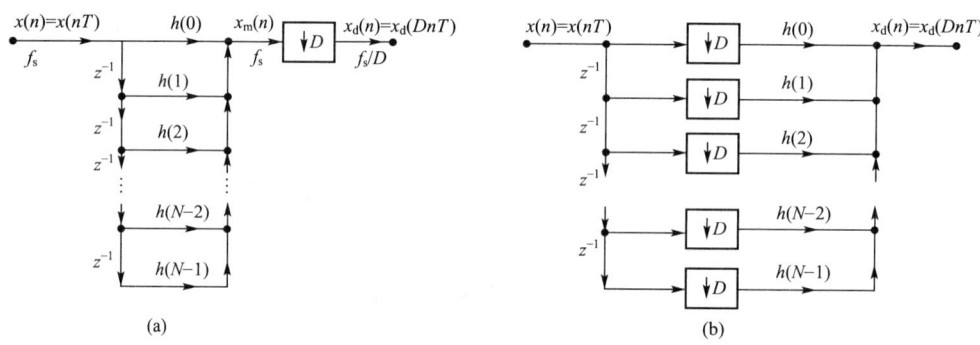

$$x_d(m) = \sum_{k=0}^{N-1} h(k)x(Dm-k) \tag{7-27}$$

图 7.14 按整数因子 D 抽取系统的直接型 FIR 滤波器结构

如图 7.14(b)所示。图中抽取器 $↓D$ 在 $n=Dm$ 时刻同时开通，选通 FIR 滤波器的输入信号 $x(n)$ 的一组延时 $x(Dm), x(Dm-1), \cdots, x(Dm-N+1)$，再与 $h(0), h(1), \cdots, h(N-1)$ 进行乘法运算，然后再做加法运算得到抽取系统的输出序列的一个样值 $x_d(m)$，与式(7-27)的运算结果完全一样，但其运算量仅仅是图 7.14(a)运算量的 $1/D$。

背景资料

图 7.14(b)中将抽取器 $↓D$ 移动到 N 个乘法器之前，并不是把抽取移动到滤波之前，仍然是先滤波后抽取，滤波与抽取作用的次序在 FIR 滤波器的结构中体现在滤波器的输入端及延迟链上所加的信号，图 7.14(b)所加的信号是抽取之前的信号 $x(n)$，所有的抽取器 $↓D$ 都在延迟链之后，因此是先滤波后抽取。

2. 整数因子 I 内插系统的直接型 FIR 滤波器结构

按照整数因子 I 内插系统的结构框图可以绘制出整数因子内插系统的直接型 FIR 滤

波器结构图，如图 7.15 所示。该系统 FIR 滤波器以高采样率 If_s 工作，工作效率很低。显然不能将零值内插 $\uparrow I$ 直接移到 FIR 滤波器的 N 个乘法器之后，因为这样移动后就变成了先滤波后零值内插。

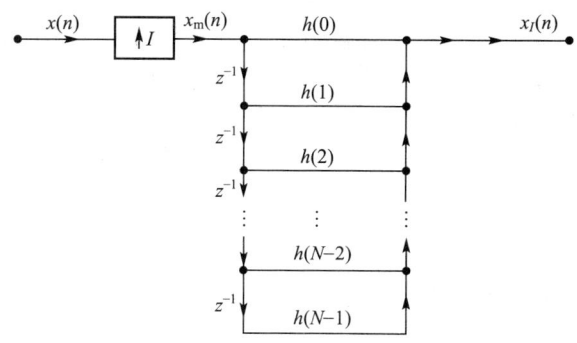

图 7.15　按整数因子 I 内插系统的直接型 FIR 滤波器结构

对图 7.15 中直接型滤波器 FIR 进行转置变换，得到其等效变换图 7.16(a)。再将零值内插器 $\uparrow I$ 移到 FIR 滤波器结构中的 N 个乘法器之后，得到图 7.16(b) 所示的运行效率较高的结构图，图中所有的乘法运算均在低采用率下工作，是图 7.16(a) 乘法运算的速度的 $1/I$。

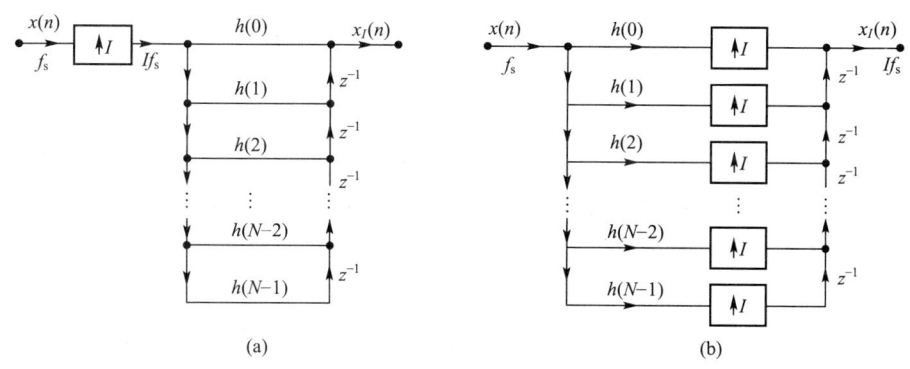

图 7.16　按整数因子 I 内插系统的高效 FIR 滤波器结构

3. 按有理因子 I/D 的采样率转换系统的 FIR 滤波器结构

提高采样率转换系统的 FIR 的工作效率，就要使得 FIR 滤波器工作在低采样频率下。当有理因子 I/D 中 $I>D$ 时，将图 7.13 所示的直接型滤波器 FIR 与前面的 $\uparrow I$ 用图 7.16(b) 所示的整数因子 I 内插的高效滤波器代替即可；当 $I<D$ 时，将图 7.13 所示直接型 FIR 结构与后面的 $\downarrow D$ 用图 7.14(b) 所示的整数因子 D 采取的高效滤波器代替，即可得到按有理因子 I/D 的采样率转换系统的高效 FIR 结构。

4. 多相滤波器结构

可以证明，图 7.16(b) 所示的按整数因子 I 内插系统的高效 FIR 滤波器结构可以用一组较短的多相滤波器组实现。如果 FIR 滤波器总长度为 $N=MI$，则多相滤波器由 I

个长度为 $M=N/I$ 的短滤波器构成，且 I 个短滤波器轮流分时工作，所以称为多相滤波器。

7.5.2 采样率转换系统的多级实现

在实际采样率转换系统中，常常会遇到抽取因子和内插因子很大的情况，例如按有理因子 $I/D=180/61$ 的采样率转换系统，从理论上讲，可以准确地实现这种采样率的转换，但是需要 180 个多相滤波器，工作效率很低。

对于内插因子 $I \gg 1$ 的情况，如果 I 可以分解为 L 个正整数的乘积

$$I = \prod_{i=1}^{L} I_i \tag{7-28}$$

则按整数因子 I 内插的系统可以用图 7.17 所示的系统来表示。

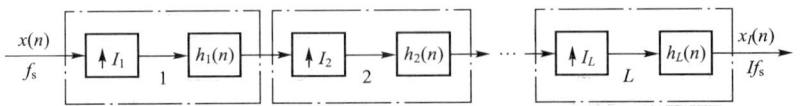

图 7.17 按整数因子 I 内插系统的多级实现

图 7.17 中，$h_i(n)$ 是第 i 级整数因子 I_i 内插系统的镜像滤波器，第 i 级输出的采样频率为

$$f_i = I_i f_{i-1}, \quad i=1, 2, 3, \cdots, L \tag{7-29}$$

同理，如果整数抽取因子 D 可以分解 J 个正整数的乘积，即

$$D = \prod_{i=1}^{J} D_i \tag{7-30}$$

则按整数因子 D 的抽取系统可以用图 7.18 所示的 J 级整数因子抽取系统的级联来实现，第 i 级输出序列的采样频率为

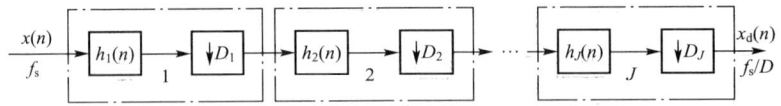

图 7.18 按整数因子 D 抽取系统的多级实现

$$f_i = f_{i-1}/D, \quad i=1, 2, 3, \cdots, J \tag{7-31}$$

$h_i(n)$ 是第 i 级整数因子 D_i 抽取系统的抗混叠滤波器，其阻带截止频率满足

$$\omega_{\text{sti}} = \pi/D_i \tag{7-32}$$

相应的模拟截止频率为

$$f_{\text{sti}} = f_i/2 = f_{i-1}/2D_i \tag{7-33}$$

按照式(7-32)、式(7-33)设计每一级抗混叠滤波器，可以保证各级抽取后无频谱混叠。按整数因子 D 抽取后，保留了输入信号 $x(n)$ 中 $0 \leq |f| \leq f_s/2D$ 频段上的频谱成分，因此在多级实现时，只设计每级滤波器，保证在该段上无频谱混叠就可以了。

7.5.3 采样率转换器的 MATLAB 实现

MATLAB 信号处理工具箱提供了采样率转换函数有 upfirdn, interp, decimate, resample 等,其功能介绍如下。

(1) $y=$upfirdn(x, h, I, D)。该函数完成对信号 $x(n)$ 进行 I 倍的零值内插,再利用提供的 FIR 滤波器 $h(n)$ 对内插结果进行滤波,最后再按整数倍的因子 D 抽取得到输出信号 y。

(2) $y=$interp(x, I)。该函数功能为采用低通滤波插值法对序列 x 的 I 倍插值,其中的插值滤波器让原序列无失真通过,并在序列 x 的两个相邻样值之间按最小均方误差准则插入 $I-1$ 个序列值,得到的输出信号 y 为 x 长度的 I 倍。

(3) $y=$decimate(x, D)。该函数先对序列 x 进行抗混叠滤波,再按整数因子 D 对序列 x 抽取,输出序列 y 是序列 x 长度的 $1/D$,在抽取之前默认采用 8 阶的切比雪夫 I 型滤波器为抗混叠滤波器。函数 $y=$decimate$(x, D, N, $'FIR'$)$ 表示选用的抗混叠滤波器是长度为 N 的 FIR 滤波器。

(4) $y=$resample(x, I, D)。该函数功能为采用多相滤波器结构来实现按有理因子 I/D 的采样率转换。如果原序列的采样频率为 f_s,长度为 L,则序列 y 的采样频率为 $(I/D)f_s$,序列长度为 $(I/D)L$。

(5) $[y, h]=$resample(x, I, D)。该函数采用多相滤波器结构来实现按有理因子 I/D 的采样频率转换,返回到输出序列 y 和抗混叠滤波器的采样响应 h。

【例 7-2】 已知信号 $x_a(t)=2\sin(2\pi \times 120t)+1.2$,对该信号进行采样,并在数字域实现信号的采样率的 3/8 转换。

本题实现程序如下

```
fs=600;T=1/fs;                          %设置采样频率及采样点数
n=0:63;
t=n*T;
xn=2*sin(2*pi*120*t)+1.2;               %得到离散序列 xn
[yn,hn]=resample(xn,3,8);               %按 3/8 因子进行采样率变换
subplot(2,2,1);stem(n,xn,'.');axis([0 64 0 4]);
title('(a)原序列 x(n)');xlabel('n');ylabel('x(n)');
ny=0:length(yn)-1;
subplot(2,2,3);stem(ny,yn,'.');axis([0 25 0 3]);
title('(b)序列 y(n)');xlabel('n');ylabel('y(n)');
subplot(2,2,2);stem(hn,'.');axis([0 160 -0.1 0.5]);
title('(c)单位采样响应 h(n)');xlabel('n';ylabel('h(n)');
w=(0:1023)*2*pi/(1024);
subplot(2,2,4);plot(w,20*log10(abs(fft(hn,1024))));axis([0 0.25*pi -80 20]);
title('(d)幅频特性');grid on;xlabel('\omega');ylabel('20lg|H(\omega)|');
```

运行程序得到结果,如图 7.19 所示,可以看出,resample 函数默认设计的抗混叠滤波器的阻带截止频率为 0.5π,满足理论要求。

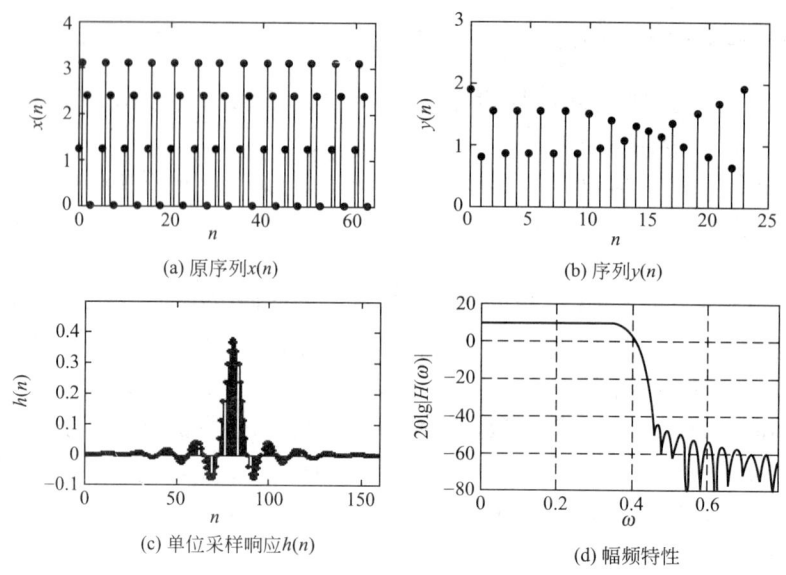

图 7.19 例 7-2 运行结果

本 章 小 结

在数字信号处理的实际应用中,一个系统中会存在不同采样率的信号,这样的系统称为多采样率信号处理系统。多采样率信号处理系统在音视频信号处理、通信系统和时域信号分析等领域有着广泛应用。

本章较深入地分析了整数倍的抽取与插值和有理数改变采样率的基本概念、理论和方法以及采样率改变对信号频谱的影响。当整数倍抽取和内插不能满足要求时,采样率需要按有理因子改变。在介绍了采样率改变的基础上,较为详细地介绍了采样转换滤波器的高效实现方法及采样率转换的 MATLAB 实现。

序列抽取舍弃了一些采样值,可能会造成信息丢失;序列已知的情况下,内插点的值是确定的(系统已知),因此内插没有增加信息量。所以说序列的抽取与内插只是改变采样率的一种操作,并不能增加信息量。

习 题

一、计算分析题

1. 已知信号 $x(n)$ 的频谱 $X(e^{j\omega})$ 如题图 7.1 所示。

(1) 构造信号 $x'(n) = \begin{cases} x(n), & n=0, \pm 2, \pm 4, \cdots \\ 0, & \text{其他 } n \text{ 值} \end{cases}$,计算并绘制 $x'(n)$ 的傅里叶变换,并判断能否由序列 $x'(n)$ 恢复出序列 $x(n)$,给出恢复方法。

(2) 按整数 $D=2$ 对 $x(n)$ 进行抽取,得到信号 $x_d(n)$,分析并说明抽取过程中是否有信息丢失。

第7章 多采样率数字信号处理基础

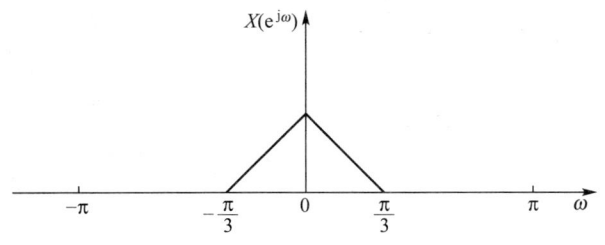

题图 7.1

2. 研究一离散时间序列 $x(n)$，以采样周期为 2 的采样脉冲串对 $x(n)$ 进行采样得到序列 $x_p(n)$，以 2 对 $x(n)$ 进行抽取得到抽取序列 $x_d(n)$，序列 $x(n)$ 如题图 7.2(a) 所示。

(1) 画出序列 $x_p(n)$ 和 $x_d(n)$。

(2) 序列 $x(n)$ 的频谱如题图 7.2(b) 所示，画出序列 $x_p(n)$、$x_d(n)$ 的频谱 $X_p(e^{j\omega})$、$X_d(e^{j\omega})$。

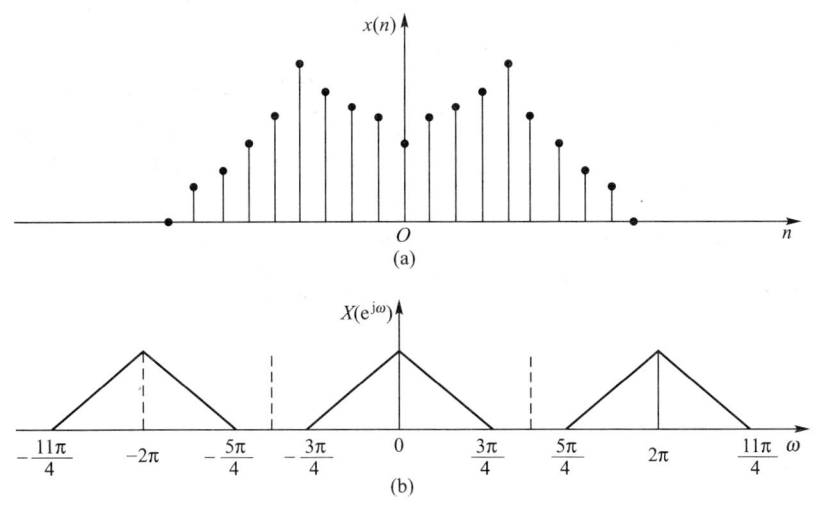

题图 7.2

3. 假设语音信号的采样频率为 8kHz，而语音信号声调的最高频率为 500Hz，为了正确地提取声调信号，需要降低采样频率，试设计该语音信号的变采样率框图。

4. 已知信号 $x(n)=\cos(2\pi fn/f_s)$，且 $f/f_s=1/16$，即每个周期有 16 个采样点，应用 MATLAB 软件对该信号实现采样率的转换，并给出每一种情况下的数字低通滤波器的频率特性及采样率转换后的信号。

5. 已知按有理数 I/D 作采样率转换的两个系统，如题图 7.3 所示。

(1) 用序列 $x(n)$ 的频谱函数来分别表示 $x_{ID}(n)$、$x_{DI}(n)$ 的频谱。

(2) 如果 $I=D$，试分析两个系统的输出序列是否有 $x_{ID}(n)=x_{DI}(n)$，说明原因。

(3) 如果 $I\neq D$，请说明在什么条件下有 $x_{ID}(n)=x_{DI}(n)$。

6. 如题图 7.4 所示抽取系统，抽取因子 $D=3$，抗混叠滤波器的系数为

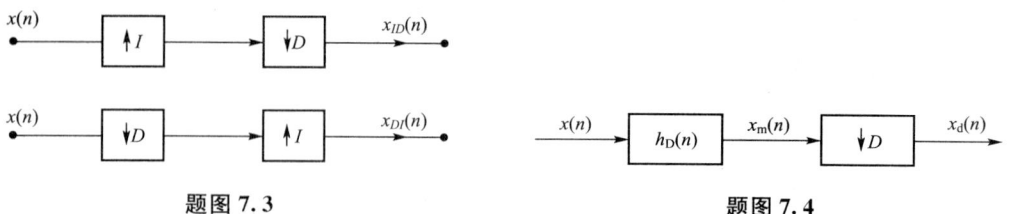

题图 7.3　　　　　　　　　　　　　题图 7.4

$$h(0)=h(4)=-0.07$$
$$h(1)=h(3)=0.35$$
$$h(2)=0.7$$

信号 $x(n)=\{6.5,-2,-3.5,8,7,4,-2\}$，计算滤波器的输出信号 $x_m(n)$ 和抽取序列 $x_d(n)$。

二、设计题

1. 设计一个按因子 3/7 降低采样率的采样率转换器，滤波器采用 FIR 滤波器实现，要求 FIR 低通滤波器通带最大衰减为 1dB，阻带最小衰减为 40dB，过渡带带宽为 0.05π。设计 FIR 低通滤波器并绘制出一种高效实现结构。

2. 对模拟信号 $x_a(t)$ 以奈奎斯特采样频率 f_s 采样得到离散信号 $x(n)$，采样频率为 $f_s=10\text{kHz}$。为了减少数据量，只保留 $0\leqslant f\leqslant 3\text{kHz}$，希望尽可能地降低采样频率，请设计采样率转换器。要求经过采样转换器转换后，在频带 $0\leqslant f\leqslant 2.9\text{kHz}$ 内频谱失真不大于 2dB，频谱混叠不超过 1.5%。

（1）确定满足要求的最低采样频率及采样率转换因子。

（2）确定采样率转换器中 FIR 低通滤波器的技术指标，并设计 FIR 低通滤波器。

第8章 时域离散系统的实现与数字信号处理量化效应

 **本章教学目的与要求**

1. 掌握时域离散系统网络结构编程实现的方法。
2. 熟练掌握数字信号处理过程中量化误差的分析与计算。
3. 学会分析 FFT 变换算法的有限字长效应。

 本章知识结构

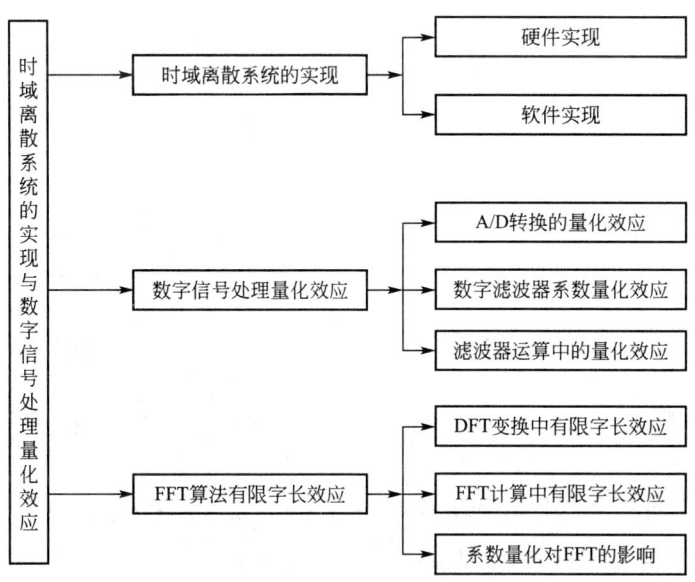

8.1 引　言

时域离散系统的实现方法一般分为软件实现方法和硬件实现方法。软件实现就是在通用计算机上编写程序实现各种复杂的处理算法。程序可以由处理者编写，也可以应用信号处理程序库中的现成程序来进行处理。硬件实现方法按照设计的运算结构，利用加法器、乘法器和延时器构成的专用数字网络，或采用专用集成电路实现某种专用的信号处理功能。如调制解调器、快速傅里叶变换芯片、数字滤波器芯片等。

数字信号处理系统对信号处理的方法是数值计算方法，信号均采用二进制编码，而存放二进制编码的寄存器均为有限位，因此所有的数字信号的数值、系统参数、运算中的中间变量以及运算结果均需用有限位的二进制码表示，这样就带来了许多误差，使系统处理结果偏离原来的设计效果，甚至使理论上的稳定系统变成不稳定系统。

案例

量化效应对滤波器幅频特性的影响

一 IIR 6 阶椭圆型低通数字滤波器幅频特性曲线如图 8.1 所示。

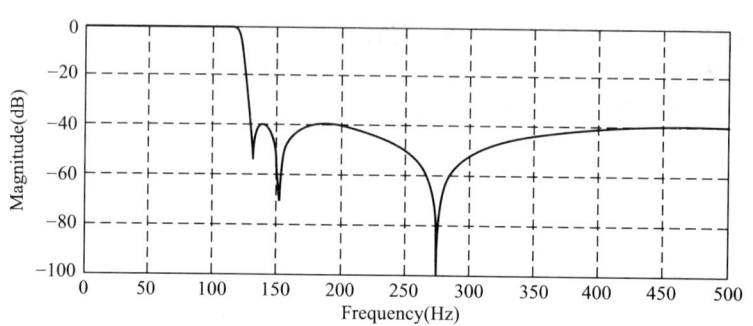

图 8.1　IIR 6 阶椭圆滤波器的幅频特性曲线

直接型结构滤波器系数量化处理前后幅频特性对比曲线如图 8.2 所示。

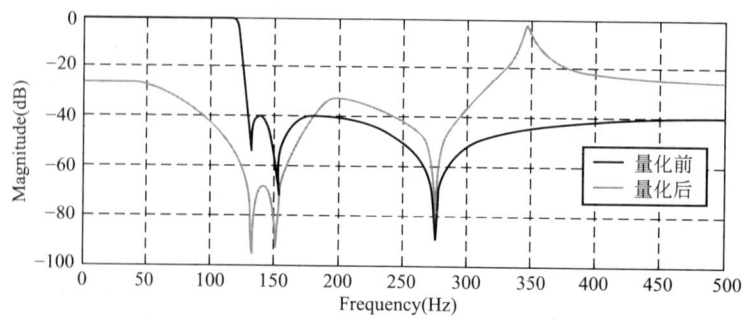

图 8.2　直接 II 型结构滤波器系数量化处理前后的幅频特性曲线

级联型结构滤波器系数量化处理前后幅频特性对比曲线如图 8.3 所示。

第8章 时域离散系统的实现与数字信号处理量化效应

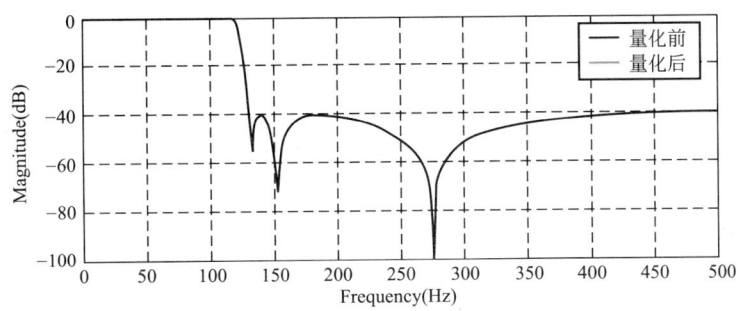

图 8.3 将滤波器结构变换为级联型结构时系数量化前后幅频特性曲线(两者基本上一样)

本章主要介绍离散时间系统的实现与数字信号处理量化效应。

8.2 离散时间系统的实现

离散时间系统的差分方程、输入信号及初始条件已知的情况下，可以用递推法求得系统的输出。在已知系统单位采样响应和输入信号的情况下，可以由线性卷积和求得。但是这些求法都没有考虑系统实现的具体结构，并且延时大，误差累积多，同时也要求系统存储量大。

下面根据设计好的系统的网络结构，来设计系统实现的程序，这些程序可以在通用计算机上实现也可以在信号处理专用芯片上实现。

由前面学习的 IIR、FIR 滤波器的基本结构可知，结构图中延时支路的输出结点变量是前一时刻已存储的数据，它和输入结点都作为起始结点，认为结点变量是已知的，输入结点和延时支路的输出结点排序为 $l=0$。如果延时支路的输出结点还有一条输入支路，应该给延时支路的输出结点专门分配一个结点，如图 8.4 所示。

然后由 $l=0$ 的结点开始，凡是能用 $l=0$ 结点计算出的结点都排序为 $l=1$；由 $l=0$，$l=1$ 结点计算出的结点排序为 $l=2$；依此类推，直到全部结点排完。最后由低到高的顺序，写出运算和操作步骤，写出的运算都是简单的一次运算方程。

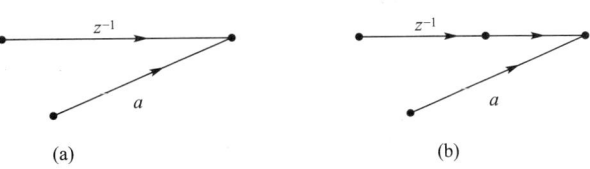

图 8.4 给延时支路分配结点

一系统网络结构图如图 8.5(a)所示，将图中结点进行排序，输入数据及延时支路输出结点 u_1、u_2、u_3 结点排序为 $l=0$(图 8.5(b)中结点旁标注)，u_4 结点可以由变量 u_2、u_3 计算出来，将 u_4 结点排序为 $l=1$；u_5 结点由 u_1、u_4 计算出来，将 u_5 结点排序为 $l=2$，同样 u_9 也排序为 $l=2$；结点 u_6 由 u_5 和输入计算得到，排序为 $l=3$，相应的 u_7 排序为 $l=4$，u_8 排序为 $l=5$。排序完毕后再根据排序由低到高写出运算次序。

起始数据 $x(n)$、u_1、u_2、u_3，按照编号次序得到运算次序为

(1) $u_4 = a_2 u_2 + a_3 u_3$，$u_{10} = b_2 u_2 + b_3 u_3$

(2) $u_5 = a_1 u_1 + u_4$，$u_9 = b_1 u_1 + u_{10}$

(3) $u_6 = x(n) + u_5$

(4) $u_7 = u_6$

(5) $u_8 = b_0 u_7 + u_9$

(6) $y(n) = u_8$

(7) 数据更新：$u_2 \to u_3$，$u_1 \to u_2$，$u_7 \to u_1$

(8) 循环运行(1)～(7)步。

起始数据中 $x(n)$ 是输入信号，如果没有特殊规定，u_1、u_2、u_3 的初始值一般假设为零。在计算过程中(3)和(4)，以及(5)和(6)可以合并为一步。按照上述运算次序绘制该系统实现的程序流程图如图 8.6 所示。

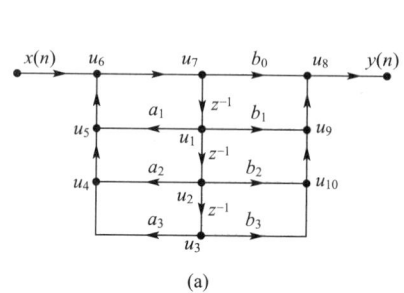

(a)

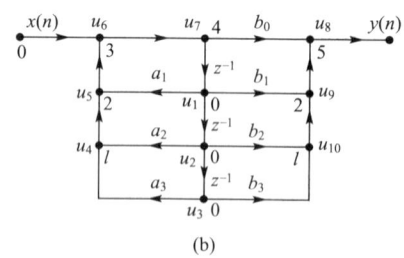

(b)

图 8.5　系统网络结构结点排序图

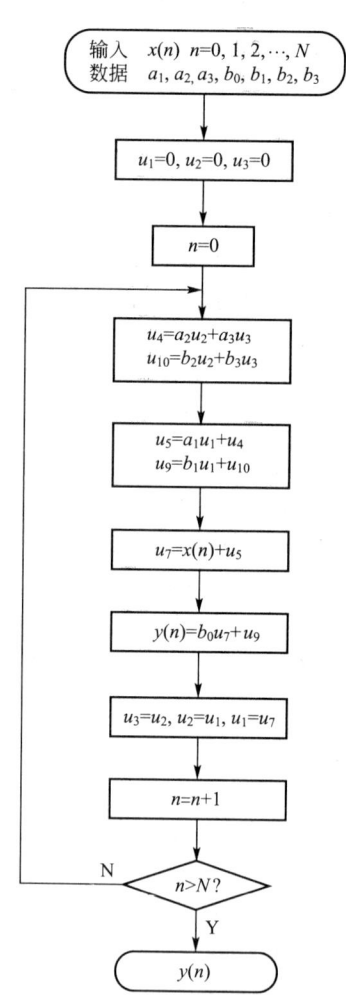

图 8.6　图 8.5 所示系统软件实现流程图

8.3　数字信号处理中的量化效应

数字信号处理系统对信号处理的方法是数值运算方法，信号均为二进制编码表示，

第8章 时域离散系统的实现与数字信号处理量化效应

但是二进制编码的寄存器均为有限位,因此数字信号的值、系统参数、运算中的中间变量,以及运算结果均需用有限位的二进制编码表示,这样就带来了很多误差,使系统处理结果偏离原来的设计效果,甚至使理论上的稳定系统变成实际不稳定的系统。这些误差均因数值量化引起,故称量化误差。一般量化误差表现在 3 个方面:①A/D 转换器中的量化误差;②数字滤波器的系数量化效应;③数字滤波器运算中的量化效应,这些量化效应均是因为计算机中寄存器的有限位数的限制而引起的,也称为有限寄存器长度效应。

数的表示方法有定点制和浮点制,二进制编码有原码、补码和反码。二进制编码长度比寄存器长度长时,要进行尾数处理,处理的方法有舍入法和截尾法。量化误差的大小及性质与以上数的表示方法、二进制编码形式及具体尾数处理方法有关,更与寄存器长度有关。另外系统结构的不同,也将明显影响系统输出的量化误差。

8.3.1 量化及量化误差

序列值用有限长度的二进制数表示称为量化编码。例如序列值 0.801 2,用二进制数表示为 $(.110011010\cdots)_2$,如果限制用 6 位二进制数表示,则为 $(.110011)_2$,而 $(.110011)_2 = 0.796\ 875$,引起的误差为 $0.801\ 2 - 0.796\ 867 = 0.004\ 325$,该误差称为量化误差。假设用 $b+1$ 位二进制数表示,1 位表示符号,尾数用 b 位表示,能表示的最小单位称为量化阶,用 Δ 表示,$\Delta = 2^{-b}$。如果二进制编码的尾数长于 b,则必须进行尾数处理,处理成 b 位,称为量化。尾数处理有两种办法,即舍入和截尾,截尾法处理时将尾数的第 $b+1$ 位及后面的二进制编码全部略去。舍入法是将第 $b+1$ 位按逢 1 进位,逢 0 不进位,然后将 $b+1$ 位以后略去,显然这两种处理方法的误差会有不同。

对于定点舍入法,原码、补码和反码的量化误差 e_i 的范围均为 $-\Delta/2 < e_i < \Delta/2$。对于截尾法,不同的编码其量化误差 e_i 的范围不同。定点补码的量化误差 e_i 范围为 $-\Delta < e_i \leqslant 0$。定点负数原码的量化误差 e_i 范围为 $0 \leqslant e_i < \Delta$,定点正数原码的量化误差 e_i 的范围为 $-\Delta < e_i \leqslant 0$。

为了研究量化误差对数字信号处理系统精度的影响,必须了解舍入和截尾误差的特性。一般要处理的信号 $x(n)$ 都是随机序列,用 $Q[\cdot]$ 表示量化处理,则量化误差 $e(n)$ 为
$$e(n) = Q[x(n)] - x(n)$$
量化误差 $e(n)$ 也是随机序列。一个较为合理的假设就是设量化误差在整个可能出现的范围内是等概率的,也就是均匀分布的,在此假设下,图 8.7 所示为定点制和浮点制舍入误差和截尾误差的概率密度。定点制,变量为绝对误差 $e = Q[x] - x$;对于浮点制,变量为相对误差 $\varepsilon = \dfrac{Q[x] - x}{x}$。

下面研究量化误差 $e(n)$ 的统计性能,也就是研究量化误差的统计平均值 m_e 和方差 σ_e^2。对于定点舍入法量化处理,误差序列 $e(n)$ 的概率统计密度函数(如图 8.7 所示)为

$$p[e(n)] = \begin{cases} \dfrac{1}{\Delta}, & -\dfrac{\Delta}{2} < e(n) \leqslant \dfrac{\Delta}{2} \\ 0, & \text{其他 } e(n) \text{ 值} \end{cases} \tag{8-1}$$

可求得其统计平均值 m_e 和方差 σ_e^2 分别为

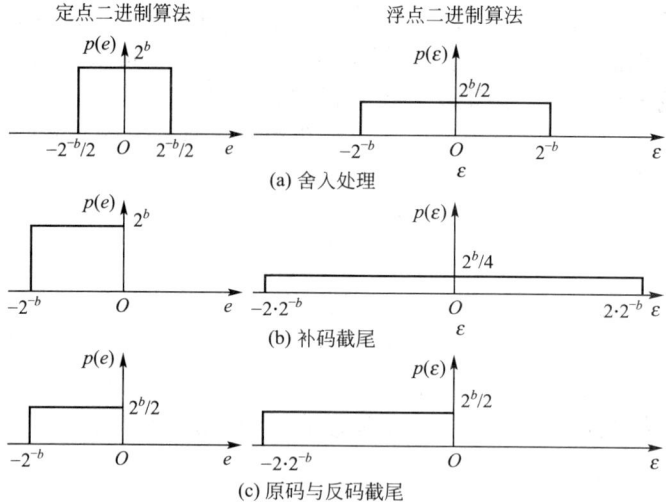

图 8.7 等概假设下，量化误差的概率密度函数

$$m_e = E[e(n)] = \int_{-\Delta/2}^{\Delta/2} e(n)p(e)de = 0 \tag{8-2}$$

$$\sigma_e^2 = E[(e(n)-m_e)^2] = \int_{-\Delta/2}^{\Delta/2} [e(n)-m_e]^2 p(e)de = \frac{2^{-2b}}{12} \tag{8-3}$$

对于定点补码截尾情况，误差序列 $e(n)$ 的概率统计密度函数（如图 8.7 所示）为

$$p[e(n)] = \begin{cases} \dfrac{1}{\Delta}, & -\Delta < e(n) \leqslant 0 \\ 0, & \text{其他 } e(n) \text{ 值} \end{cases} \tag{8-4}$$

可求得其统计平均值 m_e 和方差 σ_e^2 分别为

$$m_e = E[e(n)] = \int_{-\Delta}^{0} e(n)p(e)de = -\frac{\Delta}{2} = -\frac{2^{-b}}{2} \tag{8-5}$$

$$\sigma_e^2 = E[(e(n)-m_e)^2] = \int_{-\Delta/2}^{\Delta/2} [e(n)-m_e]^2 p(e)de = \frac{\Delta^2}{12} = \frac{2^{-2b}}{12} \tag{8-6}$$

由以上推导知道，定点补码截尾法量化噪声的统计平均值为 $m_e = -\Delta/2$，相当于给信号增加了一个直流分量，改变了信号的频谱结构；而舍入法的统计平均值为 0。另外由式(8-3)、(8-6)可以看出，量化噪声的方差（即功率）和量化位数有关，要求量化噪声小，必然要求量化的位数要多。

8.3.2 A/D 转换的量化效应

A/D 转换器是将模拟信号 $x_a(t)$ 转换为 b 位二进制数字信号的器件。b 的数值可以是 8，12 或高至 20，位数是有限的，因此存在量化误差。分析 A/D 转换器量化效应的目的在于选择合适的字长，以满足信号处理过程中信噪比指标。

在 A/D 转换过程中，要想精确地计算所有 n 下的量化误差 $e(n)$ 几乎是不可能的，也没有必要。一般只要知道量化误差 $e(n)$ 的一些平均效应就足够了，就可以用来作为确定 A/D 转换所需字长的依据，因此量化误差适合于采用统计特性分析方法。量化编码后的信号用 $\hat{x}(n)$ 表示，没有量化误差的信号用 $x(n)$ 表示，则有

$$\hat{x}(n) = x(n) + e(n) \tag{8-7}$$

一般，A/D 转换器的输入信号 $x_a(t)$ 是随机信号，那么 $x(n)$ 与误差信号 $e(n)$ 也都是随机信号。$x(n)$ 是有用信号，$e(n)$ 呈现出噪声的特点，相当于在 A/D 转换器上引入了一个噪声源，量化误差与信号的关系是相加性的。将 A/D 转换器用统计模型表示，如图 8.8 所示。

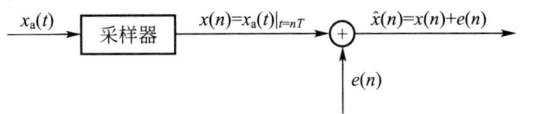

图 8.8 A/D 转换器的统计模型

在采样模拟信号的数字处理中，把量化噪声看作是相加性噪声序列，量化过程看成是无限精度的信号与量化噪声的叠加，因此信噪比是一个衡量量化效应的重要指标。

对于舍入处理，设信号 $x(n)$ 的功率为 σ_x^2，则信号功率 σ_x^2 与噪声功率 σ_e^2 之比为

$$\frac{\sigma_x^2}{\sigma_e^2} = \frac{\sigma_x^2}{2^{-2b}/12} = 12 \cdot 2^{2b} \cdot \sigma_x^2$$

表示成分贝值为

$$\frac{S}{N} = 10\lg\frac{\sigma_x^2}{\sigma_e^2} = 6.02b + 10.79 + 10\lg\sigma_x^2 \tag{8-8}$$

式(8-8)表明 A/D 转换器输出的信噪比和 A/D 转换器的字长 b 以及输入信号的平均功率 σ_x^2 有关，信号功率 σ_x^2 越大，信噪比越高；另一方面随着字长 b 的增加，信噪比也增大。A/D 转换器总是定点制的，必须使信号不超过 A/D 转换的动态范围。当输入信号超过 A/D 转换器的动态范围时，必须压缩输入信号的幅度，防止发生更大的失真。为此先将模拟信号乘上一个比例因子，使得它满足 A/D 转换器动态范围的要求，即

$$x(n) = C \cdot x_a(t)|_{t=nT} = Cx_a(nT), \quad 0 < C < 1 \tag{8-9}$$

则此时信号的信噪比为

$$\frac{S}{N} = 10\lg\left(\frac{C^2\sigma_x^2}{\sigma_e^2}\right) = 6.02b + 10.79 + 10\lg\sigma_x^2 + 20\lg C \tag{8-10}$$

式(8-10)中，由于 $0 < C < 1$，则 $\lg C < 0$，所以压缩输入信号幅度，将使信噪比减小。

【例 8-1】 语音和音乐信号可以看作是随机信号，其特性可以用概率分布来表示这些信号，它们的幅值在零附近，概率分布曲线出现峰值，且随幅度增加分布曲线值急剧下降，采样幅度超过信号均方值 3 倍或 4 倍的概率极小。如果人耳对声音信号的感觉范围大约为 100dB，试确定 A/D 转换的字长。

解： 因为采样幅度超过信号均方根值 3 倍或 4 倍的概率极小，取压缩系数 $C = 1/4\sigma_x$，则不出现限幅失真的概率是极高的，此时信噪比为

$$\frac{S}{N} = 10\lg\left(\frac{C^2\sigma_x^2}{\sigma_e^2}\right) = 10\lg\left(\frac{1}{16\sigma_e^2}\right) = 10\lg(0.75 \cdot 2^{2b}) \approx 6b - 1.25(\text{dB})$$

人耳对声音信号的感觉范围为 100dB，所以有 A/D 转换的至少应满足的字长为 $b = 16$。

【例 8-2】 设一 A/D 转换器把最大输入电压为 5V 的信号量化处理为 4 位二进制(不包含符号位)，用图形描述其输入输出关系。

解： 根据输入信号的幅度 $\pm V$ 确定量化步长为 $\Delta x = V/(2^b - 1)$，按照 4 舍 5 入法编写二进制量化子程序如下：bqtize.m

```
function y=bqtize(x,N,V)
if nargin<3
    V=max(abs(x))                    %V默认时取 x 的最大值为V
end
ax=abs(x)                            %去掉符号
deltax=V/(2^N-1)                     %求量化步长
xint=fix(ax./deltax+0.5)             %用4舍5入量化为整数
y=sign(x).*xint.*deltax              %恢复量化后的原值
```

给定输入信号，调用二进制量化子程序 bqtize.m，实现对信号的量化处理。

```
x=-5:0.01:5
xq=bqtize(x,4,5)                     %调用二进制量化函数
e=x-xq;                              %求绝对误差
er=e./abs(x);                        %求相对误差
plotyy(x,xq,x,er)                    %绘制原信号与量化输出特性、相对误差曲线
hold on;
plot(x,e,'-','linewidth',3)          %绘制绝对误差曲线
```

执行上述程序，结果如图 8.9 所示

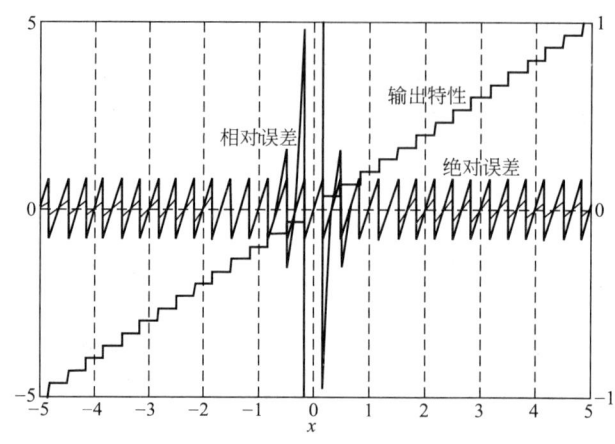

图 8.9　例 8-2 量化处理结果图

8.3.3　数字滤波器的系数量化效应

由理论设计出的理想数字滤波器系统函数

$$H(z) = \frac{\sum_{k=0}^{M} b_k z^{-k}}{1 - \sum_{k=1}^{N} a_k z^{-k}} = \frac{B(z)}{A(z)} \tag{8-11}$$

的各系数 b_k，a_k 都是无限精度的，但是实际实现时，滤波器的所有系数都是以有限长二进制码形式存放在存储器中，因而必须对理想的系数值加以量化处理，就会与原系数值有差别，直接影响了系统函数零、极点位置，使得系统频率响应偏离理论设计的频率响应，

不满足实际需要,甚至滤波器就不能使用了。

式(8-11)中系数 b_k,a_k 都是无限精度的,如果在滤波器实现时系数实际量化为 $\hat{b}_k$,$\hat{a}_k$,有

$$\begin{cases} \hat{a}_k = a_k - \Delta a_k \\ \hat{b}_k = b_k - \Delta b_k \end{cases} \quad (8-12)$$

式(8-12)中,Δa_k,Δb_k 是由量化处理而造成的系数误差,则实际实现的系统函数为

$$\hat{H}(z) = \frac{\sum_{k=0}^{M} \hat{b}_k z^{-k}}{1 - \sum_{k=1}^{N} \hat{a}_k z^{-k}} \quad (8-13)$$

系数量化后的频率响应不同于原来设计的系统的频率响应,表现在零、极点离开了它们应有的位置,所以一个网络结构对系数量化的灵敏度是用系数量化引起的零极点位置的误差来衡量的。

为了研究系数量化对极点位置的影响,引入极点位置灵敏度的概念。极点位置灵敏度,是指每个极点位置对各系数偏差的敏感程度。其分析方法同样适用于零点,但是极点位置直接影响系统的稳定性。

下面讨论系数量化误差对极点的影响。由式(8-11),知原系统函数的特征多项式为

$$A(z) = 1 - \sum_{k=1}^{N} a_k z^{-k} \quad (8-14)$$

式(8-14)也可以表示成因式形式

$$A(z) = \prod_{i=1}^{N} (1 - z_i z^{-1}) \quad (8-15)$$

特征多项式有 N 个极点 $z = z_i$, $i = 1, 2, \cdots, N$

设系数量化处理后系统函数 $\hat{H}(z)$ 的极点为

$$z_i + \Delta z_i, \quad i = 1, 2, \cdots, N$$

Δz_i 是极点位置的偏差量,由各个系数偏差量 Δa_k 引起,因此

$$\Delta z_i = \sum_{k=1}^{N} \frac{\partial z_i}{\partial a_k} \Delta a_k, \quad i = 1, 2, \cdots, N \quad (8-16)$$

由式(8-16)可以看出,$\partial z_i / \partial a_k$ 值的大小决定着系数 a_k 的偏差 Δa_k 对极点位置偏差 Δz_i 的影响程度,$\partial z_i / \partial a_k$ 越大,Δa_k 对极点位置偏差 Δz_i 的影响程度也越大,$\partial z_i / \partial a_k$ 越小,Δa_k 对极点位置偏差 Δz_i 的影响程度也越小。所以 $\partial z_i / \partial a_k$ 就是极点 z_i 对系数 a_k 变化的灵敏度。经过推导得到极点位置灵敏度为

$$\frac{\partial z_i}{\partial a_k} = \frac{z_i^{N-k}}{\prod_{\substack{l=1 \\ l \neq i}}^{N} (z_i - z_l)} \quad (8-17)$$

把式(8-17)代入式(8-16)中得到

$$\Delta z_i = \sum_{k=1}^{N} \frac{z_i^{N-k}}{\prod_{\substack{l=1 \\ l \neq i}}^{N} (z_i - z_l)} \Delta a_k, \quad i = 1, 2, \cdots, N \quad (8-18)$$

各系数 a_k 的偏差 Δa_k 引起的第 i 个极点位置的变化量。

式(8-18)中分母的每一个因子(z_i-z_l)是由一个极点 z_l 指向 z_i 的矢量,而整个分母正是所有其他极点 $z_l(l\neq i)$ 指向该极点 z_i 的矢量积。这些矢量越长,即极点彼此越远时,极点位置灵敏度越低;这些矢量越短,即极点间彼此越密集时,极点位置灵敏度越高。由式(8-18)也可以看出极点偏差与系统函数的阶次数有关,阶数 N 越高,极点灵敏度越高,极点偏差也越大。对于一些窄带滤波器,要求其频率选择性好,势必要求系统的阶数 N 要高,极点的偏差会大,使得滤波器的频率特性严重偏离设计要求,严重时会使系统的极点移动到单位圆或单位圆以外,引起系统的不稳定。

【例 8-3】 已知一数字滤波器的系统函数为

$$H(z)=\frac{0.373}{1+1.7z^{-1}+0.745z^{-2}}=\frac{0.373}{1-a_1z^{-1}-a_2z^{-2}}$$

利用 a_2 变化造成的极点位置灵敏度,为保持极点在其正常值的 0.5% 内变化,试确定所需要的最小字长。

解: 由系统函数 $H(z)$ 的特征多项式

$$1+1.7z^{-1}+0.745z^{-2}=0$$

得到其两个极点为

$$z_1=-0.85+\text{j}0.15,\quad z_2=-0.85-\text{j}0.15$$

则

$$|z_1|=|z_2|=0.863$$

由式(8-17)得到 a_2 变化的影响

$$\frac{\partial z_1}{\partial a_2}=\frac{1}{z_1-z_2}=\frac{1}{\text{j}0.3}=3.333\,3\text{e}^{-\text{j}\frac{\pi}{2}}$$

$$\frac{\partial z_2}{\partial a_2}=\frac{1}{z_2-z_1}=\frac{1}{-\text{j}0.3}=3.333\,3\text{e}^{\text{j}\frac{\pi}{2}}$$

可以看出系数 a_2 对极点 z_1 与 z_2 影响的大小是相同的,因此研究 a_2 对 z_1 与 z_2 的影响时,仅仅考虑绝对值即可。有

$$|\Delta z_2|=\left|\frac{\partial z_2}{\partial a_2}\right||\Delta a_2|$$

所以

$$|\Delta a_2|=\left|\frac{\Delta z_2}{\partial z_2/\partial a_2}\right|=\frac{0.5\%\times|z_2|}{3.333\,3}=1.295\times10^{-3}$$

这样所需的系数量化步距为 $2|\Delta a_2|=2.590\times10^{-3}$,采用定点二进制表示小数点后位数为 b 位,则分辨率为 2^{-b},有

$$2^{-b}<2.590\times10^{-3}$$

取 b 为整数,可得 $b=9$ 时才能满足性能要求。

【例 8-4】 一 FIR 数字滤波器的系统函数为

$$H(z)=3.142\,59+0.388\,455z^{-1}+54.375\,3z^{-2}-0.134\,273z^{-3}$$

应用 MATLAB 软件将该系统系数量化为 4 位二进制数,并计算量化处理后系数的量化误差。

解: 将系数量化处理时的步长取成数组,把 FIR 滤波器系数矩阵量化为 N 位二进制数,编写二进制相对量化子程序 brqtize.m。

```
function y=brqtize(x,N)
ax=abs(x)                    %去掉符号
m=ceil(log(ax)/log(2))       %确定 x 的幅值占二进制位数
deltax=2.^(m-N)              %求量化步长
xint=round(ax./deltax);      %将 x 除以量化步长,再取整
y=sign(x).*xint.*deltax      %恢复量化后的原值
```

将 FIR 滤波器的系数矩阵给出并调用二进制相对量化子程序 brqtize.m

xd=[3.141 59 0.384 55 54.375 3 -0.134 273]
xdq=brqtize(xd,4)

执行结果为

xdq=3.250 0   0.375 0   56.000 0   -0.140 6

求其相对误差为

(xdq-xd)./abs(xd)=0.034 5   -0.024 8   0.029 9   -0.047 3

相对误差都比较均匀,且都小于 $2^{-4}=0.062\ 5$

8.3.4 数字滤波器运算中的量化效应

信号运算的过程可以用线性流图来表示,其主要的运算就是加法、乘法和延时。量化主要体现在加法和乘法运算中。加法和乘法如果正常工作(无溢出),应该能够保持运算的相对精度。分析数字滤波器运算误差的主要目的,是为了选择滤波器运算位数(即寄存器长度),以便满足信号信噪比的技术要求。

舍入和截尾处理都是非线性过程,分析起来非常麻烦,精确计算不大可能也没有必要,因而可以采用统计分析方法,得到舍入截尾处理的平均效果即可。下面以 IIR 滤波器为例,讨论运算过程中的有限字长效应。

在定点制中,每次相乘运算 $y(n)=ax(n)$(如图 8.10(a)所示)之后都要做一次舍入或截尾处理,此处理会引入非线性,一般多采用舍入处理,如图 8.10(b)所示。采用统计分析法,可以将舍入误差

$$e(n)=Q[ax(n)]-ax(n)=Q[y(n)]-y(n)$$

作为独立噪声叠加到信号上(此处 $Q[\cdot]$ 表示舍入处理)。这样就仍旧可以应用线性流图来表示,如图 8.10(c)所示。

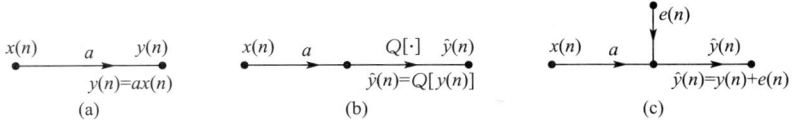

图 8.10 定点制相乘运算的模型

采用图 8.10(c)所示的统计模型分析数字滤波乘法舍入的影响,由于输入信号是随机信号,运算量化误差同样是随机的,需要进行统计分析。运算中量化误差在系统中起噪声作用,使得系统的信噪比降低。对实现滤波器所出现的噪声源做以下假定:系统中所

有误差 $e(n)$ 是平稳的白噪声序列(均值为零);每个误差在它的量化范围内都是均匀分布的;任何两个不同乘法器形成的噪声源互不相关;误差 $e(n)$ 与输入 $x(n)$ 及中间计算结果不相关,从而和输出序列 $y(n)$ 也不相关。

当信号波形越复杂,量化步距越小时,上述假设越接近实际。根据这些假设,可以认为舍入噪声是在 $(-\Delta/2, \Delta/2]$ 范围内均匀分布的 $(\Delta=2^{-b})$,因而均值为 $m_e = E[e(n)] = 0$,方差为 $\sigma_e^2 = \dfrac{\Delta^2}{12}$。

按照统计模型,也就是按照线性系统的原则来求取各噪声 $e(n)$ 所产生的总噪声输出 $f(n)$。设 $y(n)$ 为没有作尾数处理的输出,经舍入处理后的实际输出为

$$\hat{y}(n) = y(n) + f(n) \tag{8-19}$$

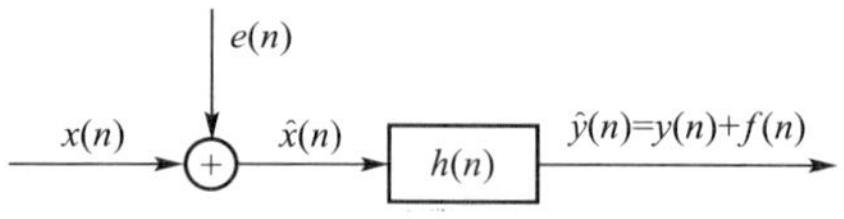

图 8.11 量化噪声通过线性系统

每一个噪声源 $e(n)$ 所造成的噪声输出,可以利用白噪声通过线性系统如图 8.11 所示的输出响应计算得到,或求取噪声输出的方差 σ_f^2 及均值 m_f。

$$\sigma_f^2 = \frac{\sigma_e^2}{2\pi j} \oint_c H(z) H(z^{-1}) \frac{dz}{z} = \sigma_e^2 \sum_{n=-\infty}^{\infty} h^2(n) \tag{8-20}$$

$$m_f = m_e \sum_{n=-\infty}^{\infty} h(n) \tag{8-21}$$

由于可以作线性系统处理,因此最后所得到的噪声输出线性叠加就得到总的输出噪声 $f(n)$。按照上面的假设,也有总的输出噪声的方差等于每个输出噪声的方差之和。

背景资料

由前面的假设 $x(n)$ 与 $e(n)$ 不相关,且系统是线性移不变的,则根据叠加定理,图 8.11 所示系统的输出为

$$\hat{y}(n) = \hat{x}(n) * h(n) = x(n) * h(n) + e(n) * h(n) = y(n) + f(n) \tag{8-22}$$

其中 $y(n)$ 是 $x(n)$ 的响应,即

$$y(n) = x(n) * h(n) = \sum_{m=0}^{\infty} h(m) x(n-m)$$

$f(n)$ 是量化噪声 $e(n)$ 的输出响应,即

$$f(n) = \hat{y}(n) - y(n) = e(n) * h(n) = \sum_{m=0}^{\infty} h(m) e(n-m)$$

$x(n)$ 与 $e(n)$ 互不线性相关,因此在计算输出噪声功率时,可以不管 $x(n)$ 的影响。如果采用定点补码舍入处理,则舍入噪声 $e(n)$ 造成的输出噪声 $f(n)$ 的均值为

$$m_f = E[f(n)] = E[e(n) * h(n)]$$
$$= \sum_{m=0}^{\infty} h(m) E[e(n-m)] = m_e \sum_{m=0}^{\infty} h(m) = 0 \tag{8-23}$$

方差为

$$\sigma_f^2 = E[f^2(n)] = E\left[\sum_{m=0}^{\infty} h(m) e(n-m) \sum_{l=0}^{\infty} h(l) e(n-l)\right]$$
$$= \sum_{m=0}^{\infty} \sum_{l=0}^{\infty} h(m) h(l) E[e(n-m) e(n-l)]$$

$$= \sum_{m=0}^{\infty} \sum_{l=0}^{\infty} h(m)h(l)\sigma_e^2 \delta(m-l)$$

$$= \sigma_e^2 \sum_{m=0}^{\infty} h^2(m) \tag{8-24}$$

在这里考虑 $e(n)$ 是白色的，它的各序列值之间互不相关，因而有

$$E[e(n-m)e(n-l)] = \delta(m-l)\sigma_e^2$$

考虑 $h(n)$ 是实数序列，按照帕塞瓦定理，可以得到

$$\sum_{m=0}^{\infty} h^2(m) = \frac{1}{2\pi \mathrm{j}} \oint_c H(z)H(z^{-1}) \frac{\mathrm{d}z}{z}$$

则噪声输出方差为

$$\sigma_f^2 = \frac{\sigma_e^2}{2\pi \mathrm{j}} \oint_c H(z)H(z^{-1}) \frac{\mathrm{d}z}{z} = \sigma_e^2 \sum_{n=0}^{\infty} h^2(n) \tag{8-25}$$

在 z 平面单位圆上计算，可得

$$\sigma_f^2 = \frac{\sigma_e^2}{2\pi} \int_{-\pi}^{\pi} H(\mathrm{e}^{\mathrm{j}\omega})H(\mathrm{e}^{-\mathrm{j}\omega})\mathrm{d}\omega = \frac{\sigma_e^2}{2\pi} \int_{-\pi}^{\pi} |H(\mathrm{e}^{\mathrm{j}\omega})|^2 \mathrm{d}\omega \tag{8-26}$$

如果是补码截尾处理，可以经过分析得到输出噪声的方差仍旧是式(8-25)或式(8-26)，均值计算仍同于式(8-23)，但 $m_e \neq 0$，所以 m_f 可以表示为

$$m_f = m_e \sum_{m=0}^{\infty} h(m) = m_e H(\mathrm{e}^{\mathrm{j}0}) \tag{8-27}$$

下面以 IIR 滤波器为例，进一步说明运算过程中量化噪声的计算方法，以及不同结构对输出噪声的影响。

【例 8-5】 一 IIR 滤波器的系统函数为

$$H(z) = \frac{0.4 + 0.2z^{-1}}{1 - 1.7z^{-1} + 0.72z^{-2}}, \quad |z| > 0.9$$

系统采用定点舍入法，试分别计算直接型结构、级联型结构和并联型结构的输出噪声功率。

解：(1) 直接型结构。考虑系统中的每一条乘法支路引入一个噪声源，直接型结构的统计模型如图 8.12 所示，系统结构图中有两个噪声源通过整个系统，两个直接输出。

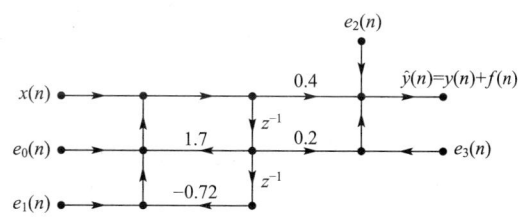

图 8.12 二阶网络直接型结构统计模型

$$f(n) = [e_0(n) + e_1(n)] * h(n) + e_2(n) + e_3(n)$$

$$\sigma_f^2 = 2\sigma_e^2 \frac{1}{2\pi \mathrm{j}} \oint_c H(z)H(z^{-1}) \frac{\mathrm{d}z}{z} + 2\sigma_e^2$$

又

$$\frac{1}{2\pi \mathrm{j}} \oint_c H(z)H(z^{-1}) \frac{\mathrm{d}z}{z} = \frac{1}{2\pi \mathrm{j}} \oint_c \frac{0.4 + 0.2z^{-1}}{1 - 1.7z^{-1} + 0.72z^{-2}} \cdot \frac{0.4 + 0.2z}{1 - 1.7z + 0.72z^2} \frac{\mathrm{d}z}{z}$$

$$= \frac{1}{2\pi \mathrm{j}} \oint_c \frac{0.4 + 0.2z^{-1}}{(1 - 0.9z^{-1})(1 - 0.8z^{-1})} \cdot \frac{0.4 + 0.2z}{(1 - 0.9z)(1 - 0.8z)} \frac{\mathrm{d}z}{z}$$

设围线 c 为逆时针的闭合单位圆,围线内只有两个极点 $z=0.9$ 与 $z=0.8$,所以有

$$\sigma_f^2 = 2\sigma_e^2 \times (\text{Res}[H(z)H(z^{-1})z^{-1}]_{z=0.9} + \text{Res}[H(z)H(z^{-1})z^{-1}]_{z=0.8}) + 2\sigma_e^2$$

$$= 2 \times \frac{\Delta^2}{12} \times 32.164 + 2 \times \frac{\Delta^2}{12}$$

$$= 5.527\Delta^2 \quad (\Delta = 2^{-b})$$

(2) 级联型结构。将滤波器系统函数分解为级联的形式

$$H(z) = \frac{0.4 + 0.2z^{-1}}{1 - 1.7z^{-1} + 0.72z^{-2}} = \frac{0.4 + 0.2z^{-1}}{1 - 0.9z^{-1}} \cdot \frac{1}{1 - 0.8z^{-1}} = H_1(z)H_2(z)$$

其中

$$H_1(z) = \frac{0.4 + 0.2z^{-1}}{1 - 0.9z^{-1}}, \quad H_2(z) = \frac{1}{1 - 0.8z^{-1}}$$

系统统计模型如图 8.13 所示。

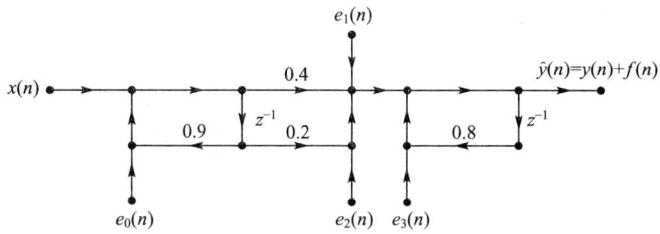

图 8.13 二阶网络级联型统计模型

整个系统输出噪声为

$$f(n) = e_0(n) * h(n) + [e_1(n) + e_2(n) + e_3(n)] * h_2(n)$$

式中,$h(n)$ 为整个系统 $H(z)$ 的单位采样响应,$h_2(n)$ 是 $H_2(z)$ 的单位采样响应,系统输出噪声功率为

$$\sigma_f^2 = \sigma_e^2 \frac{1}{2\pi j} \oint_c H(z)H(z^{-1}) \frac{dz}{z} + 3\sigma_e^2 \frac{1}{2\pi j} \oint_c H_2(z)H_2(z^{-1}) \frac{dz}{z}$$

$$= \frac{\Delta^2}{12} \times 32.164 + 3 \times \frac{\Delta^2}{12} \times \text{Res}[H_2(z)H_2(z^{-1})z^{-1}]_{z=0.8} = 3.375\Delta^2$$

(3) 并联型结构。将系统函数分解为并联型结构,即

$$H(z) = \frac{0.4 + 0.2z^{-1}}{1 - 1.7z^{-1} + 0.72z^{-2}} = \frac{5.6}{1 - 0.9z^{-1}} - \frac{5.2}{1 - 0.8z^{-1}}$$

取上式中 $H_1(z) = \frac{1}{1 - 0.9z^{-1}}$,$H_2(z) = \frac{1}{1 - 0.8z^{-1}}$。系统统计模型如图 8.14 所示。

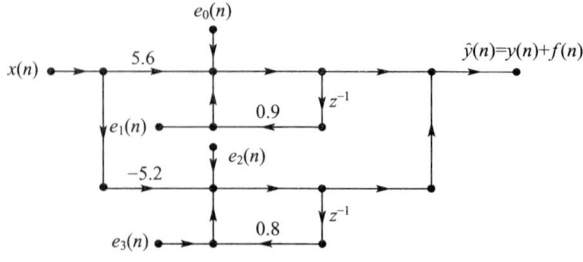

图 8.14 并联型结构的统计模型

系统噪声输出为
$$f(n)=[e_0(n)+e_1(n)]*h_1(n)+[e_2(n)+e_3(n)]*h_2(n)$$

式中,$h_1(n)$ 与 $h_2(n)$ 分别是 $H_1(z)$ 和 $H_2(z)$ 的单位采样响应,由 $H_1(z)$ 和 $H_2(z)$ 可以求得
$$h_1(n)=0.9^n u(n), \quad h_2(n)=0.8^n u(n)$$

所以
$$\begin{aligned}\sigma_f^2 &= 2\sigma_e^2\sum_{n=0}^{\infty}h_1^2(n)+2\sigma_e^2\sum_{n=0}^{\infty}h_2^2(n)\\ &= 2\times\frac{\Delta^2}{12}\times\frac{1}{1-0.9^2}+2\times\frac{\Delta^2}{12}\times\frac{1}{1-0.8^2}\\ &= 1.34\Delta^2\end{aligned}$$

上式中,$\Delta=2^{-b}$ 通过计算对比,可以看出:$\sigma_{f直接}^2>\sigma_{f级联}^2>\sigma_{f并联}^2$。

直接型结构的所有舍入误差都经过系统全部网络的反馈环节,误差累积起来了,所以误差大;而级联型结构中的舍入误差只通过其后面的反馈环节,故舍入误差比直接型的小;并联型结构的每个并联网络的舍入误差只通过本网络,与其他网络没有关系,误差累积作用更小,所以在一般情况下,并联型结构的输出误差最小。

8.4 快速傅里叶变换 FFT 算法的有限字长效应

FFT 算法是计算 DFT 的快速算法。在数字滤波器和频谱分析中广泛采用 DFT,所以弄清楚 DFT 尤其是 FFT 中有限寄存器长度的影响是非常重要的。和数字滤波器一样,精确分析这种影响是困难的,一般为了选择寄存器长度,采用简化的分析方法就够了,借助于可加性噪声分析。

8.4.1 DFT 变换中有限字长效应分析

DFT 的定义式为
$$X(k)=\sum_{n=0}^{N-1}x(n)W_N^{nk}, \quad k=0,1,2,\cdots,N-1 \tag{8-28}$$

其中,$W_N=e^{-j\frac{2\pi}{N}}$,当只需计算少数几个点处的 $X(k)$ 时,直接把乘积相加即可,对于指定的 k 值可以把式(8-28)看成是卷积运算,与下式相当
$$y(n)=\sum_{i=0}^{N-1}h(i)x(n-i)$$

即把 W_N^{nk} 看成是线性移不变系统的单位采样响应 $h(n)$,把 $x(n)$ 看作是系统输入,而把 $X(k)$ 看作是系统的输出 $y(n)$,因而稍加说明就可以利用 FIR 滤波器运算有限字长效应的分析结果。在定点实现时,每个乘积均需作尾数处理。假设乘积 $x(n)W_N^{nk}$ 舍入引起的量化误差为 $e(n,k)$,DFT 的等效统计模型如图 8.15 所示,图中 $X(k)$ 是理想的无限精度运算结果,$\hat{X}(k)$ 表示有限字长运算结果,$F(k)$ 表示第 k 个值计算结果的误差。由于误差源直接加在输出端,所以总的输出误差为

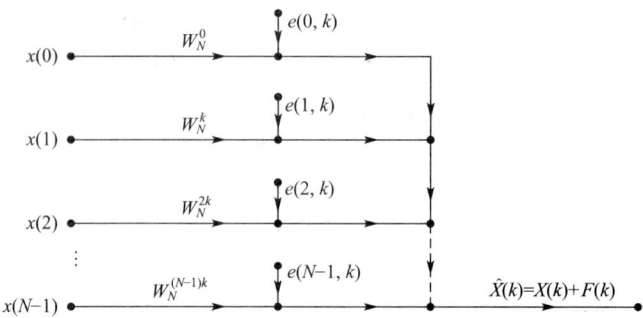

图 8.15　DFT 计算中定点舍入的统计模型

$$F(k) = \sum_{n=0}^{N-1} e(n, k) \tag{8-29}$$

一般 $x(n)$ 和 W_N^{nk} 都是复数，因此计算 1 次 $x(n)W_N^{nk}$ 复数乘法运算需要 4 次实数乘法来完成，4 次实数乘法引入 4 个实的舍入误差 $e_1(n, k)$，$e_2(n, k)$，$e_3(n, k)$ 及 $e_4(n, k)$。如果不考虑系数 W_N^{nk} 的量化误差，则经舍入处理后可表示成

$$Q[x(n)W_N^{nk}] = \text{Re}[x(n)]\cos\left(\frac{2\pi}{N}nk\right) + e_1(n, k) + \text{Im}[x(n)]\sin\left(\frac{2\pi}{N}nk\right) + e_2(n, k)$$
$$+ \text{j}\left\{\text{Im}[x(n)]\cos\left(\frac{2\pi}{N}nk\right) + e_3(n, k)\right\} - \text{j}\left\{\text{Re}[x(n)]\sin\left(\frac{2\pi}{N}nk\right) + e_4(n, k)\right\}$$
$$(8-30)$$

为了计算 $\hat{X}(k)$ 中误差的方差，对每次复数乘法运算中的舍入误差的统计特性作以下假设：(1) 误差 $e_i(n, k)$ 是白噪声，在 $\left(-\frac{\Delta}{2}, \frac{\Delta}{2}\right]$ 范围内是均匀分布的，故其平均值为零，方差为 $\frac{\Delta^2}{12}$，式中 $\Delta = 2^{-b}$；(2) 某一次复数乘法的 4 个误差源与其他复数乘法的误差源互不相关，且各个实数乘法的误差 $e_i(n, k)$ 彼此互不相关；(3) 所有误差 $e_i(n, k)$ 与输入不相关，因而与输出也互不相关。

一个复数乘法舍入后误差均值为零，误差的模的平方为

$$|e(n, k)|^2 = [e_1(n, k) + e_2(n, k)]^2 + [e_3(n, k) - e_4(n, k)]^2$$

由假设条件(3)知 $e_i(n, k)$ 互不相关，所以 $|e(n, k)|^2$ 的统计平均为

$$E[|e(n, k)|^2] = 4 \times \frac{2^{-2b}}{12} = \frac{2^{-2b}}{3} \tag{8-31}$$

再根据式(8-29)、(8-31)可以求得输出误差的均方幅度

$$E[|F(k)|^2] = E\left[\left|\sum_{n=0}^{N-1} e(n, k)\right|^2\right] = \sum_{n=0}^{N-1} E[|e(n, k)|^2] = \frac{N \cdot 2^{-2b}}{3} \tag{8-32}$$

由式(8-32)可以看出，输出噪声的总方差与序列 $x(n)$ 的点数 N 成正比。DFT 的定点计算也受到动态范围的限制，因而应防止出现溢出，即要求

$$|X(k)| = \left|\sum_{n=0}^{N-1} x(n)W_N^{nk}\right| \leqslant \sum_{n=0}^{N-1} |x(n)| < 1 \tag{8-33}$$

8.4.2 定点 FFT 计算中有限字长效应的分析

定点 FFT 的算法不同，运算的有限字长效应就不同。在此以 DIT 抽选的基- 2FFT 为例讨论运算的有限字长效应，讨论所得的结果只要稍加修正就可以适用于 DIF 的基- 2FFT 算法以及其他一些算法。

设序列长度为 $N=2^L$，需计算 $L=\log_2 N$ 级，每级有 N 个数构成的序列。在此讨论原位运算的 DIT 的蝶形运算，每级有 $N/2$ 个单独的蝶形结运算，由 m 列到第 $m+1$ 列的蝶形运算可以表示为

$$X_{m+1}(k) = X_m(k) + W_N^r X_m(j)$$
$$X_{m+1}(j) = X_m(k) - W_N^r X_m(j)$$

(8-34)

k 与 j 表示同一列中一对节点在这一列中的位置（行的数值）。用定点法实现时，只有相乘才需舍入处理，仍旧用加性误差来考虑相乘舍入的影响，则蝶形结的定点舍入统计模型如图 8.16 所示。

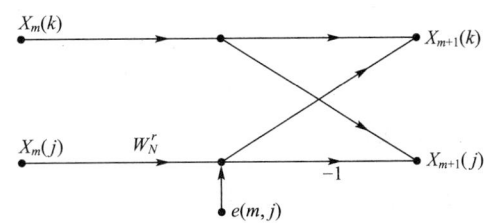

图 8.16 DIT 基- 2FFT 算法蝶形运算的定点舍入统计模型

在图中 $m=0$ 时表示输入序列，当 $m+1=L$ 时表示输出序列，也就是要求的离散傅里叶变换。在图 8.16 中 $e(m,j)$ 表示 $X_m(j)$ 与 W_N^r 相乘所引起的舍入误差源，这一误差源是复数，每个复数乘法包括 4 个实数乘法，每个定点实乘产生 1 个舍入误差源。假定每个误差源具有与上述 DFT 误差源相同的统计特性，因而和式(8-31)一样，一个复数乘法运算引入的误差的方差为

$$E[|e(m,j)|^2] = 4 \times \frac{2^{-2b}}{12} = \frac{2^{-2b}}{3}$$

(8-35)

误差源 $e(m,j)$ 通过后级蝶形运算，其方差不会改变，通过乘以系数 W_N^r 后方差也没有影响，验证如下

$$E[|e(m,j)W_N^r|^2] = |W_N^r|^2 E[|e(m,j)|^2] = E[|e(m,j)|^2]$$

所以误差源 $e(m,j)$ 通过所有蝶形结，其方差均保持不变。因此计算 FFT 的最后输出误差时只需要知道节点共连接多少个蝶形结即可，每个蝶形结产生的误差的方差为 $2^{-2b}/3$。以 $F(k)$ 表示输出 $X(k)$ 上叠加的输出误差，它和末级的一个蝶形结连接，和末前级的两个蝶形结连接，依次类推，每往前一级，引入的误差源就增加一倍，因此连接到 $X(k)$ 末端的误差源总数为

$$1 + 2 + 2^2 + \cdots + 2^{L-1} = 2^L - 1 = N - 1$$

图 8.17 所示为 $N=8$ 时，DIT 算法中，链接到 $X(0)$ 的各蝶形结情况，在终端，

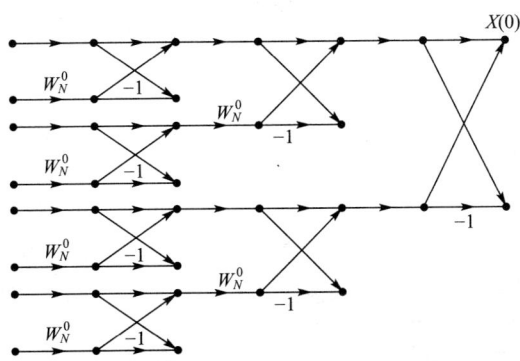

图 8.17 对输出 $X(0)$ 起作用的蝶形图 $N=8$

也就是在 $X(k)$ 上叠加的噪声输出 $F(k)$ 的均方值（即方差，因为均值为零）为

$$E[|F(k)|^2] = (N-1) \cdot \frac{2^{-2b}}{3}$$

当 N 很大时，可近似地认为

$$E[|F(k)|^2] \approx N \cdot \frac{2^{-2b}}{3} = \frac{N\Delta^2}{3} \tag{8-36}$$

8.4.3 系数量化对 FFT 的影响

当系统确定后，系数值就是已知的，因而量化后系数值也是已知的，所以对于一个具体的系统，系数量化误差不是随机性的。下面利用统计分析方法，目的是为了在不知道系统的具体数值时，在一定字长下，对系数量化造成的影响做一个统计性估计。采用的办法是在系数上引入一个随机扰动，也就是系数用其真值加上一个白噪声序列来代替，从而估计这个噪声引起的输出噪声/信号比值。这与量化引起的系数误差有细微的不同，但二者大体上相同。理想 DFT 为

$$X(k) = \sum_{n=0}^{N-1} x(n) W_N^{nk} \tag{8-37}$$

当系数量化后，式(8-37)可以表示成

$$\hat{X}(k) = \sum_{n=0}^{N-1} x(n) \hat{W}_N^{nk} = X(k) + F(k) \tag{8-38}$$

式中，$F(k)$ 是由系数量化引起的 DFT 计算误差，从某个 $x(n)$ 计算某个 $X(k)$ 要经过 $L = \log_2 N$ 个蝶形结，故 $\hat{W}_N^{nk}$ 中有 L 个因子，这些因子中有的是 W_N 的各次幂数，有的可能只是 ± 1，即不需要乘任何系数，但为了统计方便，假定 $x(n)$ 通过每级蝶形运算时，都乘了一个系数 $W_N^{a_i}(i=1, 2, 3, \cdots, L)$，所以总的乘积为 $\prod_{i=1}^{L} W_N^{a_i} = W_N^{nk}$，也就是 $x(n) W_N^{nk}$ 是 $X(k)$ 中的一项。系数量化后，每一个支路的 $W_N^{a_i}$ 变成了 $W_N^{a_i} + \varepsilon_i$，因而有

$$\hat{X}(k) = \sum_{n=0}^{N-1} x(n) \hat{W}_N^{nk} = \sum_{n=0}^{N-1} x(n) \left[\prod_{i=1}^{L} (W_N^{a_i} + \varepsilon_i) \right] = X(k) + F(k) \tag{8-39}$$

系数量化后所引起的 DFT 计算误差可以表示为

$$F(k) = \hat{X}(k) - X(k) = \sum_{n=0}^{N-1} x(n)(\hat{W}_N^{nk} - W_N^{nk}) \tag{8-40}$$

由于

$$\hat{W}_N^{nk} = \prod_{i=1}^{L} (W_N^{a_i} + \varepsilon_i) = \prod_{i=1}^{L} W_N^{a_i} + \sum_{i=1}^{L} \varepsilon_i \prod_{\substack{j=1 \\ j \neq i}}^{L} W_N^{a_j} + (\varepsilon_i \text{ 高阶项}) \tag{8-41}$$

故

$$\hat{W}_N^{nk} - W_N^{nk} = \sum_{i=1}^{L} \varepsilon_i \prod_{\substack{j=1 \\ j \neq i}}^{L} W_N^{a_j} + (\varepsilon_i \text{ 的高阶项}) \tag{8-42}$$

略去 ε_i 的高阶项，并假定各 ε_i 是统计独立、白色等概分布的随机变量，则有

$$E[\hat{W}_N^{nk} - W_N^{nk}] \approx E\left[\sum_{i=1}^{L} \varepsilon_i \prod_{\substack{j=1 \\ j \neq i}}^{L} W_N^{a_j}\right] = \sum_{i=1}^{L} E(\varepsilon_i) \prod_{\substack{j=1 \\ j \neq i}}^{L} W_N^{a_j} = 0$$

由于 $x(n)$ 是已知的,因而由式(8-40)可得

$$E[F(k)] = 0$$

所以 ε_i 的方差为

$$\sigma_\varepsilon^2 = E[|\varepsilon_i|^2] = E[|\text{Re}(\varepsilon_i)|^2 + |\text{Im}(\varepsilon_i)|^2] = 2\sigma_e^2 = \frac{\Delta^2}{6} = \frac{1}{6} \cdot 2^{-2b} \quad (8-43)$$

为了方便,令

$$\prod_{\substack{j=1 \\ j \neq i}}^{L} W_N^{a_j} = b_i$$

则可以得到

$$E[|\hat{W}_N^{nk} - W_N^{nk}|^2] \approx E\left[\left(\sum_{i=1}^{L} \varepsilon_i b_i\right)\left(\sum_{j=1}^{L} \varepsilon_j b_j\right)^*\right] = E\left[\sum_{i=1}^{L} |\varepsilon_i b_i|^2\right]$$

$$= E\left[\sum_{i=1}^{L} |b_i|^2 |\varepsilon_i|^2\right]$$

因为

$$|b_i| = \prod_{\substack{j=1 \\ j \neq i}}^{L} |W_N^{a_j}| = 1$$

所以有

$$E[|\hat{W}_N^{nk} - W_N^{nk}|^2] \approx L \cdot E[|\varepsilon_i|^2] = L \cdot \sigma_\varepsilon^2 = \frac{L}{6}\Delta^2 = \frac{L}{6} \cdot 2^{-2b} \quad (8-44)$$

由式(8-40)可得输出误差 $F(k)$ 的方差为

$$\sigma_F^2 = E[|F(k)|^2] = \sum_{n=0}^{N-1} E[|x(n)(\hat{W}_N^{nk} - W_N^{nk})|^2]$$

$$= \sum_{n=0}^{N-1} |x(n)|^2 E[|\hat{W}_N^{nk} - W_N^{nk}|^2] \approx \sum_{n=0}^{N-1} |x(n)|^2 \frac{L}{6} \cdot 2^{-2b} \quad (8-45)$$

根据 DFT 帕塞瓦定理可知

$$\sum_{n=0}^{N-1} |x(n)|^2 = \frac{1}{N} \sum_{k=0}^{N-1} |X(k)|^2 \quad (8-46)$$

如果把 $X(k)$ 看作是输出信号,则式(8-46)右端为输出信号的均方值,从而可得输出均方误差 σ_F^2 与输出均方信号的比值为

$$\frac{\sigma_F^2}{\frac{1}{N}\sum_{k=0}^{N-1}|X(k)|^2} = \frac{L}{6} \cdot 2^{-2b} \quad (8-47)$$

由式(8-47)可以得到输出噪声/信号比值随信号点数 N 增大而增加的速度极为缓慢,只与 $L = \log_2 N$ 成正比,N 加倍时 L 只增加 1,输出噪声/信号比值增加极小。

本章小结

时域离散系统的软件实现法是按照所设计的软件在通用计算机上实现的,硬件实现是按照所设计的运算结构,利用加法器、乘法器和延时器等组成专用的设备,完成特定的信号处理算法。一般理论设计完成后,只得到系统的系统函数或差分方程,因此还必须再具体设计一种算法,进行实现。本章主要介绍了利用离散时间系统的网络结构来编程实现的方法。

用计算机处理信号就不可避免的遇到量化问题,也就是信号的量化问题(A/D 转换器中的量化误差)、系统参数的量化(滤波器的系数量化误差)以及信号与系统的相互作用(运算中的量化),这些量化效应均是因为计算机中寄存器的有限位数的限制而引起的。在采样模拟信号的数字处理中,把量化噪声看作是相加性噪声序列,量化过程看作是无限精度信号与噪声信号的叠加,因此信噪比是衡量信号量化效应的一个指标,可以根据信噪比来选择 A/D 转换器的字长。实现数字滤波器时,其系数以有限长二进制码的格式存放在存储器中,因此必须对理想滤波器的系数加以量化处理,但量化处理后会直接影响滤波器的零、极点的位置,甚至会导致系统不稳定。信号运算过程中的量化主要体现在加法和乘法运算中,分析数字滤波器运算量化误差的主要目的是为了选择滤波器运算位数(即寄存器长度),以满足信号信噪比的技术要求。

本章的最后从 DFT 变换中的有限字长效应分析开始,分析了定点 FFT 中有限字长效应以及系数量化对 FFT 的影响。

习 题

一、填空题

1. 有一个 $b=7$ 的 A/D 转换器,它的输出通过线性系统 $H(z)=\dfrac{1}{1-0.99z^{-1}}$,系统输出端的量化噪声功率为_____。

2. 一个 IIR 滤波器的系统函数为 $H(z)=\dfrac{0.2}{(1-0.7z^{-1})(1-0.6z^{-1})}$,用定点制算法,尾数舍入,_____结构滤波器舍入误差最大。

3. 一个网络结构对系数量化的灵敏度用系数量化引起的极点、零点的位置误差来衡量,极点间彼此越密集时,极点位置灵敏度_____。

4. 数字系统中因有限字长的影响而引起误差的因素有_____、_____和_____。

二、计算题

1. 系统的输入与输出之间的关系为
$$y(n)=0.25y(n-1)+x(n)$$

(1) 假定算术运算为无限精度的,计算输入为 $x(n)=\left(\dfrac{1}{2}\right)^n u(n)$ 时的输出响应。

(2) 假定用 5 位($b+1$)原码运算,按截尾方式实现量化,求当 n 较大时量化输出的

第8章 时域离散系统的实现与数字信号处理量化效应

数值。

2. 一个系统函数为

$$H(z) = \frac{1 - \frac{1}{2}z^{-1}}{\left(1 - \frac{4}{5}z^{-1}\right)\left(1 - \frac{9}{10}z^{-1}\right)}$$

(1) 画出系统的直接型结构、级联型结构和并联型结构以及各种结构实现的程序流程图。

(2) 系统运算采用 $b+1$ 位定点舍入法,计算输出噪声功率。

3. 已知一系统函数为

$$H_1(z) = \frac{1}{1 - \frac{1}{3}z^{-1}}, \quad H_2(z) = \frac{1}{1 - \frac{1}{2}z^{-1}}$$

系统 $H(z)$ 用 $H_1(z)$ 和 $H_2(z)$ 级联得到,级联有两种方式,即 $H(z) = H_1(z)H_2(z)$ 和 $H(z) = H_2(z)H_1(z)$。试分别计算在两种不同实现方式中,输出端的运算舍入量化噪声功率。

4. 已知一个低通滤波器的系统函数为

$$H(z) = \frac{1}{1 - 2.9425z^{-1} + 2.8934z^{-2} - 0.9508z^{-3}}$$

试分析系数量化对实数极点位置的影响。

5. 设数字滤波器

$$H(z) = \frac{0.06}{1 - 0.6z^{-1} + 0.25z^{-2}} = \frac{0.06}{1 - a_1 z^{-1} - a_2 z^{-2}}$$

利用系数 a_1 和 a_2 变化来影响极点位置灵敏度,保持极点分别在其正常值的 0.2%、0.3% 内变化,试确定所需的最小的字长。

6. 已知一个 IIR 数字滤波器系统函数为

$$H(z) = \frac{z^{-1} + 0.4z^{-2} - 0.04z^{-3} + 0.233z^{-4}}{1 - 2.4760z^{-1} + 2.9542z^{-2} - 1.9632z^{-3} + 0.4901z^{-4}}$$

将该系统系数进行 7 位二进制量化处理,应用 MATLAB 软件分析该滤波器极点的变化。

7. 设计一低通滤波器。技术指标要求:通带边界频率为 12Hz,通带内衰减 $\delta_1 \leqslant 1$dB;阻带边界频率为 14Hz,阻带衰减 $\delta_2 \geqslant 45$dB;信号采样频率为 100Hz。应用 MATLAB 软件 FDA 工具实现,并对比该滤波器结构为级联型结构与直接型结构时量化误差的大小。

8. 考虑离散傅里叶变换

$$X(k) = \sum_{n=0}^{N-1} x(n) W_N^{nk}, \quad 0 \leqslant k \leqslant N-1$$

其中,$W_N = e^{-j2\pi/N}$,假设 $x(n)$ 是均值为零的平稳白噪声序列的 N 个相邻序列值,即

$$E[x(n)x(m)] = \sigma_x^2 \delta(n-m), \quad E[x(n)] = 0$$

(1) 试确定 $|X(k)|^2$ 的方差。

(2) 试确定离散傅里叶变换各值间的互相关,即确定 $E[X(k)X^*(r)]$,并把它表示为 k 和 r 的函数。

9. 一个 N 阶 FIR 滤波器

$$H(z) = \sum_{i=0}^{N} a_i z^{-i}$$

采用直接型结构,用 b 位字长舍入方式对其系数进行量化。

(1) 试用统计方法估算由于系数量化所引起的频率响应的均方偏差的统计平均值 σ_v^2。

(2) 当 $N=1\,024$ 时,若要求 $\sigma_v^2 \leqslant 10^{-8}$,则系数字长 b 需要多少位?

第9章 DSP 原理与应用开发基础

本章教学目的与要求

1. 掌握 DSP 系统的基本组成和 DSP 芯片的体系结构。
2. 学会获取 DSP 芯片的相关技术资料和相关源码。
3. 了解 DSP 芯片的产品概况以及 DSP 系统开发的流程。
4. 学会安装和设置 CCS 集成开发环境。

本章知识结构

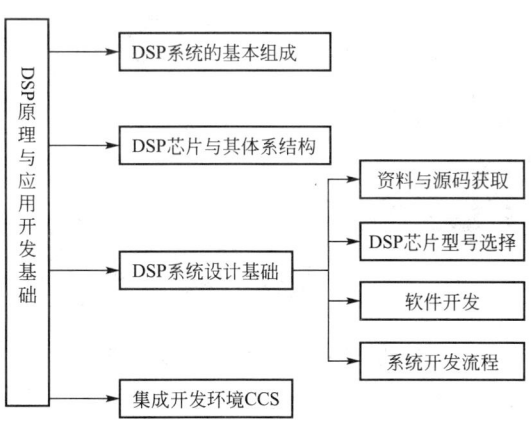

9.1 引 言

DSP 是数字信号处理(Digital Signal Processing)或数字信号处理器(Digital Signal Processor)的缩写。数字信号处理是一门涉及许多学科而又广泛应用于许多领域的新兴学科。20 世纪 60 年代以来,随着计算机和信息技术的飞速发展,数字信号处理技术应运而生并得到迅速发展。目前,数字信号处理技术已经在通信等领域得到极为广泛的应用。

 **案例一**

DSP 在音频转换,接口技术和 USB 音频方面的应用,如图 9.1 所示。

图 9.1　享受数字生活

 **案例二**

DSP 在视频和视觉引导方面的应用,如图 9.2 所示。

图 9.2　DSP 技术让生活更便捷

数字信号处理技术涉及众多的学科,如概率统计、数值分析、控制论等。数字信号处理以这些学科作为自己的理论基础,同时数字信号处理理论和应用的发展又促进了一系列新兴学科的发展,如通信技术、模式识别等。总的来说,数字信号处理作为一门学科是在与其他许多相关学科相互促进下不断发展的。

9.2　DSP 系统的基本组成

数字信号处理系统一般由以下几部分构成:前置滤波器、A/D 转换器、数字信号处理器(DSP)、D/A 转换器、后置滤波器。其中,前置滤波器主要是将高于某一频率的分量滤掉,然后对信号进行采样(即把连续信号离散化)。A/D 转换器将离散信号变成数字信号。数字信号处理器是数字信号处理系统的核心,通过它对信号进行加工处理。D/A 转换器将数字信号处理器输出的数字信号转变为模拟信号。后置滤波器,滤去不需要的高频分量,得到平滑连续的模拟信号。实际的系统不一定都包含这几个部分,比如说,有些系统输入的就是数字信号,那么前置滤波器和 A/D 转换器就不需要了。

图 9.3 所示为一个典型的 DSP 系统。图中的输入信号可以有各种各样的形式。例如,它可以是语音信号、视频信号,也可以是传感器的输出信号。

图 9.3 典型的 DSP 系统构成

图 9.4 所示为用 TMS320C6201 实现的软件无线电数字声音广播接收机,数字中频信号由 FPGA(现场可编程门阵列)实现的数字下变频器解调成为 I/Q 两路正交的基带信号,TMS320C6201 则主要用于处理该基带信号。

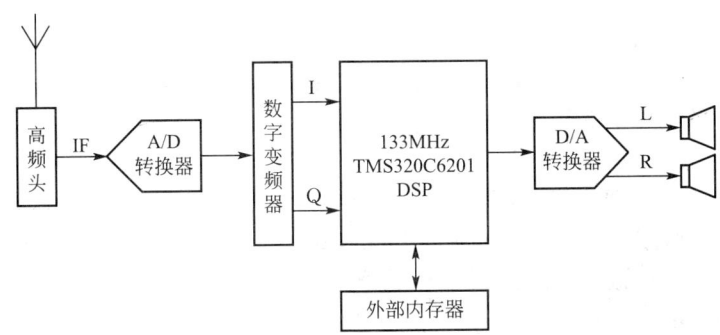

图 9.4 用 TMS320C6201 实现的软件无线电数字声音广播接收机

9.3 DSP 芯片与其体系结构

9.3.1 DSP 芯片概述

数字信号处理器是数字信号处理系统的核心。常用的数字信号处理器有通用 DSP 芯片、专用 DSP 芯片、通用处理器(GPP)、通用单片机,如表 9-1 所列。

表 9-1 常用数字信号处理器

类 型	特 点	备 注
通用 DSP 芯片	具有适合于数字信号处理的软硬件资源,可用于复杂的数字信号处理算法	应用广泛,性价比高,方便用于嵌入式设备
专用 DSP 芯片	针对专门的信号处理算法设计,在芯片内部用硬件实现这些算法,如卷积、数字滤波等	用于专用的 DSP 算法,使用上受到限制

续表

类 型	特 点	备 注
通用处理器	用于软件实现	可用于算法模拟，速度较慢，可加上专用的加速处理器
通用单片机	用于简单的数字信号处理，如电动机控制	只能用于简单的算法

在现代通信技术中，有很多结构复杂但有规则的运算在数字信号处理过程中大量地重复发生，比如 MAC(一次乘法和一次加法)：$Y=H\times X+C$。如果用通用 CPU，数字信号处理速度较慢，一般只可能用于 DSP 算法的模拟；专用 DSP 芯片专用性强，应用受到很大的限制；而通用单片机只适用于实现简单的 DSP 算法；只有通用 DSP 芯片才使数字信号处理真正得到实际有效的最广泛的应用。

针对 DSP 需要的算法特点，DSP 芯片在功能上与通用的 MCU(Mirco Control Unit，微控制单元)相比，做了以下几方面的改进：(1)扩充运算能力：增加字长，乘法保留双字长，有双精度运算；(2)自动产生数据地址：专用的地址生成单元可以产生循环地址和非顺序地址；(3)指令定序不对其他主要运算造成额外开销；(4)简单的比例定标运算得到宽的动态范围。

总体而言，DSP 和通用处理器，以及通用单片机各有所长，它们相互渗透、借鉴和交融，形成各自的特点。DSP 芯片从出现到现在，已有几十家生产厂商推出了上百种型号的产品。除了 TI 公司得 TMS320 系列 DSP 芯片外，其他有代表性并获得广泛应用的 DSP 系列芯片主要有 Motorola 公司的 MC56/96 系列、ADI 系列的 ADSP21 系列等。

目前，美国德州仪器公司 TI 公司有三大系列产品，即：

(1) 面向数字控制、运动控制的 TMS320C2000 系列，主要包括 TMS320C24x/F24x、TMS320LC240x/LF240xA、TMS320F28xx 等；

(2) 面向低功耗、手持设备、无线终端应用的 TMS320C5000 系列，主要包括 TMS320C54x、TMS320C54xx、TMS320C55x 等；

(3) 面向高性能、多功能、复杂应用领域的 TMS320C6000 系列，主要包括 TMS320C62xx、TMS320C64xx、TMS320C67xx 等。

根据 DSP 芯片工作的数据格式将芯片分为定点 DSP 芯片和浮点 DSP 芯片。定点运算的 DSP 芯片以其成本较低，对存储器的要求比较低且耗电省等优点成为数字信号处理市场上的主流产品，预计今后占市场比重将逐渐增大。据统计，目前销售的 DSP 80%以上属于 16 位定点可编程 DSP。只有在高保真音频以及需要实时运算、更高精确度与较大动态范围的其他数据采集应用时，才能体现出浮点 DSP 更高的运算灵活性与精确度。

9.3.2 DSP 芯片体系结构

DSP 芯片一般由 CPU、片内外设和存储空间构成。DSP 作为数字信号处理的专用设备，与通用处理器相比较，具有一些不同于通用处理器的特殊结构。

1. 哈佛总线结构

传统上，通用处理器使用冯·诺依曼存储器结构。将指令和数据存放在同一存储空间中，统一编址，指令和数据通过同一总线访问同一地址空间上的存储器。这种结构中，只有 1 个存储器空间通过 1 组总线(1 个地址总线和 1 个数据总线)连接到处理器核。通常做 1 次乘法会发生 4 次存储器访问,用掉至少 4 个指令周期。

而大多数 DSP 的总线结构都采用了哈佛总线结构,程序存储器和数据存储器是两个独立的存储器,独立编址,独立访问。与两个存储器相对应,系统中设置了程序总线和数据总线,从而使数据的吞吐率提高了一倍。由于程序存储器和数据存储器在两个分开的空间中,因此取址和执行能完全重叠。程序存储器和数据存储器有两组总线连接到处理器核,允许同时对它们进行访问。这种安排将处理器存储器的带宽加倍,更重要的是同时为处理器核提供数据和指令。在这种布局下,DSP 得以实现单周期的 MAC 指令。

2. 流水线操作

与哈佛总线结构相关,DSP 芯片广泛采用 2~6 级流水线,以减少指令执行的时间,从而增强了处理器的处理能力。这使指令执行能完全重叠,处理器可以并行处理几条指令,每条指令处于流水线的不同阶段。在某一时刻,一条流水线上在做取指令操作时,第 2 条流水线可同时进行上一条指令译码的操作,第 3 条流水线可同时进行再上一条指令的取操作数的操作,第 4 条流水线可同时进行再上上一条指令的执行指令的操作。图 9.5 所示为一个 4 级流水线操作的例子。

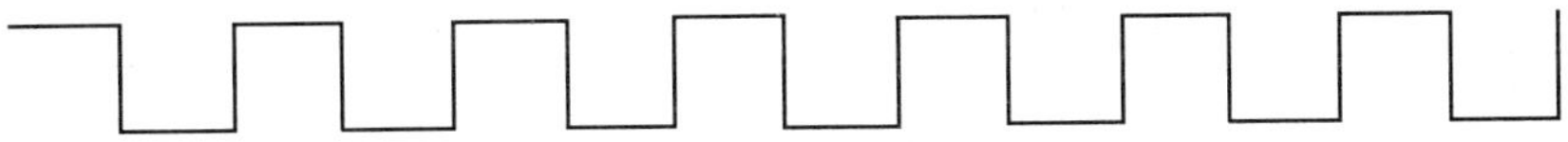

取指令	指令	取操	指令	取指令	指令	取操
指令	取指令	指令	取操	指令	取指令	指令
取操	指令	取指令	指令	取操	指令	取指令
指令	取操	指令	取指令	指令	取操	指令

图 9.5　4 级流水线操作

3. 专用的硬件乘法器

乘法的执行速度越快,DSP 处理器的性能越高。由于具有专用的应用乘法器,乘法可在一个指令周期内完成。DSP 处理器使用专用的硬件来实现单周期乘法,而通用微处理器中算法指令需要多个指令周期,如 MCS-51 的乘法指令需 4 个周期。DSP 处理器还增加了累加器寄存器来处理多个乘积的和。

4. 特殊的 DSP 指令

这些特殊的 DSP 指令,专用数字信号处理中的一些常用算法优化,可为一些典型的数字信号处理提供加速,使一些高速系统的实时数据处理成为可能,从而进一步提高了 DSP 芯片的执行效率和处理能力。如并行指令,能够实现寄存器并行装入,并行算术/逻辑运算和存储运算,使并行操作能力大大提高。

5. 专用的寻址方式

DSP 处理器往往都支持专门的寻址方式,这些寻址方式对通常的信号处理操作很有用,也很方便。例如,位倒序寻址使得 FFT 实现起来就很方便。而在通用处理器中这些专门的寻址方式是不常使用的,即使用一般也要通过软件来实现。

6. 定点计算和定点 DSP 指令集

比起相应的浮点机器,定点机器要便宜而且运算更快。所以大多数 DSP 使用定点计算,而不使用浮点。为了避免使用浮点机器而又保证数字的准确,DSP 处理器在指令集和硬件方面都支持饱和计算、舍入和移位。

下面以 TMS320C55x 来介绍 DSP 芯片的体系结构。

TMS320C55x 是 TI 公司继 C5000 系列 C5x、C54x 后推出的新型产品。随着 TMS320C55x 的推出和应用开发的逐步深入,其优良的性能在许多个人便携产品中得到体现,C55x 已成为通信和个人消费领域的主流 DSP 产品。

C55x 由 3 个主要部分组成:CPU、存储空间、片内外设。C55x 系列具有统一的 CPU 内核,有 4 个功能单元构成:指令缓冲单元(I 单元)、程序流单元(P 单元)、地址-数据流单元(A 单元)和数据运算单元(D 单元)。图 9.6 所示是 C55x 的内部结构框图。其中 4 个功能单元的具体构成和基本功能如下。

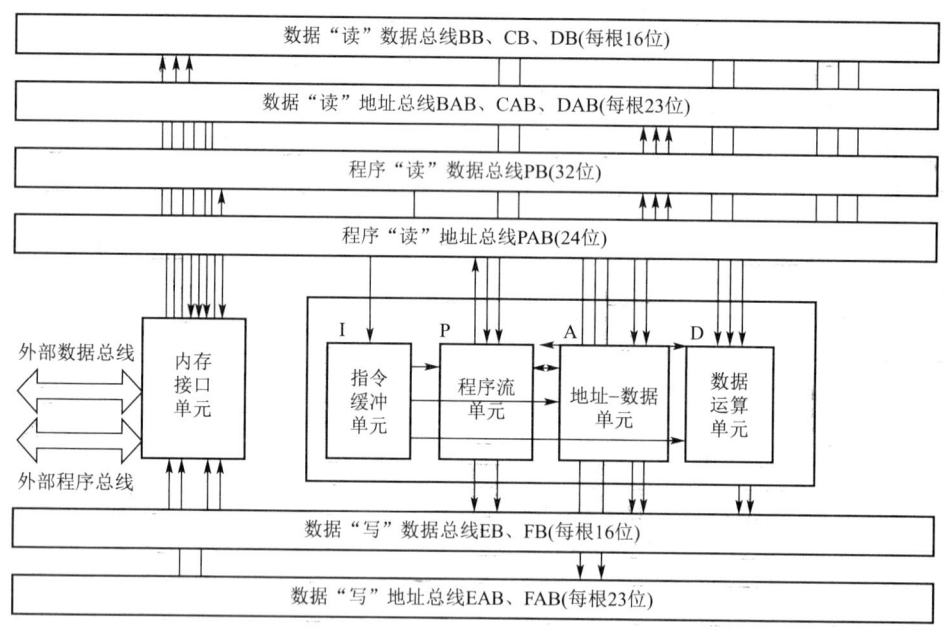

图 9.6 TMS320C55x 内部结构框图

(1) 指令缓冲单元(I 单元)。包括 32×16 位指令缓冲队列和指令译码器。此单元接收程序代码并放入指令缓冲队列,由指令译码器解释指令,然后再把指令流传给其他的 P 单元、A 单元和 D 单元来执行这些指令。

(2) 程序流单元(P 单元)。包括程序地址发生器、程序控制逻辑。该单元产生所有程序空间地址,并发送到 PAB 总线,达到控制程序流的目的。

(3) 地址—数据流单元(A 单元)。包括数据地址产生电路(DAGEN),附加的 16 位算术逻辑单元 ALU 和一组寄存器。该单元产生读/写数据空间地址,并发送到 BAB、CAB 和 DAB 总线上。

第9章 DSP原理与应用开发基础

(4) 数据运算单元(D 单元)。包括 40 位桶形移位器、2 个乘加单元(MAC)和 1 个 40 位的算术逻辑单元 ALU 和若干寄存器。D 单元是 CPU 中主要的数据执行部件,完成大部分数据的算术运算工作。

C55x 包括了统一的存储空间和 I/O 空间。C55x 的片内存储空间共有 352KB,其中双口 RAM(DARAM)在每个周期能执行 2 个访问操作;单口 RAM(SARAM)在每个周期能执行 1 个访问操作。外部存储空间共有 8MB(16 位)最大寻址,由片选信号 CE〔0…3〕来选择。存储区支持的类型有异步 SRAM、异步 EPROM、同步 DRAM 和同步 SRAM。整个 16MB 存储空间作为程序空间或数据空间均可寻址。当 CPU 从程序存储区读指令时才访问程序空间。当程序从存储区或寄存器读/写数据时,需访问数据空间。C55x 的 I/O 空间与程序/数据空间分开,它仅在访问 DSP 的片内外设寄存器时有效。I/O 空间的字地址为 16 位宽、能访问 64KB 地址。CPU 用数据"读"地址总线读,用数据"写"地址总线写。当 CPU 读/写 I/O 空间时,将 16 位地址前补 0 来扩展成 24 位地址。

DSP 的片内外设主要功能包括采集原始数据、输出处理结果、控制其他设备等。C55x 的主要的片内外设如下:(1)模数转换器 ADC:用于采集电压、面板旋钮的输入值,转换为数字量;(2)可编程数字锁相环时钟发生器(DPLL):VC5510 时钟速率可达 200MHz,最小机器指令周期为 5ns;(3)指令缓冲:一个可配置的 24KB 存储器,可最小化对外部存储区的访问,改善数据处理总量和维持系统能量,以减少功耗;(4)外部存储器接口(EMIF):可以实现与异步存储器 SRAM、EPROM 以及高速高密度存储器 AD-RAM 的无缝连接;(5)直接存储器访问控制器(DMA):带有 6 个信道的控制器,在无 CPU 涉入的情况下,为 6 个独立信道的上下文提供数据活动;(6)3 个多信道缓冲串口(McBSPs):它们是 3 个全双工多信道缓冲串口,它们给许多种工业标准串行设备提供无缝接口,并提供了与 128 个独立使能信道通信的能力;(7)增强型主机接口(EHPI):一个 16 位并行接口,用于提供主处理器对 DSP 上的内部存储区的访问,可被配置为复用或非复用模式,以给更多的主处理器提供无缝接口;(8)2 个 16 位的通用计时器;(9)8 个可配置的通用 I/O 引脚(GPI/O);(10)FIFO 寄存器。

9.4 DSP 系统设计基础

9.4.1 技术参考资料与相关源码的获取

在设计开发一个 DSP 系统时,系统中的 DSP 芯片确定以后,很重要的就是获得该 DSP 芯片的相关技术参考资料及得到其相关源码。一般提供相应芯片的生产厂商都会有专门的网站进行技术支持,如美国的 TI 公司、Motorola 公司等。在 TI 公司网站的搜索中用关键字搜索资料,主要的技术文档包括 Application Notes、User Guides,这些资料一般均提供 PDF 格式的文档说明和相应的源程序包,下载(download)后做少许改动即可应用。

学习 DSP 开发时,往往感觉技术文档资料太多,每一个文档都有用,每一个文档都想看,无从下手。根据 DSP 系统设计经验,以下的资料是必看的:(1)讲述 DSP 的 CPU、Memory、Programme Memory Addressing、Data Memory Addressing 的文档资料;(2)设计过程中要用到的外设的资料;(3)C 语言和汇编语言的编程指南;(4)汇编指令和 C 语言的运行支持库、DSP LIB 等资料。

其他的如:Application Guide、Optimizing C++ Complier User's Guide、Assembly Language Tools User's Guide 等资料可在 DSP 设计入门后再去详细阅读,体会会更深一些。同时也可以登录一些相应的 DSP 技术论坛、技术网站来获取相关资料。

9.4.2 DSP 型号的选择

美国 TI 公司从 1982 年推出第一个 TMS32010DSP 芯片至今,已陆续推出定点和浮点运算的 TMS320 系列 DSP 处理器。美国 Analog Device 公司也研制了具有自己特点的 DSP 芯片,现已生产定点和浮点运算的 ADSP 系列的 DSP 芯片。另外,Motorola、NEC、Cirrcus Logic、STMicroelectronics 等厂商也在生产各种 DSP 在芯片,表 9-2 所列给出了主要的 DSP 生产厂商的产品概况。

表 9-2 主要的 DSP 厂商的产品概况

公司名称	产品型号	技术特征
Texas Instruments	OMAP5910	集成有针对多媒体应用的 DSP 和 RISC 芯核;提供具有灵活用户接口的单元系统功能
	TMS320C2000	组成有供嵌入式控制业用的性能和外设;代码兼用 DSP 旨在嵌入式控制设备用
	TMS320C5000	C5000 DSP 平台提供多于 30 个代码兼容装置;C5501 和 C5502 为 300MHz 双乘一加单元 DSP,功耗小于 200mW,成本低于 10 美元
	TMS320C6000 TMS320DM642 TMS320DR1200	性能从 1 200MIPS 升级到 4 800MIPS;TMS3200M642 的功耗不到 1.5W
	TMS320DM310	该处理器功耗小于 500mW;该处理器提供实时 MPEG-4 视频/编码
	TMS320DSCX	速度始终为 100MHz;功耗小于 1W
Analog Device	ADSP-21x	处理器都内含容量高达 2.4MB 的片上 SRAM,集成有一个可编程 DMA 控制器,可处理 24 位指令和 16 位数据
	ADSP-21xxx SHARC	采用超级哈佛体系结构,并具有 SIMD(单指令多数据)功能和 SISD(单指令单数据)功能;2 个计算功能块
	ADSP-215xx BLACKFIN	双 MAC 单元、300MHz 时钟频率和用于平衡系统性能和功耗的动态电源管理功能;支持 8/16/32 位整型数据和 16/32 为分数型数据
	ADSP-2199x	应用于嵌入式信号处理和控制设备
	ADSP-TS101 TIGERSHARC	应用于多处理设备和第 3 代无线通信基础设施;2 个计算功能块,2 个整数 ALU
Motorola	DSP56800 和 DSP56800E	采用微控制/DSP 混合结构;实现高层次外设集成

续表

公司名称	产品型号	技术特征
NEC	SPXK5	在250MHz频率下具有1 000MIPS/500MMAC；增强型媒体指令加速视频编码译码
Philips	SAF7730	完全集成的声频和射频处理包括ADC和DAC；集成有两个独立的射频信道
Circrus Logic	CS494xx	具有一个专用多标准译码器、关键的外设以及在一个片上X、Y和程序存储器，适用于数字娱乐产品
STMicroelectronics	ST100	ST122能在600MHz下实现1.2MMAC/S 接口支持可定制化的协处理器

市场上较多的是TI公司的TMS320系列，定点运算的为TMSC320C10～TMSC320C53，单周期指令为200～35ns；浮点运算的为TMSC320C30～TMSC320C82，单周期指令为50～35ns；AD公司的ADSP系列，定点运算的为ADSP2101～ADSP2181，单周期指令为80～30ns 浮点运算为ADSP21020～ADSP21062，单指令周期为50～25ns，都有不同的产品。在DSP系统设计的实际应用中，TI公司和AD公司的产品比较适合自行研制产品的需要，电路可根据需要设计，外围电路芯片可根据需要选择，且芯片在市场上较多，但编程相对复杂，电路设计搭配也较为复杂。而其他公司的产品相对专用性较强，大多是为其产品配套设计的，价格较高，外围电路芯片专用性强，DSP芯片及配套芯片市场上较少，但其电路设计及程序设计较简单、效果也较好，设计产品的周期较短。另外，大多数公司产品的C语言辅助开发软件，在实际使用中，用C语言编写的开发程序都对芯片的运行速度有较大的影响，使处理速度不能发挥芯片的正常速度。

不同的DSP应用系统由于应用场合、应用目的等不尽相同，对于DSP芯片的选择也是不同的。总的来说，DSP芯片的选择应根据实际应用系统的需要来确定。一般来讲，选择DSP芯片时应从以下几个方面来考虑。

(1) DSP芯片的运算速度。运算速度是DSP芯片一个最重要的性能指标，也是选择DSP芯片时所需要考虑的一个主要因素。

(2) DSP芯片的价格。DSP芯片的价格也是选择DSP芯片时所需要考虑的重要因素。如果采用价格昂贵的DSP芯片，即使性能很高，其应用范围也可能受到一定的限制。因此，需根据实际系统的应用情况，确定一个性价比适中的DSP芯片。

(3) DSP芯片的硬件资源。不同的DSP芯片所提供的硬件资源是不同的，如片内的RAM、ROM的数量，外部可扩展的程序和数据空间，总线接口、I/O接口等。即使是同一系列的DSP芯片，如TI公司的TMS320C5x系列，不同的DSP芯片也可以适应不同的需要。

(4) DSP芯片的运算精度。一般定点DSP芯片的字长为16位，如TMS320系列。但有的公司的定点芯片为24位，如Motorola公司的MC56001等。浮点芯片的字长一般为32位，累加器的字长一般为40位。

(5) DSP芯片的开发工具。在选择DSP芯片的同时，必须注意其开发工具的支持情况，包括软件和硬件的开发工具。如果没有开发工具的支持，要想开发DSP系统几乎是不可能的。如果有功能强大的开发工具的支持，可以使开发的时间就会大大缩短。

(6) DSP 芯片的功能。在某些 DSP 应用场合，功耗也是一个需要特别注意的问题。如便携式的 DSP 设备、手持设备、野外应用的 DSP 设备等对功耗有特殊的要求。

(7) 其他。除了上述的因素外，选择 DSP 芯片还应考虑到封装的形式、质量标准、供货情况、生命周期等。在上述诸多因素中，一般来说，定点 DSP 芯片的价格较便宜、功耗较低，但运算精度稍低。而浮点 DSP 芯片的优点是运算精度高、C 语言编程调试方便，但价格昂贵、功耗较大。

知识拓展

如何确定 DSP 系统的运算量以选择 DSP 芯片呢？下面从两种情况来考虑选择 DSP 芯片。

(1) 按样点处理。所谓按样点处理就是 DSP 算法对每一个输入样点循环一次。数字滤波器就是这种情况。在数字滤波器中，通常需要对每一个输入样点计算一次。例如，一个采用最小均方(LMS)算法的 256 采样的自适应 FIR 滤波器，假定每个抽头的计算需要 3 个 MAC 周期，则 256 抽头计算需要 $256 \times 3 = 768$ 个 MAC 周期。如果采样频率为 8kHz，即样点之间的间隔为 $125\mu s$，选择 DSP 芯片的 MAC 周期为 200ns，则 768 个 MAC 周期需要 $153.6\mu s$，显然无法实现实时处理，需要选择速度更高的 DSP 芯片。表 9-3 给出了两种信号带宽对 3 种 DSP 芯片的处理要求。声频应用中，只有第 3 种 DSP 芯片能够实时处理。需要注意的是，在这个例子中没有考虑其他的运算量。

表 9-3 用 DSP 芯片实现数字滤波

应用领域	采样频率/kHz	采样间隔/μs	256 抽头 LMS 滤波运算量(MAC 数)	每样点允许 MAC 指令数/200ns	每样点允许 MAC 指令数/50ns	每样点允许 MAC 指令数/25ns
语音	8	125	768	625	2 500	5 000
声频	44.1	22.7	768	113	433	907

(2) 按帧处理。在信号处理的实际应用中有些数字信号处理的算法不是每个输入样点循环一次，而是每隔一定的时间间隔(通常称为帧)循环一次。例如，低速语音编码算法通常以 20ms 为一帧，每隔 20ms 语音编码算法循环一次。所以选择 DSP 芯片时应该比较一帧内 DSP 芯片的处理能力和 DSP 算法的运算量。

选择好 DSP 芯片后，按照实际系统设计的要求以及 DSP 芯片的需要来选择外围器件。支持 DSP 芯片的外围器件较多，主要有高速静态存储器(SRAM)、动态存储器(DRAM)、双口静态随机存取存储器(Dual Ports SRAM)、先进先出(FIFO)存储器、可编程逻辑器件(PLD)、A/D 和 D/A 转换器，以及一系列芯片、电阻、电容、晶振、接插件等。这些元器件的选择面广、产品多、品种型号多，而且许多电子元器件更新换代竞争的生命周期短，因此，元器件的选择除考虑其性价比、质量外，还需考虑所选型号及封装完全兼容器件的厂商情况以及估计该型号元器件的竞争生命周期等。

9.4.3 DSP 系统开发流程

进行 DSP 系统开发，设计者首先要明确自己所要设计的系统主要完成什么样的功能，应该达到什么样的技术指标。设计一个实际的 DSP 系统，应考虑的技术指标主要有如下几点。

(1) 根据信号的频率范围来确定系统的最高采样频率。
(2) 根据采样频率和运算最复杂算法所需要的最大时间来判断系统能否实时工作。
(3) 根据(1)、(2)两个条件确定哪种类型的 DSP 芯片的指令周期可以满足条件。
(4) 根据信号处理数据量的大小来确定所使用的片内 RAM 及需要扩展的 RAM 的大小。
(5) 根据所需要的信号处理的精度来确定是采用定点运算还是浮点运算。
(6) 根据系统是计算用还是控制用来确定 I/O 端口的需求。

在一些特殊的控制场合有一些专门的芯片可供选择，如 TMS320C2xx 系列自身带有 2 路 A/D 输入和 6 路 PWM 输出及强大的人机接口，特别适合于电机控制场合。

根据以上几个方面大体上可以确定应该选用的 DSP 芯片的型号。由选用的 DSP 芯片及上述技术指标，还可初步确定 A/D 转换器、D/A 转换器、RAM 的性能指标及可供选择的产品。

在具体进行 DSP 系统的开发时，一般流程如图 9.7 所示，DSP 系统开发的步骤大致可有以下几步。

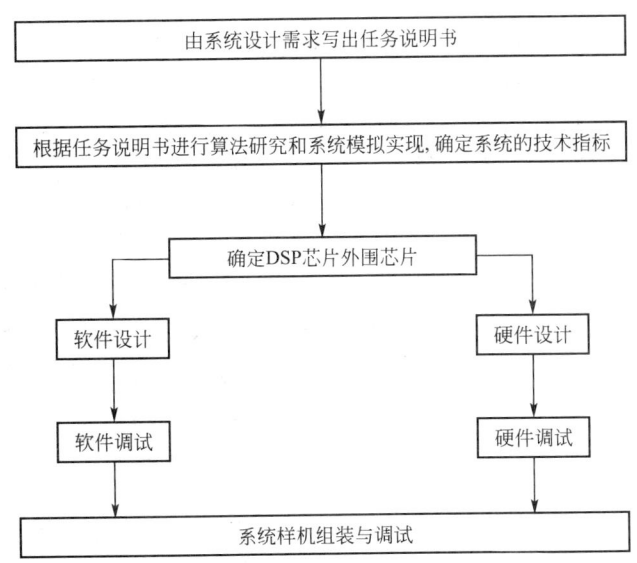

图 9.7　DSP 系统开发流程

(1) 算法模拟。这一阶段主要是根据系统设计任务要求确定系统的技术指标。首先应根据系统需求进行算法仿真和高级语言(如 MATLAB)模拟实现，以确定最佳算法，并初步确定相应的参数。

(2) DSP 芯片及外围芯片的确定。根据算法的运算速度、运算精度和存储要求等参数选择 DSP 芯片及外围芯片。

(3) 软硬件设计。首先，按照选定的算法和 DSP 芯片对系统的各项功能是使用软件实现还是使用硬件实现进行初步的分工。然后，根据系统技术指标要求着手进行硬件设计，完成 DSP 芯片外围电路和其他电路如转换、控制、存储、输出、输入等电路的设计；再根据系统的技术指标要求和所确定的硬件编写相应的 DSP 汇编程序，完成软件设计。

(4) 硬件和软件调试。硬件调试一般采用硬件仿真器进行，软件调试一般借助 DSP

开发工具(如软件模拟器、DSP 开发系统或仿真器)进行。通过比较在 DSP 上执行实时程序和模拟程序的情况来判断软件设计是否正确。

(5) 系统样机组装与调试、测试。硬件和软件调试分别完成后,将软件脱离开发系统,装入所设计的系统,并在实际系统(样机)中运行,以评估样机是否达到了所要求的技术指标。若系统测试结果达到指标要求,则样机设计完毕。实际上由于软硬件调试阶段的环境是模拟的,因此在系统测试中往往可能出现诸如控制精度、稳定性不好或不理想的问题。如果出现这类问题时,一般采用修改软件的方法加以解决。若修改软件也不能解决问题,则必须调整硬件,这时候问题可能就比较严重了,需要进行大范围的修改或重新进行设计了。

9.4.4 软件开发

DSP 软件开发需要使用 DSP 的片上外设,控制片外接口电路,因此在编写程序前应先将这个目标的电路设计搞清楚,弄明白。在进行软件开发之前,要先做好以下几项工作。

(1) 了解集成开发环境(Code Composer Studio,CCS)的使用指南。
(2) 明白 CMD 文件的编写。
(3) 明白中断向量表文件的编写,并定位在正确的位置。
(4) 运行一个纯仿真的程序,了解 CCS 的各个操作。
(5) 到 TI 网站下载相关的源码,参考源码的结构进行编程。
(6) 明白模块化编程。

一般来说,DSP 的软件开发大体有 3 种方式:直接编写汇编语言程序进行编译链接;编写 C 语言程序,用 C 语言优化软件进行编译链接;混合编程模式,程序中既有汇编代码,又有 C 语言代码。对于进行 DSP 开发的新手来说,选择 C 语言和汇编语言混合编程会有利一些。现在 C 语言优化的效率可达到手工汇编的 90% 甚至更高。如果计算能力和内存资源是瓶颈,汇编语言还是有优势的,比如 G.729 编解码。但是针对一般的应用开发,C 语言是最好的选择。在进行复杂算法的开发时,一般做法是先在 PC 上用高级语言(C 语言)进行仿真,然后再移植到 DSP 平台中。同时,考虑到运行和效率问题,可进一步进行手工汇编的调整。

可编程的 DSP 芯片开发需要一整套硬件和软件开发工具,通常可以分为代码生成工具和调试工具两类。代码生成工具是把用汇编语言或 C 语言编写的 DSP 程序编译并链接成可执行的 DSP 程序;代码调试工具的作用是对 DSP 程序及系统进行测试。DSP 的开发工具及其功能简介如下。

(1) C 编译器(C compiler)。将 C 源程序代码编译成汇编语言源代码。
(2) 汇编器(assembler)。将汇编语言源程序文件转变为机器语言目标文件。机器语言是基于公用目标文件格式(COFF)的文件。
(3) 链接器(linker)。将目标文件链接起来产生一个可执行模块。它能调整并解决外部符号参考。链接器的输入是可重定位的 COFF 目标文件和目标库文件。
(4) 文档管理器(archive)。将一组文件归入一个文档文件,也叫归档库。另外文档管理器容许通过删除、代替、提取或增加文件来调整库。

（5）建库单元（runtime‐support utility）。建立用户的 C 语言运行支持库。在 .rts.lib 里提供目标代码。

（6）运行库（runtime‐support library）。包含 ANSI 标准运行支持函数、编译器公用程序函数、C 语言输入/输出函数。

（7）十六进制转化工具（hex conversion utility）。将 COFF 目标文件转换为 TI‐tagged、ASCII‐hex、Motorola‐s 等目标格式的文件，从而可以将文件装载到可擦除程序存储器中去。

9.5　DSP 集成开发环境

9.5.1　DSP 集成开发环境概述

要开发一个完整的 DSP 应用系统，需要借助于诸多软硬件的开发工具，其中集成开发环境（Code Composer Studio，CCS）是 TI 公司为其 DSP 系列芯片设计专门提供的专业开发软件，是业内最为重要的开发软件之一。作为一个集成开发环境，CCS 包括了编辑、编译、汇编、链接、软件模拟、调试等几乎所有需要的软件。与 TI 公司提供的早期开发软件工具相比，CCS 提供了配置、构造、跟踪和分析程序的工具，并在基本代码生成工具的基础上增加了调试和实时分析的功能，极大地加快了软件开发进程，提高了工作效率。

一般来说，一种 CCS 只适用于一种系列的 DSP 芯片。例如，CCS C5000 适用于 C5000 系列的 DSP 芯片（包括 TMS320C54x 和 TMS320C55x）。CCS 一般工作在两种模式下：软件仿真器模式和与硬件开发板相结合的在线编程模式。前者可以在 PC 上模拟 DSP 的指令集与工作机制，主要用于前期的算法实现和调试。后者实时运行在 DSP 芯片上，并可以在线编译和调试程序。

应用 CCS 的使用步骤如下。

（1）设计出设计方案。

（2）编辑源文件生成代码。

（3）语法检查和调试。

（4）实时调试。

CCS 具有可扩展的结构，其主要组件包括。

（1）集成开发环境 Code Composer Studio（编译器、调试器、项目管理器、性能分析工具等）。

（2）代码生成工具。包括 C 编译器、汇编优化器、链接器等。

（3）指令及软件仿真器 Simulator。

（4）实时底层软件 DSP/BIOS，可以增强对代码的实时分析能力。

（5）实时数据交换工具 RTDX，能在不中断目标系统运行的情况下，实现 DSP 与其他应用系统的数据交换。

（6）实时分析和数据可视化工具，如：数据的图形显示工具，用以绘制时/频域波形、眼图、星座图等。

(7) GEL 工具。

9.5.2 CCS3.3 的安装和设置

安装 CCS 对计算机系统的配置基本要求为如下。

(1) 操作系统。Windows95/98/2000 或 Windows NT。

(2) PC 机。32MB 以上 RAM、500MB 以上的剩余硬盘空间，Pentium133 以上的微处理器，分辨率在 800×600 以上的显示器，一条空余的 EISA 插槽。现有的普通 PC 基本上都能满足运行 CCS 的要求。

在系统中安装 CCS 集成开发环境，可以将 CCS3.3 的安装光盘放入计算机 CD-ROM 驱动器中，运行光盘根目录下的 setup.exe 文件，按照安装向导的提示将 CCS 安装到用户指定目录中（默认安装目录为 C:\ti）。安装完毕，桌面将出现 CCStudio v3.3 和 Setup CCStudio v3.3 两个快捷方式图标。现在的计算机性能足够高，一般不需要增加环境变量空间。

CCS 集成开发环境是一个开放的开发环境，必须设置不同的系统配置才能实现对不同环境的支持。如：实现主机和目标器件的通信。系统配置的作用是定义用户将要使用的目标板或者软件仿真器，其中包括设备驱动程序、描述目标器件特性的文件及一些其他信息。

对于软件仿真环境的设置可直接双击桌面上的 Setup CCStudio v3.3 快捷方式图标，双击后，屏幕上将出现 System Configuration 对话框，如图 9.8 所示。在 Available factory Boards 中列出了所有可用的芯片，如：C54xx、C55xx 等系列。在 Available factory Boards 选项中选择并保存某一项，就把所选的系统配置添加进 Syetem Configuration 选项中了，如图 9.9 所示。

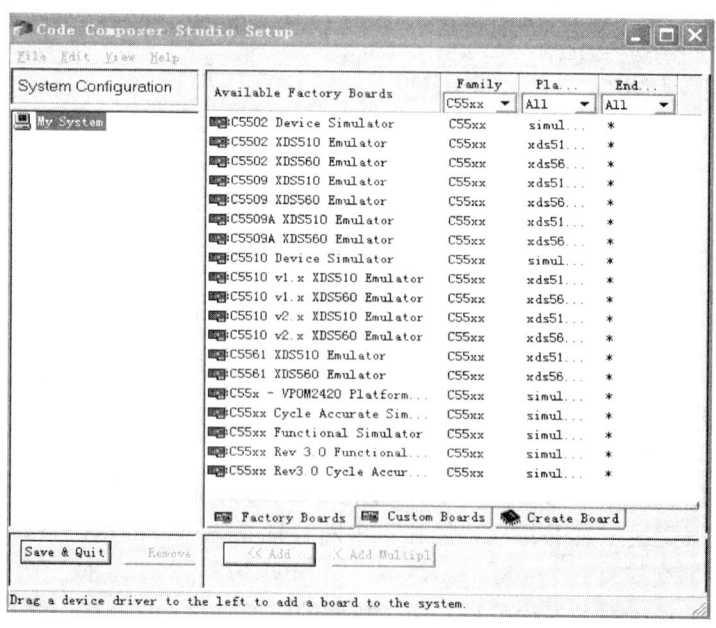

图 9.8　System Configuration 对话框

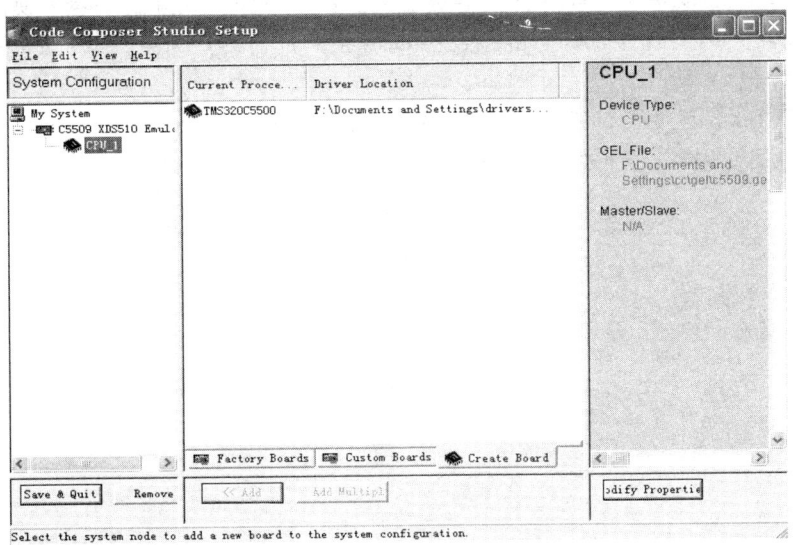

图 9.9　系统配置结果

经过上面的设置，此时 CCS 就被设置成了工作在纯软件仿真环境中，这时不需要连接板卡和仿真器等硬件。CCS 还可以设置成通过仿真器连接硬件板卡的方式进行软件调试与开发，该方式的设置与使用将在后续相关课程中介绍。

本 章 小 结

本章从数字信号处理系统的基本结构开始，阐述了常用数字信号处理芯片的类型和特点，指出了 DSP 芯片与通用微处理器的区别以及 DSP 芯片自身的特殊结构，如哈佛总线结构、流水线操作、专用硬件乘法器，以及专用寻址方式、特殊 DSP 指令、定点计算和定点 DSP 指令集等。

在介绍了 DSP 芯片的结构和自身特点的基础上，通过 DSP 芯片资料和相关源码的获取方法、DSP 芯片型号的选择以及软件开发等三个方面，介绍了 DSP 系统开发设计的基本知识并给出了系统开发的流程。在本章的最后介绍了 DSP 集成开发环境（CCS）的安装步骤与方法。

习　　题

一、简答题

1．简要阐述 DSP 系统的一般组成及各部分的功能。

2．怎样获取 DSP 芯片的技术资料和相关源码？

3．简单叙述 DSP 系统开发的流程。

4．登录 http：//www.ti.com 网站，浏览 TI 公司的 TMSC320 系列产品的相关资料，并简要叙述 TI 公司 DSP 芯片的应用现状及发展前景。

5. 在计算机上安装 CCS3.3 并对其进行设置，学习该集成开发环境的使用。
6. 查阅相关的文献资料，了解并整理 DSP 生产厂商的产品生产状况。

二、设计题

1. 在 CCS3.3 环境下，编写 FIR 滤波器实现的代码。
2. 在 CCS3.3 环境下，编写 FFT 算法实现的代码。

附录

MATLAB 信号处理工具箱函数

函　数	说　明
(1) 波形产生和绘图	
chirp	产生扫描频率余弦
diric	产生 Dirichlet 或周期 sinc 信号
gauspuls	产生高斯调制正弦脉冲
rulstran	产生脉冲串
rectpuls	产生非周期矩形信号
sawtooth	产生锯齿波或三角波
sinc	产生 sinc 信号
square	产生方波信号
strips	产生条图
tripuls	产生非周期三角波
(2) 滤波器分析与实现	
abs	绝对值
angle	相位角
conv	卷积和多项式乘法
conv2	二维卷积
fftfilt	基于 FFT 重叠加法的数据滤波
filter	IIR 或 FIR 滤波器的数据滤波
filter2	二维数字滤波
filtfilt	零相位数字滤波
filtic	函数 filter 初始条件确定
freqs	模拟滤波器频率响应
frespace	频率响应的频率空间设置
freqz	数字滤波器频率响应
grpdelay	群延迟
impz	数字滤波器的脉冲响应

续表

函　数	说　　明
latcfilt	格型梯形滤波器的实现
unwrap	相位角展开
zplane	零极点图
(3) IIR 滤波器设计(经典和直接法)	
besself	Bessel(贝塞尔)模拟滤波器设计
butter	Butterworth 滤波器设计
cheby1	Chebyshev Ⅰ 型滤波器设计
cheby2	Chebyshev Ⅱ 型滤波器设计
ellip	椭圆滤波器设计
maxflat	最大平坦 Butterworth 滤波器的设计
yulewalk	递归数字滤波器设计
(4) IIR 滤波器阶数的选择	
buttord	Butterworth 型滤波器阶数的选择
cheb1ord	Chebyshev Ⅰ 型滤波器阶数的选择
cheb2ord	Chebyshev Ⅱ 型滤波器阶数的选择
ellipord	椭圆滤波器阶次的选择
(5) FIR 滤波器设计	
cremez	复响应和非线性相位等波纹 FIR 滤波器设计
fir1	基于窗函数的 FIR 滤波器设计(标准响应)
fir2	基于窗函数的 FIR 滤波器设计(任意响应)
fircls	多频带滤波的最小方差 FIR 滤波器设计
fircls1	低通和高通线性相位 FIR 滤波器的最小方差设计
firls	最小线性相位滤波器设计
firrcos	升余弦 FIR 滤波器设计
intfilt	插值 FIR 滤波器设计
kaiserord	用凯塞尔(Kaiser)窗估计函数 fir1 参数
remez	Parks-McClellan 优化滤波器设计
remezord	Parks-McClellan 优化滤波器阶估计
(6) 数学变换函数	
czt	Chirp z-变换
dct	离散余弦变换
dftmtx	离散傅里叶变换矩阵
fft	一维 FFT
fft2	二维 FFT
fftshift	函数 fft 和 fft2 输出的重新排列
hilbert	希尔伯特(Hibert)变换
idct	离散余弦逆变换
ifft	一维逆 FFT

续表

函　　数	说　　明
ifft2	二维逆 FFT
(7) 统计信号处理	
cohere	两个信号相干函数估计
corrcoef	相关系数矩阵
cov	协方差矩阵
csd	互功率谱密度估计(CSD)
pmem	最大熵功率谱估计
pmtm	多窗口功率谱估计(MTM)
pmusic	特征值向量功率谱估计(MUSIC)
psd	自功率谱密度估计
tfe	传递函数估计
xcorr	互相关函数估计
xcorr2	二维互相关函数估计
xcov	互协方差函数估计
(8) 窗函数	
blackman	布莱克曼(Blackman)窗
boxcar	矩形窗
chebwin	切比雪夫(Chebyshev)窗
hamming	海明(Hamming)窗
hanning	汉宁(Hanning)窗
kaiser	凯塞尔(Kaiser)窗
triang	三角窗
(9) 参数建模	
invfreqs	由频率响应辨识连续时间(模拟)滤波器
invfreqz	由频率响应辨识响应离散时间滤波器
levinson	Levinson-Durbin 递归算法
lpc	线性预测系统
prony	Prong 离散滤波器拟合时间响应
stmcb	利用 Steiglitz-McBride 迭代法 ARMA 建模
(10) 特殊运算	
cceps	复时谱分析
cplxpair	重新排列组合复数
decimate	降低序列的采样频率
deconv	解卷积和多项式除法
demod	通信仿真中的解调制
detrend	去除线性趋势
dpss	Slepian 序列
dpssclear	去除数据库 Slepian 序列

续表

函　　数	说　　明
dpssdir	从数据库目录消去 Slepian 序列
dpssload	从数据库调入 Slepian 序列
dpsssave	Slepian 序列存入数据库
icceps	倒复时谱
interp	整数倍提高采样速率
medfilt1	一维中值滤波
modulate	通信仿真调制
polystab	稳定多项式
rceps	实时谱和最小相位重构
resample	任意倍数改变采样速率
specgram	频谱分析
upfirdn	利用 FIR 滤波器转换采样
vco	电压控制振荡器
besselap	Bessel 模拟低通滤波器原型设计
buttap	Butterworth 模拟低通滤波器原型设计
cheb1ap	ChevbyshevⅠ型模拟低通滤波器原型设计
cheb2ap	ChevbyshevⅡ模拟低通滤波器原型设计
ellipap	椭圆低通滤波器原型设计
(11) 频率变换	
lp2bp	低通至带通模拟滤波器变换
lp2bs	低通至带阻模拟滤波器变换
lp2hp	低通至高通模拟滤波器变换
lp2lp	低通至低通模拟滤波器变换
(12) 滤波器离散变换	
bilinear	双线性变换
impinvar	冲激不变法的模拟至数字滤波器变换
(13) 交互式工具	
sptool	交互式信号、滤波器和频谱分析工具
fdatool	滤波器分析设计工具
(14) 音频支持(不是工具箱函数，属于 MATLAB 的基本部分)	
sound	重放矢量成为声音
soundsc	声音自动定标和重放矢量数
waveplay	使用视窗音频的输出装置重放声音
wavread	读取 .wav 声音文件
wavrecord	使用视窗音频的输入装置记录声音
wavwrite	写入 .wav 声音文件

参 考 文 献

1. [美] 维纳·K·恩格尔，约翰·G·普罗克斯. 数字信号处理——使用 MATLAB [M]. 刘树棠，译. 西安：西安交通大学出版社，2002.
2. [美] A·V·奥本海姆，R·W·谢弗. 离散时间信号处理 [M]. 2 版. 刘树棠，黄建国，译. 西安：西安交通大学出版社，2001.
3. 程佩青. 数字信号处理教程 [M]. 3 版. 北京：清华大学出版社，2007.
4. 王艳芬，等. 数字信号处理原理及实现 [M]. 北京：清华大学出版社，2008.
5. 高西全，丁玉美，阔永红. 数字信号处理——原理、实现及应用 [M]. 北京：电子工业出版社，2006.
6. 刘顺兰，吴杰. 数字信号处理 [M]. 2 版. 西安：西安电子科技大学出版社，2009.
7. 李正周. MATLAB 数字信号处理与应用 [M]. 北京：清华大学出版社，2008.
8. 胡庆钟，等. TMS320C55X DSP 原理、应用和设计 [M]. 北京：机械工业出版社，2006.
9. 薛年喜. MATLAB 在数字信号处理中的应用 [M]. 北京：清华大学出版社，2003.
10. 陶然，张惠云，王越. 多抽样率数字信号处理理论及其应用 [M]. 北京：清华大学出版社，2007.
11. 伯晓晨，等. Matlab 工具箱应用指南——信息工程篇 [M]. 北京：电子工业出版社，2000.
12. 苏金明，等. MATLAB 工具箱应用 [M]. 北京：电子工业出版社，2004.
13. 王宏. MATLAB 6.5 及其在信号处理中的应用 [M]. 北京：清华大学出版社，2004.
14. 丁玉美，等. 数字信号处理 [M]. 2 版. 西安：西安电子科技大学出版社，2001.
15. 陈怀琛. 数字信号处理教程——MATLAB 释义与实现 [M]. 北京：电子工业出版社，2004.
16. 王玉德. "数字信号处理"课程的教与学的探讨 [J]. 电气电子教学学报，2008，30(12)：97-98.
17. 蒋大明，戴胜华. 自动控制原理 [M]. 北京：清华大学出版社，2006.
18. 胡寿松. 自动控制原理 [M]. 5 版. 北京：科学出版社，2007.
19. 胡广书. 数字信号处理导论 [M]. 北京：清华大学出版社，2005.
20. 郑君里. 信号与系统引论 [M]. 北京：高等教育出版社，2009.
21. 程乾生. 数字信号处理 [M]. 北京：北京大学出版社，2003.
22. 吴镇扬. 数字信号处理的原理与实现 [M]. 2 版. 南京：东南大学出版社，2002.
23. 袁德成，王玉德. 自动控制原理 [M]. 北京：北京大学出版社，2006.
24. 汪安民，张松灿，常春藤. TMS320C6000 DSP 实用技术与开发案例 [M]. 北京：人民邮电出版社，2008.

北京大学出版社本科计算机系列实用规划教材

序号	标准书号	书 名	主编	定价	序号	标准书号	书 名	主编	定价
1	7-301-10511-5	离散数学	段禅伦	28	38	7-301-13684-3	单片机原理及应用	王新颖	25
2	7-301-10457-X	线性代数	陈付贵	20	39	7-301-14505-0	Visual C++程序设计案例教程	张荣梅	30
3	7-301-10510-X	概率论与数理统计	陈荣江	26	40	7-301-14259-2	多媒体技术应用案例教程	李 建	30
4	7-301-10503-0	Visual Basic 程序设计	闵联营	22	41	7-301-14503-6	ASP .NET 动态网页设计案例教程(Visual Basic .NET 版)	江 红	35
5	7-301-21752-8	多媒体技术及其应用(第2版)	张 明	39	42	7-301-14504-3	C++面向对象与 Visual C++程序设计案例教程	黄贤英	35
6	7-301-10466-8	C++程序设计	刘天印	33	43	7-301-14506-7	Photoshop CS3 案例教程	李建芳	34
7	7-301-10467-5	C++程序设计实验指导与习题解答	李 兰	20	44	7-301-14510-4	C++程序设计基础案例教程	于永彦	33
8	7-301-10505-4	Visual C++程序设计教程与上机指导	高志伟	25	45	7-301-14942-3	ASP .NET 网络应用案例教程(C# .NET 版)	张登辉	33
9	7-301-10462-0	XML 实用教程	丁跃潮	26	46	7-301-12377-5	计算机硬件技术基础	石 磊	26
10	7-301-10463-7	计算机网络系统集成	斯桃枝	22	47	7-301-15208-9	计算机组成原理	娄国焕	24
11	7-301-22437-3	单片机原理及应用教程(第2版)	范立南	43	48	7-301-15463-2	网页设计与制作案例教程	房爱莲	36
12	7-5038-4421-3	ASP .NET 网络编程实用教程(C#版)	崔良海	31	49	7-301-04852-8	线性代数	姚喜妍	22
13	7-5038-4427-2	C 语言程序设计	赵建锋	25	50	7-301-15461-8	计算机网络技术	陈代武	33
14	7-5038-4420-5	Delphi 程序设计基础教程	张世明	37	51	7-301-15697-1	计算机辅助设计二次开发案例教程	谢安俊	26
15	7-5038-4417-5	SQL Server 数据库设计与管理	姜 力	31	52	7-301-15740-4	Visual C# 程序开发案例教程	韩朝阳	30
16	7-5038-4424-9	大学计算机基础	贾丽娟	34	53	7-301-16597-3	Visual C++程序设计实用案例教程	于永彦	32
17	7-5038-4430-0	计算机科学与技术导论	王昆仑	30	54	7-301-16850-9	Java 程序设计案例教程	胡巧多	32
18	7-5038-4418-3	计算机网络应用实例教程	魏 峥	25	55	7-301-16842-4	数据库原理与应用(SQL Server 版)	毛一梅	36
19	7-5038-4415-9	面向对象程序设计	冷英男	28	56	7-301-16910-0	计算机网络技术基础与应用	马秀峰	33
20	7-5038-4429-4	软件工程	赵春刚	22	57	7-301-15063-4	计算机网络基础与应用	刘远生	32
21	7-5038-4431-0	数据结构(C++版)	秦 锋	28	58	7-301-15250-8	汇编语言程序设计	张光长	28
22	7-5038-4423-2	微机应用基础	吕晓燕	33	59	7-301-15064-1	网络安全技术	骆耀祖	30
23	7-5038-4426-4	微型计算机原理与接口技术	刘彦文	26	60	7-301-15584-4	数据结构与算法	佟伟光	32
24	7-5038-4425-6	办公自动化教程	钱 俊	30	61	7-301-17087-8	操作系统实用教程	范立南	36
25	7-5038-4419-1	Java 语言程序设计实用教程	董迎红	33	62	7-301-16631-4	Visual Basic 2008 程序设计教程	隋晓红	34
26	7-5038-4428-0	计算机图形技术	龚声蓉	28	63	7-301-17537-8	C 语言基础案例教程	汪新民	31
27	7-301-11501-5	计算机软件技术基础	高 巍	25	64	7-301-17397-8	C++程序设计基础教程	郗亚辉	30
28	7-301-11500-8	计算机组装与维护实用教程	崔明远	33	65	7-301-17578-1	图论算法理论、实现及应用	王桂平	54
29	7-301-12174-0	Visual FoxPro 实用教程	马秀峰	29	66	7-301-17964-2	PHP 动态网页设计与制作案例教程	房爱莲	42
30	7-301-11500-8	管理信息系统实用教程	杨月江	27	67	7-301-18514-8	多媒体开发与编程	于永彦	35
31	7-301-11445-2	Photoshop CS 实用教程	张 瑾	28	68	7-301-18538-4	实用计算方法	徐亚平	24
32	7-301-12378-2	ASP .NET 课程设计指导	潘志红	35	69	7-301-18539-1	Visual FoxPro 数据库设计案例教程	谭红杨	35
33	7-301-12394-2	C# .NET 课程设计指导	龚自霞	32	70	7-301-19313-6	Java 程序设计案例教程与实训	董迎红	45
34	7-301-13259-3	VisualBasic .NET 课程设计指导	潘志红	30	71	7-301-19389-1	Visual FoxPro 实用教程与上机指导（第2版）	马秀峰	40
35	7-301-12371-3	网络工程实用教程	汪新民	34	72	7-301-19435-5	计算方法	尹景本	28
36	7-301-14132-8	J2EE 课程设计指导	王立丰	32	73	7-301-19388-4	Java 程序设计教程	张剑飞	35
37	7-301-21088-8	计算机专业英语(第2版)	张 勇	42	74	7-301-19386-0	计算机图形技术(第2版)	许承东	44

序号	标准书号	书名	主编	定价	序号	标准书号	书名	主编	定价
75	7-301-15689-6	Photoshop CS5 案例教程（第2版）	李建芳	39	85	7-301-20328-6	ASP.NET 动态网页案例教程（C#.NET 版）	江红	45
76	7-301-18395-3	概率论与数理统计	姚喜妍	29	86	7-301-16528-7	C#程序设计	胡艳菊	40
77	7-301-19980-0	3ds Max 2011 案例教程	李建芳	44	87	7-301-21271-4	C#面向对象程序设计及实践教程	唐燕	45
78	7-301-20052-0	数据结构与算法应用实践教程	李文书	36	88	7-301-21295-0	计算机专业英语	吴丽君	34
79	7-301-12375-1	汇编语言程序设计	张宝剑	36	89	7-301-21341-4	计算机组成与结构教程	姚玉霞	42
80	7-301-20523-5	Visual C++程序设计教程与上机指导(第2版)	牛江川	40	90	7-301-21367-4	计算机组成与结构实验实训教程	姚玉霞	22
81	7-301-20630-0	C#程序开发案例教程	李挥剑	39	91	7-301-22119-8	UML 实用基础教程	赵春刚	36
82	7-301-20898-4	SQL Server 2008 数据库应用案例教程	钱哨	38	92	7-301-22965-1	数据结构(C 语言版)	陈超祥	32
83	7-301-21052-9	ASP.NET 程序设计与开发	张绍兵	39	93	7-301-23122-7	算法分析与设计教程	秦明	29
84	7-301-16824-0	软件测试案例教程	丁宋涛	28					

北京大学出版社电气信息类教材书目(已出版)
欢迎选订

序号	标准书号	书名	主编	定价	序号	标准书号	书名	主编	定价
1	7-301-10759-1	DSP 技术及应用	吴冬梅	26	38	7-5038-4400-3	工厂供配电	王玉华	34
2	7-301-10760-7	单片机原理与应用技术	魏立峰	25	39	7-5038-4410-2	控制系统仿真	郑恩让	26
3	7-301-10765-2	电工学	蒋中	29	40	7-5038-4398-3	数字电子技术	李元	27
4	7-301-19183-5	电工与电子技术(上册)(第2版)	吴舒辞	30	41	7-5038-4412-6	现代控制理论	刘永信	22
5	7-301-19229-0	电工与电子技术(下册)(第2版)	徐卓农	32	42	7-5038-4401-0	自动化仪表	齐志才	27
6	7-301-10699-0	电子工艺实习	周春阳	19	43	7-5038-4408-9	自动化专业英语	李国厚	32
7	7-301-10744-7	电子工艺学教程	张立毅	32	44	7-301-23081-7	集散控制系统(第2版)	刘翠玲	36
8	7-301-10915-6	电子线路 CAD	吕建平	34	45	7-301-19174-3	传感器基础(第2版)	赵玉刚	32
9	7-301-10764-1	数据通信技术教程	吴延海	29	46	7-5038-4396-9	自动控制原理	潘丰	32
10	7-301-18784-5	数字信号处理(第2版)	阎毅	32	47	7-301-10512-2	现代控制理论基础(国家级十一五规划教材)	侯媛彬	20
11	7-301-18889-7	现代交换技术(第2版)	姚军	36	48	7-301-11151-2	电路基础学习指导与典型题解	公茂法	32
12	7-301-10761-4	信号与系统	华容	33	49	7-301-12326-3	过程控制与自动化仪表	张井岗	36
13	7-301-19318-1	信息与通信工程专业英语(第2版)	韩定定	32	50	7-301-12327-0	计算机控制系统	徐文尚	28
14	7-301-10757-7	自动控制原理	袁德成	29	51	7-5038-4414-0	微机原理及接口技术	赵志诚	38
15	7-301-16520-1	高频电子线路(第2版)	宋树祥	35	52	7-301-10465-1	单片机原理及应用教程	范立南	30
16	7-301-11507-7	微机原理与接口技术	陈光军	34	53	7-5038-4426-4	微型计算机原理与接口技术	刘彦文	26
17	7-301-11442-1	MATLAB 基础及其应用教程	周开利	24	54	7-301-12562-5	嵌入式基础实践教程	杨刚	30
18	7-301-11508-4	计算机网络	郭银景	31	55	7-301-12530-4	嵌入式 ARM 系统原理与实例开发	杨宗德	25
19	7-301-12178-8	通信原理	隋晓红	32	56	7-301-13676-8	单片机原理与应用及 C51 程序设计	唐颖	30
20	7-301-12175-7	电子系统综合设计	郭勇	25	57	7-301-13577-8	电力电子技术及应用	张润和	38
21	7-301-11503-9	EDA 技术基础	赵明富	22	58	7-301-20508-2	电磁场与电磁波（第2版）	邬春明	30
22	7-301-12176-4	数字图像处理	曹茂永	23	59	7-301-12179-5	电路分析	王艳红	38
23	7-301-12177-1	现代通信系统	李白萍	27	60	7-301-12380-5	电子测量与传感技术	杨雷	35
24	7-301-12340-9	模拟电子技术	陆秀令	28	61	7-301-14461-9	高电压技术	马永翔	28
25	7-301-13121-3	模拟电子技术实验教程	谭海曙	24	62	7-301-14472-5	生物医学数据分析及其 MATLAB 实现	尚志刚	25
26	7-301-11502-2	移动通信	郭俊强	22	63	7-301-14460-2	电力系统分析	曹娜	35
27	7-301-11504-6	数字电子技术	梅开乡	30	64	7-301-14459-6	DSP 技术与应用基础	俞一彪	34
28	7-301-18860-6	运筹学(第2版)	吴亚丽	28	65	7-301-14994-2	综合布线系统基础教程	吴达金	24
29	7-5038-4407-2	传感器与检测技术	祝诗平	30	66	7-301-15168-6	信号处理 MATLAB 实验教程	李杰	20
30	7-5038-4413-3	单片机原理及应用	刘刚	24	67	7-301-15440-3	电工电子实验教程	魏伟	26
31	7-5038-4409-6	电机与拖动	杨天明	27	68	7-301-15445-8	检测与控制实验教程	魏伟	24
32	7-5038-4411-9	电力电子技术	樊立萍	25	69	7-301-04595-4	电路与模拟电子技术	张绪光	35
33	7-5038-4399-0	电力市场原理与实践	邹斌	24	70	7-301-15458-8	信号、系统与控制理论(上、下册)	邱德润	70
34	7-5038-4405-8	电力系统继电保护	马永翔	27	71	7-301-15786-2	通信网的信令系统	张云麟	24
35	7-5038-4397-6	电力系统自动化	孟祥忠	25	72	7-301-16493-8	发电厂变电所电气部分	马永翔	35
36	7-5038-4404-1	电气控制技术	韩顺杰	22	73	7-301-16076-3	数字信号处理	王震宇	32
37	7-5038-4403-4	电器与 PLC 控制技术	陈志新	38	74	7-301-16931-5	微机原理与接口技术	肖洪兵	32

序号	标准书号	书名	主编	定价	序号	标准书号	书名	主编	定价
75	7-301-16932-2	数字电子技术	刘金华	30	113	7-301-20918-9	Mathcad 在信号与系统中的应用	郭仁春	30
76	7-301-16933-9	自动控制原理	丁红	32	114	7-301-20327-9	电工学实验教程	王士军	34
77	7-301-17540-8	单片机原理及应用教程	周广兴	40	115	7-301-16367-2	供配电技术	王玉华	49
78	7-301-17614-6	微机原理及接口技术实验指导书	李干林	22	116	7-301-20351-4	电路与模拟电子技术实验指导书	唐颖	26
79	7-301-12379-9	光纤通信	卢志茂	28	117	7-301-21247-9	MATLAB 基础与应用教程	王月明	32
80	7-301-17382-4	离散信息论基础	范九伦	25	118	7-301-21235-6	集成电路版图设计	陆学斌	36
81	7-301-17677-1	新能源与分布式发电技术	朱永强	32	119	7-301-21304-9	数字电子技术	秦长海	49
82	7-301-17683-2	光纤通信	李丽君	26	120	7-301-21366-7	电力系统继电保护（第 2 版）	马永翔	42
83	7-301-17700-6	模拟电子技术	张绪光	36	121	7-301-21450-3	模拟电子与数字逻辑	邬春明	39
84	7-301-17318-3	ARM 嵌入式系统基础与开发教程	丁文龙	36	122	7-301-21439-8	物联网概论	王金甫	42
85	7-301-17797-6	PLC 原理及应用	缪志农	26	123	7-301-21849-5	微波技术基础及其应用	李泽民	49
86	7-301-17986-4	数字信号处理	王玉德	32	124	7-301-21688-0	电子信息与通信工程专业英语	孙桂芝	36
87	7-301-18131-7	集散控制系统	周荣富	36	125	7-301-22110-5	传感器技术及应用电路项目化教程	钱裕禄	30
88	7-301-18285-7	电子线路 CAD	周荣富	41	126	7-301-21672-9	单片机系统设计与实例开发（MSP430）	顾涛	44
89	7-301-16739-7	MATLAB 基础及应用	李国朝	39	127	7-301-22112-9	自动控制原理	许丽佳	30
90	7-301-18352-6	信息论与编码	隋晓红	24	128	7-301-22109-9	DSP 技术及应用	董胜	39
91	7-301-18260-4	控制电机与特种电机及其控制系统	孙冠群	42	129	7-301-21607-1	数字图像处理算法及应用	李文书	48
92	7-301-18493-6	电工技术	张莉	26	130	7-301-22111-2	平板显示技术基础	王丽娟	52
93	7-301-18496-7	现代电子系统设计教程	宋晓梅	36	131	7-301-22448-9	自动控制原理	谭功全	44
94	7-301-18672-5	太阳能电池原理与应用	靳瑞敏	25	132	7-301-22474-8	电子电路基础实验与课程设计	武林	36
95	7-301-18314-0	通信电子线路及仿真设计	王鲜芳	29	133	7-301-22484-7	电文化——电气信息学科概论	高心	30
96	7-301-19175-0	单片机原理与接口技术	李升	46	134	7-301-22436-6	物联网技术案例教程	崔逊学	40
97	7-301-19320-4	移动通信	刘维超	39	135	7-301-22598-1	实用数字电子技术	钱裕禄	30
98	7-301-19447-8	电气信息类专业英语	缪志农	40	136	7-301-22529-5	PLC 与应用（西门子版）	丁金婷	32
99	7-301-19451-5	嵌入式系统设计及应用	邢吉生	44	137	7-301-22386-4	自动控制原理	佟威	30
100	7-301-19452-2	电子信息类专业 MATLAB 实验教程	李明明	42	138	7-301-22528-8	通信原理实验与课程设计	邬春明	34
101	7-301-16914-8	物理光学理论与应用	宋贵才	32	139	7-301-22582-0	信号与系统	许丽佳	38
102	7-301-16598-0	综合布线系统管理教程	吴达金	39	140	7-301-22447-2	嵌入式系统基础实践教程	韩磊	35
103	7-301-20394-1	物联网基础与应用	李蔚田	44	141	7-301-22776-3	信号与线性系统	朱明早	33
104	7-301-20339-2	数字图像处理	李云红	36	142	7-301-22872-2	电机、拖动与控制	万芳瑛	34
105	7-301-20340-8	信号与系统	李云红	29	143	7-301-22882-1	MCS-51 单片机原理及应用	黄翠翠	34
106	7-301-20505-1	电路分析基础	吴舒辞	38	144	7-301-22936-1	自动控制原理	邢春芳	39
107	7-301-22447-2	嵌入式系统基础实践教程	韩磊	35	145	7-301-22920-0	电气信息工程专业英语	余兴波	26
108	7-301-20506-8	编码调制技术	黄平	26	146	7-301-22919-4	信号分析与处理	李会容	39
109	7-301-20763-5	网络工程与管理	谢慧	39	147	7-301-22385-7	家居物联网技术开发与实践	付蔚	39
110	7-301-20845-8	单片机原理与接口技术实验与课程设计	徐懂理	26	148	7-301-23124-1	模拟电子技术学习指导及习题精选	姚娅川	30
111	301-20725-3	模拟电子线路	宋树祥	38	149	7-301-23022-0	MATLAB 基础及实验教程	杨成慧	36
112	7-301-21058-1	单片机原理与应用及其实验指导书	邵发森	44					

相关教学资源如电子课件、电子教材、习题答案等可以登录 www.pup6.com 下载或在线阅读。

扑六知识网(www.pup6.com)有海量的相关教学资源和电子教材供阅读及下载(包括北京大学出版社第六事业部的相关资源)，同时欢迎您将教学课件、视频、教案、素材、习题、试卷、辅导材料、课改成果、设计作品、论文等教学资源上传到 pup6.com，与全国高校师生分享您的教学成就与经验，并可自由设定价格，知识也能创造财富。具体情况请登录网站查询。

如您需要免费纸质样书用于教学，欢迎登陆第六事业部门户网(www.pup6.com)填表申请，并欢迎在线登记选题以到北京大学出版社来出版您的大作，也可下载相关表格填写后发到我们的邮箱，我们将及时与您取得联系并做好全方位的服务。

扑六知识网将打造成全国最大的教育资源共享平台，欢迎您的加入——让知识有价值，让教学无界限，让学习更轻松。

联系方式：010-62750667，pup6_czq@163.com，szheng_pup6@163.com，linzhangbo@126.com，欢迎来电来信咨询。